Calendrier Perpétuel, Civil et Ecclésiastique

JANVIER	FÉVRIER	MARS	AVRIL	MAI	JUIN
1 s. Circoncision.	1 m. st Ignace, m.	1 m. st Aubin, év.	1 v. st Hugnes, év.	1 D. ss. Phil. et Jacq.	1 m. st Pamphile.
2 D. st Bazile.	2 m. Purification.	2 m. st Simplicien.	2 s. st François de P.	2 l. Rogations.	2 j. st Pothin.
3 l. ste Geneviève.	3 j. st Blaise, év.	3 j. ste Cunégonde.	3 D. Quasimodo.	3 m. Invent. sts Croix.	3 v. ste Clotilde.
4 m. st Rigobert.	4 v. st Gilbert.	4 v. st Casimir.	4 l. Annonciation.	4 m. ste Monique.	4 s. st Quirin.
5 m. st Siméon, styl.	5 s. ste Agathe, v.	5 s. st Phocas.	5 m. st Vincent Ferr.	5 j. Ascension.	5 D. st Claude.
6 j. Epiphanie.	6 D. Quinquagésime.	6 D. Lætare.	6 m. st Prudence.	6 v. st Jean P. L.	6 l. st Norbert.
7 v. st Théau.	7 l. ste Dorothée, v.	7 l. ss. Félic. et Per.	7 j. st Hégésippe.	7 s. st Orens, év.	7 m. st Robert, ab.
8 s. st Lucien, m.	8 m. st Jean de M.	8 m. st Jean de D.	8 v. st Gautier, abbé.	8 D. st Orens, év.	8 m. st Médard.
9 D. st Julien, hosp.	9 m. Cendres.	9 m. ste Françoise.	9 s. st Isidore.	9 l. st Grégoire, év.	9 l. st Félicien, m.
10 l. st Paul, ermite.	10 j. ste Scolastique.	10 j. st Blanchard.	10 D. st Macaire.	10 m. st Gordien.	10 v. st Landry.
11 m. st Hygien, pape.	11 v. st Benoît, abbé.	11 v. ste Sophrone.	11 l. st Léon, pape.	11 m. st Mamert.	11 s. st Barnabé, ap.
12 m. st Fréjus, év.	12 s. ste Eulalie, v.	12 s. st Maximilien.	12 m. st Jules.	12 j. st Pacôme.	12 D. st Basilide.
13 j. Baptême de N. S.	13 D. Quadragésime.	13 D. Passion.	13 m. st Justin, m.	13 v. st Onésime.	13 l. st Aventin.
14 v. st Hilaire, év.	14 l. st Valentin.	14 l. ste Mathilde.	14 j. st Tiburce.	14 s. st Boniface. v.-;.	14 m. st Valère.
15 s. st Maur, abbé.	15 m. st Faustin.	15 m. st Zacharie.	15 v. st Paterne.	15 D. Pentecôte	15 m. st Guy, m.
16 D. st Fulgence, év.	16 m. Quatre-Temps.	16 m. ste Euzébie.	16 s. st Fructueux.	16 l. st Germier, év.	16 j. ss. Cyr et Julitte.
17 l. st Antoine, ab.	17 j. st Sylvin, év.	17 j. st Patrice, év.	17 D. st Anicet.	17 m. st Pascal.	17 v. st Avit, abbé.
18 m. Chaire st P. à R.	18 v. st Siméon. q.-t.	18 v. st Alexandre, év.	18 l. st Parfait.	18 m. Quatre-Temps.	18 s. st Emile, m.
19 m. st Sulpice, év.	19 s. st Gabin. q.-t.	19 s. st Gaspard.	19 m. st Elphége.	19 j. st Pierre Célestin	19 D. ss. Gervais et Pr.
20 j. st Sébastien, m.	20 D. Reminiscere.	20 D. Rameaux.	20 m. st Joseph.	20 v. st Hilaire. q.-t.	20 l. st Romuald.
21 v. st Agnès, v.	21 l. st Sévérien.	21 l. st Benoît.	21 j. st Anselme.	21 s. st Hospice. q.-t.	21 m. st Louis de G.
22 s. st Vincent, m.	22 m. st Maxime.	22 m. st Paul, év.	22 v. ste Opportune.	22 D. Trinité.	22 m. st Paulin, év.
23 D. Septuagésime.	23 m. st Pascase.	23 m. st Fidèle.	23 s. st George, m.	23 l. st Didier.	23 j. st Leufroy.
24 l. st Timothée, év.	24 j. st Mathias, ap.	24 j. st Gabriel.	24 D. st Phébado, év.	24 m. st François.	24 v. st Jean-Baptiste.
25 m. Conv. de st Paul.	25 v. st Valburge.	25 v. Vendredi-Saint	25 l. st Marc, évang.	25 m. st Urbain, p.	25 s. ste Fébronie.
26 m. ste Paule, veuve.	26 s. st Nestor.	26 s. st Ludger.	26 m. st Clet, pape.	26 j. Fête-Dieu.	26 D. st Maixent.
27 j. ss. Martyrs rom.	27 D. Oculi.	27 D. Pâques.	27 m. st Polycarpe.	27 v. st Hildebert.	27 l. st Cressent, év.
28 v. st Cyrille, m.	28 l. ste Honorine.	28 l. st Gontrand.	28 j. ss. Martyrs d'Aff.	28 s. st Guillaume.	28 m. st Irénée, év.
29 s. st François de S.		29 m. st Eustase.	29 v. ste Marie Egypt.	29 D. st Maximin.	29 m. ss. Pierre et Paul.
30 D. Sexagésime.		30 m. st Jean Climaq.	30 s. st Eutrope, év.	30 l. st Félix, pape.	30 j. Comm. des Paul.
31 l. st Pierre Nolasq.		31 j. st Acace, év.		31 m. st Sylve, év.	

JUILLET	AOUT	SEPTEMBRE	OCTOBRE	NOVEMBRE	DÉCEMBRE
1 v. st Martial, év.	1 l. st Pierre-ès-liens	1 j. st Gilis, abbé.	1 s. st Rémy, év.	1 m. Toussaint.	1 j. st Eloi, év.
2 s. Visitation N. D.	2 m. st Etienne, pape.	2 v. st Antonin, m.	2 D. ss Anges gard.	2 m. Les Morts.	2 v. st François-Xav.
3 D. st Anatole.	3 m. Invent. st Etien.	3 s. st Grégoire, pap.	3 l. st Trophime, év.	3 j. st Papoul, m.	3 s. st Anthème.
4 l. st Théodore.	4 j. st Dominique	4 D. st Lazare.	4 m. st François-d'As.	4 v. st Charles-Borro.	4 D. ste Barbe, v.
5 m. ste Zoé.	5 v. st Félix, m.	5 l. st Victorin, év.	5 m. st Placide, m.	5 s. ste Bertile, v.	5 l. st Sabas, abbé.
6 m. st Tranquillin.	6 s. Trans. de N. S.	6 m. st Eugène, m.	6 j. st Bruno, moine.	6 D. st Léonard.	6 m. ste Victoire, v.
7 j. st Prosper, doct.	7 D. st Xiste, pape.	7 m. st Cloud, prêtre.	7 v. ste Foi, v. m.	7 l. st Ernest, abbé.	7 m. st Nicolas, év.
8 v. ste Elisabeth, r.	8 l. st Just et Past.	8 j. Nativité de la V.	8 s. ste Brigitte.	8 m. stes Reliques.	8 j. Concep. N. D.
9 s. st Ephrem.	9 m. st Vitrice, év.	9 v. st Omer, év.	9 D. st Denis, év.	9 m. st Austremoine.	9 v. ste Léocadie, v.
10 D. Sept-Frères M.	10 m. st Philomène.	10 s. st Salvi, év.	10 l. st François de B.	10 j. st Léon, pape.	10 s. st Hubert.
11 l. Trans. st Benoit.	11 j. ste Susanne, m.	11 D. st Patient.	11 m. st Julien.	11 v. st Martin, év.	11 D. st Damase, pape.
12 m. st Honeste, pr.	12 v. ste Claire, vierge.	12 l. st Serdot, év.	12 m. st Donatien.	12 s. st Martin, pape.	12 l. st Paul, év.
13 m. st Anaclet.	13 s. ste Radegonde, r.	13 m. st Aimé, abbé.	13 j. st Géraud.	13 D. st Stanislas.	13 m. ste Luce, v. m.
14 j. st Bonaventure.	14 D. st Eusèbe, V.-J.	14 m. Exalt. ste Croix	14 v. st Calixte.	14 l. st Claude, m.	14 m. Quatre-Temps.
15 v. st Henri.	15 l. Assomption.	15 j. st Achard, abbé.	15 s. ste Thérèse.	15 m. st Malo, év.	15 j. st Mesmin, ab.
16 s. Notre-D. de M. C.	16 m. st Roch.	16 v. st Jean Chrysost.	16 D. st Bertrand, év.	16 m. st Eucher.	16 v. ste Adélaïde. q.-t.
17 D. st Esperat, m.	17 m. st Alexis.	17 s. st Corneille.	17 l. st Gauderic.	17 j. st Asciscle, m.	17 s. ste Olimpie. q.-t.
18 l. st Thomas d'Aq.	18 j. ste Hélène.	18 D. ste Camelle.	18 m. st Luc, évang.	18 v. st Odon, abbé.	18 D. st Gratien.
19 m. st Vincent-de-P.	19 v. st Louis, év.	19 l. st Cyprien.	19 m. st Pierre d'Alc.	19 s. ste Elizabeth.	19 l. st Grégoire, év.
20 m. ste Marguerite.	20 s. st Bernard, ab.	20 m. st Eustache.	20 j. st Caprais, év.	20 D. st Edmont.	20 m. st Philogone.
21 j. st Victor, m.	21 D. st Privat, év.	21 m. Quatre-Temps.	21 v. ste Ursule, v.	21 l. Présent. N. D.	21 m. st Thomas.
22 v. ste Madeleine.	22 l. st Maurice.	22 j. st Maurice.	22 s. ste Cécile, v.	22 m. ste Cécile, v.	22 j. st Yves, év.
23 s. st Appollinaire.	23 m. ste Jeanne.	23 v. ste Thècle. q.-t.	23 D. st Sévérin.	23 m. st Clément, pape.	23 v. st Anastas.
24 D. ste Christine, v.	24 m. st Barthélemi, ap.	24 s. st Yzarn. q.-t.	24 l. st Erambert, év.	24 j. ste Flore, v.	24 s. ste Delphine, v.-j.
25 l. st Jacques, apôt.	25 j. st Louis, roi.	25 D. st Firmin, év.	25 m. ss Crépin et Cré.	25 v. ste Catherine, v.	25 D. Noël.
26 m. ste Anne.	26 v. st Zéphirin.	26 l. st Justine.	26 m. ste Rustique.	26 s. st Lin, pape.	26 l. st Etienne, m.
27 m. st Pantaléon.	27 s. st Césaire, év.	27 m. ss. Come et Dam.	27 j. st Frumence.	27 D. Avent.	27 m. st Jean, évang.
28 j. st Nazaire, m.	28 D. st Augustin, év.	28 m. st Exupère, év.	28 v. ss Simon et Jude.	28 l. st Sosthène.	28 m. ss Innocents.
29 v. st Loup, év.	29 l. Déco. de s. J. B.	29 j. st Michel.	29 s. st Narcisse.	29 m. st Saturnin, év.	29 j. st Thomas, évan.
30 s. st Germain, év.	30 m. st Gaudens.	30 v. st Jérôme, prêt.	30 D. st Quentin, m.	30 m. st André, ap.	30 v. st Sabin, év.
31 D. st Ignace, prêt.	31 m. ste Florentine.		31 l. Vigile-Jeûne.		31 s. st Sylvestre, p.

Toulouse. — Imprimerie de Rives et Faget, rue Tripière, 9.

Calendrier Perpétuel, Civil et Ecclésiastique.

JANVIER	FÉVRIER	MARS	AVRIL	MAI	JUIN
1 D. Circoncision.	1 m. st Ignace, m.	1 m. CENDRES.	1 s. st Hugues.	1 l. ss Philip. et Jac.	1 j. st Pamphile.
2 l. st Basile.	2 j. PURIFICATION.	2 j. st Simplicien.	2 D. PASSION.	2 m. st Athanase, év.	2 v. st Pothin, év.
3 m. ste Geneviève.	3 v. st Blaise, év.	3 v. ste Cunégonde.	3 l. st Richard.	3 m. Invent. ste Croix.	3 s. st Qnirin, m. v.-j.
4 m. st Rigobert.	4 s. st Gilbert.	4 s. st Casimir.	4 m. st Ambroise, év.	4 j. ste Monique.	4 D. PENTECOTE
5 j. st Siméon, styl.	5 D. ste Agathe, v.	5 D. QUADRAGÉSIME.	5 m. st Vincent Ferr.	5 v. st Théodard, év.	5 l. st Claude.
6 v. ÉPIPHANIE.	6 l. st Amand, év.	6 l. ste Colette.	6 j. st Prudence.	6 s. st Jean P. L.	6 m. st Norbert.
7 s. st Théau.	7 m. ste Dorothée, v.	7 m. ss. Fél. et P.	7 v. st Hégésippe.	7 D. Transf. s Etienne	7 m. Quatre-Temps.
8 D. st Lucien, m.	8 m. st Jean de M.	8 m. Quatre-Temps.	8 s. st Gaultier.	8 l. st Orens, évêq.	8 j. st Médard.
9 l. st Julien, hosp.	9 j. ste Appollonie.	9 j. ste Françoise.	9 D. RAMEAUX.	9 m. st Grégoire, év.	9 v. st Félicien. q.-t.
10 m. st Paul, ermite.	10 v. ste Scolastique.	10 v. st Droctovée q.-t.	10 l. st Macaire.	10 m. st Gordien.	10 s. st Landry. q.-t.
11 m. st Hygien, pape.	11 s. st Benoît, ab.	11 s. ste Sophroneg.-t.	11 m. st Léon, pape.	11 j. st Mamert.	11 D. TRINITÉ.
12 j. st Fréjus, évêq.	12 D. SEPTUAGÉSIME.	12 D. REMINISCERE.	12 m. st Jules.	12 v. st Pacôme, ab.	12 l. st Basilide.
13 v. BAPTÊME DE N. S.	13 l. st Lézin.	13 l. st Nicéphore.	13 j. st Justin, m.	13 s. st Onésime.	13 m. st Aventin.
14 s. st Hilaire, évêq.	14 m. st Valentin.	14 m. ste Mathilde.	14 v. VENDREDI-SAINT.	14 D. st Boniface.	14 m. st Valère, m.
15 D. st Maur, abbé.	15 m. st Faustin.	15 m. st Zacharie.	15 s. st Paterne.	15 l. st Isidore, ab.	15 j. FÊTE-DIEU.
16 l. st Fulgence, év.	16 j. ste Julienne.	16 j. st Euzébie, v.	16 D. PAQUES.	16 m. st Germier.	16 v. ss. Cyr et Julitte.
17 m. st Antoine, abbé.	17 v. st Sylvin, év.	17 v. st Patrice.	17 l. st Anicet.	17 m. st Pascal.	17 s. st Avit, abb.
18 m. Chaire st P. à R.	18 s. st Siméon, év.	18 s. st Alexandre.	18 m. st Parfait.	18 j. st Venant.	18 D. st Emile, m.
19 j. st Sulpice, évêq.	19 D. SEXAGÉSIME.	19 D. OCULI.	19 m. st Elphège.	19 v. st Pierre Cél.	19 l. ss. Gerv. et Prot.
20 v. st Sébastien, m.	20 l. st Eucher, év.	20 l. st Joachim.	20 j. st Joseph.	20 s. st Hilaire, év.	20 m. st Romuald.
21 s. ste Agnès, v.	21 m. st Sévérien.	21 m. st Benoît.	21 v. st Anselme.	21 D. st Hospice.	21 m. st Louis de Gonz.
22 D. st Vincent, m.	22 m. st Maxime.	22 m. st Paul, év.	22 s. ste Opportune.	22 l. ROGATIONS.	22 j. st Paulin, év.
23 l. st Fabien, pape.	23 j. st Pascase.	23 j. st Fidèle.	23 D. QUASIMODO.	23 m. st Didier.	23 v. st Leufroy.
24 m. st Timothée, év.	24 v. st Mathias.	24 v. st Gabriel, év.	24 l. st Phébado, év.	24 m. st François Rég.	24 s. st Jean-Baptiste.
25 m. Conv. de st Paul.	25 s. st Valburge.	25 s. ANNONCIATION.	25 m. st Marc, évang.	25 j. ASCENSION.	25 D. ste Fébronie.
26 j. ste Paule, veuve.	26 D. QUINQUAGÉSIME.	26 D. LÆTARE.	26 m. st Clet, pape.	26 v. st Philippe N.	26 l. st Maixent.
27 v. ss. Martyrs rom.	27 l. ste Honorine.	27 l. st Rupert, év.	27 j. st Policarpe.	27 s. st Hildebert.	27 m. st Crescent, év.
28 s. st Cyrille, évêq.	28 m. ss. Martyrs d'Al.	28 m. st Gontrand.	28 v. ss. Martyrs d'Aff.	28 D. st Guilhaume	28 m. st Irénée, év.
29 D. st François de S.		29 m. st Eustase.	29 s. ste Marie Egyp.	29 l. st Maximin.	29 j. ss. Pierre et Paul.
30 l. ste Bathilde.		30 j. st Jean Climaq.	30 D. st Eutrope, év.	30 m. st Félix, p.	30 v. Comm. de s Paul.
31 m. st Pierre Nolasq.		31 v. st Acace, év.		31 m. st Sylve, év.	

JUILLET	AOUT	SEPTEMBRE	OCTOBRE	NOVEMBRE	DÉCEMBRE
1 s. st Martial, év.	1 m. st Pierre ès-liens	1 v. st Gilis, abbé.	1 D. st Rémy, év.	1 m. TOUSSAINT.	1 v. st Eloi, év.
2 D. VISITATION N. D.	2 m. st Etienne, pape.	2 s. st Antonin, m.	2 l. ss Anges gard.	2 j. Les Morts.	2 s. st François-Xav.
3 l. st Anatole.	3 j. Inv. st Etienne.	3 D. st Grégoire, pape	3 m. st Trophime, év.	3 v. st Papoul, m.	3 D. AVENT.
4 m. st Théodore.	4 v. st Dominique.	4 l. st Lazare.	4 m. st François-d'As.	4 s. st Charles Borro.	4 l. ste Barbe, v.
5 m. ste Zoé.	5 s. st Félix, mart.	5 m. st Victorin, év.	5 j. st Placide, m.	5 D. ste Bertile. v.	5 m. st Sabas, abbé.
6 j. st Tranquillin.	6 D. TRANS. DE N. S.	6 m. st Eugène, m.	6 v. st Bruno, moine.	6 l. st Léonard.	6 m. ste Victoire, v.
7 v. st Prosper, doct.	7 l. st Sixte, pape.	7 j. st Cloud, prêtre.	7 s. ste Foi, v. m.	7 m. st Ernest, abbé.	7 j. st Nicolas, év.
8 s. ste Elisabeth, r.	8 m. ss. Just et Past.	8 v. NATIV. DE LA V.	8 D. ste Brigitte.	8 m. stes Reliques.	8 v. CONCEP. N. D.
9 D. st Ephrem.	9 m. st Vitrice, évêq.	9 s. st Omer, évêq.	9 l. st Denis, év.	9 j. st Austremoine.	9 s. ste Léocadie, v.
10 l. Sept-Frères M.	10 j. ste Philomène.	10 D. st Salvi, évêque.	10 m. st François de B.	10 v. st Léon, pape.	10 D. st Hubert.
11 m. Trans. st Benoît.	11 v. ste Suzanne, m.	11 l. st Patient.	11 m. st Julien.	11 s. st Martin, év.	11 l. st Damase, pape.
12 m. st Honeste, pr.	12 s. ste Claire, vierge.	12 m. st Sardot, évêq.	12 j. st Donatien.	12 D. st Martin, pape.	12 m. st Paul, év.
13 j. st Anaclet.	13 D. ste Radegonde, r.	13 m. st Aimé, abbé.	13 v. st Géraud.	13 l. st Stanislas.	13 m. ste Luce, v. m.
14 v. st Bonaventure. V.-J.	14 l. st Eusèbe. V.-J.	14 j. EXALT. Ste-CROIX	14 s. st Calixte.	14 m. st Claude, m.	14 j. st Honorat, prê.
15 s. st Henri.	15 m. Assomption.	15 v. ste Camille.	15 D. ste Thérèse, v.	15 m. st Malo, év.	15 v. st Mesmin.
16 D. N.-D. de M.-Car.	16 m. st Roch.	16 s. st Jean Chrysost.	16 l. st Bertrand, év.	16 j. st Eucher.	16 s. ste Adelaïde.
17 l. st Espérat, m.	17 j. st Alexis.	17 D. st Corneille.	17 m. st Gauderic.	17 v. st Asciscle, m.	17 D. ste Olimpie.
18 m. st Thomas d'Aq.	18 v. ste Hélène.	18 l. st Luc, évang.	18 m. st Odon, abbé.	18 s. st Odon, abbé.	18 l. st Gratien.
19 m. st Vincent de P.	19 s. st Louis, évêque.	19 m. st Cyprien.	19 j. st Pierre d'Alc.	19 D. ste Elizabeth.	19 m. st Grégoire.
20 j. ste Marguerite.	20 D. st Bernard, abbé.	20 j. Quatre-Temps.	20 v. st Caprais, év.	20 l. st Edmond.	20 j. Quatre-Temps.
21 v. st Victor, m.	21 l. st Privat, évêq.	21 v. st Mathieu.	21 s. ste Ursule, v.	21 m. PRÉSENT. N. D.	21 v. st Thomas.
22 s. ste Madeleine.	22 m. st Symphorien.	22 s. st Maurice. q.-t.	22 D. st Mellon.	22 m. ste Cécile, v.	22 s. st Yves, év. q.-t.
23 D. st Apollinaire.	23 m. st Jeanne.	23 D. ste Thècle. q.-t.	23 l. st Séverin.	23 j. st Clément, pape.	23 D. ste Anastasie q.-t.
24 l. ste Christine, v.	24 j. st Barthélemy, a.	24 l. st Yzarn, abb.	24 m. st Erambert, év.	24 v. ste Flore, v.	24 l. ste Delphine, v.-j.
25 m. st Jacques, apôt.	25 v. st Louis, roi.	25 m. st Firmin, évêq.	25 m. ss Crépin et Cré.	25 s. ste Catherine, v.	25 m. NOEL.
26 m. ste Anne.	26 s. st Zéphirin.	26 m. ste Justine, v.	26 j. ste Rustique.	26 D. st Lin, pape.	26 m. st Etienne, mar.
27 j. st Pantaléon.	27 D. st Césaire, év.	27 j. ss. Come et Dam.	27 v. st Frumence.	27 l. ss. Vital et Agri.	27 j. st Jean, évang.
28 s. st Nazaire, m.	28 l. st Augustin, év.	28 v. st Exupère, évêq.	28 s. ss. Simon et Jud.	28 m. st Sosthène.	28 v. ss Innocents.
29 s. st Loup, évêque.	29 m. Déc. de st J.-Bapt.	29 s. st Michel.	29 D. st Narcisse.	29 m. st Saturnin, év.	29 s. st Thomas.
30 D. st Germain, év.	30 m. st Gaudens.	30 D. st Jérôme, prêt.	30 l. st Quentin, m.	30 j. st André, ap.	30 s. st Sabin, év.
31 l. st Ignace, prêtre.	31 j. ste Florentine.		31 m. Vigile-Jeûne.		31 D. st Sylvestre, p.

Toulouse. — Imprimerie de Rives et Faget, rue Trijaire, 9.

Calendrier Perpétuel, Civil et Ecclésiastique

JANVIER	FÉVRIER	MARS	AVRIL	MAI	JUIN
1 l. CIRCONCISION.	1 j. st Ignace, m.	1 j. st Aubin, év.	1 D. RAMEAUX.	1 m. ss. Phil. et Jacq.	1 v. st Pamphile. q.-t.
2 m. st Bazile.	2 v. PURIFICATION.	2 v. st Simplic. q.-t.	2 l. st François de P.	2 m. st Athanase, év.	2 s. st Pothin. q.-t.
3 m. ste Geneviève.	3 s. st Blaise, év.	3 s. ste Cunég. q.-t.	3 m. st Richard.	3 j. Invent. sts Croix.	3 D. TRINITÉ.
4 j. st Rigobert.	4 D. SEPTUAGÉSIME.	4 D. REMINISCERE.	4 m. st Ambroise, év.	4 v. ste Monique.	4 l. st Quirin.
5 v. st Siméon, styl.	5 l. ste Agathe, v.	5 l. st Phocas.	5 j. st Vincent Ferr.	5 s. st Théodard, év.	5 m. st Claude.
6 s. ÉPIPHANIE.	6 m. st Amand, év.	6 m. ste Colette.	6 v. VENDREDI-SAINT	6 D. st Jean P. L.	6 m. st Norbert.
7 D. st Théau.	7 m. ste Dorothée, v.	7 m. ss. Félic. et Per.	7 s. st Hégésippe.	7 l. st Orens, év.	7 j. FÊTE-DIEU.
8 l. st Lucien, m.	8 j. st Jean de M.	8 j. st Jean de D.	8 D. PAQUES.	8 m. st Orens, év.	8 v. st Médard.
9 m. st Julien, hosp.	9 v. ste Appollonie.	9 v. ste Françoise.	9 l. st Isidore.	9 m. st Grégoire, év.	9 s. st Félicien, m.
10 m. st Paul, ermite.	10 s. ste Scolastique.	10 s. st Blanchard.	10 m. st Macaire.	10 j. st Gordien.	10 D. st Landry.
11 j. st Hygien, pape.	11 D. SEXAGÉSIME.	11 D. OCULI.	11 m. st Léon, pape.	11 v. st Mamert.	11 l. st Barnabé, ap.
12 v. st Fréjus, év.	12 l. ste Eulalie, v.	12 l. st Maximilien.	12 j. st Jules.	12 s. st Pacôme.	12 m. st Basilide.
13 s. BAPTÊME DE N. S.	13 m. st Lésin.	13 m. st Nicéphore.	13 v. st Justin, m.	13 D. st Onésime.	13 m. st Aventin.
14 D. st Hilaire, év.	14 m. st Valentin.	14 m. ste Mathilde.	14 s. st Tiburce.	14 l. ROGATIONS.	14 j. st Valère.
15 l. st Maur, abbé.	15 j. st Faustin.	15 j. st Zacharie.	15 D. QUASIMODO.	15 m. st Isidore, ab.	15 v. st Guy, m.
16 m. st Fulgence, év.	16 v. ste Julienne.	16 v. ste Euzébie.	16 l. st Fructueux.	16 m. st Germier, év.	16 s. ss. Cyr et Julitte.
17 m st Antoine, ab.	17 s. st Sylvin, év.	17 s. st Patrice, év.	17 m. st Anicet.	17 j. ASCENSION.	17 D. st Avit, abbé.
18 j. Chaire st P. à R.	18 D. QUINQUAGÉSIME.	18 D. LÆTARE.	18 m. st Parfait.	18 v. st Venant.	18 l. st Emile, m.
19 v. st Sulpice, év.	19 l. st Gabin.	19 l. st Gaspard.	19 j. st Elphége.	19 s. st Pierre Célestin	19 m. ss. Gervais et Pr.
20 s. st Sébastien, m.	20 m. st Eucher, év.	20 m. st Joachim.	20 v. st Joseph.	20 D. st Hilaire.	20 m. st Romuald.
21 D. st Agnès, v.	21 m. CENDRES.	21 m. st Benoît.	21 s. st Anselme.	21 l. st Hospice.	21 j. st Louis de G.
22 l. st Vincent, m.	22 j. st Maxime.	22 j. st Paul, év.	22 D. ste Opportune.	22 m. ste Julie.	22 v. st Paulin, év.
23 m. st Fabien, pape.	23 v. st Pascase.	23 v. st Fidèle.	23 l. st George, m.	23 m. st Didier.	23 s. st Leufroy.
24 m. st Timothée, év.	24 s. st Mathias, ap.	24 s. st Gabriel.	24 m. st Phébade, év.	24 j. st François.	24 D. st Jean-Baptiste.
25 j. Conv. de st Paul.	25 D. QUADRAGÉSIME.	25 D. ANNONCIATION.	25 m. st Marc, évang.	25 v. st Urbain, p.	25 l. ste Fébronie.
26 v. ste Paule, veuve.	26 l. st Nestor.	26 l. st Ludger.	26 j. st Clet, pape.	26 s. st Philippe. v.-j.	26 m. st Maixent.
27 s. ss. Martyrs rom.	27 m. ste Honorine.	27 m. st Rupert, évêq.	27 v. st Polycarpe.	27 D. PENTECOTE	27 m. st Cressent, év.
28 D. st Cyrile, év.	28 m. Quatre-Temps.	28 m. st Gontrand.	28 s. ss. Martyrs d'Aff.	28 l. st Guilhaume.	28 j. st Irénée, m.
29 l. st François de S.		29 j. st Eustase.	29 D. ste Marie Égypt.	29 m. st Maximin.	29 v. ss. Pierre et Paul.
30 m. ste Bathilde.		30 v. st Jean Climaq.	30 l. st Eutrope, év.	30 m. Quatre-Temps.	30 s. Comm. des Paul.
31 m. st Pierre Nolasq.		31 s. st Acace, év.		31 j. st Sylve, év.	

JUILLET	AOUT	SEPTEMBRE	OCTOBRE	NOVEMBRE	DÉCEMBRE
1 D. st Martial, év.	1 m. st Pierre-ès-liens	1 s. st Gilis, abbé.	1 l. st Rémy, év.	1 j. TOUSSAINT.	1 s. st Eloi, év.
2 l. VISITATION N. D.	2 j. st Etienne, pape.	2 D. st Antonin, m.	2 m. ss Anges gard.	2 v. Les Morts.	2 D. AVENT.
3 m. st Anatole.	3 v. Invent. st Etien.	3 l. st Grégoire, pap.	3 m. st Trophime, év.	3 s. st Papoul, m.	3 l. st Anthème.
4 m. st Théodore.	4 s. st Dominique	4 m. st Lazare.	4 j. st François-d'As.	4 D. st Charles-Borro.	4 m. ste Barbe, v.
5 j. ste Zoé.	5 D. st Félix, m.	5 m. st Victorin, év.	5 v. st Placide, m.	5 l. ste Bertile, v.	5 m. st Sabas, abbé.
6 v. st Tranquillin.	6 l. Trans. de N. S.	6 j. st Eugène, m.	6 s. st Bruno, moine.	6 m. st Léonard.	6 j. ste Victoire, v.
7 s. st Prosper, doct.	7 m. st Xiste, pape.	7 v. st Cloud, prêtre.	7 D. ste Foi, v. m.	7 m. st Ernest, abbé.	7 v. st Nicolas, év.
8 D. ste Elisabeth, r.	8 m. st Just et Past.	8 s. NATIVITÉ de la V.	8 l. ste Brigitte.	8 j. stes Reliques.	8 s. CONCEP. N. D.
9 l. st Ephrem.	9 j. st Vitrice, év.	9 D. st Omer, év.	9 m. st Denis, év.	9 v. st Austremoine.	9 D. ste Léocadie, v.
10 m. Sept-Frères M.	10 v. st Laurent.	10 l. st Salvi, év.	10 m. st François de B.	10 s. st Léon, pape.	10 l. st Hubert.
11 m. Trans. st Benoît.	11 s. ste Susanne, m.	11 m. st Patient.	11 j. st Julien.	11 D. st Martin, év.	11 m. st Damase, pape.
12 j. st Honeste, pr.	12 D. ste Claire, vierge.	12 m. st Sèrdot, év.	12 v. st Donatien.	12 l. st Martin, pape.	12 m. st Paul, év.
13 v. st Anaclet.	13 l. ste Radegonde, r.	13 j. st Aimé, abbé.	13 s. st Géraud.	13 m. st Stanislas.	13 j. ste Luce, v. m.
14 s. st Bonaventure.	14 m. st Eusèbe, V.-J.	14 v. EXALT. ste Croix	14 D. st Calixte.	14 m. st Claude, m.	14 v. st Honorat, év.
15 D. st Henri.	15 m. Assomption.	15 s. st Achard, abbé.	15 l. ste Thérèse.	15 j. st Malo, év.	15 s. st Mesmin, év.
16 l. Notre-D. de M. C.	16 j. st Roch.	16 D. st Jean Chrysost.	16 m. st Bertrand, év.	16 v. st Eucher.	16 D. ste Adélaïde.
17 m. st Esperat, m.	17 v. st Alexis.	17 l. st Corneille.	17 m. st Gauderic.	17 s. st Asciscle, m.	17 l. ste Olimpe.
18 m. st Thomas d'Aq.	18 s. ste Hélène.	18 m. ste Camelle.	18 j. st Luc, évang.	18 D. st Odon, abbé.	18 m. st Gratien.
19 j. st Vincent-de-P.	19 D. st Louis, év.	19 m. Quatre-Temps.	19 v. st Pierre d'Alc.	19 l. ste Elizabeth.	19 m. Quatre-Temps.
20 v. ste Marguerite.	20 l. st Bernard, ab.	20 j. st Eustache.	20 s. st Caprais, év.	20 m. st Edmont.	20 j. st Philogone.
21 s. st Victor, m.	21 m. st Privat, év.	21 v. st Mathieu. q.-t.	21 D. ste Ursule, v.	21 m. PRÉSENT. N. D.	21 v. st Thomas. q.-t.
22 D. ste Madeleine.	22 m. st Symphorien.	22 s. st Maurice. q.-t.	22 l. ste Cécile, v.	22 j. ste Cécile, v.	22 s. st Yves, év. q.-t.
23 l. st Appollinaire.	23 j. ste Jeanne.	23 D. ste Thècle.	23 m. st Sévérin.	23 v. st Clément, pape.	23 D. ste Anastas.
24 m. ste Christine, v.	24 v. st Barthélemi, ap.	24 l. st Yzarn.	24 m. st Erambert, év.	24 s. ste Flore, v.	24 l. st Delphine, v.-j.
25 m. st Jacques, apôt.	25 s. st Louis, roi.	25 m. st Firmin, év.	25 j. ss Crépin et Cré.	25 D. ste Catherine, v.	25 m. NOEL.
26 j. ste Anne.	26 D. st Zéphirin.	26 m. ste Justine.	26 v. ste Rustique.	26 l. st Lin, pape.	26 m. st Etienne, m.
27 v. st Pantaléon.	27 l. st Césaire, év.	27 j. ss. Come et Dam.	27 s. st Frumence.	27 m. ss. Vital et Agri.	27 j. st Jean, évang.
28 s. st Nazaire, m.	28 m. st Augustin, év.	28 v. st Exupère, év.	28 D. ss Simon et Jude.	28 m. st Sosthène.	28 v. ss Innocents.
29 D. st Loup, év.	29 m. Déco. de st J. B.	29 s. st Michel.	29 l. st Narcisse.	29 j. st Saturnin, év.	29 s. st Thomas, évan.
30 l. st Germain, év.	30 j. st Gaudens.	30 D. st Jérôme, prêt.	30 m. st Quentin, m.	30 v. st André, ap.	30 D. st Sabin, év.
31 m. st Ignace, prêt.	31 v. ste Florentine.		31 m. Vigile-Jeûne.		31 l. st Sylvestre, p.

Toulouse. — Imprimerie de Rives et Fagel, rue Tripière, 9.

Calendrier Perpétuel, Civil et Ecclésiastique.

JANVIER	FÉVRIER	MARS	AVRIL	MAI	JUIN
1 j. Circoncision.	1 D. st Ignace, m.	1 D. Quadragésime.	1 m. st Hugues.	1 v. ss Philip. et Jac.	1 l. st Pamphile.
2 v. st Basile.	2 l. Purification.	2 l. st Simplicien.	2 j. st François de P.	2 s. st Athanase, év.	2 m. st Pothin, év.
3 s. ste Geneviève.	3 m. st Blaise, év.	3 m. ste Cunégonde.	3 v. st Richard.	3 D. Invent. ste Croix.	3 m. Quatre-Temps.
4 D. st Rigobert.	4 m. st Gilbert.	4 m. Quatre-Temps.	4 s. st Ambroise, év.	4 l. ste Monique.	4 j. st Quirin, m.
5 l. st Siméon, styl.	5 j. ste Agathe, v.	5 j. st Phocas.	5 D. Rameaux.	5 m. st Théodard, év.	5 v. st Claude. q.-t.
6 m. Épiphanie.	6 v. st Amand, év.	6 v. ste Colette. q.-t.	6 l. st Prudence.	6 m. st Jean P. L.	6 s. st Norbert. q.-t.
7 m. st Théau.	7 s. ste Dorothée, v.	7 s. ss. Fél. et P. q.-t.	7 m. st Hégésippe.	7 j. Transf. s Étienne	7 D. Trinité.
8 j. st Lucien, m.	8 D. Septuagésime.	8 D. Reminiscere.	8 m. st Gaultier.	8 v. st Orens, évêq.	8 l. st Médard.
9 v. st Julien, hosp.	9 l. ste Appollonie.	9 l. ste Françoise.	9 j. st Isidore.	9 s. st Grégoire, év.	9 m. st Félicien.
10 s. st Paul, ermite.	10 m. st Scolastique.	10 m. st Droctovée.	10 v. Vendredi-Saint.	10 D. st Gordien.	10 m. st Landry.
11 D. st Hygien, pape.	11 m. st Benoît, ab.	11 m. ste Sophrone.	11 s. st Léon, pape.	11 l. st Mamert.	11 j. Fête-Dieu.
12 l. st Fréjus, évêq.	12 j. ste Eulalie, v.	12 j. st Maximilien.	12 D. Pâques.	12 m. st Pacôme, ab.	12 v. st Basilide.
13 m. Baptême de N. S.	13 v. st Lézin.	13 v. st Nicéphore.	13 l. st Justin, m.	13 m. st Onésime.	13 s. st Aventin.
14 m. st Hilaire, évêq.	14 s. st Valentin.	14 s. ste Mathilde.	14 m. st Tiburce.	14 j. st Boniface.	14 D. st Valère, m.
15 j. st Maur, abbé.	15 D. Sexagésime.	15 D. Oculi.	15 m. st Paterne.	15 v. st Isidore, ab.	15 l. st Cyr, mart.
16 v. st Fulgence, év.	16 l. ste Julienne.	16 l. st Euzébie, v.	16 j. st Fructueux.	16 s. st Germier.	16 m. ss. Cyr et Julitte.
17 s. st Antoine, abbé.	17 m. st Sylvin, év.	17 m. st Patrice.	17 v. st Anicet.	17 D. st Pascal.	17 m. st Avit, abb.
18 D. Chaire st P. à R.	18 m. st Siméon, év.	18 m. st Alexandre.	18 s. st Parfait.	18 l. Rogations.	18 j. st Émile, m.
19 l. st Sulpice, évêq.	19 j. st Gobin.	19 j. st Gaspard.	19 D. Quasimodo.	19 m. st Pierre Cél.	19 v. ss. Gerv. et Prot.
20 m. st Sébastien, m.	20 v. st Eucher, év.	20 v. st Joachim.	20 l. st Joseph.	20 m. st Hilaire, év.	20 s. st Romuald.
21 m. ste Agnès, v.	21 s. st Sévérien.	21 s. st Benoît.	21 m. st Anselme.	21 j. Ascension.	21 D. st Louis de Gonz.
22 j. st Vincent, m.	22 D. Quinquagésime.	22 D. Lætare.	22 m. ste Opportune.	22 v. ste Julie.	22 l. st Paulin, év.
23 v. st Fabien, pape.	23 l. st Pascase.	23 l. st Fidèle.	23 j. st Georges, m.	23 s. st Didier.	23 m. st Leufroy.
24 s. st Timothée, év.	24 m. st Mathias.	24 m. st Gabriel, év.	24 v. st Phélade, év.	24 D. st François Rég.	24 m. st Jean-Baptiste.
25 D. Conv. de st Paul.	25 m. Cendres.	25 m. Annonciation.	25 s. st Marc, évang.	25 l. st Urbain, pape.	25 j. ste Fébronie.
26 l. ste Paule, veuve.	26 j. st Nestor.	26 j. st Ludger.	26 D. st Clet, pape.	26 m. st Philippe N.	26 v. st Maixent.
27 m. ss. Martyrs rom.	27 v. ste Honorine.	27 v. st Rupert, év.	27 l. st Policarpe.	27 m. st Hildebert.	27 s. st Crescent, év.
28 m. st Cyrile, évêq.	28 s. ss. Martyrs d'Al.	28 s. st Gontrand.	28 m. ss. Martyrs d'Aff.	28 j. st Guilhaume	28 D. st Irénée, év.
29 j. st François de S.		29 D. Passion.	29 m. st Marie Égyp.	29 v. st Maximin.	29 l. ss. Pierre et Paul.
30 v. ste Bathilde.		30 l. st Jean Climaq.	30 j. st Eutrope, év.	30 s. st Félix, p. v.-j.	30 m. Comm. de s Paul.
31 s. st Pierre Nolasq.		31 m. st Acace, év.		31 D. Pentecôte	

JUILLET	AOUT	SEPTEMBRE	OCTOBRE	NOVEMBRE	DÉCEMBRE
1 m. st Martial, év.	1 s. st Pierre ès-liens	1 m. st Gilis, abbé.	1 j. st Rémy, év.	1 D. Toussaint.	1 m. st Éloi, év.
2 j. Visitation N. D.	2 D. st Étienne, pape.	2 m. st Antonin, m.	2 v. ss Anges gard.	2 l. Les Morts.	2 m. st François-Xav.
3 v. st Anatole.	3 l. Inv. st Étienne.	3 j. st Grégoire, pape	3 s. st Trophime, év.	3 m. st Papoul, m.	3 j. st Anthème.
4 s. st Théodore.	4 m. st Dominique.	4 v. st Lazare.	4 D. st François-d'As.	4 m. st Charles Borro.	4 v. ste Barbe, v.
5 D. ste Zoé.	5 m. st Félix, mart.	5 s. st Victorin, év.	5 l. st Placide, m.	5 j. ste Bertile. v.	5 s. st Sabas, abbé.
6 l. st Tranquillin.	6 j. Trans. de N. S.	6 D. st Eugène, m.	6 m. st Bruno, moine.	6 v. st Léonard.	6 D. ste Victoire, v.
7 m. st Prosper, doct.	7 v. st Sixte, pape.	7 l. st Cloud, prêtre.	7 m. ste Foi, v.	7 s. st Ernest, abbé.	7 l. st Nicolas, év.
8 m. ste Élisabeth, r.	8 s. ss. Just et Past.	8 m. Nativ. de la V.	8 j. ste Brigitte.	8 D. stes Reliques.	8 m. Concep. N. D.
9 j. st Éphrem.	9 D. st Vitrice, évêq.	9 m. st Omer, évêq.	9 v. st Denis, év.	9 l. st Austremoine.	9 m. ste Léocadie, v.
10 v. Sept-Frères M.	10 l. st Laurent.	10 j. st Salvi, évêque.	10 s. st François de B.	10 m. st Léon, pape.	10 j. st Hubert.
11 s. Trans. st Benoît.	11 m. ste Suzanne, m.	11 v. st Patient.	11 D. st Julien.	11 m. st Martin, év.	11 v. st Damase, pape.
12 D. st Honeste, pr.	12 m. ste Claire, vierge.	12 s. st Serdot, évêq.	12 l. st Donatien.	12 j. st Martin, pape.	12 s. st Paul, év.
13 l. st Anaclet.	13 j. ste Radegonde, r.	13 D. st Aimé, abbé.	13 m. st Géraud.	13 v. st Stanislas.	13 D. ste Luce, v. m.
14 m. st Bonaventure.	14 v. st Eusèbe. V.-J.	14 l. Exalt. Ste-Croix	14 m. st Calixte.	14 s. st Claude, m.	14 l. st Honorat, év.
15 m. st Henri.	15 s. Assomption.	15 m. ste Camelle.	15 j. ste Thérèse, v.	15 D. st Malo, év.	15 m. st Mesmin.
16 j. N.-D. de M.-Car.	16 D. st Roch.	16 m. Quatre-Temps.	16 v. st Bertrand, év.	16 l. st Eucher.	16 m. Quatre-Temps.
17 v. st Espérat, m.	17 l. st Alexis.	17 j. st Corneille.	17 s. st Gauderic.	17 m. st Asciscle, m.	17 j. ste Olimpie.
18 s. st Thomas d'Aq.	18 m. ste Hélène.	18 v. ste Camelle. q.-t.	18 D. st Luc, évang.	18 m. st Odon, abbé.	18 v. st Gratien. q.-t.
19 D. st Vincent de P.	19 m. st Louis, évêque.	19 l. st Cyprien. q.-t.	19 l. st Pierre d'Alc.	19 j. ste Élizabeth.	19 s. st Grégoire. q.-t.
20 l. ste Marguerite.	20 j. st Bernard, abbé.	20 D. st Eustache.	20 m. st Caprais, év.	20 v. st Edmond.	20 D. st Philogon.
21 m. st Victor, m.	21 v. st Privat, évêq.	21 l. st Mathieu.	21 m. ste Ursule, v.	21 s. Présent. N. D.	21 l. st Thomas.
22 m. ste Madeleine.	22 s. st Symphorien.	22 m. st Maurice.	22 j. st Mellon.	22 D. ste Cécile, v.	22 m. st Yves, év.
23 j. st Apollinaire.	23 D. ste Jeanne.	23 m. st Séverin.	23 v. st Séverin.	23 l. st Clément, pape.	23 m. ste Anastasie.
24 v. ste Christine, v.	24 l. st Barthélemy, a.	24 j. st Yzarn, ab.	24 s. st Erambert, év.	24 m. ste Flore, v.	24 j. ste Delphine, v.-j.
25 s. st Jacques, apôt.	25 m. st Louis, roi.	25 v. st Firmin, évêq.	25 D. ss Crépin et Cré.	25 m. ste Catherine, v.	25 v. Noel.
26 D. ste Anne.	26 m. st Zéphirin.	26 s. ste Justine.	26 l. st Rustique.	26 j. st Lin, pape.	26 s. st Étienne, m.
27 l. st Pantaléon.	27 j. st Césaire, év.	27 D. ss. Côme et Dam.	27 m. st Frumence.	27 v. ss. Vital et Agri.	27 D. st Jean, évang.
28 m. st Nazaire, m.	28 v. st Augustin, év.	28 m. st Exupère, évêq.	28 m. ss. Simon et Jud.	28 s. st Sosthène.	28 l. ss Innocents.
29 m. st Loup, évêque.	29 s. Déc. de st J.-Bapt.	29 m. st Michel.	29 j. st Narcisse.	29 D. Avent.	29 m. st Thomas, év.
30 j. st Germain, év.	30 D. st Gaudens.	30 j. st Jérôme, prêt.	30 v. st Quentin. m.	30 l. st André, ap.	30 m. st Sabin, év.
31 v. st Ignace, prêtre.	31 l. ste Florentine.		31 s. Vigile-Jeûne.		31 j. st Sylvestre, p.

Toulouse. — Imprimerie de Rives et Faget, rue Tripière, 9.

Calendrier Perpétuel, Civil et Ecclésiastique

JANVIER	FÉVRIER	MARS	AVRIL	MAI	JUIN
1 v. Circoncision.	1 l. st Ignace, m.	1 l. st Aubin, év.	1 j. st Hugues, év.	1 s. ss. Phil. et Jacq.	1 m. st Pamphile.
2 s. st Basile.	2 m. Purification.	2 m. st Simplicien.	2 v. Vendredi-Saint	2 D. st Athanase, év.	2 m. st Pothin.
3 D. ste Geneviève.	3 m. st Blaise, év.	3 m. ste Cunégonde.	3 s. st Richard.	3 l. Invent. sts Croix.	3 j. Fête-Dieu.
4 l. st Rigobert.	4 j. st Gilbert.	4 j. st Casimir.	4 D. PAQUES.	4 m. ste Monique.	4 v. st Quirin.
5 m st Siméon, styl.	5 v. ste Agathe, v.	5 v. st Phocas.	5 l. st Vincent Ferr.	5 m. st Théodard, év.	5 s. st Claude.
6 m Epiphanie.	6 s. st Amand, év.	6 s. ste Colette.	6 m. st Prudence.	6 j. st Jean P. L.	6 D. st Norbert.
7 j. st Théau.	7 D. Sexagésime.	7 D. Oculi.	7 m. st Hégésippe.	7 v. st Orens, év.	7 l. st Robert.
8 v. st Lucien, m.	8 l. st Jean de M.	8 l. st Jean de D.	8 j. st Gautier, abbé.	8 s. st Orens, év.	8 m. st Médard.
9 s. st Julien, hosp.	9 m. ste Appollonie.	9 m. ste Françoise.	9 v. st Isidore.	9 D. st Grégoire, év.	9 m. st Félicien, m.
10 D. st Paul, ermite.	10 m. ste Scolastique.	10 m. st Blanchard.	10 s. st Macaire.	10 l. Rogations.	10 j. st Landry.
11 l. st Hygien, pape.	11 j. st Benoit, abbé.	11 j. ste Sophrone.	11 D. Quasimodo.	11 m. st Mamert.	11 v. st Barnabé, ap.
12 m. st Fréjus, év.	12 v. ste Eulalie, v.	12 v. st Maximilien.	12 l. st Jules.	12 m. st Pacôme	12 s. st Basilide.
13 m. Baptême de N. S.	13 s. st Lésin.	13 s. st Nicéphore.	13 m. st Justin, m.	13 j. ASCENSION.	13 D. st Aventin.
14 j. st Hilaire, év.	14 D. Quinquagésime.	14 D. Lætare.	14 m st Tiburce.	14 v. st Boniface.	14 l. st Valère.
15 v. st Maur, abbé.	15 l. st Faustin.	15 l. st Zacharie.	15 j. st Paterne.	15 s. st Isidore, ab.	15 m. st Guy, m.
16 s. st Fulgence, év.	16 m. ste Julienne.	16 m. ste Euzébie.	16 v. st Fructueux.	16 D. st Germier, év.	16 m. ss. Cyr et Julitte.
17 D. st Antoine, ab.	17 m. Cendres.	17 m. st Patrice, év.	17 s. st Anicet.	17 l. st Pascal.	17 j. st Avit, abbé.
18 l. Chaire st P. à R.	18 j. st Siméon, év.	18 j. st Alexandre.	18 D. st Parfait.	18 m. st Venant.	18 v. st Emile, m.
19 m. st Sulpice, év.	19 v. st Gabin.	19 v. st Gaspard.	19 l. st Elphége.	19 m. st Pierre Célestin	19 s. ss. Gervais et Pr.
20 m st Sébastien, m.	20 s. st Eucher, év.	20 m. st Joachim.	20 m. st Joseph.	20 j. st Hilaire.	20 D. st Romuald.
21 j. st Aguès, v.	21 D. Quadragésime.	21 D. Passion.	21 m. st Anselme.	21 v. st Hospice.	21 l. st Louis de G.
22 v. st Vincent, m.	22 l. st Maxime.	22 l. st Paul, év.	22 j. ste Opportune.	22 s. ste Julie.	22 m. st Paulin, év.
23 s. st Fabien, pape.	23 m. st Pascase.	23 m. st Fidèle.	23 v. st George, m.	23 D. PENTECOTE	23 m. st Leufroy.
24 D. st Timothée, pr.	24 m. Quatre-Temps.	24 m. st Gabriel.	24 s. st Phébade, év.	24 l. st François.	24 j. st Jean-Baptiste.
25 l. Conv. de st Paul.	25 j. st Tarnise, év.	25 j. Annonciation.	25 D. st Marc, évang.	25 m. st Urbain, p.	25 v. ste Fébronie.
26 m. ste Paule, veuve.	26 v. st Nestor. q.-t.	26 v. st Ludger.	26 l. st Clet, pape.	26 m. Quatre-Temps.	26 s. st Maixent.
27 m. ss. Martyrs rom.	27 s. ste Honorine.q.-t.	27 s. st Rupert, évêq.	27 m. st Polycarpe.	27 j. st Hildebert.	27 D. st Cressent, év.
28 j. st Cyrile, év.	28 D. Reminiscere.	28 D. Rameaux.	28 m. ss. Martyrs d'Aff.	28 v. st Guillaumey.-t.	28 l. st Irénée, év.
29 v. st François de S.		29 l. st Eustase.	29 j. ste Marie Egypt.	29 s. st Maximin. q.-t.	29 m. ss. Pierre et Paul.
30 s. ste Bathilde.		30 m. st Jean Climaq.	30 v. st Eutrope, év.	30 D. Trinité.	30 m. Comm. de s Paul.
31 D. Septuagésime.		31 m. st Acace, év.		31 l. st Sylve, év.	

JUILLET	AOUT	SEPTEMBRE	OCTOBRE	NOVEMBRE	DÉCEMBRE
1 j. st Martial, év.	1 D. st Pierre-ès-liens	1 m. st Gilis, abbé.	1 v. st Rémy, év.	1 l. TOUSSAINT.	1 m. st Eloi, év.
2 v. Visitation N. D.	2 l. st Etienne, pape.	2 j. st Antonin, m.	2 s. ss Anges gard.	2 m. Les Morts.	2 j. st François Xav.
3 s. st Anatole.	3 m. Invent. st Etien.	3 v. st Grégoire, pap.	3 D. st Trophime, év.	3 m. st Papoul, m.	3 v. st Anthème.
4 D. st Théodore.	4 m. st Dominique	4 s. st Lazare.	4 l. st François d'As.	4 j. st Charles-Borro.	4 s. ste Barbe, v.
5 l. ste Zoé.	5 j. st Félix, m.	5 D. st Victorin, év.	5 m. st Placide, m.	5 v. ste Bertile, v.	5 D. st Sabas, abbé.
6 m. st Tranquillin.	6 v. Trans. de N. S.	6 l. st Eugène, m.	6 m. st Bruno, moine.	6 s. st Léonard.	6 l. ste Victoire, v.
7 m. st Prosper, doct.	7 s. st Xiste, pape.	7 m. st Cloud, prêtre.	7 j. ste Foi, v. m.	7 D. st Ernest, abbé.	7 m. st Nicolas, év.
8 j. ste Elisabeth, r.	8 D. st Just et Past.	8 m. Nativité de la V.	8 v. ste Brigitte.	8 l. stes Reliques.	8 m. Concep. N. D.
9 v. st Ephrem.	9 l. st Vitrice, év.	9 j. st Omer, év.	9 s. st Denis, év.	9 m. st Austremoine.	9 j. ste Léocadie, v.
10 s. Sept-Frères M.	10 m. ste Philomène.	10 v. st Salvi, év.	10 D. st François de B.	10 m. st Léon, pape.	10 v. st Hubert.
11 D. Trans. st Benoit.	11 m. ste Susanne, m.	11 s. st Patient.	11 l. st Julien.	11 j. st Martin, év.	11 s. st Damase, pape.
12 l. st Honeste, pr.	12 j. ste Claire, vierge.	12 D. st Serdot, év.	12 m. st Martin, pape.	12 v. st Martin, pape.	12 D. st Paul, év.
13 m. st Anaclet.	13 v. ste Radegonde, r.	13 l. st Aimé, abbé.	13 m. st Géraud.	13 s. st Stanislas.	13 l. ste Luce, v. m.
14 m. st Bonaventure.	14 s. st Eusèbe, év.	14 m. Exalt. ste Croix	14 j. st Calixte.	14 D. st Claude, m.	14 m. st Honorat, év.
15 j. st Henri.	15 D. Assomption.	15 m. Quatre-Temps.	15 v. ste Thérèse.	15 l. st Malo, év.	15 m. Quatre-Temps.
16 v. Notre-D. de M. C.	16 l. st Roch.	16 j. st Jean Chrysost.	16 s. st Bertrand, év.	16 m. st Eucher.	16 j. ste Adélaïd.
17 s. st Esperat, m.	17 m. st Alexis.	17 v. st Corneille. q.-t.	17 D. st Gauderic.	17 m. st Asciscle, m.	17 v. ste Olimpie. q.-t.
18 D. st Thomas d'Aq.	18 m. ste Hélène.	18 s. ste Camelle. q.-t.	18 l. st Luc, évang.	18 j. st Odon, abbé.	18 s. st Gratien. q.-t.
19 l. st Vincent-de-P.	19 j. st Louis, év.	19 D. st Cyprien.	19 m. st Pierre d'Alc.	19 v. ste Elizabeth.	19 D. st Grégoire.
20 m. ste Marguerite.	20 v. st Bernard, ab.	20 l. st Eustache.	20 m. st Caprais, év.	20 s. st Edmont.	20 l. st Philogone.
21 m. st Victor, m.	21 s. st Privat, év.	21 m. st Mathieu.	21 j. ste Ursule, v.	21 D. Présent. N. D.	21 m. st Thomas.
22 j. ste Madeleine.	22 D. st Symphorien.	22 m. st Maurice.	22 v. st Mellon.	22 l. ste Cécile, v.	22 j. st Yves, év.
23 v. st Appollinaire.	23 l. ste Jeanne.	23 j. ste Thècle.	23 s. st Séverin.	23 m. st Clément, pape.	23 j. ste Anastas.
24 s. ste Christine, v.	24 m. st Barthélemi, ap.	24 v. st Yzarn.	24 D. st Erambert, év.	24 m. ste Flore, v.	24 v. ste l elphine, v.-j.
25 D. st Jacques, apôt.	25 m. st Louis, roi.	25 s. st Firmin, év.	25 l. ss Crépin et Cré.	25 j. ste Catherine, v.	25 s. NOEL.
26 l. ste Anne.	26 j. st Zéphirin.	26 D. ste Justine.	26 m. ste Rustique.	26 v. st Lin, pape.	26 D. st Etienne, m.
27 m. st Pantaléon.	27 v. st Césaire, év.	27 l. ss. Come et Dam.	27 m. st Frumence.	27 s. ss. Vital et Agri.	27 l. st Jean, évang.
28 m. st Nazaire, m.	28 s. st Augustin, év.	28 m. st Exupère, év.	28 j. ss Simon et Jude.	28 D. Avent.	28 m. ss Innocents.
29 j. st Loup, év.	29 D. Déco. de s. J. B.	29 m. st Michel.	29 v. st Narcisse.	29 l. st Saturnin, év.	29 m. st Thomas, évan.
30 v. st Germain, év.	30 l. st Gaudens.	30 j. st Jérôme, prêt.	30 s. st Quentin, m.	30 m. st André, ap.	30 j. st Sabin, év.
31 s. st Ignace, prêt.	31 m. ste Florentine.		31 D. Vigile-Jeûne.		31 v. st Sylvestre, p.

Toulouse. — Imprimerie de Rives et Faget, rue Tripière, 9.

Calendrier Perpétuel, Civil et Ecclésiastique.

JANVIER	FÉVRIER	MARS	AVRIL	MAI	JUIN
1 s. Circoncision.	1 m. st Ignace, m.	1 m. st Aubin, év.	1 v. st Hugues.	1 D. Quasimodo.	1 m. st Pamphile.
2 D. st Basile.	2 m. Purification.	2 m. st Simplicien.	2 s. st François de P.	2 l. st Athanase, év.	2 j. Ascension.
3 l. ste Geneviève.	3 j. st Blaise, év.	3 j. ste Cunégonde.	3 D. Lætare	3 m. Invent. ste Croix.	3 v. ste Clotilde.
4 m. st Rigobert.	4 v. st Gilbert.	4 v. st Casimir.	4 l. st Ambroise, év.	4 m. ste Monique.	4 s. st Quirin, m.
5 m. st Siméon, styl.	5 s. ste Agathe, v.	5 s. st Phocas.	5 m. st Vincent Ferr.	5 j. st Théodard, év.	5 D. st Claude.
6 j. Epiphanie.	6 D. st Amand, év.	6 D. Quinquagésime.	6 m. st Prudence.	6 v. st Jean P. L.	6 l. st Norbert.
7 v. st Théau.	7 l. ste Dorothée, v.	7 l. ss. Félic. et P.	7 j. st Hégésippe.	7 s. Transf. s Etienne	7 m. st Robert.
8 s. st Lucien, m.	8 m. st Jean de M.	8 m. st Jean de Dieu.	8 v. st Gaultier.	8 D. st Orens, évêq.	8 m. st Médard.
9 D. st Julien, hosp.	9 m. ste Appollonie.	9 m. Cendres.	9 s. st Isidore.	9 l. st Grégoire, év.	9 j. st Félicien.
10 l. st Paul, ermite.	10 j. ste Scolastique.	10 j. st Droclovée.	10 D. Passion.	10 m. st Gordien.	10 v. st Landry.
11 m. st Hygien, pape.	11 v. st Benoît, ab.	11 v. ste Sophrona.	11 l. st Léon, pape.	11 m. st Mamert.	11 s. st Barnabé. v.-j.
12 m. st Fréjus, évêq.	12 s. ste Eulalie, v.	12 s. st Maximilien.	12 m. st Jules.	12 j. st Pacôme, ab.	12 D. Pentecote
13 j. Baptême de N. S.	13 D. st Lézin.	13 D. Quadragésime.	13 m. st Justin, m.	13 v. st Onésime.	13 l. st Aventin.
14 v. st Hilaire, évêq.	14 l. st Valentin.	14 l. ste Mathilde.	14 j. st Tiburce.	14 s. st Boniface.	14 m. st Valère, m.
15 s. st Maur, abbé.	15 m. st Faustin.	15 m. st Zacharie.	15 v. st Paterne.	15 D. st Isidore, ab.	15 m. Quatre-Temps.
16 D. st Fulgence, év.	16 m. ste Julienne.	16 m. Quatre-Temps.	16 s. st Fructueux.	16 l. st Germier.	16 j. ss. Cyr et Julitte.
17 l. st Antoine, abbé	17 j. st Sylvin, év.	17 j. st Patrice.	17 D. Rameaux.	17 m. st Pascal.	17 v. st Avit, abb. q.-t.
18 m. Chaire st P. à R.	18 v. st Siméon, év.	18 v. st Alexandr. q.-t.	18 l. st Parfait.	18 m. st Venant.	18 s. st Emile, m. q.-t.
19 m. st Sulpice, évêq.	19 s. st Gabin.	19 s. st Gaspard. q.-t.	19 m. st Elphège.	19 j. st Pierre Cél.	19 D. Trinité.
20 j. st Sébastien, m.	20 D. Septuagésime.	20 D. Reminiscere.	20 m. st Joseph.	20 v. st Hilaire, év.	20 l. st Romuald.
21 v. ste Agnès, v.	21 l. st Sévérien.	21 l. st Benoît.	21 j. st Anselme.	21 s. st Hospice.	21 m. st Louis de Gonz.
22 s. st Vincent, m.	22 m. st Maxime.	22 m. st Paul, év.	22 v. Vendredi Saint.	22 D. ste Julie.	22 m. st Paulin, év.
23 D. st Fabien, pape.	23 m. st Pascase.	23 m. st Filèle.	23 s. st Georges, m.	23 l. st Didier.	23 j. Fête-Dieu.
24 l. st Timothée, év.	24 j. st Mathias.	24 j. s' Gabriel, év.	24 D. Paques.	24 m. st François Rég.	24 v. st Jean-Baptiste.
25 m. Conv. de st Paul.	25 v. st Valburge.	25 v. Annonciation.	25 l. st Marc, évang.	25 m. st Urbain, pape.	25 s. ste Fébronie.
26 m. ste Paule, veuve.	26 s. st Nestor.	26 s. st Ludger.	26 m. st Clet, pape.	26 j. st Philippe N.	26 D. st Maixent.
27 j. ss. Martyrs rom.	27 D. Sexagésime.	27 D. Oculi.	27 m. st Policarpe.	27 v. st Hildebert.	27 l. st Crescent, év.
28 v. st Cyrille, évêq.	28 l. ss. Martyrs d'Al.	28 l. st Gontrand.	28 j. ss. Martyrs d'Aff.	28 s. st Guillaume	28 m. st Irénée, év.
29 s. st François du S.		29 m. st Eustase.	29 v. ste Marie Egyp.	29 D. st Maxime.	29 m. ss. Pierre et Paul
30 D. ste Bathilde.		30 m. st Jean Climaq.	30 s. st Eutrope, év.	30 l. Rogations.	30 j. Comm. des Paul.
31 l. st Pierre Nolasq.		31 j. st Acace, év.		31 m. st Sylve, év.	

JUILLET	AOUT	SEPTEMBRE	OCTOBRE	NOVEMBRE	DÉCEMBRE
1 v. st Martial, év.	1 l. st Pierre ès-liens	1 j. st Gilis, abbé.	1 s. st Rémy, év.	1 m. Toussaint.	1 j. st Eloi, év.
2 s. Visitation N. D.	2 m. st Etienne, pape.	2 v. st Antonin, m.	2 D. ss Anges gard.	2 m. Les Morts.	2 v. st François-Xav.
3 D. st Anatole.	3 m. Inv. st Etienne.	3 s. st Grégoire, pape	3 l. st Trophime, év.	3 j. st Papoul, m.	3 s. st Anthème.
4 l. st Théodore.	4 j. st Dominique.	4 D. st Lazare.	4 m. st François-d'As.	4 v. st Charles Borro.	4 D. ste Barbe, v.
5 m. ste Zoé.	5 v. st Félix, mart.	5 l. st Victorin, év.	5 m. st Placide, m.	5 s. ste Bertile, v.	5 l. st Sabas, abbé.
6 m. st Tranquillin.	6 s. Trans. de N. S.	6 m. st Eugène, év.	6 j. st Bruno, moine.	6 D. st Léonard.	6 m. ste Victoire, v.
7 j. st Prosper, doct.	7 D. st Sixte, pape.	7 m. st Cloud, prêtre.	7 v. ste Foi, v. m.	7 l. st Ernest, abbé.	7 m. st Nicolas, év.
8 v. ste Elisabeth, r.	8 l. ss. Just et Past.	8 j. Nativ. de la V.	8 s. ste Brigitte.	8 m. stes Reliques.	8 j. Concep. N. D.
9 s. st Ephrem.	9 m. st Vitrice, évêq.	9 v. st Omer, évêq.	9 D. st Denis, év.	9 m. st Austremoine.	9 v. ste Léocadie, v.
10 D. Sept-Frères M.	10 m. st Philomène.	10 s. st Salvi, évêque.	10 l. st François de B.	10 j. st Léon, pape.	10 s. st Hubert.
11 l. Trans. st Benoît.	11 j. ste Suzanne, m.	11 D. st Patient.	11 m. st Julien.	11 v. st Martin, év.	11 D. st Damase, pape.
12 m. st Honeste, pr.	12 v. ste Claire, vierge.	12 l. st Serdot, évêq.	12 m. st Donatien.	12 s. st Martin, pape.	12 l. st Paul, év.
13 m. st Anaclet.	13 s. ste Radegonde, r.	13 m. st Aimé, abbé.	13 j. st Géraud.	13 D. st Stanislas.	13 m. ste Luce, v. m.
14 j. st Bonaventure.	14 D. st Eusèbe. V.-J.	14 m. Exalt. Ste-Croix	14 v. st Caliste.	14 l. st Claude, m.	14 m. Quatre-Temps.
15 v. st Henri.	15 l. Assomption.	15 j. ste Camelle.	15 s. ste Thérèse, v.	15 m. st Malo.	15 j. st Mesmin.
16 s. N.-D. de M.-Car.	16 m. st Roch.	16 v. st Jean Chrysost.	16 D. st Bertrand, év.	16 m. st Eucher.	16 v. ste Adélaïde. q.-t.
17 D. st Espérat, m.	17 m. st Alexis.	17 s. st Co neille.	17 l. st Gauderic.	17 j. st Asciscle, m.	17 s. ste Olimpie. q.-t
18 l. st Thomas d'Aq.	18 j. ste Hélène.	18 D. ste Camelle.	18 m. st Luc, évang.	18 v. st Odon, abbé.	18 D. st Gratien.
19 m. st Vincent de P.	19 v. st Louis, évêque.	19 l. st Ceprien.	19 m. st Pierre d'Alc.	19 s. ste Elizabeth.	19 l. st Grégoire.
20 m. ste Marguerite.	20 s. st Bernard, abbé.	20 m. st Eustache.	20 j. st Caprais, v.	20 D. st Edmond.	20 m. st Philogon.
21 j. st Victor, m.	21 D. st Privat, évêq.	21 m. Quatre-Temps.	21 v. ste Ursule, v.	21 l. Présent. N. D.	21 m. st Thomas.
22 v. ste Madeleine.	22 l. st Symphorien.	22 j. st Maurice.	22 s. st Mellon.	22 m. ste Cécile, v.	22 j. st Yves, év.
23 s. st Apollinaire.	23 m. ste Thècle. q.-t.	23 v. ste Thècle. q.-t.	23 D. st Séverin.	23 m. st Clément, pape.	23 v. ste Anastasie.
24 D. ste Christine, v.	24 m. st Barthélemy, a.	24 l. st Yzarn, ab. q.-t.	24 l. st Erambert, év.	24 j. ste Flore, v.	24 s. ste Delphine, v.-j.
25 l. st Jacques, apôt.	25 j. st Louis, roi.	25 D. st Firmin, évêq.	25 m. ss Crépin et Cré.	25 v. ste Catherine, v.	25 D. NOEL.
26 m. ste Anne.	26 v. st Zéphirin.	26 l. st Justine.	26 m. st Rustique.	26 s. st Lin, pape.	26 l. st Etienne, m.
27 m. st Pantaléon.	27 s. st Césaire, év.	27 m. ss. Come et Dam.	27 j. st Frumence.	27 D. Avent.	27 m. st Jean, évang.
28 j. st Nazaire, m.	28 D. st Augustin, év.	28 j. st Exupère, évêq.	28 v. ss. Simon et Jud.	28 l. st Sosthène.	28 m. sts Innocents.
29 v. st Loup, évêque.	29 l. Déc. de st J.-Bapt.	29 v. st Michel.	29 s. st Narcisse.	29 m. st Saturnin, év.	29 j. st Thomas, év.
30 s. st Germain, év.	30 m. st Gaudens.	30 s. st Jérôme, prêt.	30 D. st Quentin, m.	30 m. st André, ap..	30 v. st Sabin, év.
31 D. st Ignace, prêtre.	31 m. ste Florentine.		31 l. Vigile-Jeûne.		31 s. st Sylvestre, p.

Calendrier Perpétuel, Civil et Ecclésiastique

JANVIER	FÉVRIER	MARS	AVRIL	MAI	JUIN
1 m. Circoncision.	1 v. st Ignace, m.	1 v. st Aubin, év.	1 l. st Hugues, év.	1 m. ss. Phil. et Jacq.	1 s. st Pamphile.
2 m. st Basile.	2 s. Purification.	2 s. st Simplicien.	2 m. st François de P.	2 j. st Athanase, év.	2 D. st Pothin.
3 j. ste Geneviève.	3 D. Sexagésime.	3 D. Oculi.	3 m. st Richard.	3 v. Invent. sts Croix.	3 l. ste Clotilde.
4 v. st Rigobert.	4 l. st Gilbert.	4 l. st Casimir.	4 j. st Ambroise.	4 s. ste Monique.	4 m. st Quirin.
5 s. st Siméon, styl.	5 m. ste Agathe, v.	5 m. st Phocas.	5 v. st Vincent Ferr.	5 D. st Théodard, év.	5 m. st Claude.
6 D Épiphanie.	6 m. st Amand, év.	6 m. ste Colette.	6 s. st Prudence.	6 l. Rogations.	6 j. st Norbert.
7 l. st Théau.	7 j. ste Dorothée, v.	7 j. ss. Fél. et P.	7 D. Quasimodo.	7 m. st Orens, év.	7 v. st Robert.
8 m. st Lucien, m.	8 v. st Jean de M.	8 v. st Jean de D.	8 l. Annonciation.	8 m. st Orens, év.	8 s. st Médard.
9 m st Julien, hosp.	9 s. ste Appollonie.	9 s. ste Françoise.	9 m. st Isidore.	9 j. ASCENSION	9 D. st Félicien, m.
10 j. st Paul, ermite.	10 D. Quinquagésime.	10 D. Lætare.	10 m. st Macaire.	10 v. st Gordien.	10 l. st Landry.
11 v. st Hygien, pape.	11 l. st Benoît, abbé.	11 l. st Sophrone.	11 j. st Léon, p.	11 s. st Mamert.	11 m. st Barnabé, ap.
12 s. st Fréjus, év.	12 m. ste Eulalie, v.	12 m. st Maximilien.	12 v. st Jules.	12 D. st Pacôme	12 m. st Basilide.
13 D. Baptême de N. S.	13 m. Cendres.	13 m. st Nicéphore.	13 s. st Justin, m.	13 l. st Onésime.	13 j. st Aventin.
14 l. st Hilaire, év.	14 j. st Valentin.	14 j. ste Mathilde.	14 D. st Tiburce.	14 m. st Boniface.	14 v. st Valère.
15 m. st Maur, abbé.	15 v. st Faustin.	15 v. st Zacharie.	15 l. st Paterne.	15 m. st Isidore, ab.	15 s. st Guy, m.
16 m. st Fulgence, év.	16 s. ste Julienne.	16 s. ste Euzébie.	16 m. st Fructueux.	16 j. st Germier, év.	16 D. ss. Cyr et Julitte.
17 j. st Antoine, ab.	17 D. Quadragésime.	17 D. Passion.	17 m st Anicet.	17 v. st Pascal.	17 l. st Avit, abbé.
18 v. Chaire st P. à R.	18 l. st Siméon, m.	18 l. st Alexandre.	18 j. st Parfait.	18 s. st Venant. v.-j.	18 m. st Emile, m.
19 s. st Sulpice, év.	19 m. st Gabin.	19 m. st Gaspard.	19 v. st Elphège.	19 D. PENTECOTE	19 m. ss. Gervais et Pr.
20 D. st Sébastien, m.	20 m. Quatre-Temps.	20 m. st Joachim.	20 s. st Joseph.	20 l. st Hilaire.	20 j. st Rumuald.
21 l. st Agnès, v.	21 j. st Sévérien.	21 j. st Benoît.	21 D. st Anselme.	21 m. st Hospice.	21 v. st Louis de G.
22 m. st Vincent, m.	22 v. st Maxime. q.-t.	22 v. st Paul, év.	22 l. ste Opportune.	22 m. Quatre-Temps.	22 s. st Paulin, év.
23 m st Fabien, pape.	23 s. st Pascase. q.-t.	23 s. st Gabriel.	23 m. st George, m.	23 j. st Didier.	23 D. st Lenfroy.
24 j. st Timothée, doct.	24 D. Reminiscere.	24 D. Rameaux.	24 m. st Phébade, év.	24 v. st François. q.-t.	24 l. st Jean-Baptiste.
25 v. Conv. de st Paul.	25 l. st Tarnise, év.	25 l. st Agapit.	25 j. st Marc, évang.	25 s. st Urbain, p. q.-t.	25 m. ste Fébronie.
26 s. ste Paule, veuve.	26 m. st Nestor.	26 m. st Ludger.	26 v. st Clet, pape.	26 D. Trinité.	26 m. st Maixent.
27 D. Septuagésime.	27 m. ste Honorine.	27 m. st Rupert, évêq.	27 s. st Polycarpe.	27 l. st Hildebert.	27 j. st Cressent, m.
28 l. st Cyrille, év.	28 j. ss. Martyrs.	28 j. st Gontrand.	28 D. ss. Martyrs d'Aff.	28 m. st Guillaume.	28 v. st Irénée, év.
29 m. st François de S.		29 v. Vendredi-Saint.	29 l. ste Marie Égypt.	29 m. st Maximin.	29 s. ss. Pierre et Paul.
30 m. ste Bathilde.		30 s. st Jean Climaq.	30 m. st Eutrope, év.	30 j. Fête-Dieu.	30 D. Comm. de s Paul.
31 j. st Pierre Nolasq.		31 D. PÂQUES.		31 v. st Sylve, év.	

JUILLET	AOUT	SEPTEMBRE	OCTOBRE	NOVEMBRE	DÉCEMBRE
1 l. st Martial, év.	1 j. st Pierre-ès-liens.	1 D. st Gilis, abbé.	1 m. st Rémy, év.	1 v. TOUSSAINT.	1 D. Avent.
2 m. Visitation N. D.	2 v. st Étienne, pape.	2 l. st Antonin, m.	2 m. ss Anges gard.	2 s. Les Morts.	2 l. st François Xav.
3 m. st Anatole.	3 s. Invent. st Étien.	3 m. st Grégoire, pap.	3 j. st Trophime, év.	3 D. st Papoul, m.	3 m. st Anthème.
4 j. st Théodore.	4 D. st Dominique	4 m. st Lazare.	4 v. st François d'As.	4 l. st Charles-Borro.	4 m. ste Barbe, v.
5 v. ste Zoé.	5 l. st Félix, m.	5 j. st Victoria, év.	5 s. st Placide, m.	5 m. ste Elizabeth.	5 j. st Sabas, abbé.
6 s. st Tranquillin.	6 m. Trans. de N. S.	6 v. st Eugène, m.	6 D. st Bruno, moine.	6 m. st Léonard.	6 v. ste Victoire, v.
7 D. st Prosper, doct.	7 m. st Xiste, pape.	7 s. st Cloud, prêtre.	7 l. st Foix, v. m.	7 j. st Ernest, abbé.	7 s. st Nicolas, év.
8 l. ste Elisabeth, r.	8 j. st Just et Past.	8 D. Nativité de la V.	8 m. ste Brigitte.	8 v. stes Reliques.	8 D. Concep. N. D.
9 m. st Éphrem.	9 v. st Vitrice, m.	9 l. st Omer, év.	9 m. st Denis, év.	9 s. st Austremoine.	9 l. ste Léocadie, v.
10 m. Sept-Frères M.	10 s. st Philomène.	10 m. st Salvi, év.	10 j. st François de B.	10 D. st Léon, pape.	10 m. st Hubert.
11 j. Trans. st Benoît.	11 D. ste Susanne, m.	11 m. st Patient.	11 v. st Julien.	11 l. st Martin, év.	11 m. st Damase, pape.
12 v. st Honeste, pr.	12 l. ste Claire, vierge.	12 j. st Sardot, év.	12 s. st Donatien.	12 m. st Martin, pape.	12 j. st Paul, év.
13 s. st Anaclet.	13 m. ste Radegonde, r.	13 v. st Aimé, abbé.	13 D. st Gérard.	13 m. st Stanislas.	13 v. ste Luce, v. m.
14 D. st Bonaventure.	14 m. st Eusèbe, V.-J.	14 s. Exalt. ste Croix.	14 l. st Calixte.	14 j. st Claude, m.	14 s. st Honorat, év.
15 l. st Henri.	15 j. Assomption.	15 D. st Achard, abbé.	15 m. ste Thérèse.	15 v. st Malo, év.	15 D. st Mesmin, abbé.
16 m. Notre-D. de M. C.	16 v. st Roch.	16 l. st Jean Chrysost.	16 m. st Bertrand, év.	16 s. st Eucher.	16 l. ste Adélaïd.
17 m. st Esperat, m.	17 s. st Alexis.	17 m. st Corneille, p.	17 j. st Ganderic.	17 D. st Asciscle, m.	17 m. ste Olimpie.
18 j. st Thomas d'Aq.	18 D. ste Hélène.	18 m. Quatre-Temps.	18 v. st Luc, évang.	18 l. st Odon, abbé.	18 m. Quatre-Temps.
19 v. st Vincent-de-P.	19 l. st Louis, év.	19 j. st Cyprien.	19 s. st Pierre d'Alc.	19 m. ste Elizabeth.	19 j. st Grégoire.
20 s. ste Marguerite.	20 m. st Bernard, ab.	20 v. st Eustache. q.-t.	20 D. st Caprais, év.	20 m. st Edmont.	20 v. st Philogone. q.-t.
21 D. st Victor, m.	21 m. st Privat, év.	21 s. st Mathieu. q.-t.	21 l. ste Ursule, m.	21 j. Présent. N. D.	21 s. st Thomas. q.-t.
22 l. ste Madeleine.	22 j. st Symphorien.	22 D. st Maurice.	22 m. st Mellon.	22 v. ste Cécile, v.	22 D. st Yves, év.
23 m. st Appollinaire.	23 v. ste Jeanne.	23 l. ste Thècle.	23 m. st Séverin.	23 s. st Clément, pape.	23 l. ste Anastas.
24 m. ste Christine, m.	24 s. st Barthélemi, ap.	24 m. st Yzarn.	24 j. st Erambert, év.	24 D. st Flore, v.	24 m. ste Delphine, v.-j.
25 j. st Jacques, apôt.	25 D. st Louis, roi.	25 m. st Fi min, év.	25 v. ss Crépin et Cré.	25 l. ste Catherine, v.	25 m. NOEL.
26 v. ste Anne.	26 l. st Zéphirin.	26 j. ste Justine.	26 s. ste Rustique.	26 m. st Lin, pape.	26 j. st Étienne, m.
27 s. st Pantaléon.	27 m. st Césaire, év.	27 v. ss. Come et Dam.	27 D. st Frumence.	27 m. ss. Vital et Agri.	27 v. st Jean, évang.
28 D. st Nazaire, m.	28 m. st Augustin, év.	28 s. st Eupère, év.	28 l. ss Simon et Jude.	28 j. st Sosthène.	28 s. ss Innocents.
29 l. st Loup, év.	29 j. Déco. de s. J. B.	29 D. st Michel.	29 m. st Narcisse.	29 v. st Saturnin, év.	29 D. st Thomas, évan.
30 m. st Germain, év.	30 v. st Gaudens.	30 l. st Jérôme, prêt.	30 m. st Quentin, m.	30 s. st André, ap.	30 l. st Sabin, év.
31 m. st Ignace, prêt.	31 s. ste Fiorentine.		31 j. Vigile-Jeûne.		31 m. st Sylvestre, p.

Calendrier Perpétuel, Civil et Ecclésiastique.

JANVIER	FÉVRIER	MARS	AVRIL	MAI	JUIN
1 m. Circoncision.	1 s. st Ignace, m.	1 s. st Aubin, év.	1 m. st Hugues.	1 j. ss. Philip. et Jac.	1 D. st Pamphile.
2 j. st Basile.	2 D. Purification.	2 D. Quinquagésime.	2 m. st François de P.	2 v. st Athanase, év.	2 l. st Pothin.
3 v. ste Geneviève.	3 l. st Blaise, év.	3 l. ste Cunégonde.	3 j. st Richard.	3 s. Invent. ste Croix.	3 m. ste Clotilde.
4 s. st Rigobert.	4 m. st Gilbert.	4 m. st Casimir.	4 v. st Ambroise, év.	4 D. ste Monique.	4 m. st Quirin, m.
5 D. st Siméon, styl.	5 m. ste Agathe, v.	5 m. Cendres.	5 s. st Vincent Fe.r.	5 l. st Théodard, év.	5 j. st Claude.
6 l. Epiphanie.	6 j. st Amand, év.	6 j. ste Colète.	6 D. Passion.	6 m. st Jean P. L.	6 v. st Norbert.
7 m. st Théau.	7 v. ste Dorothée, v.	7 v. ss. Félic. et P.	7 l. st Hégésippe.	7 m. Transf. s Etienne	7 s. st Robert. v.-j.
8 m. st Lucien, m.	8 s. st Jean de M.	8 s. st Jean de Dieu.	8 m. st Gaultier.	8 j. st Orens, évêq.	8 D. Pentecôte
9 j. st Julien, hosp.	9 D. ste Appollonie.	9 D. Quadragésime.	9 m. st Isidore.	9 v. st Grégoire, év.	9 l. st Félicien.
10 v. st Paul, ermite.	10 l. ste Scolastique.	10 l. st Droctovée.	10 j. st Macaire.	10 s. st Gordien.	10 m. st Landry.
11 s. st Hygien, pape.	11 m. st Benoît, ab.	11 m. ste Sophronie.	11 v. st Léon, pape.	11 D. st Mamert.	11 m. Quatre-Temps.
12 D. st Fréjus, évêq.	12 m. ste Eulalie, v.	12 m. Quatre-Temps.	12 s. st Jules.	12 l. st Pacôme, ab.	12 j. st Basilide.
13 l. Baptême de N.S.	13 j. st Lézin.	13 j. st Nicéphore.	13 D. Rameaux.	13 m st Onésime.	13 v. st Aventin. q.-t.
14 m. st Hilaire, évêq.	14 v. st Valentin.	14 v. ste Mathilde. q.-t.	14 l. st Tiburce.	14 m. st Boniface.	14 s. st Valère, m.q.-t.
15 m. st Maur, abbé.	15 s. st Faustin.	15 s. st Zacharie. q.-t.	15 m. st Paterne.	15 j. st Isidore, ab.	15 D. Trinité.
16 j. st Fulgence, év.	16 D. Septuagésime.	16 D. Reminiscere.	16 m. st Fructueux.	16 v. st Germier.	16 l. ss. Cyr et Julitte.
17 v. st Antoine, abbé	17 l. st Sylvin, év.	17 l. st Patrice.	17 j. st Anicet.	17 s. st Pascal.	17 m. st Avit, abbé.
18 s. Chaire st P. à R.	18 m. st Siméon, év.	18 m. st Alexandre.	18 v. Vendredi-Saint.	18 D. st Venant.	18 m. st Émile, m.
19 D. st Sulpice, évêq.	19 m. st Gabin.	19 m st Gaspard.	19 s. st Elphège.	19 l. st Pierre Cél.	19 j. Fête-Dieu.
20 l. st Sébastien, m.	20 j. st Eucher.	20 j. st Joachim.	20 D. Pâques.	20 m. st Hilaire, év.	20 v. st Romuald.
21 m. ste Agnès, v.	21 v. st Sévérien.	21 v. st Benoît.	21 l. st Anselme.	21 m. st Hospice.	21 s. st Louis de Gonz.
22 m. st Vincent, m.	22 s. st Maxime.	22 s. st Paul, év.	22 m. ste Opportune.	22 j. ste Ju ie.	22 D. st Paulin, év.
23 j. st Fabien, pape.	23 D. Sexagés me.	23 D. Oculi.	23 m. st Georges, m.	23 v. st Didier.	23 l. st Leufroy.
24 v. st Timothée, é..	24 l. st Mathias.	24 l. st Gabriel, év.	24 j. st Phébade, év	24 s. st François Rég.	24 m. st Jean-Baptiste.
25 s. Conv. de st Paul.	25 m. st Valburge.	25 m. Annonciation.	25 v. st Marc, évang.	25 D. st Urbain, pape.	25 m. ste Fébronie.
26 D. ste Paule, veuve.	26 m. st Nestor.	26 m. st Ludger.	26 s. st Clet, pape.	26 l. Rogations.	26 j. st Maixent.
27 l. ss. Martyrs rom.	27 j. ste Honorine.	27 j. st Rupert, év.	27 D. Quasimodo.	27 m. st Hildebert.	27 v. st Crescent, év.
28 m. st Cyrille, évêq.	28 v. ss. Martyrs d'Al.	28 v. st Gontrand.	28 l. ss. Martyrs d'Aff.	28 m. st Guillaume	28 s. st Irénée, év.
29 m. st François de S.		29 s. st Eustase.	29 m. ste Marie Égyp.	29 j. Ascension.	29 D. ss. Pierre et Paul.
30 j. ste Bathilde.		30 D. Lætare.	30 m. st Eutrope, év.	30 v. st Félix, pape.	30 l. Comm. de s Paul.
31 v. st Pierre Nolasq.		31 l. st Acace, év.		31 s. st Sylve, év.	

JUILLET	AOUT	SEPTEMBRE	OCTOBRE	NOVEMBRE	DÉCEMBRE
1 m. st Martial, év.	1 v. st Pierre ès-liens	1 l. st Gilis, abbé.	1 m. st Rémy, év.	1 s. Toussaint.	1 l. st Eloi, év.
2 m. Visitation N.D.	2 s. st Etienne, pape.	2 m. st Antonin, m.	2 j. ss Anges gard.	2 D. Les Morts.	2 m. st François-Xav.
3 j. st Anatole.	3 D. Inv. st Etienne.	3 s. st Grégoire, pape	3 v. st Trophime, év.	3 l. st Papoul, m.	3 m. st Anthème.
4 v. st Théodore.	4 l. st Dominique.	4 j. st Lazare.	4 s. st François-d'As.	4 m. st Charles Borro.	4 j. ste Barbe, v.
5 s. ste Zoé.	5 m. st Félix, mart.	5 v. st Victorin, év.	5 D. st Placide, m.	5 m. ste Bertile. v.	5 v. st Sabas, abbé.
6 D. st Tranquillin.	6 m. Trans. de N. S.	6 s. st Eugène, m.	6 l. st Bruno, moine.	6 j. st Léonard.	6 s. ste Victoire, év.
7 l. st Prosper, doct.	7 j. st Sixte, pape.	7 D. st Cloud, prêtre.	7 m. ste Foi, v. m.	7 v. st Ernest, abbé.	7 D. st Nicolas, év.
8 m. ste Elisabeth, r.	8 v. ss. Just et Past.	8 l. Nativ. de la V.	8 m. ste Brigitte.	8 s. stes Reliques.	8 l. Concep. N.D.
9 m. st Ephrem.	9 s. st Vitrice, évêq.	9 m. St Omer, évêq.	9 j. st Denis, év.	9 D st Austremoine.	9 m. ste Léocadie, v.
10 j. Sept-Frères M.	10 D. ste Philomène.	10 m. st Salvi, évêque.	10 v. st François de B.	10 l. st Léon, pape.	10 m. st Hubert.
11 v. Trans. st Benoît.	11 l. ste Suzanne, m.	11 j. st Patient.	11 s. st Julien.	11 m. st Martin, év.	11 j. st Damase, pape.
12 s. st Honeste, pr.	12 m. ste Claire, vierge.	12 v. st Serdot, évêq.	12 D. st Donatien.	12 m. st Martin, pape.	12 v. st Paul, év.
13 D. st Anaclet.	13 m. ste Radegonde, r.	13 s. st Aimé, abbé.	13 l. st Géraud.	13 j. st Stanislas.	13 s. ste Luce, v. m.
14 l. st Bonaventure.	14 j. st Eusèbe, V.-J.	14 D. Exalt. Ste-Croix	14 m. st Caliste.	14 v. st Claude, m.	14 D. st Honorat.
15 m. st Henri.	15 v. Assomption.	15 l. ste Camelle.	15 m. ste Thérèse, v.	15 s. st Malo, év.	15 l. st Mesmin.
16 m. N.-D. de M.-Car.	16 s. st Roch.	16 m. st Jean Chrysost.	16 j. st Bertrand, év.	16 D. st Eucher.	16 m. ste Adélaïde.
17 j. st Espérat, m.	17 D. st Alexis.	17 m. Quatre-Temps.	17 v. st Gauderic.	17 l. st Asciscle, m.	17 m. Quatre-Temps.
18 v. st Thomas d'Aq.	18 l. ste Hélène.	18 j. st Corneille.	18 s. st Luc, évang.	18 m. st Odon, abbé.	18 j. ste Olimpie.
19 s. st Vincent de P.	19 m. st Louis, évêque.	19 v. st Cyprien. q.-t.	19 D. st Pierre d'Alc.	19 m. ste Elizabeth.	19 v. st Grégoire. q.-t.
20 D. ste Marguerite.	20 m. st Bernard, abbé.	20 s. st Eustache. q.-t.	20 l. st Caprais, év.	20 j. st Edmond.	20 s. st Philogone. q.-t
21 l. st Victor, m.	21 j. st Privat, évêq.	21 D. st Mathieu.	21 m. ste Ursule, v.	21 v. Présent. N. D.	21 D. st Thomas.
22 m. ste Madeleine.	22 v. st Symphorien.	22 l. st Maurice.	22 m. st Mellon.	22 s. ste Cécile, v.	22 l. st Yves, év.
23 m. st A ollinaire.	23 s. ste Jeanne.	23 m. ste Thècle.	23 j. st Séverin.	23 D. st Clément, pape.	23 m. st Anastasie.
24 j. ste Christine, v.	24 D. st Barthélemy, a	24 m. st Yzarn, ab.	24 v. st Érambert, év.	24 l. ste Flore, v.	24 m. ste Delphine, v.-j.
25 v. st Jacques, apôt.	25 l. st Louis, roi.	25 j. st Firmin, évêq.	25 s. ss Crépin et Cré.	25 m. ste Catherine, v.	25 j. Noël.
26 s. ste Anne.	26 m. st Zéphirin.	26 v. ste Justine.	26 D. st Rustique.	26 m. st Lin, pape.	26 v. st Etienne, m.
27 D. st Pantaléon.	27 m. st Césaire, év.	27 s. ss. Come et Dam.	27 l. st Frumence.	27 j. ss. Vital et Agri.	27 s. st Jean, évang.
28 l. st Nazaire, m.	28 j. st Augustin, év.	28 D. st Exupère, évêq.	28 m. ss. Simon et Jud.	28 v. st Sosthène.	28 D. ss Innocents.
29 m. st Loup, évêque.	29 v. Déc. de st J.-Bapt.	29 l. st Michel.	29 m. st Narcisse.	29 s. st Saturnin, év.	29 l. st Thomas év.
30 m. st Germain, év.	30 s. st Gaudens.	30 m. st Jérôme, prêt.	30 j. st Quentin, m.	30 D. Avent.	30 m. st Sabin, év.
31 j. st Ignace, prêtre.	31 D. ste Florentine.		31 v. Vigile-Jeûne.		31 m. st Sylvestre, p.

Calendrier Perpétuel, Civil et Ecclésiastique

JANVIER	FÉVRIER	MARS	AVRIL	MAI	JUIN
1 j. CIRCONCISION.	1 D. SEPTUAGÉSIME.	1 D. REMINISCERE.	1 m. st Hugues, év.	1 v. ss. Phil. et Jacq.	1 l. st Pamphile.
2 v. st Bazile.	2 l. PURIFICATION.	2 l. st Simplicien.	2 j. st François de P.	2 s. st Athanase, év.	2 m. st Pothin.
3 s. ste Geneviève.	3 m. st Blaise, év.	3 m. ste Cun. ég.	3 v. VENDREDI-SAINT	3 D. Invent. sts Croix.	3 m. ste Clotilde.
4 D. st Rigobert.	4 m. st Gilbert.	4 m. st Casimir.	4 s. st Ambroise.	4 l. ste Monique.	4 j. FÊTE-DIEU.
5 l. st Siméon, styl.	5 j. ste Agathe, v.	5 j. st Phocas.	5 D. PAQUES.	5 m. st Théodard, év.	5 v. st Claude.
6 m. ÉPIPHANIE.	6 v. st Amand, év.	6 v. ste Colette.	6 l. st Prudence.	6 m. st Jean P. L.	6 s. st Norbert.
7 m. st Théau.	7 s. ste Dorothée, v.	7 s. ss. Fél. et P.	7 m. st Hégésippe.	7 j. st Orens, év.	7 D. st Robert.
8 j. st Lucien, m.	8 D. SEXAGÉSIME.	8 D. OCULI.	8 m. st Gautier, abbé.	8 v. st Orens, év.	8 l. st Médard.
9 v. st Julien, hosp.	9 l. ste Appollonie.	9 l. ste Françoise.	9 j. st Isidore.	9 s. st Grégoire, év.	9 m. st Félicien, m.
10 s. st Paul, ermite.	10 m. ste Scolastique.	10 m. st Blanchard.	10 v. st Macaire.	10 D. st Gordien.	10 m. st Landry.
11 D. st Hygien, pape.	11 m. st Benoit, abbé.	11 m. ste Sophrone.	11 s. st Léon, p.	11 l. ROGATIONS.	11 j. st Barnabé, ap.
12 l. st Fréjus, év.	12 j. ste Eulalie, v.	12 j. st Maximilien.	12 D. QUASIMODO.	12 m. st Pacôme.	12 v. st Basilide.
13 m. BAPTÊME DE N. S.	13 v. st Lésin.	13 v. st Nicéphore.	13 l. st Justin, m.	13 m. st Onésime.	13 s. st Aventin.
14 m. st Hilaire, év.	14 s. st Valentin.	14 s. ste Mathilde.	14 m. st Tiburce.	14 j. ASCENSION.	14 D. st Valère.
15 j. st Maur, abbé.	15 D. QUINQUAGÉSIME.	15 D. LAETARE.	15 m. st Paterne.	15 v. st Isidore, ab.	15 l. st Guy, m.
16 v. st Fulgence, év.	16 l. ste Julienne.	16 l. ste Eusébie.	16 j. st Fructueux.	16 s. st Germier, év.	16 m. ss. Cyr et Julitte.
17 s. st Antoine, ab.	17 m. st Sylvin, év.	17 m. st Patrice.	17 v. st Anicet.	17 D. st Pascal.	17 m. st Avit, abbé.
18 D. Chaire st P. à R.	18 m. CENDRES.	18 m. st Alexandre.	18 s. st Parfait.	18 l. st Venant.	18 j. st Emile, m.
19 l. st Sulpice, év.	19 j. st Gabin.	19 j. st Gaspard.	19 D. st Elphège.	19 m. st Pierre C.	19 v. ss. Gervais et Pr.
20 m. st Sébastien, m.	20 v. st Eucher.	20 v. st Joachim.	20 l. st Joseph.	20 m. st Hilaire.	20 s. st Romuald.
21 m. st Agnès, v.	21 s. st Sévérien.	21 s. st Benoit.	21 m. st Anselme.	21 j. st Hospice.	21 D. st Louis de G.
22 j. st Vincent, m.	22 D. QUADRAGÉSIME.	22 D. PASSION.	22 m. ste Opportune.	22 v. ste Julie.	22 l. st Paulin, év.
23 v. st Fabien, pape.	23 l. st Pascase.	23 l. st Gabriel.	23 j. st George, m.	23 s. st Didier. v.-j.	23 m. st Leufroy.
24 s. st Timothée, év.	24 m. st Mathias.	24 m. st Fidèle.	24 v. st Phébade, év.	24 D. PENTECOTE	24 m. st Jean-Baptiste.
25 D. Conv. de st Paul.	25 m. Quatre-Temps.	25 m. ANNONCIATION.	25 s. st Marc, évang.	25 l. st Urbain, p.	25 j. ste Fébronie.
26 l. ste Paule, veuve.	26 j. st Nestor.	26 j. st Ludger.	26 D. st Clet, pape.	26 m. st Philippe.	26 v. st Maixent.
27 m. ss. Martyrs rom.	27 v. ste Honorine. q.-t.	27 v. st Rupert, évêq.	27 l. st Polycarpe.	27 m. Quatre-Temps.	27 s. st Crescent, év.
28 m. st Théau.	28 s. ss. Martyrs. q.-t.	28 s. st Gontrand.	28 m. ss. Martyrs d'Aff.	28 j. st Guillaume.	28 D. st Irénée, év.
29 j. st François de S.		29 D. RAMEAUX.	29 m. ste Marie Égypt.	29 v. st Maximin. q.-t.	29 l. ss. Pierre et Paul.
30 v. ste Bathilde.		30 l. st Jean Climaq.	30 j. st Eutrope, év.	30 s. st Félix, p. q.-t.	30 m. Comm. de s Paul.
31 s. st Pierre Nolasq.		31 m. st Acace, év.		31 D. TRINITÉ.	

JUILLET	AOUT	SEPTEMBRE	OCTOBRE	NOVEMBRE	DÉCEMBRE
1 m. st Martial, év.	1 s. st Pierre-ès-liens.	1 m. st Gilis, abbé.	1 j. st Rémy, év.	1 D. TOUSSAINT.	1 m. st Eloi, év.
2 j. VISITATION N. D.	2 D. st Etienne, pape.	2 m. st Antonin, m.	2 v. ss Anges gard.	2 l. Les Morts.	2 m. st François Xav.
3 v. st Anatole.	3 l. Invent. st Etien.	3 j. st Grégoire, pap.	3 s. st Trophime, év.	3 m. st Papoul, m.	3 j. st Anthème.
4 s. st Théodore.	4 m. st Dominique.	4 v. st Lazare.	4 D. st François d'As.	4 m. st Charles-Borro.	4 v. ste Barbe, v.
5 D. ste Zoé.	5 m. st Félix, év.	5 s. st Victorin, év.	5 l. st Placide, m.	5 j. ste Bertile, v.	5 s. st Sabas, abbé.
6 l. st Tranquillin.	6 j. Trans. de N. S.	6 D. st Eugène, m.	6 m. st Bruno, moine.	6 v. st Léonard.	6 D. st Victoire, v.
7 m. st Prosper, doct.	7 v. st Xiste, pape.	7 l. st Cloud, prêtre.	7 m. ste Foi, v. m.	7 s. st Ernest, abbé.	7 l. st Nicolas, év.
8 m. st Just et Past.	8 s. st Justin et Past.	8 m. NATIVITÉ de la V.	8 j. ste Brigitte.	8 D. stes Reliques.	8 m. CONCEP. N. D.
9 j. st Ephrem.	9 D. st Vitrice, év.	9 m. st Omer, év.	9 v. st Denis, év.	9 l. st Austremoine.	9 m. ste Léocadie, v.
10 v. Sept-Frères M.	10 l. ste Philomène.	10 j. st Salvi, év.	10 s. st François de B.	10 m. st Léon, pape.	10 j. st Hubert.
11 s. Trans. st Benoit.	11 m. ste Susanne, m.	11 v. st Patient.	11 D. st Julien.	11 m. st Martin, év.	11 v. st Damase, pape.
12 D. st Honeste, pr.	12 m. ste Claire, vierge.	12 s. st Serdot, év.	12 l. st Donatien.	12 j. st Martin, pape.	12 s. st Paul, év.
13 l. st Anaclet.	13 j. ste Radegonde, r.	13 D. st Aimé, abbé.	13 m. st Géraud.	13 v. st Stanislas.	13 D. ste Luce, v. m.
14 m. st Bonaventure.	14 v. st Eusèbe, V.-J.	14 l. EXALT. ste CROIX.	14 m. st Calixte.	14 s. st Claude, m.	14 l. st Honorat, év.
15 m. st Henri.	15 s. ASSOMPTION.	15 m. st Achard, abbé.	15 j. ste Thérèse.	15 D. st Malo, év.	15 m. st Mesmin, abbé.
16 j. Notre-D. de M. C.	16 D. st Roch.	16 m. Quatre-Temps.	16 v. st Bertrand, év.	16 l. st Eucher.	16 m. Quatre-Temps.
17 v. st Espérat, m.	17 l. st Alexis.	17 j. st Corneille, p.	17 s. st Gauderic.	17 m. st Assiscle, m.	17 j. ste Olimpie.
18 s. st Thomas d'Aq.	18 m. ste Hélène.	18 v. ste Camelle. q.-t.	18 D. st Luc, évang.	18 m. st Odon, abbé.	18 v. st Gratien. q.-t.
19 D. st Vincent-de-P.	19 m. st Louis, év.	19 s. st Cyprien. q.-t.	19 l. st Pierre-d'Alc.	19 j. ste Elizabeth.	19 s. st Grégoire. q.-t.
20 l. ste Marguerite.	20 j. st Bernard, ab.	20 D. st Eustache.	20 m. st Caprais, év.	20 v. st Edmont.	20 D. st Philogone.
21 m. st Victor, m.	21 v. st Privat, év.	21 l. st Mathieu.	21 m. ste Ursule, v.	21 s. PRÉSENT. N. D.	21 l. st Thomas.
22 m. ste Madeleine.	22 s. st Symphorien.	22 m. st Maurice.	22 j. st Mellon.	22 D. ste Cécile, v.	22 m. st Yves, év.
23 j. st Appollinaire.	23 D. ste Jeanne.	23 m. ste Thècle.	23 v. st Sévérin.	23 l. st Clément, pape.	23 m. ste Anastas.
24 v. ste Christine, v.	24 l. st Barthélemi, ap.	24 j. st Yzarn.	24 j. st Erambert, év.	24 m. ste Flore, v.	24 j. ste Delphine, v.-j.
25 s. st Jacques, apôt.	25 m. st Louis, roi.	25 v. st Firmin, év.	25 s. ss Crépin et Cré.	25 m. ste Catherine, v.	25 v. NOEL.
26 D. ste Anne.	26 m. st Zéphirin.	26 s. st Justine.	26 l. ste Rustique.	26 j. st Lin, pape.	26 s. st Etienne, m.
27 l. st Pantaléon.	27 j. st Césaire, év.	27 D. ss. Come et Dam.	27 m. st Frumence.	27 v. ss. Vital et Agri.	27 D. st Jean, évang.
28 m. st Nazaire, m.	28 v. st Augustin, év.	28 l. st Exupère, év.	28 m. ss Simon et Jude.	28 s. st Sosthène.	28 l. sts Innocents.
29 m. ste Marthe, v.	29 m. Déco. de s J. B.	29 m. st Michel.	29 j. st Narcisse.	29 D. AVENT.	29 m. st Thomas, évan.
30 j. st Germain, év.	30 D. st Gaudens.	30 m. st Jérôme, prêt.	30 v. st Quentin, m.	30 l. st André, ap.	30 m. st Sabin, év.
31 v. st Ignace, prêt.	31 l. ste Florentine.		31 s. Vigile-Jeûne.		31 j. st Sylvestre, p.

Calendrier Perpétuel, Civil et Ecclésiastique.

JANVIER	FÉVRIER	MARS	AVRIL	MAI	JUIN
1 m. Circoncision.	1 v. st Ignace, m.	1 v. st Aubin, év.	1 l. Annonciation.	1 m. ss. Philip. et Jac.	1 s. st Pamphile.
2 m. st Basile.	2 s. Purification.	2 s. st Simplicien.	2 m. st François de P.	2 j. ASCENSION.	2 D. st Pothin.
3 j. ste Geneviève.	3 D. Quinquagésime.	3 D. Lætare.	3 m. st Richard.	3 v. Invent. ste Croix.	3 l. ste Clotilde.
4 v. st Rigobert.	4 l. st Gilbert.	4 l. st Casimir.	4 j. st Ambroise, év.	4 s. ste Monique.	4 m. st Quirin, m.
5 s. st Siméon, styl.	5 m. ste Agathe, v.	5 m. st Phocas.	5 v. st Vincent Ferr.	5 D. st Théodard, év.	5 m. st Claude.
6 D. Epiphanie.	6 m. Cendres.	6 m. ste Colette.	6 s. st Prudence.	6 l. st Jean P. L.	6 j. st Norbert.
7 l. st Théau.	7 j. ste Dorothée, v.	7 j. ss. Félic. et P.	7 D. st Hégésippe.	7 m. Transf. s Etienne	7 v. st Robert, ab.
8 m. st Lucien, m.	8 v. st Jean de M.	8 v. st Jean de Dieu.	8 l. st Gaultier.	8 m. st Orens, évêq.	8 s. st Médard.
9 m. st Julien, hosp.	9 s. ste Appollonie.	9 s. ste Françoise.	9 m. st Isidore.	9 j. st Grégoire, év.	9 D. st Félicien.
10 j. st Paul, ermite.	10 D. Quadragésime.	10 D. Passion.	10 m. st Macaire.	10 v. st Gordien.	10 l. st Landry.
11 v. st Hygien, pape.	11 l. st Benoît, ab.	11 l. ste Sophrone.	11 j. st Léon, pape.	11 s. st Mamert. v.-j.	11 m. st Barnabé.
12 s. st Fréjus, évêq.	12 m. ste Eulalie, v.	12 m. st Maximilien.	12 v. st Jules.	12 D. PENTECOTE	12 m. st Basilide.
13 D. Baptême de N.S.	13 m. Quatre-Temps.	13 m. st Nicéphore.	13 s. st Justin, m.	13 l. st Onésime.	13 j. st Aventin.
14 l. st Hilaire, évêq.	14 j. st Valentin.	14 j. ste Mathilde.	14 D. st Tiburce.	14 m. st Boniface.	14 v. st Valère, m.
15 m. st Maur, abbé.	15 v. st Faustin. q.-t.	15 v. ste Zacharie.	15 l. st Paterne.	15 m. Quatre-Temps.	15 s. st Guy, m.
16 m. st Fulgence, év.	16 s. ste Julienne, q.-t.	16 s. ste Euzébie.	16 m. st Fructueux.	16 j. st Germier.	16 D. ss. Cyr et Julitte.
17 j. st Antoine, abbé.	17 D. Reminiscere.	17 D. Rameaux.	17 m. st Anicet.	17 v. st Pascal. q.-t.	17 l. st Avit, abbé.
18 v. Chaire st P. à R.	18 l. st Siméon, év.	18 l. st Alexandre.	18 j. st Parfait.	18 s. st Venant. q.-t.	18 m. st Emile, m.
19 s. st Sulpice, évêq.	19 m. st Gabin.	19 m. st Gaspard.	19 v. st Elphège.	19 D. Trinité.	19 m. ss Gervais et Pro.
20 D. Septuagésime.	20 m. st Eucher.	20 m. st Joachim.	20 s. st Joseph.	20 l. st Hilaire, év.	20 j. st Romuald.
21 l. ste Agnès, v.	21 j. st Sévérien.	21 j. st Benoît.	21 D. st Anselme.	21 m. st Hospice.	21 v. st Louis de Gonz.
22 m. st Vincent, m.	22 v. st Maxime.	22 v. Vendredi-Saint.	22 l. ste Opportune.	22 m. ste Julie.	22 s. st Paulin, év.
23 m. st Fabien, pape.	23 s. st Pascase.	23 s. st Fidèle.	23 m. st Georges, m.	23 j. Fête-Dieu.	23 D. st Leufroy.
24 j. st Timothée, év.	24 D. Oculi.	24 D. PAQUES.	24 m. st Phébade, év	24 v. st François Rég.	24 l. st Jean-Baptiste.
25 v Conv. de st Paul.	25 l. st Valburge.	25 l. st Humbert.	25 j. st Marc, évang.	25 s. st Urbain, pape.	25 m. ste Fébronie.
26 s. ste Paule, veuve.	26 m. st Nestor.	26 m. st Ladger.	26 v. st Clet, pape.	26 D. st Philippe de N.	26 m. st Maxent.
27 D. Sexagésime.	27 m. ste Honorine.	27 m. st Rupert, év.	27 s. st Polycarpe.	27 l. st Hildebert.	27 j. st Crescent, év.
28 l. st Cyrile, évêq.	28 j. ss. Martyrs d'Al.	28 j. st Gontrand.	28 D. ss. Martyrs d'Aff.	28 m. st Guilbaume	28 v. st Irénée, év.
29 m. st François de S.		29 v. st Eustase.	29 l. Rogations.	29 m. st Maximin.	29 s. ss. Pierre et Paul.
30 m. ste Bathilde.		30 s. st Jean Climaque.	30 m. st Eutrope, év.	30 j. st Félix, pape.	30 D. Comm. de s Paul.
31 j. st Pierre Nolasq.		31 D. Quasimodo.		31 v. st Sylve, év.	

JUILLET	AOUT	SEPTEMBRE	OCTOBRE	NOVEMBRE	DÉCEMBRE
1 l. st Martial, év.	1 j. st Pierre ès-liens	1 D. st Gilis, abbé.	1 m. st Rémy, év.	1 v. TOUSSAINT.	1 D. Avent.
2 m. Visitation N. D.	2 v. st Etienne, pape.	2 l. st Antonin, m.	2 m. ss Anges gard.	2 s. Les Morts.	2 l. st François-Xav.
3 m. st Anatole.	3 s. Inv. st Etienne.	3 m. st Grégoire, pape	3 j. st Trophime, év.	3 D. st Papoul, m.	3 m. ste Clotilde.
4 j. st Théodore.	4 D. st Dominique.	4 m. st Lazare.	4 v. st François-d'As.	4 l. st Charles Borro.	4 m. ste Barbe, v.
5 v. ste Zoé.	5 l. st Félix, mart.	5 j. st Victorin, év.	5 s. st Placide, m.	5 m. ste Bertile. v.	5 j. st Sabas, abbé.
6 s. st Tranquillin.	6 m. Trans. de N. S.	6 v. st Eugène, m.	6 D. st Bruno, moine.	6 m. st Léonard.	6 v. ste Victoire, v.
7 D. st Prosper, doct.	7 m. st Sixte, pape.	7 s. st Cloud, prêtre.	7 l. ste Foi, v. m.	7 j. st Ernest, abbé.	7 s. st Nicolas, év.
8 l. ste Elisabeth, r.	8 j. ss. Just et Past.	8 D. Nativ. de la V.	8 m. ste Brigitte.	8 v. stes Reliques.	8 D. Concep. N. D.
9 m. st Ephrem.	9 v. st Vitrice, évêq.	9 l. St Omer, évêq.	9 m. st Denis, év.	9 s. st Austremoine.	9 l. ste Léocadie, v.
10 m. Sept-Frères S.	10 s. ste Philomène.	10 m. st Salvi, évêque.	10 j. st François de B.	10 D. st Léon, pape.	10 m. st Hubert.
11 j. Trans. st Benoît.	11 D. ste Suzanne, m.	11 m. st Patient.	11 v. st Julien.	11 l. st Martin, év.	11 m. st Damase, pape.
12 v. st Honeste, pr.	12 l. ste Claire, vierge.	12 j. st Serdot, évêq.	12 s. st Donatien.	12 m. st Martin, pape.	12 j. st Paul, év.
13 s. st Anaclet.	13 m. ste Radegonde, r.	13 v. st Aimé, abbé.	13 D. st Géraud.	13 m. st Stanislas.	13 v. ste Luce, v. m.
14 D. st Bonaventure.	14 m. st Eusèbe. V.-J.	14 s. Exalt.-Ste-Croix	14 l. st Caliste.	14 j. st Claude, m.	14 s. st Honorat.
15 l. st Henri.	15 j. Assomption.	15 D. ste Camelle.	15 m. ste Thérèse, v.	15 v. st Malo, év.	15 D. st Mesmin.
16 m. N.-D. de M.-Car.	16 v. st Roch.	16 l. st Jean Chrysost.	16 m. st Bertrand, év.	16 s. st Eucher.	16 l. ste Adélaïde.
17 m. st Espérat, m.	17 s. st Alexis.	17 m. st Corneille.	17 j. st Gauderic.	17 D. st Asciscle, m.	17 m. ste Olimpie.
18 j. st Thomas d'Aq.	18 D. ste Hélène.	18 m. Quatre-Temps.	18 v. st Luc, évang.	18 l. st Odon, abbé.	18 m. Quatre-Temps.
19 v. st Vincent de P.	19 l. st Louis, évêque.	19 j. st Cyprien.	19 s. st Pierre d'Alc.	19 m. ste Elizabeth.	19 j. st Grégoire.
20 s. ste Marguerite.	20 m. st Bernard, abbé.	20 v. st Eustache. q.-t.	20 D. st Caprais, év.	20 m. st Edmond.	20 v. st Philogon. q.-t.
21 D. st Victor, m.	21 m. st Privat, évêq.	21 s. st Mathieu. q.-t.	21 l. ste Ursule, v.	21 j. Présent. N. D.	21 s. st Thomas. q.-t
22 l. ste Madeleine.	22 j. st Symphorien.	22 D. st Maurice.	22 m. st Mellon.	22 v. ste Cécile, v.	22 D. st Yves, év.
23 m. st Apollinaire.	23 v. ste Jeanne.	23 l. ste Thècle.	23 m. st Séverin.	23 s. st Clément, pape.	23 l. ste Anastasie.
24 m. ste Christine, v.	24 s. st Barthélemy, a.	24 m. st Yzarn, ab.	24 j. st Erambert, év.	24 D. ste Flore, v.	24 m. ste Delphine, v.-j.
25 j. st Jacques, apôt.	25 D. st Louis, roi.	25 m. st Firmin, évêq.	25 v. ss Crépin et Cré.	25 l. ste Catherine, v.	25 m. NOEL.
26 v. ste Anne.	26 l. st Zéphirin.	26 j. ste Justine.	26 s. ste Rustique.	26 m. st Lin, pape.	26 j. st Etienne, m.
27 s. st Pantaléon.	27 m. st Césaire, év.	27 v. ss. Come et Dam.	27 D. st Frumence.	27 m. ss. Vital et Agri.	27 v. st Jean, évang.
28 D. st Nazaire, m.	28 m. st Augustin, év.	28 s. st Exupère, évêq.	28 l. ss. Simon et Jud.	28 j. st Sosthène.	28 s. ss Innocents.
29 l. st Loup, évêq.	29 j. Déc. dest J.-Bapt.	29 D. st Michel.	29 m. st Narcisse.	29 v. st Saturnin, év.	29 D. st Thomas, év.
30 m. st Germain, év.	30 v. st Gaudens.	30 l. st Jérôme, prêt.	30 m. st Quentin, m.	30 s. st André, ap.	30 l. st Sabin, év.
31 m. st Ignace, prêtre.	31 s. ste Florentine.		31 j. Vigile-Jeûne.		31 m. st Sylvestre, p.

Toulouse. — Imprimerie de Rives et Faget, rue Triplère, 9.

Calendrier Perpétuel, Civil et Ecclésiastique

JANVIER	FÉVRIER	MARS	AVRIL	MAI	JUIN
1 D. CIRCONCISION.	1 m. st Ignace, m.	1 m. Quatre-Temps.	1 s. st Hugues, év.	1 l. ss. Phil. et Jacq.	1 j. st Pamphile.
2 l. st Bazile.	2 j. PURIFICATION.	2 j. st Simplicien.	2 D. RAMEAUX.	2 m. st Athanase, év.	2 v. st Pothin. q.-t.
3 m. ste Geneviève.	3 v. st Blaise, év.	3 v. ste Cunég. q.-t.	3 l. st Richard.	3 m. Invent. ste Croix.	3 s. ste Clotilde. q.-t.
4 m. st Rigobert.	4 s. st Gilbert.	4 s. st Casimir. q.-t.	4 m. st Ambroise.	4 j. ste Monique.	4 D. TRINITÉ.
5 j. st Siméon, styl.	5 D. SEPTUAGÉSIME.	5 D. REMINISCERE.	5 m. st Vincent Ferr.	5 v. st Théodard, év.	5 l. st Claude.
6 v. ÉPIPHANIE.	6 l. st Amand, év.	6 l. ste Colette.	6 j. st Prudence.	6 s. st Jean P. L.	6 m. st Norbert.
7 s. st Théau.	7 m. ste Dorothée, v.	7 m. ss. Fél. et P.	7 v. VENDREDI-SAINT	7 D. st Orens, év.	7 m. st Robert.
8 D. st Lucien, m.	8 m. st Jean de M.	8 m. st Jean de D.	8 s. st Gautier, abbé.	8 l. st Orens, év.	8 j. FÊTE-DIEU.
9 l. st Julien, hosp.	9 j. ste Appollonie.	9 j. ste Françoise.	9 D. PAQUES.	9 m. st Grégoire, év.	9 v. st Félicien, m.
10 m. st Paul, ermite.	10 v. ste Scolastique.	10 v. st Blanchard.	10 l. st Macaire.	10 m. st Gordien.	10 s. st Landry.
11 m. st Hygien, pape.	11 s. st Benoît, abbé.	11 s. ste Sophrone.	11 m. st Léon, p.	11 j. st Mamert.	11 D. st Barnabé, ap.
12 j. st Fréjus, év.	12 D. SEXAGÉSIME.	12 D. OCULI.	12 m. st Jules.	12 v. st Pacôme	12 l. st Basilide.
13 v. BAPTÊME DE N. S.	13 l. st Lésin.	13 l. st Nicéphore.	13 j. st Justin, m.	13 s. st Onésime.	13 m. st Aventin.
14 s. st Hilaire, év.	14 m. st Valentin.	14 m. ste Mathilde.	14 v. st Tiburce.	14 D. st Boniface.	14 m. st Valère.
15 D st Maur, abbé.	15 m. st Faustin.	15 m. st Zacharie.	15 s. st Paterne.	15 l. ROGATIONS.	15 j. st Guy, m.
16 l. st Fulgence, év.	16 j. ste Julienne.	16 j. ste Euzébie.	16 D. QUASIMODO.	16 m. st Germier, év.	16 v. ss. Cyr et Julitte.
17 m. st Antoine, ab.	17 v. st Sylvin, év.	17 v. st Patrice.	17 l. st Anicet.	17 m. st Pascal.	17 s. st Avit, abbé.
18 m Chaire st P. à R.	18 s. st Siméon, év.	18 s. st Alexandre.	18 m. st Parfait.	18 j. ASCENSION	18 D. st Emile, m.
19 j. st Sulpice, év.	19 D. QUINQUAGÉSIME.	19 D. LÆTARE.	19 m. st Elphége.	19 v. st Pierre C.	19 l. ss. Gervais et Pr.
20 v. st Sébastien, m.	20 l. st Eucher.	20 l. st Joachim.	20 j. st Joseph.	20 s. st Hilaire.	20 m. st Romuald.
21 s. st Agnès, v.	21 m. st Sévérien.	21 m. st Benoît.	21 v. st Anselme.	21 D. st Hospice.	21 m. st Louis de G.
22 D. st Vincent, m.	22 m. CENDRES.	22 m. st Paul, év.	22 s. ste Opportune.	22 l. ste Julie.	22 j. st Paulin, év.
23 l. st Fabien, pape.	23 j. st Pascase.	23 j. st Gabriel.	23 D. st George, m.	23 m. st Didier.	23 v. st Loufroy.
24 m. st Timothée, év.	24 v. st Mathias.	24 v. st Fidèle.	24 l. st Phébade, év.	24 m. st François Rég.	24 s. st Jean-Baptiste.
25 m. Conv. de st Paul.	25 s. st Valburge.	25 s. ANNONCIATION.	25 m. st Marc, évang.	25 j. st Urbain, p.	25 D. st Prosper, év.
26 j. ste Paule, veuve.	26 D. QUADRAGÉSIME.	26 D. PASSION.	26 m. st Clet, pape.	26 v. st Philippe.	26 l. st Maixent.
27 v. ss. Martyrs rom.	27 l. ste Honorine.	27 l. st Rupert, évêq.	27 j. st Polycarpe.	27 s. st Hildebert. v.-j.	27 m. st Cressent, év.
28 s. st Cyrile, m.	28 m. ss. Martyrs.	28 m. st Gontrand.	28 v. ss. Martyrs d'Aff.	28 D. PENTECOTE	28 m. st Irénée, év.
29 D. st François de S.		29 m. st Eustase.	29 s. ste Marie Egypt.	29 l. st Maximin.	29 j. ss. Pierre et Paul.
30 l. ste Bathilde.		30 j. st Jean Climaq.	30 D. st Eutrope, év.	30 m. st Félix, p.	30 v. Comm. de s Paul.
31 m. st Pierre Nolasq.		31 v. st Acace, év.		31 m. Quatre-Temps.	

JUILLET	AOUT	SEPTEMBRE	OCTOBRE	NOVEMBRE	DÉCEMBRE
1 s. st Martial, év.	1 m. st Pierre-ès-liens	1 v st Gilis, abbé.	1 D. st Rémy, év.	1 m. TOUSSAINT.	1 v. st Eloi, év.
2 D. VISITATION N. D.	2 m. st Etienne, pape.	2 s. st Antonin, m.	2 l. ss. Anges gard.	2 j. Les Morts.	2 s. st François Xav.
3 l. st Anatole.	3 j. Invent. st Etien.	3 D. st Grégoire, pap.	3 m. st Trophime, év.	3 v. st Papoul, m.	3 D. AVENT.
4 m. st Théodore.	4 v. st Dominique	4 l. st Lazare.	4 m. st François-d'As.	4 s. st Charles-Borro.	4 l. ste Barbe, v.
5 m. ste Zoé.	5 s. st Félix, m.	5 m. st Victorin, év.	5 j. st Placide, m.	5 D. st Bertile, v.	5 m. st Sabas, abbé.
6 j. st Tranquillin.	6 D. Trans. de N. S.	6 m. st Eugène, év.	6 v. st Bruno, moine.	6 l. st Léonard.	6 m. st Victoire, v.
7 v. st Prosper, doct.	7 l. st Xiste, pape.	7 j. st Cloud, prêtre.	7 s. ste Foi, v. m.	7 m. st Ernest, abbé.	7 j. st Nicolas, év.
8 s. ste Elisabeth, r.	8 m. st Just et Past.	8 v. NATIVITÉ de la V.	8 D. ste Brigitte.	8 m. stes Reliques.	8 v. CONCEP. N. D.
9 D. st Ephrem.	9 m. st Roch.	9 s. st Omer, év.	9 l. st Denis, év.	9 j. st Austremoine.	9 s. ste Léocadie, v.
10 l. Sept-Frères M.	10 j. ste Philomène.	10 D. st Salvi, év.	10 m. st François de B.	10 v. st Léon, pape.	10 D. st Hubert.
11 m. Trans. st Benoît.	11 v. ste Susanne, m.	11 l. st Patient.	11 m. st Julien.	11 s. st Martin, év.	11 l. st Damase, pape.
12 m. st Honeste, pr.	12 s. ste Claire, vierge.	12 m. st Serdot, év.	12 j. st Donatien.	12 D. st Martin, pape.	12 m. st Paul, év.
13 j. st Anaclet.	13 D. ste Radegonde, r.	13 m. st Aimé, abbé.	13 v. st Gérard.	13 l. st Stanislas.	13 m. ste Luce, v. m.
14 v. st Bonaventure.	14 l. st Eusèbe, V.-J.	14 j. EXALT. ste CROIX	14 s. st Calixte.	14 m. st Claude, m.	14 j. st Honorat, év.
15 s. st Henri.	15 m. Assomption.	15 v. st Achard, abbé.	15 D. ste Thérèse.	15 m. st Malo, év.	15 v. st Mesmin, abbé.
16 D. Notre-D. de M. C.	16 m. st Roch.	16 s. st Jean Chrysost.	16 l. st Bertrand, év.	16 j. st Eucher.	16 s. ste Adélaïde.
17 l. st Esperat, m.	17 j. st Alexis.	17 D. st Corneille, p.	17 m. st Gauderic.	17 v. st Asciscle, m.	17 D. ste Olimpie.
18 m. st Thomas d'Aq.	18 v. ste Hélène.	18 l. ste Cumelie.	18 m. st Luc, évang.	18 s. st Odon, abbé.	18 l. st Gratien.
19 m. st Vincent-de-P.	19 s. st Louis, év.	19 m. st Janvier, m.	19 v. st Pierre d'Alc.	19 D. ste Elizabeth.	19 m. st Grégoire.
20 j. ste Marguerite.	20 D. st Bernard, ab.	20 m. Quatre-Temps.	20 s. st Caprais, év.	20 l. st Edmont.	20 m. Quatre-Temps.
21 v. st Victor, m.	21 l. st Privat, év.	21 j. st Mathieu.	21 D. ste Ursule, v.	21 m. PRÉSENT. N. D.	21 j. st Thomas.
22 s. ste Madeleine.	22 m. st Symphorien.	22 v. st Maurice. q.-t.	22 l. st Mellon.	22 m. ste Cécile, v.	22 v. st Yves, év. q.-t.
23 D. st Appollinaire.	23 m. ste Jeanne.	23 s. ste Thècle. q.-t.	23 m. st Sévérin.	23 j. st Clément, pape.	23 s. ste Anastas. q.-t.
24 l. ste Christine, v.	24 j. st Barthélemi, ap.	24 D. st Yzarn.	24 j. st Erambert, év.	24 v. ste Flore, v.	24 D. ste Delphine, v.-j.
25 m. st Jacques, apôt.	25 v. st Louis, roi.	25 l. st Firmin, év.	25 v. ss. Crépin et Cré.	25 s. ste Catherine, v.	25 l. NOEL.
26 m. ste Anne.	26 s. st Zéphirin.	26 m. ste Justine.	26 s. ste Rustique.	26 D. st Lin, pape.	26 m. st Etienne, m.
27 j. st Pantaléon.	27 D. st Césaire, év.	27 m. ss. Come et Dam.	27 v. st Frumence.	27 l. ss. Vital et Agri.	27 m. st Jean, évang.
28 v. st Nazaire, m.	28 l. st Augustin, év.	28 j. st Exupère, év.	28 D. ss. Simon et Jude.	28 m. st Sosthène.	28 j. ss Innocents.
29 s. st Loup, év.	29 m. Déco. de s. J. B.	29 v. st Michel.	29 l. st Narcisse.	29 m. st Saturnin.	29 v. st Thomas, évan.
30 D. st Germain, év.	30 m. st Gaudens.	30 s. st Jérôme, prêt.	30 l. st Quentin, m.	30 j. st André, ap.	30 s. st Sabin, év.
31 l. st Ignace, prêt.	31 j. ste Florentine.		31 m. Vigile-Jeûne.		31 D. st Sylvestre, p.

Toulouse. — Imprimerie de Rives et Faget, rue Tripière, 9.

Calendrier Perpétuel, Civil et Ecclésiastique.

JANVIER	FÉVRIER	MARS	AVRIL	MAI	JUIN
1 v. CIRCONCISION.	1 l. st Ignace, m.	1 l. st Aubin, év.	1 j. st Hugues, év.	1 s. ss. Philip. et Jac.	1 m. st Pamphile.
2 s. st Basile.	2 m. PURIFICATION.	2 m. st Simplicien.	2 v. st François de P.	2 D. st Athanase, év.	2 m. st Pothin.
3 D. ste Geneviève.	3 m. st Blaise, évêq.	3 m. ste Cunégonde.	3 s. st Richard.	3 l. ROGATIONS.	3 j. ste Clotilde.
4 l. st Rigobert.	4 j. st Gilbert.	4 j. st Casimir.	4 D. QUASIMODO.	4 m. ste Monique.	4 v. st Quirin, m.
5 m. st Siméon, styl.	5 v. ste Agathe, v.	5 v. st Phocas.	5 l. ANNONCIATION.	5 m. st Théodard, év.	5 s. st Claude.
6 m. ÉPIPHANIE.	6 s. st Amand, év.	6 s. ste Colète.	6 m. st Prudence.	6 j. ASCENSION.	6 D. st Norbert.
7 j. st Théau.	7 D. QUINQUAGÉSIME.	7 D. LÆTARE.	7 m. st Hégésippe.	7 v. Transf. s Etienne	7 l. st Robert, ab.
8 v. st Lucien, m.	8 l. st Jean de M.	8 l. st Jean de Dieu.	8 j. st Gaultier.	8 s. st Orens, évêq.	8 m. st Médard.
9 s. st Julien, hosp.	9 m. ste Appollonie.	9 m. ste Françoise.	9 v. st Isidore.	9 D. st Grégoire, év.	9 m. st Féticien.
10 D. st Paul, ermite.	10 m. CENDRES.	10 m. st Blanchard.	10 s. st Macaire.	10 l. st Gordien.	10 j. st Landry.
11 l. st Hygien, pape.	11 j. st Benoît, ab.	11 j. ste Sophrone.	11 D. st Léon, pape.	11 m. st Mamert.	11 v. st Barnabé.
12 m. st Fréjus, évêq.	12 v. ste Eulalie, v.	12 v. st Maximilien.	12 l. st Jules.	12 m. st Pacôme, ab.	12 s. st Basilide.
13 m. BAPTÊME DE N. S.	13 s. st Lésin.	13 s. st Nicéphore.	13 m. st Justin, m.	13 j. st Onésime.	13 D. st Aventin.
14 j. st Hilaire, évêq.	14 D. QUADRAGÉSIME.	14 D. PASSION.	14 m. st Tiburce.	14 v. st Boniface.	14 l. st Valère, m.
15 v. st Maur, abbé.	15 l. st Faustin.	15 l. st Zacharie.	15 j. st Paterne.	15 s. st Honoré. v.-j.	15 m. st Guy, m.
16 s. st Fulgence, év.	16 m. ste Julienne.	16 m. ste Euzébie.	16 v. st Fructueux.	16 D. PENTECOTE	16 m. ss. Cyr et Julitte.
17 D. st Antoine, abbé	17 m. Quatre-Temps.	17 m. st Patrice.	17 s. st Anicet.	17 l. st Pascal.	17 j. st Avit, abbé.
18 l. Chaire st P. à R.	18 j. st Siméon, év.	18 j. st Alexandre.	18 D. st Parfait.	18 m. st Venant.	18 v. st Euilé, m.
19 m. st Sulpice, évêq.	19 v. st Gabin. q.-t.	19 v. st Gaspard.	19 l. st Elphège.	19 m. Quatre-Temps.	19 s. ss Gervais et Pro.
20 m. st Sébastien.	20 s. st Eucher, év.	20 s. st Joachim.	20 m. st Joseph.	20 j. st Hilaire, év.	20 D. st Romuald.
21 j. ste Agnès, v.	21 D. REMINISCERE.	21 D. RAMEAUX.	21 m. st Anselme.	21 v. st Hospice. q.-t.	21 l. st Louis de Gonz.
22 v. st Vincent, m.	22 l. st Maxime.	22 l. st Paul, év.	22 j. ste Opportune.	22 s. ste Julie. q.-t.	22 m. st Paulin, év.
23 s. st Fabien, pape.	23 m. st Pascase.	23 m. st Fidèle.	23 v. st Georges, m.	23 D. TRINITÉ.	23 m. st Leufroy.
24 D. SEPTUAGÉSIME.	24 m. st Mathias.	24 m. st Gabriel.	24 s. st Phébade, év	24 l. st François Rég.	24 j. st Jean-Baptiste.
25 l. Conv. st st Paul.	25 j. st Valburge.	25 j. st Vathurge.	25 D. st Marc, évang.	25 m. st Urbain, pape.	25 v. ste Fébronie.
26 m. ste Paule, veuve.	26 v. st Nestor.	26 v. VENDREDI-SAINT.	26 l. st Clet, pape.	26 m. st Philippe de N.	26 s. st Maixent.
27 m. ss. Martyrs rom.	27 s. ste Honorine.	27 s. st Rupert, év.	27 m. st Polycarpe.	27 j. FÊTE-DIEU.	27 D. st Crescent, év.
28 j. st Cyrille, évêq.	28 D. OCULI.	28 D. PAQUES.	28 m. ss. Martyrs d'Aff.	28 v. st Guilhaume	28 l. st Irénée, m.
29 v. st François de S.		29 l. st Eustase.	29 j. ste Marie Egypt.	29 s. st Maximin.	29 m. ss. Pierre et Paul
30 s. ste Bathilde.		30 m. st Jean Climaque.	30 v. st Eutrope, év.	30 D. st Félix, pape.	30 m. Comm. de s Paul.
31 D. SEXAGÉSIME.		31 m. st Acace, év.		31 l. st Sylve, év.	

JUILLET	AOUT	SEPTEMBRE	OCTOBRE	NOVEMBRE	DÉCEMBRE
1 j. st Martial, év.	1 D. st Pierre ès-liens	1 m. st Gilis, abbé.	1 v. st Rémy, év.	1 l. TOUSSAINT.	1 m. st Eloi, év.
2 v. VISITATION N. D.	2 l. st Etienne, pape.	2 j. st Antonin, m.	2 s. ss Anges gard.	2 m. Les Morts.	2 j. st François-Xav.
3 s. st Anatole.	3 m. Inv. st Etienne.	3 v. st Grégoire, pape	3 D. st Trophime d'As.	3 m. st Papoul, m.	3 v. ste Clotilde.
4 D. st Théodore.	4 m. st Dominique.	4 s. st Lazare.	4 l. st François-d'As.	4 j. st Charles Borro.	4 s. ste Barbe, v.
5 l. ste Zoé.	5 j. st Félix, mart.	5 D. st Victorin, év.	5 m. st Placide, m.	5 v. ste Bertile. v.	5 D. st Sabas, abbé
6 m. st Tranquillin.	6 v. TRANS. DE N. S.	6 l. st Eugène, m.	6 m. st Bruno, moine.	6 s. st Léonard.	6 m. st Nicolas, év.
7 m. st Prosper, doct.	7 s. st Sixte, pape.	7 m. st Cloud, prêtre.	7 j. ste Foi, v. m.	7 D. st Ernest, abbé.	7 m. st Nicolas, év.
8 j. ste Elisabeth, r.	8 D. ss. Just et Past.	8 m. NATIV. DE LA V.	8 v. ste Brigitte.	8 l. stes Reliques.	8 m. CONCEP. N. D.
9 v. st Ephrem.	9 l. st Vitrice, évêq.	9 j. St Omer, évêq.	9 s. st Denis, év.	9 m. st Austremoine.	9 j. ste Léocadie, v.
10 s. Sept-Frères M.	10 m. ste Philomène.	10 v. st Salvi, évêque.	10 D. st François de B.	10 m. st Léon, pape.	10 v. st Hubert.
11 D. Trans. st Benoît.	11 m. ste Suzanne, m.	11 s. st Patient.	11 l. st Julien.	11 j. st Martin, év.	11 s. st Damase, pape.
12 l. st Homobr, pr.	12 j. ste Claire, vierge.	12 D. st Raphaël.	12 m. st Donatien.	12 v. st Martin, pape.	12 D. st Paul, év.
13 m. st Anaclet.	13 v. ste Radegonde, r.	13 l. st Aimé, abbé.	13 m. st Gérald.	13 s. st Stanislas.	13 l. ste Luce, v. m.
14 m. st Bonaventure.	14 s. st Eusèbe, V.-J.	14 m. EXALT. STE-CROIX	14 j. st Calixte.	14 D. st Claude, m.	14 m. st Nicaise, év.
15 j. st Henri.	15 D. Assomption.	15 m. Quatre-Temps.	15 v. ste Thérèse, v.	15 l. st Malo, év.	15 m. Quatre-Temps.
16 v. N.-D. de M.-Car.	16 l. st Roch.	16 j. st Jean Chrysost.	16 s. st Bertrand, év.	16 m. st Eucher.	16 j. ste Adélaïde.
17 s. st Espérat, m.	17 m. st Alexis.	17 v. st Corneille, q.-t.	17 D. st Gauderic.	17 m. st Asciscle, m.	17 v. ste Olimpie. q.-t.
18 D. st Thomas d'Aq.	18 m. ste Hélène.	18 s. ste Camille, q.-t.	18 l. st Luc, évang.	18 j. st Odon, abbé.	18 s. st Gratien. q.-t.
19 l. st Vincent de P.	19 j. st Louis, évêque.	19 D. st Cyprien.	19 m. st Pierre d'Alc.	19 v. ste Elizabeth.	19 D. st Grégoire.
20 m. ste Marguerite.	20 v. st Bernard, abbé.	20 l. st Eustache.	20 m. st Caprais, év.	20 s. st Edmond.	20 l. st Philogou.
21 m. st Victor, m.	21 s. st Privat évêq.	21 m. st Mathieu.	21 j. ste Ursule, v.	21 D. PRÉSENT. N. D.	21 m. st Thomas.
22 j. ste Madeleine.	22 D. st Symphorien.	22 m. st Maurice.	22 v. ste Melton.	22 l. ste Cécile, v.	22 m. st Yves, év.
23 v. st Apollinaire.	23 l. ste Jeanne.	23 j. ste Thècle.	23 s. st Séverin.	23 m. st Clément, pape.	23 j. ste Anastasie.
24 s. ste Christine, m.	24 m. st Barthélemy, a.	24 v. st Yzarn, ab.	24 D. st Erambert, év.	24 m. st Jean de la Croix	24 v. ste Delphine, v.-j.
25 D. st Jacques, apôt.	25 m. st Louis, roi.	25 s. st Firmin, évêq.	25 l. ss Crépin et Cré.	25 j. ste Catherine, v.	25 s. NOEL.
26 l. ste Anne.	26 j. st Zéphirin.	26 D. ste Justine.	26 m. ste Rustique.	26 v. st Lin, pape.	26 D. st Etienne, m.
27 m. st Pantaléon.	27 v. st Césaire, év.	27 l. ss. Come et Dam.	27 m. st Frumence.	27 s. ss. Vital et Agri.	27 l. st Jean, évang.
28 m. st Nazaire, m.	28 s. st Augustin, év.	28 m. st Exupère, évêq.	28 j. ss. Simon et Jud.	28 D. AVENT.	28 m. ss Innocents.
29 j. st Loup, évêque.	29 D. Déc. de st J.-Bapt.	29 m. st Michel.	29 v. st Narcisse.	29 l. st Saturnin, év.	29 m. st Thomas de C.
30 v. st Germain, év.	30 l. st Gaudens.	30 j. st Jérôme, prêt.	30 s. st Quentin. m.	30 m. st André, ap.	30 j. st Sabin, év.
31 s. st Ignace, prêtre.	31 m. ste Florentine.		31 D. Vigile-Jeûne.		31 v. st Sylvestre, p.

Toulouse. — Imprimerie de Rives et Faget, rue Tripière, 9.

Calendrier Perpétuel, Civil et Ecclésiastique

JANVIER	FÉVRIER	MARS	AVRIL	MAI	JUIN
1 l. CIRCONCISION.	1 j. st Ignace, m.	1 j. st Aubin.	1 D. **PAQUES**.	1 m. ss. Phil. et Jacq.	1 v. st Pamphile.
2 m. st Bazile.	2 v. PURIFICATION.	2 v. st Simplicien.	2 l. st François de P.	2 m. st Athanase, év.	2 s. st Pothin.
3 m. ste Geneviève.	3 s. st Blaise, év.	3 s. ste Cunégonde.	3 m. st Richard.	3 j. Invent. sts Croix.	3 D. ste Clotilde.
4 j. st Rigobert.	4 D. SEXAGÉSIME.	4 D. OCULI.	4 m. st Ambroise.	4 v. ste Monique.	4 l. st Quiron, m.
5 v. st Siméon, styl.	5 l. ste Agathe, v.	5 l. st Phocas.	5 j. st Vincent Ferr.	5 s. st Théodard, év.	5 m. st Claude.
6 s. ÉPIPHANIE.	6 m. st Amand, év.	6 m. ste Colette.	6 v. st Prudence.	6 D. st Jean P. L.	6 m. st Norbert.
7 D. st Théau.	7 m. ste Dorothée, v.	7 m. ss. Fél. et P.	7 s. st Hégésippe.	7 l. ROGATIONS.	7 j. st Robert.
8 l. st Lucien, m.	8 j. st Jean de M.	8 j. st Jean de D.	8 D. QUASIMODO.	8 m. st Orens, év.	8 v. st Médard.
9 m. st Julien, hosp.	9 v. ste Appollonie.	9 v. ste Françoise.	9 l. ANNONCIATION.	9 m. st Grégoire, év.	9 s. st Félicien, m.
10 m. st Paul, ermite.	10 s. ste Scolastique.	10 s. st Blanchard.	10 m. st Macaire.	10 j. **ASCENSION**	10 D. st Landry.
11 j. st Hygien, pape.	11 D. QUINQUAGÉSIME.	11 D. LÆTARE.	11 m. st Léon, p.	11 v. st Mamert.	11 l. st Barnabé, ap.
12 v. st Fréjus, év.	12 l. ste Eulalie, v.	12 l. st Maximilien.	12 j. st Jules.	12 s. st Pacôme	12 m. st Basilide.
13 s. BAPTÊME DE N. S.	13 m. st Lésin.	13 m. st Nicéphore.	13 v. st Justin, m.	13 D. st Onésime.	13 m. st Aventin.
14 D. st Hilaire, év.	14 m. CENDRES.	14 m. ste Mathilde.	14 s. st Tiburce.	14 l. st Boniface.	14 j. st Valère.
15 l. st Maur, abbé.	15 j. st Faustin.	15 j. st Zacharie.	15 D. st Paterne.	15 m. st Honoré.	15 v. st Guy, m.
16 m. st Fulgence, év.	16 v. ste Julienne.	16 v. ste Euzébie.	16 l. st Fructueux.	16 m. st Germier, év.	16 s. ss. Cyr et Julitte.
17 m. st Antoine, ab.	17 s. st Sylvin, év.	17 s. st Patrice.	17 m. st Anicet.	17 j. st Pascal.	17 D. st Avit, abbé.
18 j. Chaire st P. à R.	18 D. QUADRAGÉSIME.	18 D. PASSION.	18 m. st Parfait.	18 v. st Venant.	18 l. st Émile, m.
19 v. st Sulpice, év.	19 l. st Gabin.	19 l. st Gaspard.	19 j. st Elphège.	19 s. st Pierre C. v.-j.	19 m. ss. Gervais et Pr.
20 s. st Sébastien, m.	20 m. st Eucher.	20 m. st Joachim.	20 v. st Joseph.	20 D. **PENTECÔTE**	20 D. st Romuald.
21 D. st Agnès, v.	21 m. Quatre-Temps.	21 m. st Benoît.	21 s. st Anselme.	21 l. st Hospice.	21 j. st Louis de G.
22 l. st Vincent, m.	22 j. st Maxime.	22 j. st Paul, év.	22 D. ste Opportune.	22 m. ste Julie.	22 v. st Paulin, év.
23 m. st Fabien, pape.	23 v. st Pascase. q.-t.	23 v. st Gabriel.	23 l. st George, m.	23 m. Quatre-Temps.	23 s. st Leufroy.
24 m. st Timothée, év.	24 s. st Mathias. q.-t.	24 s. st Fidèle.	24 m. st Phébade, év.	24 j. st François Rég.	24 D. st Jean-Baptiste.
25 j. Conv. de st Paul.	25 D. REMINISCERE.	25 D. RAMEAUX.	25 m. st Marc, évang.	25 v. st Urbain, p. q.-t.	25 l. ste Fébronie.
26 v. ste Paule, veuve.	26 l. st Nestor.	26 l. st Ludger.	26 j. st Clet, pape.	26 s. st Philippe. q.-t.	26 m. st Maixent.
27 s. ss. Martyrs rom.	27 m. ste Honorine.	27 m. st Rupert, évêq.	27 v. st Polycarpe.	27 D. TRINITÉ.	27 m. st Cressent, év.
28 D. SEPTUAGÉSIME.	28 m. ss. Martyrs.	28 m. st Gontrand.	28 s. ss. Martyrs d'Aff.	28 l. st Guillaume.	28 j. st Irénée, év.
29 l. st François de S.		29 j. st Eustase.	29 D. ste Marie Égypt.	29 m. st Maximin.	29 v. ss. Pierre et Paul.
30 m. ste Bathilde.		30 v. VENDREDI-SAINT.	30 l. st Eutrope, év.	30 m. st Félix, p.	30 s. Comm. des Paul.
31 m. st Pierre Nolasq.		31 s. st Acace, év.		31 j. FÊTE-DIEU.	

JUILLET	AOUT	SEPTEMBRE	OCTOBRE	NOVEMBRE	DÉCEMBRE
1 D. st Martial, év.	1 m. st Pierre-ès-liens	1 s. st Gilis, abbé.	1 l. st Rémy, év.	1 j. **TOUSSAINT**.	1 s. st Éloi, év.
2 l. VISITATION N. D.	2 j. st Étienne, pape.	2 D. st Antonin, m.	2 m. ss Anges gard.	2 v. Les Morts.	2 D. AVENT.
3 m. st Anatole.	3 v. Invent. st Étien.	3 l. st Grégoire, pap.	3 m. st Trophime, év.	3 s. st Papoul, m.	3 l. st Anthème
4 m. st Théodore.	4 s. st Dominique	4 m. st Lazare.	4 j. st François d'As.	4 D. st Charles-Borro.	4 m. ste Barbe, v.
5 j. ste Zoé.	5 D. st Félix, m.	5 m. st Victorin, év.	5 v. st Placide, m.	5 l. ste Bertile, v.	5 m. st Sabas, abbé.
6 v. st Tranquillin.	6 l. Trans. de N. S.	6 j. st Eugène, m.	6 s. st Bruno, moine.	6 m. st Léonard.	6 j. ste Victoire, v.
7 s. st Prosper, doct.	7 m. st Xiste, pape.	7 v. st Cloud, prêtre.	7 D. ste Foi, v. m.	7 m. st Ernest, abbé.	7 v. st Nicolas, év.
8 D. ste Élisabeth, r.	8 m. st Just et Past.	8 s. NATIVITÉ de la V.	8 l. ste Brigitte.	8 j. stes Reliques.	8 s. CONCEP. N. D.
9 l. st Éphrem.	9 j. st Vitrice, év.	9 D. st Omer, év.	9 m. st Denis, év.	9 v. st Austremoine.	9 D. ste Léocadie, v.
10 m. Sept-Frères M.	10 v. st Philomène.	10 l. st Salvi, év.	10 m. st François de B.	10 s. st Léon, pape.	10 l. st Hubert.
11 m. Trans. st Benoît.	11 s. ste Susanne, m.	11 m. st Patient.	11 j. st Julien.	11 D. st Martin, év.	11 m. st Damase, pape.
12 j. st Honeste, pr.	12 D. ste Claire, vierge.	12 m. st Serdot, év.	12 v. st Donatien.	12 l. st Martin, pape.	12 m. st Paul, év.
13 v. st Anaclet.	13 l. ste Radegonde, r.	13 j. st Aimé, abbé.	13 s. st Géraud.	13 m. st Stanislas.	13 j. ste Luce, v. m.
14 s. st Bonaventure.	14 m. st Eusèbe, V.-J.	14 v. EXALT. ste CROIX	14 D. st Calixte.	14 m. st Claude, m.	14 v. st Honorat, év.
15 D. st Henri.	15 m. **Assomption**	15 s. st Achard, abbé.	15 l. ste Thérèse.	15 j. st Malo, év.	15 s. st Mesmin, abbé.
16 l. Notre-D. de M. C.	16 j. st Roch.	16 D. st Jean Chrysost.	16 m. st Bertrand, év.	16 v. st Eucher.	16 D. ste Adélaïde.
17 m. st Esperat, m.	17 v. st Alexis.	17 l. st Corneille, p.	17 m. st Gauderic.	17 s. st Asciscle, m.	17 l. ste Olimpie.
18 m. st Thomas d'Aq.	18 s. ste Hélène.	18 m. ste Camélie.	18 j. st Luc, évang.	18 D. st Odon, abbé.	18 m. st Gratien.
19 j. st Vincent-de-P.	19 D. st Louis, év.	19 m. Quatre-Temps.	19 v. st Pierre d'Alc.	19 l. ste Élizabeth.	19 m. Quatre-Temps.
20 v. ste Marguerite.	20 l. st Bernard, ab.	20 j. st Eustache.	20 s. ste Cyr, aps.	20 m. st Edmont.	20 j. st Philogone.
21 s. st Victor, m.	21 m. st Privat, év.	21 v. st Mathieu. q.-t.	21 D. ste Ursule, v.	21 m. PRÉSENT. N. D.	21 v. st Thomas. q.-t.
22 D. ste Madeleine.	22 m. st Symphorien.	22 s. st Maurice. q.-t.	22 l. st Mellon.	22 j. ste Cécile, v.	22 s. st Yves, év. q.-t.
23 l. st Appollinaire.	23 j. ste Jeanne.	23 D. ste Thècle.	23 m. st Sévérin.	23 v. st Clément, pape.	23 D. ste Anastas.
24 m. ste Christine, v.	24 v. st Barthélemi, ap.	24 l. st Yzarn.	24 m. st Érambert, év.	24 s. ste Flore, v.	24 l. ste Delphine, v.-j.
25 m. st Jacques, apôt.	25 s. st Louis, roi.	25 m. st Firmin, év.	25 j. st Crépin et Cré.	25 D. ste Catherine, v.	25 m. **NOEL**.
26 j. ste Anne.	26 D. st Zéphirin.	26 m. ste Justine.	26 v. ste Rustique.	26 l. st Lin, pape.	26 m. st Étienne, m.
27 v. st Pantaléon.	27 l. st Césaire, év.	27 j. ss. Côme et Dam.	27 s. st Frumence.	27 m. ss. Vital et Agri.	27 j. st Jean, évang.
28 s. st Nazaire, m.	28 m. st Augustin, év.	28 v. st Exupère, év.	28 D. ss Simon et Jude.	28 m. ss Innocents.	28 v. ss Innocents.
29 D. st Loup, év.	29 m. Déco. de s. J. B.	29 s. st Michel.	29 l. st Narcisse.	29 j. st Saturnin.	29 s. st Thomas, évan.
30 l. st Germain, év.	30 j. st Gaudens.	30 D. st Jérôme, prêt.	30 m. st Quentin, m.	30 v. st André, ap.	30 D. st Sabin, év.
31 m. st Ignace, prêt.	31 v. ste Florentine.		31 m. Vigile-Jeûne.		31 l. st Sylvestre, p.

Toulouse. — Imprimerie de Rives et Faget, rue Tripière, 9.

Calendrier Perpétuel, Civil et Ecclésiastique.

JANVIER	FÉVRIER	MARS	AVRIL	MAI	JUIN
1 m. Circoncision.	1 v. st Ignace, m.	1 v. st Aubin, év.	1 l. st Hugues, év.	1 m. ss. Philip. et Jac.	1 s. st Pamphile.
2 m. st Basile.	2 s. Purification.	2 s. st Simplicien.	2 m. st François de P.	2 j. st Athanase, év.	2 D. st Pothin.
3 j. ste Geneviève.	3 D. st Blaise, évêq.	3 D. Quinquagésime.	3 m. st Richard.	3 v. Invent. ste Croix.	3 l. ste Clotilde.
4 v. st Rigobert.	4 l. st Gilbert.	4 l. st Casimir.	4 j. st Ambroise, év.	4 s. ste Monique.	4 m. st Quirin, m.
5 s. st Siméon, styl.	5 m. ste Agathe, v.	5 m. st Phocas.	5 v. st Vincent Ferr.	5 D. st Théodard, év.	5 m. st Claude.
6 D. Épiphanie.	6 m. st Amand, év.	6 m. Cendres.	6 s. st Prudence.	6 l. st Jean P. L.	6 j. st Norbert.
7 l. st Théau.	7 j. ste Dorothée, v.	7 j. ss. Félic. et Per.	7 D. Passion.	7 m. Transf. s Etienne	7 v. st Robert, ab.
8 m. st Lucien, m.	8 v. st Jean de M.	8 v. st Jean de Dieu.	8 l. st Gaultier.	8 m. st Orens, évêq.	8 s. st Médard. v.-j.
9 m. st Julien, hosp.	9 s. ste Appollonie.	9 s. ste Françoise.	9 m. st Isidore.	9 j. st Grégoire, év.	9 D. Pentecôte
10 j. st Paul, ermite.	10 D. ste Scolastique.	10 D. Quadragésime.	10 m. st Macaire.	10 v. st Gordien.	10 l. st Landry.
11 v. st Hygien, pape.	11 l. st Benoît, ab.	11 l. ste Sophrone.	11 j. st Léon, pape.	11 s. st Mamert.	11 m. st Barnabé.
12 s. st Fréjus, évêq.	12 m. ste Eulalie, v.	12 m. st Maximilien.	12 v. st Jules.	12 D. st Pacôme, ab.	12 m. Quatre-Temps.
13 D. Baptême de N. S.	13 m. st Lésin.	13 m. Quatre-Temps.	13 s. st Justin, m.	13 l. st Onésime.	13 j. st Aventin.
14 l. st Hilaire, évêq.	14 j. st Valentin.	14 j. ste Mathilde.	14 D. Rameaux.	14 m. st Boniface.	14 v. st Valère, m.q.-t.
15 m. st Maur, abbé.	15 v. st Faustin.	15 v. st Zacharie. q.-t.	15 l. st Paterne.	15 m. st Honoré.	15 s. st Guy, m. q.-t.
16 m. st Fulgence, év.	16 s. ste Julienne.	16 s. ste Euzébie. q.-t.	16 m. st Fructueux.	16 j. st Germier.	16 D. Trinité.
17 j. st Antoine, abbé.	17 D. Septuagésime.	17 D. Reminiscere.	17 m. st Anicet.	17 v. st Pascal.	17 l. st Avit, abbé.
18 v. Chaire st P. à R.	18 l. st Siméon, év.	18 l. st Alexandre.	18 j. st Parfait.	18 s. st Venant.	18 m. st Emile, m.
19 s. st Sulpice, évêq.	19 m. st Gabin.	19 m. st Gaspard.	19 v. Vendredi-Saint.	19 D. st Pierre Célest.	19 m. ss Gervais et Pro.
20 D. st Sébastien.	20 m. st Eucher, év.	20 m. st Joachim.	20 s. st Joseph.	20 l. st Hilaire, év.	20 j. Fête-Dieu.
21 l. ste Agnès, v.	21 j. st Sévérien.	21 j. st Benoît.	21 D. Pâques.	21 m. st Hospice.	21 v. st Louis de Gonz.
22 m. st Vincent, m.	22 v. st Maxime.	22 v. st Paul, év.	22 l. ste Opportune.	22 m. ste Julie.	22 s. st Paulin, év.
23 m. st Fabien, pape.	23 s. st Pascase.	23 s. st Fidèle.	23 m. st Georges, m.	23 j. st Didier.	23 D. st Leufroy.
24 j. st Thimothée, év.	24 D. Sexagésime.	24 D. Oculi.	24 m. st Phébade, év.	24 v. st François Rég.	24 l. st Jean-Baptiste.
25 v. Conv. de st Paul.	25 l. st Valburge.	25 l. Annonciation.	25 j. st Marc, évang.	25 s. st Urbain, pape.	25 m. ste Fébronie.
26 s. ste Paule, veuve.	26 m. st Nestor.	26 m. st Ludger.	26 v. st Clet, pape.	26 D. st Philippe de N.	26 m. st Maixent.
27 D. ss. Martyrs, rom.	27 m. ste Honorine.	27 m. st Rupert, év.	27 s. st Polycarpe.	27 l. Rogations.	27 j. st Crescent, ev.
28 l. st Cyrile, évêq.	28 j. ss. Martyrs d'Al.	28 j. st Gontrand.	28 D. Quasimodo.	28 m. st Guilhaume	28 v. st Irénée, év.
29 m. st François de S.		29 v. st Eustase.	29 l. ste Marie Égypt.	29 m. st Maximin.	29 s. ss. Pierre et Paul.
30 m. ste Bathilde.		30 s. st Jean Climaque.	30 m. st Eutrope, év.	30 j. Ascension.	30 D. Comm. de s Paul.
31 j. st Pierre Nolasq.		31 D. Lætare.		31 v. st Sylve, év.	

JUILLET	AOUT	SEPTEMBRE	OCTOBRE	NOVEMBRE	DÉCEMBRE
1 l. st Martial, év.	1 j. st Pierre ès-liens	1 D. st Gilis, abbé.	1 m. st Rémy, év.	1 v. Toussaint.	1 D. Avent.
2 m. Visitation N.D.	2 v. st Etienne, pape.	2 l. st Antonin, m.	2 m. ss. Anges gard.	2 s. Les Morts.	2 l. st François-Xav.
3 m. st Anatole.	3 s. Inv. st Etienne.	3 m. st Grégoire, pape	3 j. st Trophime, év.	3 D. st Papoul, m.	3 m. ste Clotilde.
4 j. st Théodore.	4 D. st Dominique.	4 m. st Lazare.	4 v. st François-d'As.	4 l. st Charles Borro.	4 m. ste Barbe, v.
5 v. ste Zoé.	5 l. st Félix, mart.	5 j. st Victorin, év.	5 s. st Placide, m.	5 m. ste Bertille. v.	5 j. st Sabas, abbé.
6 s. st Tranquillin.	6 m. Trans. de N. S.	6 v. st Eugène, m.	6 D. st Bruno, moine.	6 m. st Léonard.	6 v. ste Victoire, v.
7 D. st Prosper, doct.	7 m. st Sixte, pape.	7 s. st Cloud, prêtre.	7 l. ste Foi, v. m.	7 j. st Ernest, abbé.	7 s. st Nicolas, év.
8 l. ste Elisabeth, r.	8 j. ss. Just et Past.	8 D. Nativ. de la V.	8 m. ste Brigitte.	8 v. stes Reliques.	8 D. Concep. N. D.
9 m. st Ephrem.	9 v. st Vitrice, évêq.	9 l. st Omer, évêq.	9 m. st Denis, év.	9 s. st Austremoine.	9 l. ste Léocadie, v.
10 m. Sept-Frères M.	10 s. st Laurent.	10 m. st Salvi, évêque.	10 j. st François de B.	10 D. st Léon, pape.	10 m. st Hubert.
11 j. Trans. st Benoît.	11 D. ste Suzanne, m.	11 m. st Patient.	11 v. st Julien.	11 l. st Martin, év.	11 m. st Damase, pape.
12 v. st Honeste, pr.	12 l. ste Claire, vierge.	12 j. st Serdot, évêq.	12 s. st Donatien.	12 m. st Martin, pape.	12 j. st Paul, év.
13 s. st Anaclet.	13 m. ste Radegonde, r.	13 v. st Aimé, abbé.	13 D. st Géraud,	13 m. st Stanislas.	13 v. ste Luce, v. m.
14 l. st Bonaventure.	14 m. st Eusèbe. V.-J.	14 s. Exalt. Ste-Croix	14 l. st Calixte.	14 j. st Claude, m.	14 s. st Honorat.
15 l. st Henri.	15 j. Assomption.	15 D. st Achard, abbé.	15 m. ste Thérèse, v.	15 v. st Malo, év.	15 D. st Mesmin, abbé.
16 m. N.-D. de M.-Car.	16 v. st Roch.	16 l. st Jean Chrysost.	16 m. st Bertrand, év.	16 s. st Eucher.	16 l. ste Adélaïde.
17 v. st Espérat, m.	17 s. st Alexis.	17 m. st Corneille.	17 j. st Gauderic.	17 D. st Asciscle, m.	17 m. ste Olimpie.
18 j. st Thomas d'Aq.	18 D. ste Hélène.	18 m. Quatre-Temps.	18 v. st Luc, évang.	18 l. st Odon, abbé.	18 m. Quatre-Temps.
19 v. st Vincent de P.	19 l. st Louis, évêque.	19 j. st Cyprien.	19 s. st Pierre d'Alc.	19 m. ste Elizabeth.	19 j. st Grégoire.
20 s. ste Marguerite.	20 m. st Bernard, abbé.	20 v. st Eustache. q.-t.	20 D. st Caprais, év.	20 m. st Edmond.	20 v. st Philogon. q.-t.
21 D. st Victor, m.	21 m. st Privat, évêq.	21 s. st Mathieu. q.-t.	21 l. ste Ursule, v.	21 j. Présent. N. D.	21 s. st Thomas. q.-t.
22 l. ste Madeleine.	22 j. st Symphorien.	22 D. st Maurice.	22 m. st Mellon.	22 v. ste Cécile, v.	22 D. st Yves, év.
23 m. st Apollinaire.	23 v. ste Jeanne.	23 l. ste Thècle.	23 m. st Séverin.	23 s. st Clément, pape.	23 l. ste Anastasie.
24 m. ste Christine, v.	24 s. st Barthélemy, a.	24 m. st Yzarn, ab.	24 j. st Erambert, év.	24 D. st Flore, v.	24 m. ste Delphine, v.
25 j. st Jacques, apôt.	25 D. st Louis, roi.	25 m. st Firmin, évêq.	25 v. ss Crépin et Cré.	25 l. ste Catherine, v.	25 m. Noel.
26 v. ste Anne.	26 l. st Zéphirin.	26 j. ste Justine.	26 s. ste Rustique.	26 m. st Lin, pape.	26 j. st Étienne, m.
27 s. st Pantaléon.	27 m. st Césaire, év.	27 v. ss. Come et Dam.	27 D. st Frumence.	27 m. ss. Vital et Agri.	27 v. st Jean, évang.
28 D. st Nazaire, m.	28 m. st Augustin, év.	28 s. st Exupère, évêq.	28 l. ss. Simon et Jud.	28 s. st Sosthène.	28 s. ss. Innocents.
29 l. st Loup, évêque.	29 j. Déc. de st J.-Bapt.	29 D. st Michel.	29 m. st Narcisse.	29 v. st Saturnin, év.	29 D. st Thomas. év.
30 m. st Germain, év.	30 v. st Gaudens.	30 l. st Jérôme, prêt.	30 m. st Quentin, m.	30 s. st André, ap.	30 l. st Sabin, év.
31 m. st Ignace, prêtre.	31 s. ste Florentine.		31 j. Vigile-Jeûne.		31 m. st Sylvestre, p.

Toulouse. — Imprimerie de Rives et Faget, rue Tripière, 9.

15

Calendrier Perpétuel, Civil et Ecclésiastique

JANVIER	FÉVRIER	MARS	AVRIL	MAI	JUIN
1 m CIRCONCISION.	1 s. st Ignace, m.	1 s. st Aubin.	1 m. st Hugues.	1 j. ss. Phil. et Jacq.	1 D. PENTECOTE
2 j. st Bazile.	2 D. PURIFICATION.	2 D. QUADRAGÉSIME.	2 m. st François de P.	2 v. st Athanase, év.	2 l. st Pothin.
3 v. ste Geneviève.	3 l. st Blaise, év.	3 l. ste Cunégonde.	3 j. st Richard.	3 s. Invent. sts Croix.	3 m. ste Clotilde.
4 s. st Rigobert.	4 m. st Gilbert.	4 m. st Casimir.	4 v. st Ambroise.	4 D. ste Monique.	4 m. Quatre-Temps.
5 D. st Siméon, styl.	5 m. ste Agathe, v.	5 m. Quatre-Temps.	5 s. st Vincent Ferr.	5 l. st Théodard, év.	5 j. st Claude.
6 l. ÉPIPHANIE.	6 j. st Amand, év.	6 j. ste Colette.	6 D. RAMEAUX.	6 m. st Jean P. L.	6 v. st Norbert. q.-t.
7 m. st Théau.	7 v. ste Dorothée, v.	7 v. ss. Fél. et P.q.-t.	7 l. st Hégésippe.	7 m. Transf. s Etienne.	7 s. st Robert. q.-t.
8 m. st Lucien, év.	8 s. st Jean de M.	8 s. st Jean de D.q.-t.	8 m. st Gaultier.	8 j. st Orens, év.	8 D. TRINITÉ.
9 j. st Julien, hosp.	9 D. SEPTUAGÉSIME.	9 D. REMINISCERE.	9 m. st Isidore.	9 v. st Grégoire, év.	9 l. st Félicien, m.
10 v. st Paul, ermite.	10 l. ste Scolastique.	10 l. st Blanchard.	10 j. st Macaire.	10 s. st Gordien.	10 m. st Landry.
11 s. st Hygien, pape.	11 m. st Benoît, ab.	11 m. ste Sophronc.	11 v. VENDREDI-SAINT	11 D. st Mamert.	11 m. st Barnabé, ap.
12 D st Fréjus, év.	12 m. ste Eulalie, v.	12 m. st Maximilien.	12 s. st Jules.	12 l. st Pacôme	12 j. FÊTE-DIEU.
13 l. BAPTÊME DE N. S.	13 j. st Lésin.	13 j. st Nicéphore.	13 D. PAQUES.	13 m. st Onésime.	13 v. st Aventin.
14 m. st Hilaire, év.	14 v. st Valentin.	14 v. ste Mathilde.	14 l. st Tiburce.	14 m. st Boniface.	14 s. st Valère.
15 m. st Maur, abbé.	15 s. st Faustin.	15 s. st Zacharie.	15 m. st Paterne.	15 j. st Honoré.	15 D. st Guy, m.
16 j. st Fulgence, év.	16 D. SEXAGÉSIME.	16 D. OCULI.	16 m. st Fructueux.	16 v. st Germier, év.	16 l. ss. Cyr et Julitte.
17 v. st Antoine, ab.	17 l. st Sylvin, év.	17 l. st Patrice.	17 j. st Anicet.	17 s. st Pascal.	17 m. st Avit, abbé.
18 s. Chaire st P. à R.	18 m. st Siméon.	18 m. st Alexandre.	18 v. st Parfait.	18 D. st Venant.	18 m. st Emile, m.
19 D. st Sulpice, év.	19 m. st Gabin.	19 m. st Gaspard.	19 s. st Elphège.	19 l. ROGATIONS.	19 j. ss. Gervais et Pr.
20 l. st Sébastien, m.	20 j. st Eucher.	20 j. st Joachim.	20 D. QUASIMODO.	20 m. st Hilaire, év.	20 v. st Romuald.
21 m. ste Agnès, v.	21 v. st Sévérien.	21 v. st Benoît.	21 l. st Anselme.	21 m. st Hospice.	21 s. st Louis de G.
22 m. st Vincent, m.	22 s. st Susanne, m.	22 s. st Paul, év.	22 m. ste Opportune.	22 j. ASCENSION	22 D. st Paulin, év.
23 j. st Fabien, pape.	23 D. QUINQUAGÉSIME.	23 D. LÆTARE.	23 m. st George, m.	23 v. st Didier.	23 l. st Leufroy.
24 v. st Timothée, év.	24 l. st Mathias.	24 l. st Gabriel.	24 j. st Phébade, év.	24 s. st François Rég.	24 m. st Jean-Baptiste.
25 s. Conv. de st Paul.	25 m. st Valburge.	25 m. ANNONCIATION.	25 v. st Marc, évang.	25 D. st Urbain, pape.	25 m. ste Fébronic.
26 D. ste Paule, veuve.	26 m. CENDRES.	26 m. st Ludger.	26 s. st Clet, pape.	26 l. st Philippe.	26 j. st Maixent.
27 l. ss. Martyrs rom.	27 j. ste Honorine.	27 j. st Rupert, évêq.	27 D. st Polycarpe.	27 m. st Hildebert.	27 v. st Cressent, év.
28 m. st Cyrille, év.	28 v. ss. Martyrs.	28 v. st Gontrand.	28 l. ss. Martyrs d'Afl.	28 m. st Guillaume.	28 s. st Irénée, év.
29 m. st François de S.		29 s. st Eustase.	29 m. ste Marie Egypt.	29 j. st Maximin.	29 D. ss. Pierre et Paul.
30 j. ste Bathilde.		30 D. PASSION.	30 m. st Eutrope, év.	30 v. st Félix, p.	30 l. Comm. de s Paul.
31 v. st Pierre Nolasq.		31 l. st Acace, év.		31 s. st Sylve, év. v.-j.	

JUILLET	AOUT	SEPTEMBRE	OCTOBRE	NOVEMBRE	DÉCEMBRE
1 m. st Martial, év.	1 v st Pierre-ès-liens	1 l. st Gilis, abbé.	1 m. st Rémy, év.	1 s. TOUSSAINT.	1 l. st Eloi, év.
2 m. VISITATION N. D.	2 s. st Etienne, pap.	2 m. st Antonin, m.	2 j. ss Anges gard.	2 D. Les Morts.	2 m. st François Xav.
3 j. st Anatole.	3 D. Invent. st Étien.	3 m. st Grégoire, pap.	3 v. st Trophime, év.	3 l. st Papoul, m.	3 m. st Anthème
4 v. st Théodore.	4 l. st Dominique	4 j. st Lazare.	4 s. st François-d'As.	4 m. st Charles-Borro.	4 j. ste Barbe, v.
5 s. ste Zoé.	5 m. st Félix, m.	5 v. st Victorin, év.	5 D. st Placide, m.	5 m. ste Bertile, v.	5 v. st Sabas, abbé.
6 D. st Tranquillin.	6 m. Trans. de N. S.	6 s. st Eugène, m.	6 l. st Bruno, moine.	6 j. st Léonard.	6 s. ste Victoire, v.
7 l. st Prosper, doct.	7 j. st Xiste, pape.	7 D. st Cloud, prêtre.	7 m. ste Foi, v. m.	7 v. st Ernest, abbé.	7 D. st Nicolas, év.
8 m. ste Elisabeth, r.	8 v. st Just et Past.	8 l. NATIVITÉ de la V.	8 m. ste Brigitte.	8 s. stes Reliques.	8 l. CONCEP. N. D.
9 m. st Ephrem.	9 s. st Vitrice, év.	9 m. st Omer, év.	9 j. st Denis, év.	9 D. st Austremoine.	9 m. ste Léocadie, v.
10 j. Sept-Frères M.	10 D. ste Philomène.	10 m. st Salvi, év.	10 v. st François de B.	10 l. st Léon, pape.	10 m. st Hubert.
11 v. Trans. st Benoit.	11 l. ste Susanne, m.	11 j. st Patient.	11 s. st Julien.	11 m. st Martin, év.	11 j. st Damase, pape.
12 s. st Honeste, pr.	12 m. ste Claire, vierge.	12 v. st Serdot, év.	12 D. st Donatien.	12 m. st Martin, pape.	12 v. st Paul, év.
13 D. st Anaclet.	13 m. ste Radegonde, r.	13 s. st Aimé, abbé.	13 l. st Géraud.	13 j. st Stanislas.	13 s. ste Luce, v. m.
14 l. st Bonaventure.	14 j. st Eusèbe, V.-J.	14 D. EXALT. ste CROIX	14 m. st Calixte.	14 v. st Claude, m.	14 D. st Honorat, év.
15 m. st Henri.	15 v. Assomption.	15 l. st Achard, abbé.	15 m. ste Thérèse.	15 s. st Malo, év.	15 l. st Mesmin, abbé.
16 m. Notre-D. de M. C.	16 s. st Roch.	16 m. st Jean Chrysost.	16 j. st Bertrand, év.	16 D. st Eucher.	16 m. ste Adélaïde.
17 j. st Esperat, m.	17 D. st Alexis.	17 m. Quatre-Temps.	17 v. st Gauderic.	17 l. st Asciscle, m.	17 m. Quatre-Temps.
18 v. st Thomas d'Aq.	18 l. ste Hélène.	18 j. ste Camelle.	18 s. st Luc, évang.	18 m. st Odon, abbé.	18 j. st Gratien.
19 s. st Vincent-de-P.	19 m. st Louis, év.	19 v. st Cyprien. q.-t.	19 D. st Pierre d'Alc.	19 m. ste Elizabeth.	19 v. st Grégoire. q.-t.
20 D. ste Marguerite.	20 m. st Bernard, ab.	20 s. st Eustache. q.-t.	20 l. st Caprais, év.	20 j. st Edmont.	20 s. st Philogone.q.-t.
21 l. st Victor, m.	21 j. st Privat, év.	21 D. st Mathieu.	21 m. ste Ursule, v.	21 v. PRÉSENT. N. D.	21 D. st Thomas.
22 m. ste Madeleine.	22 v. st Symphorien.	22 l. st Maurice.	22 m. st Mellon.	22 s. ste Cécile, v.	22 l. st Yves, év.
23 m. st Appollinaire.	23 s. ste Jeanne.	23 m. ste Thècle.	23 j. st Sévérin.	23 D. st Clément, pape.	23 m. ste Anastas.
24 j. ste Christine, v.	24 D. st Barthélemi, ap.	24 m. st Yzarn.	24 v. st Erambert, év.	24 l. ste Flore, v.	24 m. ste Delphine, v.-j.
25 v. st Jacques, apôt.	25 l. st Louis, roi.	25 j. st Firmin, év.	25 s. ss Crépin et Cré.	25 m. ste Catherine, v.	25 j. NOËL.
26 s. ste Anne.	26 m. st Zéphirin.	26 v. ste Justine.	26 D. st Rustique.	26 m. st Conrad, m.	26 v. st Etienne, m.
27 D. st Pantaléon.	27 m. st Césaire, év.	27 s. ss. Come et Dam.	27 l. st Frumence.	27 j. ss. Vital et Agri.	27 s. st Jean, évang.
28 l. st Nazaire, m.	28 j. st Augustin, év.	28 D. st Exupère, év.	28 m. ss Simon et Jude.	28 v. st Sosthène.	28 D. ss Innocents.
29 m. st Loup, év.	29 v. Déco. de s. J. B.	29 l. st Michel.	29 m. st Narcisse.	29 s. st Saturnin.	29 l. st Thomas, évan.
30 m. st Germain, év.	30 s. st Gaudens.	30 m. st Jérôme, prêt.	30 j. st Quentin, m.	30 D. AVENT.	30 m. st Sabin, év.
31 j. st Ignace, prêt.	31 D. ste Florentine.		31 v. Vigile-Jeûne.		31 m. st Sylvestre, p.

Toulouse. — Imprimerie de Rives et Faget, rue Tripière, 9.

Calendrier Perpétuel, Civil et Ecclésiastique.

JANVIER	FÉVRIER	MARS	AVRIL	MAI	JUIN
1 s. CIRCONCISION.	1 m. st Ignace, m.	1 m. st Aubin, év.	1 v. st Hugues, év.	1 D. ss. Philip. et Jac.	1 m. st Pamphile.
2 D. st Basile.	2 m. PURIFICATION.	2 m. CENDRES.	2 s. st François de P.	2 l. st Athanase, év.	2 j. st Pothin.
3 l. ste Geneviève.	3 j. st Blaise, évêq.	3 j. ste Cunégonde.	3 D. PASSION.	3 m. Invent. ste Croix.	3 v. ste Clotilde.
4 m. st Rigobert.	4 v. st Gilbert.	4 v. st Casimir.	4 l. st Ambroise, év.	4 m. ste Monique.	4 s. st Quirin. v.-j.
5 m. st Siméon, styl.	5 s. ste Agathe, v.	5 s. st Phocas.	5 m. st Vincent Ferr.	5 j. st Théodard, év.	5 D. PENTECOTE
6 j. EPIPHANIE.	6 D. st Jean de M.	6 D. QUADRAGÉSIME.	6 m. st Prudence.	6 v. st Jean P. L.	6 l. st Norbert.
7 v. st Théau.	7 l. ste Dorothée, v.	7 l. ss. Félic. et Per.	7 j. st Hégésippe.	7 s. Transf. s Etienne	7 m. st Robert, ab.
8 s. st Lucien, m.	8 m. st Jean de M.	8 m. st Jean de Dieu.	8 v. st Gaultier.	8 D. st Oreus, évêq.	8 m. Quatre-Temps.
9 D. st Julien, hosp.	9 m. ste Appolonie.	9 m. Quatre-Temps.	9 s. st Isidore.	9 l. st Grégoire, év.	9 j. st Félicien.
10 l. st Paul, ermite.	10 j. ste Scolastique.	10 j. st Blanchard.	10 D. RAMEAUX.	10 m. st Gordien.	10 v. st Landry. q.-t.
11 m. st Hygien, pape.	11 v. st Benoît, ab.	11 v. ste Sophron. q.-t.	11 l. st Léon, pape.	11 m. st Mamert.	11 s. st Barnabé. q.-t.
12 m. st Fréjus, évêq.	12 s. ste Eulalie, v.	12 s. st Maximil. q.-t.	12 m. st Jules.	12 j. st Pacôme, ab.	12 D. TRINITÉ.
13 j. BAPTÊME de N. S.	13 D. SEPTUAGÉSIME.	13 D. REMINISCERE.	13 m. st Justin, m.	13 v. st Onésime.	13 l. st Aventin.
14 v. st Hilaire, évêq.	14 l. st Valentin.	14 l. ste Mathilde.	14 j. st Tiburce.	14 s. st Boniface.	14 m. st Valère, m.
15 s. st Maur, abbé.	15 m. st Faustin.	15 m. st Zacharie.	15 v. VENDREDI-SAINT.	15 D. st Honoré.	15 m. st Guy, mart.
16 D. st Fulgence, év.	16 m. ste Julienne.	16 m. ste Euzébie, v.	16 s. st Fructueux.	16 l. st Germier.	16 j. FÊTE-DIEU.
17 l. st Antoine, abbé.	17 j. st Sylvin, év.	17 j. st Patrice, év.	17 D. PAQUES.	17 m. st Pascal.	17 v. st Avit, abbé.
18 m. Chaire st P. à R.	18 v. st Siméon, év.	18 v. st Alexandre.	18 l. st Parfait.	18 m. st Venant.	18 s. st Emile, m.
19 m. st Sulpice, évêq.	19 s. st Gabin.	19 s. st Gaspard.	19 m. st Elphège.	19 j. st Pierre Célest.	19 D. ss Gervais et Pro.
20 j. st Sébastien.	20 D. SEXAGÉSIME.	20 D. OCULI.	20 m. st Joseph.	20 v. st Hilaire, év.	20 l. st Romuald.
21 v. ste Agnès, v.	21 l. st Sévérien.	21 l. st Benoît.	21 j. st Anselme.	21 s. st Hospice.	21 m. st Louis de Gonz.
22 s. st Vincent, m.	22 m. st Maxime.	22 m. st Paul, év.	22 v. ste Opportune.	22 D. ste Julie.	22 m. st Paulin, év.
23 D. st Fabien, pape.	23 m. st Pascase.	23 m. st Fidèle.	23 s. st Georges, m.	23 l. ROGATIONS.	23 j. st Leufroy.
24 l. st Thimothée, év.	24 j. st Mathias.	24 j. st Gabriel.	24 D. QUASIMODO.	24 m. st François Rég.	24 v. st Jean-Baptiste.
25 m. Conv. de st Paul.	25 v. st Valburge.	25 v. ANNONCIATION.	25 l. st Marc, évang.	25 m. st Urbain, pape.	25 s. ste Fébronie.
26 m. ste Paule, veuve.	26 s. st Nestor.	26 s. st Ludger.	26 m. st Clet, pape.	26 j. ASCENSION.	26 D. st Maixent.
27 j. ss. Martyrs, rom.	27 D. QUINQUAGÉSIME.	27 D. LÆTARE.	27 m. st Polycarpe.	27 v. st Hildebert.	27 l. st Crescent, év.
28 v. st Cyrille, évêq.	28 l. ss. Martyrs d'Al.	28 l. st Gontrand.	28 j. ss Martyrs d'Aff.	28 s. st Guilhaume	28 m. st Irénée, év.
29 s. st François de S.		29 m. st Eustase.	29 v. ste Marie Egypt.	29 D. st Maximin.	29 m. ss. Pierre et Paul.
30 D. ste Bathilde.		30 m. st Jean Climaque.	30 s. st Eutrope, év.	30 l. st Félix, p.	30 j. Comm. de s Paul.
31 l. st Pierre Nolasq.		31 j. st Acace, év.		31 m. st Sylve, év.	

JUILLET	AOUT	SEPTEMBRE	OCTOBRE	NOVEMBRE	DÉCEMBRE
1 v. st Martial, év.	1 l. st Pierre ès-liens	1 j. st Gilis, abbé.	1 s. st Rémy, év.	1 m. TOUSSAINT.	1 j. st Eloi, év.
2 s. VISITATION N. D.	2 m. st Etienne, pape.	2 v. st Antonin, m.	2 D. ss Anges gard.	2 m. Les Morts.	2 v. st François-Xav.
3 D. st Anatole.	3 m. Inv. st Etienne.	3 s. st Grégoire, pape	3 l. st Trophime, év.	3 j. st Papoul, m.	3 s. ste Clotilde.
4 l. st Théodore.	4 j. st Dominique.	4 D. st Lazare.	4 m. st François-d'As.	4 v. st Charles Borro.	4 D. ste Barbe, v.
5 m. ste Zoé.	5 v. st Félix, mart.	5 l. st Victorin, év.	5 m. st Placide, m.	5 s. ste Bertile.	5 l. st Sabas, abbé.
6 m. st Tranquillin.	6 s. TRANS. DE N. S.	6 m. st Eugène, m.	6 j. st Bruno, moine.	6 D. st Léonard.	6 m. ste Victoire, v.
7 j. st Bhodadée, doct.	7 D. st Sixte, pape.	7 m. st Cloud, prêtre.	7 v. ste Foi, v. m.	7 l. st Ernest, abbé.	7 m. st Nicolas, év.
8 v. ste Elisabeth, r.	8 l. ss. Just et Past.	8 j. NATIV. DE LA V.	8 s. ste Brigitte.	8 m. stes Reliques.	8 j. CONCEP. N. D.
9 s. st Ephrem.	9 m. st Vitrice, évêq.	9 v. St Omer, évêq.	9 D. st Denis, évq.	9 m. st Austremoine.	9 v. ste Léocadie, v.
10 D. Sept-Frères M.	10 m. ste Philomène.	10 s. st Salvi, évêque.	10 l. st François de B.	10 j. st Léon, pape.	10 s. st Hubert.
11 l. Trans. st Benoît.	11 j. ste Suzanne, m.	11 D. st Patient.	11 m. st Julien.	11 v. st Martin, év.	11 D. st Damase, pape.
12 m. st Honeste, pr.	12 v. ste Claire, vierge.	12 l. st Serdot, évêq.	12 m. st Donatien.	12 s. st Martin, pape.	12 l. st Paul, r.
13 m. st Anaclet.	13 s. ste Radegonde, r.	13 m. st Aimé, abbé.	13 j. st Géraud, m.	13 D. st Stanislas.	13 m. ste Luce, v. m.
14 j. st Bonaventure.	14 l. st Eusèbe. V.-J.	14 m. EXALT. Ste-CROIX	14 v. st Calixte.	14 l. st Claude, m.	14 m. Quatre-Temps.
15 v. st Henri.	15 l. Assomption.	15 j. st Achard, abbé.	15 s. ste Thérèse, v.	15 m. st Malo, év.	15 j. st Mesmin, abbé.
16 s. N.-D. de M.-Car.	16 m. st Roch.	16 v. st Jean Chrysost.	16 D. st Bertrand, év.	16 m. st Eucher.	16 v. ste Adélaïde.q.-t.
17 D. st Espérat, m.	17 m. st Alexis.	17 s. st Corneille.	17 l. st Gauderic.	17 j. st Asciscle, m.	17 s. ste Olimpie. q.-t.
18 l. st Thomas d'Aq.	18 j. ste Hélène.	18 D. st Camelle.	18 m. st Luc, évang.	18 v. st Odon, abbé.	18 D. st Gratien.
19 m. st Vincent de P.	19 v. st Louis, évêque.	19 l. st Cyprien.	19 m. st Pierre d'Alc.	19 s. ste Elizabeth.	19 l. st Grégoire.
20 m. ste Marguerite.	20 s. st Bernard, abbé.	20 m. st Eustache.	20 j. st Caprais, év.	20 D. st Edmond.	20 m. st Philogon.
21 j. st Victor, m.	21 D. st Privat, évêq.	21 m. st Mathieu, év.	21 v. ste Ursule, v.	21 l. PRÉSENT. N. D.	21 m. st Thomas, apô.
22 v. ste Madeleine.	22 l. st Symphorien.	22 j. st Maurice.	22 s. st Mellon.	22 m. ste Cécile, v.	22 j. st Yves, év.
23 s. st Apollinaire.	23 m. ste Jeanne.	23 v. ste Thècle. q.-t.	23 D. st Séverin.	23 m. st Clément, pape.	23 v. ste Anastasie.
24 D. ste Christine, v.	24 m. st Barthélemy, a.	24 s. st Yzarn, ab. q.-t.	24 l. st Erambert, év.	24 j. st Flore, v.	24 s. ste Delphine, v.-j.
25 l. st Jacques, apôt.	25 j. st Louis, roi.	25 D. st Firmin, évêq.	25 m. ss Crépin et Cré.	25 v. ste Catherine, v.	25 D. NOEL.
26 m. ste Anne.	26 v. st Zéphirin.	26 l. ste Justine.	26 m. ste Rustique.	26 s. st Lin, pape.	26 l. st Etienne, m.
27 m. st Pantaléon.	27 s. st Césaire, év.	27 m. ss. Come et Dam.	27 j. st Frumence.	27 D. AVENT.	27 m. st Jean, évang.
28 j. st Nazaire, m.	28 D. st Augustin, év.	28 m. st Exupère, évêq.	28 v. ss. Simon et Jud.	28 l. st Sosthène.	28 m. ss Innocents.
29 v. st Loup, évêque.	29 l. Déc. st J.-Bapt.	29 j. st Michel.	29 s. st Narcisse.	29 m. st Saturnin, év.	29 j. st Thomas, év.
30 v. st Germain, év.	30 m. st Gaudens.	30 v. st Jérôme, prêt.	30 D. st Quentin, m.	30 m. st André, ap.	30 v. st Sabin, év.
31 D. st Ignace, prêtre.	31 m. ste Florentine.		31 l. Vigile-Jeûne.		31 s. st Sylvestre, p.

Toulouse. — Imprimerie de Rives et Faget, rue Tripière, 9.

Calendrier Perpétuel, Civil et Ecclésiastique

JANVIER	FÉVRIER	MARS	AVRIL	MAI	JUIN
1 l. CIRCONCISION.	1 j. st Ignace, m.	1 j. st Aubin.	1 D. QUASIMODO.	1 m. ss. Phil. et Jacq.	1 v. st Pamphile.
2 m. st Bazile.	2 v. PURIFICATION.	2 v. st Symplicien.	2 l. ANNONCIATION.	2 m. st Athanase, év.	2 s. st Pothin.
3 m. ste Geneviève.	3 s. st Blaise, év.	3 s. ste Cunégonde.	3 m. st Richard.	3 j. ASCENSION	3 D. ste Clotilde.
4 j. st Rigobert.	4 D. QUINQUAGÉSIME.	4 D. LŒTARE.	4 m. st Ambroise.	4 v. ste Monique.	4 l. st Quirin, m.
5 v. st Siméon, styl.	5 l. ste Agathe, v.	5 l. st Phocas.	5 j. st Vincent Ferr.	5 s. st Théodard, év.	5 m. st Claude.
6 s. ÉPIPHANIE.	6 m. st Amand, év.	6 m. ste Colette.	6 v. st Prudence.	6 D. st Jean P. L.	6 m. st Norbert.
7 D. st Théau.	7 m. CENDRES.	7 m. ss. Félic. et Per.	7 s. st Hégésippe.	7 l. Transf.s Etienne.	7 j. st Robert.
8 l. st Lucien, m.	8 j. st Jean de M.	8 j. st Jean de D.	8 D. st Gaultier.	8 m. st Orens, év.	8 v. st Médard.
9 m. st Julien, hosp.	9 v. ste Appollonie.	9 v. ste Françoise.	9 l. st Isidore.	9 m. st Grégoire, év.	9 s. st Félicien, m.
10 m. st Paul, ermite.	10 s. ste Scolastique.	10 s. st Blanchard.	10 m. st Macaire.	10 j. st Gordien.	10 D. st Landry.
11 j. st Hygien, pape.	11 D. QUADRAGÉSIME.	11 D. PASSION.	11 m. st Léon, pape.	11 v. st Mamert.	11 l. st Barnabé, ap.
12 v. st Fréjus, év.	12 l. ste Eulalie, v.	12 l. st Maximilien.	12 j. st Jules.	12 s. st Pacôme v.-j.	12 m. st Basilide.
13 s. BAPTÊME DE N. S.	13 m. st Lésin.	13 m. st Nicéphore.	13 v. st Justin.	13 D. PENTECOTE	13 m. st Aventin.
14 D. st Hilaire, év.	14 m. Quatre-Temps.	14 m. ste Mathilde.	14 s. st Tiburce.	14 l. st Boniface.	14 j. st Valère.
15 l. st Maur, abbé.	15 j. st Faustin.	15 j. st Zacharie.	15 D. st Paterne.	15 m. st Honoré.	15 v. st Guy, m.
16 m. st Fulgence, év.	16 v. ste Julienne.q.-t.	16 v. ste Euzébie, v.	16 l. st Fructueux.	16 m. Quatre-Temps.	16 s. ss. Cyr et Julitte.
17 m. st Antoine, ab.	17 s. st Sylvin, év.q.-t.	17 s. st Patrice.	17 m. st Anicet.	17 j. st Pascal.	17 D. st Avit, abbé.
18 j. Chaire st P. à R.	18 D. REMINISCERE.	18 D. RAMEAUX.	18 m. st Parfait.	18 v. st Venant. q.-t.	18 l. st Emile, m.
19 v. st Sulpice, év.	19 l. st Gabin.	19 l. st Gaspard.	19 j. st Elphége.	19 s. st Pierre C. q.-t.	19 m. ss. Gervais et Pr.
20 s. st Sébastien, m.	20 m. st Eucher.	20 m. st Joachim.	20 v. st Joseph.	20 D. TRINITÉ.	20 m. st Romuald.
21 D. SEPTUAGÉSIME.	21 m. st Sévérien.	21 m. st Benoît.	21 s. st Anselme.	21 l. st Hospice.	21 j. st Louis de G.
22 l. st Vincent, m.	22 j. st Maxime.	22 j. st Paul, érm.	22 D. ste Opportune.	22 m. ste Julie.	22 v. st Paulin, év.
23 m. st Fabien, pape.	23 v. st Pascase.	23 v. VENDREDI-SAINT	23 l. st George, m.	23 m. st Didier.	23 s. st Leufroy.
24 m. st Timothée, év.	24 s. st Mathias.	24 s. st Gabriel.	24 m. st Phébade, év.	24 j. FÈTE-DIEU.	24 D. st Jean-Baptiste.
25 j. Conv. de st Paul.	25 D. OCULI.	25 D. PAQUES.	25 m. st Marc, évang.	25 v. st Urbain, pape.	25 l. ste Fébronie.
26 v. ste Paule, veuve.	26 l. st Nestor.	26 l. st Ludger.	26 j. st Clet, pape.	26 s. st Philippe.	26 m. st Maixent.
27 s. ss. Martyrs rom.	27 m. ste Honorine.	27 m. st Rupert, évêq.	27 v. st Polycarpe.	27 D. st Hildebert.	27 m. st Cressent, év.
28 D. SEXAGÉSIME.	28 m. ss. Martyrs.	28 m. st Gontrand.	28 s. ss. Martyrs d'Aff.	28 l. st Guillaume.	28 j. st Irénée, év.
29 l. st François de S.		29 j. st Eustase.	29 D. ste Marie Egypt.	29 m. st Maximin.	29 v. ss. Pierrceet Paul.
30 m. ste Balbilde.		30 v. st Jean Climaque.	30 l. ROGATIONS.	30 m. st Félix, p.	30 s. Comm. des Paul.
31 m. st Pierre Nolasq.		31 s. st Acace, év.		31 j. st Sylve, év.	

JUILLET	AOUT	SEPTEMBRE	OCTOBRE	NOVEMBRE	DÉCEMBRE
1 D. st Martial, év.	1 m. st Pierre-ès-liens	1 s. st Gilis, abbé.	1 l. st Rémy, év.	1 j. TOUSSAINT.	1 s. st Eloi, év.
2 l. VISITATION N. D.	2 j. st Etienne, pape.	2 D. st Antonin, m.	2 m. ss Anges gard.	2 v. Les Morts.	2 D. AVENT.
3 m. st Anatole.	3 v. Invent. st Etien.	3 l. st Grégoire, pap.	3 m. st Trophime, év.	3 s. st Papoul, m.	3 l. st Anthème
4 m. st Théodore.	4 s. st Dominique	4 m. st Lazare.	4 j. st François-d'As.	4 D. st Charles-Borro.	4 m. ste Barbe, v.
5 j. ste Zoé.	5 D. st Félix, m.	5 m. st Victorin, év.	5 v. st Placide, m.	5 l. ste Bertile, v.	5 m. st Sabas, abbé.
6 v. st Tranquillin.	6 l. Trans. de N. S.	6 j. st Eugène, m.	6 s. st Bruno, moine.	6 m. st Léonard.	6 j. ste Victoire, v.
7 s. st Prosper, doct.	7 m. st Xiste, pape.	7 v. st Cloud, prêtre.	7 D. ste Foi, v. m.	7 m. st Ernest, abbé.	7 v. st Nicolas, év.
8 D. ste Elisabeth, r.	8 m. st Just et Past.	8 s. NATIVITÉ de la V.	8 l. ste Brigitte.	8 j. stes Reliques.	8 s. CONCEP. N. D.
9 l. st Ephrem.	9 j. st Vitrice, év.	9 D. st Omer, év.	9 m. st Denis, év.	9 v. st Austremoine.	9 D. ste Léocadie, v.
10 m. st Sept-Frères M.	10 v. st Philomène.	10 l. st Salvi, év.	10 m. st François de B.	10 s. st Léon, pape.	10 l. st Hubert.
11 m. Trans. st Benoit.	11 s. ste Susanne, m.	11 m. st Patient.	11 j. st Julien.	11 D. st Martin, év.	11 m. st Damase, pape.
12 j. st Honeste, pr.	12 D. ste Claire, vierge.	12 m. st Serdot, év.	12 v. st Donatien.	12 l. st Martin, pape.	12 m. st Valéri.
13 v. st Anaclet.	13 l. ste Radegonde, r.	13 j. st Aimé, abbé.	13 s. st Géraud.	13 m. st Stanislas.	13 j. ste Luce, v. m.
14 s. st Bonaventure.	14 m. st Eusèbe, V.-J.	14 v. EXALT. ste CROIX	14 D. st Calixte.	14 m. st Claude, m.	14 v. st Honorat, év.
15 D. st Henri.	15 m. Assomption.	15 s. st Achard, abbé.	15 l. ste Thérèse.	15 j. st Malo, év.	15 s. st Mesmin, abbé.
16 l. Notre-D. de M. C.	16 j. st Roch.	16 D. st Jean Chrysost.	16 m. st Bertrand, év.	16 v. st Eucher.	16 D. ste Adélaïde.
17 m. st Esperat, m.	17 v. st Alexis.	17 l. st Corneille.	17 m. st Gauderic.	17 s. st Asciscle, m.	17 l. ste Olimpie.
18 m. st Thomas d'Aq.	18 s. ste Hélène.	18 m. ste Camolle.	18 j. st Luc, évang.	18 D. st Odon, abbé.	18 m. st Gratien.
19 j. st Vincent-de-P.	19 D. st Louis, év.	19 m. Quatre-Temps.	19 v. st Pierre-d'Alc.	19 l. ste Elizabeth.	19 m. Quatre-Temps.
20 v. ste Marguerite.	20 l. st Bernard, ab.	20 j. st Eustache.	20 s. st Caprais, év.	20 m. st Edmont.	20 j. st Philogon.
21 s. st Victor, m.	21 m. st Privat, év.	21 v. st Mathieu. q.-t.	21 D. ste Ursule, v.	21 m. PRÉSENT. N. D.	21 v. st Thomas. q.-t.
22 D. ste Madeleine.	22 m. st Symphorien.	22 s. st Maurice. q.-t.	22 l. st Mellon.	22 j. ste Cécile, v.	22 s. st Yves, év. q.-t.
23 l. st Appollinaire.	23 j. ste Jeanne.	23 D. ste Thècle.	23 m. st Sévérin.	23 v. st Clément, pape.	23 D. st Anastas.
24 m. ste Christine, v.	24 v. st Barthélemi, ap.	24 l. st Yzarn.	24 m. st Erambert, év.	24 s. ste Flore, v.	24 l. ste Delphine, v.-j.
25 m. st Jacques, apôt.	25 s. st Louis, roi.	25 m. st Firmin, év.	25 j. ss Crépin et Cré.	25 D. ste Catherine, v.	25 m. NOEL.
26 j. ste Anne.	26 D. st Zéphirin, x.	26 m. ste Justine.	26 v. ste Rustique.	26 l. st Lin, pape.	26 m. st Etienne, m.
27 v. st Pantaléon.	27 l. st Césaire, év.	27 j. ss. Come et Dam.	27 s. st Frumence.	27 m. ss. Vital et Agri.	27 j. st Jean, évang.
28 s. st Nazaire, m.	28 m. st Augustin, év.	28 v. st Exupère, év.	28 D. ss Simon et Jude.	28 m. st Sosthène.	28 v. ss Innocents.
29 D. st Loup, év.	29 m. Décol de st J.-B.	29 s. st Michel.	29 l. st Narcisse.	29 j. st Saturnin.	29 s. st Thomas, évan.
30 l. st Germain, év.	30 j. st Gaudens.	30 D. st Jérôme, prêt.	30 m. st Quentin, m.	30 v. st André, apôt.	30 D. st Sabin, év.
31 m. st Ignace, prêt.	31 v. ste Florentine.		31 m. Vigile-Jeûne.		31 l. st Sylvestre, p.

Toulouse. — Imprimerie de Rives et Faget, rue Tripière, 9.

Calendrier Perpétuel, Civil et Ecclésiastique.

JANVIER	FÉVRIER	MARS	AVRIL	MAI	JUIN
1 s. CIRCONCISION.	1 m. st Ignace, m.	1 m. st Aubin, év.	1 v. st Hugues, év.	1 D. ss Philip. et Jac.	1 m. *Quatre-Temps.*
2 D. st Basile.	2 m. PURIFICATION.	2 m. *Quatre-Temps.*	2 s. st François de P.	2 l. st Athanase, év.	2 j. st Pothin.
3 l. ste Geneviève.	3 j. st Blaise, évêq.	3 j. ste Cunégonde.	3 D. RAMEAUX.	3 m. Invent. ste Croix.	3 v. ste Clotilde. *q.-t.*
4 m. st Rigobert.	4 v. st Gilbert.	4 v. st Casimir. *q.-t.*	4 l. st Ambroise, év.	4 m. ste Monique.	4 s. st Quirin. *q.-t.*
5 m. st Siméon, styl.	5 s. ste Agathe, v.	5 s. st Phocas, v.	5 m. st Vincent Ferr.	5 j. st Théodard, év.	5 D. TRINITÉ.
6 j. ÉPIPHANIE.	6 D. SEPTUAGÉSIME.	6 D. REMINISCERE.	6 m. st Prudence.	6 v. st Jean P. L.	6 l. st Norbert.
7 v. st Théau.	7 l. ste Dorothée, v.	7 l. ss Félic. et Per.	7 j. st Hégésippe.	7 s. Transf. s Etienne	7 m. st Robert, ab.
8 s. st Lucien, m.	8 m. st Jean de M.	8 m. st Jean de Dieu.	8 V. VENDREDI-SAINT.	8 D. st Orens, évêq.	8 m. st Médard, év.
9 D. st Julien, bosp.	9 m. ste Appollonie.	9 m. ste Françoise.	9 s. st Isidore.	9 l. st Grégoire, év.	9 j. FÊTE-DIEU.
10 l. st Paul, ermite.	10 j. ste Scolastique.	10 j. st Blanchard.	10 D. PAQUES.	10 m. st Gordien.	10 v. st Landry.
11 m. st Hygien, pape.	11 v. st Benoît, ab.	11 v. ste Sophronie.	11 l. st Léon, pape.	11 m. st Mamert.	11 s. st Barnabé.
12 m. st Fréjus, évêq.	12 s. ste Eulalie, v.	12 s. st Maximilien.	12 m. st Jules.	12 j. st Pacôme, ab.	12 D. st Basilide.
13 j. BAPTÊME DE N. S.	13 D. SEXAGÉSIME.	13 D. OCULI.	13 m. st Justin, m.	13 v. st Onésime.	13 l. st Aventin.
14 v. st Hilaire, évêq.	14 l. st Valentin.	14 l. ste Mathilde.	14 j. st Tiburce.	14 s. st Boniface.	14 m. st Valère, m.
15 s. st Maur, abbé.	15 m. st Faustin.	15 m. st Zacharie.	15 v. st Paterne.	15 D. st Honoré.	15 m. st Guy, mart.
16 D. st Fulgence, év.	16 m. ste Julienne.	16 m. ste Euzébie, v.	16 s. st Fructueux.	16 l. ROGATIONS.	16 j. ss. Cyr et Julitte.
17 l. st Antoine, abbé.	17 j. st Sylvin, év.	17 j. st Patrice, év.	17 D. QUASIMODO.	17 m. st Pascal.	17 v. st Avit, abbé.
18 m. Chaire st P. à R.	18 v. st Siméon, év.	18 v. st Alexandre.	18 l. st Parfait.	18 m. st Venant.	18 s. st Emile, m.
19 m. st Sulpice, évêq.	19 s. st Gabin.	19 s. st Gaspard.	19 m. st Elphège.	19 j. ASCENSION.	19 D. ss Gervais et Pro.
20 j. st Sébastien.	20 D. QUINQUAGÉSIME.	20 D. LÆTARE.	20 m. st Joseph.	20 v. st Hilaire, év.	20 l. st Romuald.
21 v. ste Agnès, v.	21 l. st Sévérien.	21 l. st Benoît.	21 j. st Anselme.	21 s. st Hospice.	21 m. st Louis-de-Gonz.
22 s. st Vincent, m.	22 m. st Maxime.	22 m. st Paul, év.	22 v. ste Opportune.	22 D. ste Julie.	22 m. st Paulin, év.
23 D. st Fabien, pape.	23 m. CENDRES.	23 m. st Fidèle.	23 s. st Georges, m.	23 l. st Didier.	23 j. st Leufroy.
24 l. st Thimothée, év.	24 j. st Mathias.	24 j. st Gabriel.	24 D. st Phebade, év.	24 m. st François Rég.	24 v. st Jean-Baptiste.
25 m. Conv. de st Paul.	25 v. st Valburge.	25 V. ANNONCIATION.	25 l. st Marc, évang.	25 m. st Urbain, pape.	25 s. ste Fébronie.
26 m. ste Paule, veuve.	26 s. st Nestor.	26 s. st Ludger.	26 m. st Clet, pape.	26 j. st Philippe de N.	26 D. st Maixent.
27 j. ss. Martyrs, rom.	27 D. QUADRAGÉSIME.	27 D. PASSION.	27 m. st Polycarpe.	27 v. st Hildebert.	27 l. st Crescent, év.
28 v. st Cyrile, évêq.	28 l. ss. Martyrs d'Al.	28 l. st Gontrand.	28 j. ss Martyrs d'Afl.	28 s. st Guilhaumeu.-j.	28 m. st Irénée, év.
29 s. st François de S.		29 m. st Eustase.	29 v. ste Marie Egypt.	29 D. PENTECÔTE	29 m. ss. Pierre et Paul.
30 D. ste Bathilde.		30 m. st Jean Climaque.	30 s. st Eutrope, év.	30 l. st Félix, p.	30 j. Comm. de s Paul.
31 l. st Pierre Nolasq.		31 j. st Acace, év.		31 m. st Sylve, év.	

JUILLET	AOUT	SEPTEMBRE	OCTOBRE	NOVEMBRE	DÉCEMBRE
1 v. st Martial, év.	1 l. st Pierre ès-liens	1 j. st Gilis, abbé.	1 s. st Rémy, év.	1 m. TOUSSAINT.	1 j. st Eloi, év.
2 s. VISITATION N. D.	2 m. st Etienne, pape.	2 v. st Antonin, m.	2 D. ss Anges gard.	2 m. Les Morts.	2 v. st François-Xav.
3 D. st Anatole.	3 m. Inv. st Etienne.	3 s. st Grégoire, pape	3 l. st Trophime, év.	3 j. st Papoul, m.	3 s. ste Clotilde.
4 l. st Théodore.	4 j. st Dominique.	4 D. st Lazare.	4 m. st François-d'As.	4 v. st Charles Borro.	4 D. ste Barbe, v.
5 m. ste Zoé.	5 v. st Félix, mart.	5 l. st Victorin, év.	5 m. st Placide, m.	5 s. ste Bertile.	5 l. st Sabas, abbé.
6 m. st Tranquillin.	6 s. TRANS. DE N. S.	6 m. st Eugène, m.	6 j. st Bruno, moine.	6 D. st Léonard.	6 m. ste Victoire, v.
7 j. st Prosper, doct.	7 D. st Sixte, pape.	7 m. st Cloud, prêtre.	7 v. ste Foi, v. m.	7 l. st Ernest, abbé.	7 m. st Nicolas, év.
8 v. ste Elisabeth, r.	8 l. ss. Just et Past.	8 j. NATIV. DE LA V.	8 s. ste Brigitte.	8 m. stes Reliques.	8 j. CONCEP. N.-D.
9 s. st Ephrem.	9 m. st Vitrice, évêq.	9 v. St Omer, évêq.	9 D. st Denis, év.	9 m. st Austremoine.	9 v. ste Léocadie, v.
10 D. Sept-Frères M.	10 m. st Laurent, m.	10 s. st Salvi, évêque	10 l. st François de B.	10 j. st Léon, pape.	10 s. st Hubert.
11 l. Trans. st Benoît.	11 j. ste Suzanne, m.	11 D. st Patient.	11 m. st Julien.	11 v. st Martin, év.	11 D. st Damase, pape.
12 m. st Honeste, pr.	12 v. ste Claire, vierge.	12 l. st Serdot, évêq.	12 m. st Donatien.	12 s. st Martin, pape.	12 l. st Paul, év.
13 m. st Anaclet.	13 s. ste Radegonde, r.	13 m. st Aimé, abbé.	13 j. st Géraud.	13 D. st Stanislas.	13 m. ste Luce, v. m.
14 j. st Bonaventure.	14 D. st Eusèbe. V.-J.	14 m. EXALT. STE-CROIX	14 v. st Calixte.	14 l. st Claude, m.	14 m. Quatre-Temps.
15 v. st Henri.	15 l. Assomption.	15 j. st Achard, abbé.	15 s. ste Thérèse, v.	15 m. st Malo, év.	15 j. st Mesmin, abbé.
16 s. N.-D. de M.-Car.	16 m. st Roch.	16 v. st Jean Chrysost.	16 D. st Bertrand, év.	16 m. st Edme.	16 v. ste Adélaïde.q.-t.
17 D. st Espérat, m.	17 m. st Alexis.	17 s. st Corneille.	17 l. st Gauderic.	17 j. st Asciscle, m.	17 s. ste Olimpie. q.-t.
18 l. st Thomas d'Aq.	18 j. ste Hélène.	18 D. st Camelle.	18 m. st Luc, évang.	18 v. st Odon, abbé.	18 D. st Gratien.
19 m. st Vincent de P.	19 v. st Louis, évêque	19 l. st Cyprien.	19 m. st Pierre d'Alc.	19 s. ste Elizabeth.	19 l. st Grégoire.
20 m. ste Marguerite.	20 s. st Bernard, abbé.	20 m. st Eustache.	20 j. st Caprais, év.	20 D. st Edmond.	20 m. st Philogon.
21 j. st Victor, m.	21 D. st Privat, évê.	21 m. Quatre-Temps.	21 v. ste Ursule, v.	21 l. PRÉSENT. N. D.	21 m. st Thomas, apô.
22 v. ste Madeleine.	22 l. st Symphorien.	22 j. st Maurice.	22 s. st Mellon.	22 m. ste Cécile, v.	22 j. st Yves, év.
23 s. st Apollinaire.	23 m. ste Jeanne.	23 v. ste Thècle. q.-t.	23 D. st Séverin.	23 m. st Clément, pape.	23 v. ste Anastasie.
24 D. ste Christine, v.	24 m. st Barthélemy, a.	24 s. st Yzarn, ab. q.-t.	24 l. st Erambert, év.	24 j. ste Flore, v.	24 s. ste Delphine, v.-j.
25 l. st Jacques, apôt.	25 j. st Louis, roi.	25 D. st Firmin, évêq.	25 m. ss Crépin et Cré.	25 v. ste Catherine, v.	25 D. NOEL.
26 m. ste Anne.	26 v. st Zéphirin.	26 l. ste Justine.	26 m. ste Rustique.	26 s. st Line, pape.	26 l. st Etienne, m.
27 m. st Pantaléon.	27 s. st Césaire, év.	27 m. ss. Come et Dam.	27 j. st Frumence.	27 D. AVENT.	27 m. st Jean, évang.
28 j. st Nazaire, m.	28 D. st Augustin, év.	28 m. st Exupère, évêq.	28 m. ss. Simon et Jud.	28 l. st Sosthène.	28 m. ss. Innocents.
29 v. st Loup, évêque	29 l. Déc. de st J.-Bapt.	29 j. st Michel.	29 s. st Narcisse.	29 m. st Saturnin, év.	29 j. st Thomas, év.
30 s. st Germain, év.	30 m. st Gaudens.	30 v. st Jérôme, prêt.	30 D. st Quentin, m.	30 m. st André, ap.	30 v. st Sabin, év.
31 D. st Ignace, prêtre.	31 m. ste Florentine.		31 l. Vigile-Jeûne.		31 s. st Sylvestre, p.

Toulouse. — Imprimerie de Rives et Faget, rue Tripière, 9.

Calendrier Perpétuel, Civil et Ecclésiastique

JANVIER	FÉVRIER	MARS	AVRIL	MAI	JUIN
1 m. CIRCONCISION.	1 s. st Ignace, m.	1 s. st Aubin. q.-t.	1 m. st Hugues.	1 j. ss. Phil. et Jacq.	1 D. TRINITÉ.
2 j. st Bazile.	2 D. SEPTUAGÉSIME.	2 D. REMINISCERE.	2 m. st François de P.	2 v. st Albanase, év.	2 l. st Pothin.
3 v. ste Geneviève.	3 l. st Blaise, év.	3 l. ste Cunégonde.	3 j. st Richard.	3 s. Invent. ste Croix.	3 m. ste Clotilde.
4 s. st Rigobert.	4 m. st Gilbert.	4 m. st Casimir.	4 v. VENDREDI-SAINT	4 D. ste Monique.	4 m. st Quirin, m.
5 D. st Siméon, styl.	5 m. ste Agathe, v.	5 m. st Phocas.	5 s. st Vincent Ferr.	5 l. st Théodard, év.	5 j. FÊTE-DIEU.
6 l. ÉPIPHANIE.	6 j. st Amand, év.	6 j. ste Colette.	6 D. PAQUES.	6 m. st Jean P. L.	6 v. st Norbert.
7 m. st Théau.	7 v. ste Dorothée, v.	7 v. ss. Félic. et Per.	7 l. st Hégésippe.	7 m. Transf. s Etienne.	7 s. st Robert.
8 m. st Lucien, m.	8 s. st Jean de M.	8 s. st Jean de D.	8 m. st Gaultier.	8 j. st Orens, év.	8 D. st Médard.
9 j. st Julien, hosp.	9 D. SEXAGÉSIME.	9 D. OCULI.	9 m. st Isidore.	9 v. st Grégoire, év.	9 l. st Félicien, m.
10 v. st Paul, ermite.	10 l. ste Scolastique.	10 l. st Blanchard.	10 j. st Macaire.	10 s. st Gordien.	10 m. st Landry.
11 s. st Hygien, pape.	11 m. st Benoît, abbé.	11 m. ste Sophronc.	11 v. st Léon, pape.	11 D. st Mamert.	11 m. st Barnabé, ap.
12 D. st Fréjus, év.	12 m. ste Eulalie, v.	12 m. st Maximilien.	12 s. st Jules.	12 l. ROGATIONS.	12 j. st Basilide.
13 l. BAPTÊME DE N. S.	13 j. st Lésin.	13 j. st Nicéphore.	13 D. QUASIMODO.	13 m. st Onésime.	13 v. st Aventin.
14 m. st Hilaire, év.	14 v. st Valentin.	14 v. ste Mathilde.	14 l. st Tiburce.	14 m. st Boniface.	14 s. st Valère.
15 m. st Maur, abbé.	15 s. st Faustin.	15 s. st Zacharie.	15 m. st Paterne.	15 j. ASCENSION	15 D. st Guy, m.
16 j. st Fulgence, év.	16 D. QUINQUAGÉSIME.	16 D. LŒTARE.	16 m. st Fructueux.	16 v. st Germier.	16 l. ss. Cyr et Julitte.
17 v. st Antoine, ab.	17 l. st Sylvin, év.	17 l. st Patrice.	17 j. st Anicet.	17 s. st Pascal.	17 m. st Avit, abbé.
18 s. Chaire st P. à R.	18 m. st Siméon, év.	18 m. st Alexandre.	18 v. st Parfait.	18 D. st Venant.	18 m. st Emile, m.
19 D. st Sulpice, év.	19 m. CENDRES.	19 m. st Gaspard.	19 s. st Elphège.	19 l. st Pierre Célestin	19 j. ss. Gervais et Pr.
20 l. st Sébastien, m.	20 j. st Eucher.	20 j. st Joachim.	20 D. st Joseph.	20 m. st Hilaire, év.	20 v. st Romuald.
21 m. ste Agnès, v.	21 v. st Sévérien.	21 v. st Benoît.	21 l. st Anselme.	21 m. st Hospice.	21 s. st Louis de G.
22 m. st Vincent, m.	22 s. st Maxime.	22 s. st Paul, év.	22 m. ste Opportune.	22 j. ste Julie.	22 D. st Paulin, év.
23 j. st Fabien, pape.	23 D. QUADRAGÉSIME.	23 D. PASSION.	23 m. st George, m.	23 v. st Didier.	23 l. st Leufroy.
24 v. st Timothée, év.	24 l. st Mathias.	24 l. st Gabriel.	24 j. st Phébade, év.	24 s. st François. v.-j.	24 m. st Jean-Baptiste.
25 s. Conv. de st Paul.	25 m. st Valburge.	25 m. ANNONCIATION.	25 v. st Marc, évang.	25 D. PENTECOTE	25 m. ste Fébronie.
26 D. ste Paule, veuve.	26 m. Quatre-Temps.	26 m. st Ludger.	26 s. st Clet, pape.	26 l. st Philippe.	26 j. st Maixent.
27 l. ss. Martyrs rom.	27 j. ste Honorine.	27 j. st Rupert, évêq.	27 D. st Polycarpe.	27 m. st Hildebert.	27 v. st Cressent, pr.
28 m. st Cyrille, év.	28 v. ss. Martyrs. q.-t.	28 v. st Gontrand.	28 l. ss. Martyrs d'Aff.	28 m. Quatre-Temps.	28 s. st Irénée, év.
29 m. st François de S.		29 s. st Eustase.	29 m. ste Marie Egypt.	29 j. st Maximin.	29 D. ss. Pierre et Paul.
30 j. ste Bathilde.		30 D. RAMEAUX.	30 m. st Eutrope, év.	30 v. st Félix, p. q.-t.	30 l. Comm. de s Paul.
31 v. st Pierre Nolasq.		31 l. st Acace, év.		31 s. st Sylve, év. q.-t.	

JUILLET	AOUT	SEPTEMBRE	OCTOBRE	NOVEMBRE	DÉCEMBRE
1 m. st Martial, év.	1 v. st Pierre-ès-liens	1 l. st Gilis, abbé.	1 m. st Rémy, év.	1 s. TOUSSAINT.	1 l. st Eloi, év.
2 m. VISITATION N. D.	2 s. st Etienne, pape.	2 m. st Antonin, m.	2 j. ss Anges gard.	2 D. Les Morts.	2 m. st François Xav.
3 j. st Anatole.	3 D. Invent. st Etien.	3 m. st Grégoire, pap.	3 v. st Trophime, év.	3 l. st Papoul, m.	3 m. st Anthème
4 v. st Théodore.	4 l. st Dominique	4 j. st Lazare.	4 s. st François-d'As.	4 m. st Charles-Borro.	4 j. ste Barbe, v.
5 s. ste Zoé.	5 m. st Félix, m.	5 v. st Victorin, év.	5 D. st Placide, m.	5 m. ste Bertile, v.	5 v. st Sabas, abbé.
6 D. st Tranquillin.	6 m. Trans. de N. S.	6 s. st Eugène, m.	6 l. st Bruno, moine.	6 j. st Léonard.	6 s. ste Victoire, v.
7 l. st Prosper, doct.	7 j. st Xiste, pape.	7 D. st Cloud, prêtre.	7 m. ste Foi, v. m.	7 v. st Ernest, abbé.	7 D. st Nicolas, év.
8 m. ste Elisabeth, r.	8 v. st Just et Past.	8 l. NATIVITÉ de la V.	8 m. ste Brigitte.	8 s. stes Reliques.	8 l. CONCEP. N. D.
9 m. st Ephrem.	9 s. st Vitrice, év.	9 m. st Omer, év.	9 j. st Denis, év.	9 D. st Austremoine.	9 m. ste Léocadie, v.
10 j. Sept-Frères M.	10 D. st Philomène.	10 m. st Salvi, év.	10 v. st François de B.	10 l. st Léon, pape.	10 m. st Hubert.
11 v. Trans. st Benoît.	11 l. ste Susanne, m.	11 j. st Julien	11 s. st Julien	11 m. st Martin, év.	11 j. st Damase, pape.
12 s. st Honeste, pr.	12 m. ste Claire, vierge.	12 v. st Serdot, év.	12 D. st Donatien.	12 m. st Martin, pape.	12 v. st Paul, év.
13 D. st Anaclet.	13 m. ste Radegonde, r.	13 s. st Aimé, abbé.	13 l. st Géraud.	13 j. st Stanislas.	13 s. ste Luce, v. m.
14 l. st Bonaventure.	14 j. st Eusèbe, V.-J.	14 D. EXALT. ste CROIX	14 m. st Calixte.	14 v. st Malo, m.	14 D. st Honorat, év.
15 m. st Henri.	15 v. Assomption.	15 l. st Achard, abbé.	15 m. ste Thérèse.	15 s. st Mesmin, abbé.	15 l. st Mesmin, abbé.
16 m. Notre-D. de M. C.	16 s. st Roch.	16 m. st Jean Chrysost.	16 j. st Bertrand, év.	16 D. st Eucher.	16 m. ste Adélaïde.
17 j. st Esperat, m.	17 D. st Alexis.	17 m. Quatre-Temps.	17 v. st Gauderic.	17 l. st Asciscle, m.	17 j. Quatre-Temps.
18 v. st Thomas d'Aq.	18 l. ste Hélène.	18 j. ste Camelle.	18 s. st Luc, évang.	18 m. st Odon, abbé.	18 j. st Gratien.
19 s. st Vincent-de-P.	19 m. st Louis, év.	19 v. st Cyprien. q.-t.	19 D. st Pierre d'Alc.	19 m. ste Elizabeth.	19 v. st Grégoire. q.-t.
20 D. ste Marguerite.	20 m. st Bernard, ab.	20 s. st Eustache. q.-t.	20 l. st Caprais, év.	20 j. st Edmont.	20 s. st Philogon. q.-t.
21 l. st Victor, m.	21 j. st Privat, év.	21 D. st Mathieu.	21 m. ste Ursule, v.	21 v. PRÉSENT. N. D.	21 D. st Thomas.
22 m. ste Madeleine.	22 v. st Symphorien.	22 l. st Maurice.	22 m. st Mellon.	22 s. ste Cécile, v.	22 l. st Yves, év.
23 m. st Appollinaire.	23 s. ste Jeanne.	23 m. ste Thècle.	23 j. st Séverin.	23 D. st Clément, pape.	23 m. ste Anastas.
24 j. ste Christine, v.	24 D. st Barthélemi, ap.	24 m. st Yzarn.	24 v. st Erambert, év.	24 l. ste Flore, v.	24 m. ste Delphine, v.-j.
25 v. st Jacques, apôt.	25 l. st Louis, roi.	25 j. st Firmin, év.	25 s. ss Crépin et Cré.	25 m. ste Catherine, v.	25 j. NOEL.
26 s. ste Anne.	26 m. st Zéphirin.	26 v. ste Justine.	26 D. ste Rustique.	26 m. st Lin, pape.	26 v. st Etienne, m.
27 D. st Pantaléon.	27 m. st Césaire, m.	27 s. ss. Come et Dam.	27 l. st Frumence.	27 j. ss. Vital et Agri.	27 D. st Jean, évang.
28 l. st Nazaire, m.	28 j. st Augustin, év.	28 D. st Exupère, m.	28 m. ss Simon et Jude.	28 v. st Sosthène.	28 D. ss Innocents.
29 m. st Loup, év.	29 v. Déco. de s. J. B.	29 l. st Michel.	29 m. st Narcisse.	29 s. st Saturnin.	29 l. st Thomas, évan.
30 m. st Germain, év.	30 s. st Gaudens.	30 m. st Jérôme, prêt.	30 j. st Quentin, m.	30 D. AVENT.	30 m. st Sabin, év.
31 j. st Ignace, prêt.	31 D. ste Florentine.		31 v. Vigile-Jeûne.		31 m. st Sylvestre, p.

Toulouse. — Imprimerie de Rives et Faget, rue Tripière, 9.

Calendrier Perpétuel, Civil et Ecclésiastique.

JANVIER	FÉVRIER	MARS	AVRIL	MAI	JUIN
1 j. Circoncision.	1 D. Sexagésime.	1 D. Oculi.	1 m. st Hugues, év.	1 v. ss. Philip. et Jac.	1 l. st Pamphile.
2 v. st Basile.	2 l. Purification.	2 l. st Simplicien.	2 j. st François de P.	2 s. st Athanase, év.	2 m. st Pothin.
3 s. ste Geneviève.	3 m. st Blaise, évêq.	3 m. ste Cunégonde.	3 v. st Richard.	3 D. Invent. ste Croix.	3 m. ste Clotilde.
4 D. st Rigobert.	4 m. st Gilbert.	4 m. st Casimir.	4 s. st Ambroise, év.	4 l. st Monique.	4 j. st Quirin.
5 l. st Siméon, styl.	5 j. ste Agathe, v.	5 j. st Phocas.	5 D. Quasimodo.	5 m. st Théodard, év.	5 v. st Claude.
6 m. Épiphanie.	6 v. st Amand, évêq.	6 v. ste Colette.	6 l. Annonciation.	6 m. st Jean P. L.	6 s. st Norbert.
7 m. st Théau.	7 s. ste Dorothée, v.	7 s. ss. Félic. et Per.	7 m. st Hégésippe.	7 j. ASCENSION.	7 D. st Robert, ab.
8 j. st Lucien, m.	8 D. Quinquagésime.	8 D. Lætare.	8 m. st Gautier, abbé.	8 v. st Orens, évêq.	8 l. st Médard, év.
9 v. st Julien, hosp.	9 l. ste Appollonie.	9 l. ste Françoise.	9 j. st Isidore.	9 s. st Grégoire, év.	9 m. st Félicien, m.
10 s. st Paul, ermite.	10 m. ste Scolastique.	10 m. st Blanchard.	10 v. st Macaire.	10 D. st Gordien.	10 m. st Landry.
11 D. st Hygien, pape.	11 m. Cendres.	11 m. ste Sophrone.	11 s. st Léon, pape.	11 l. st Mamert.	11 j. st Barnabé.
12 l. st Fréjus, évêq.	12 j. ste Eulalie, v.	12 j. st Maximilien.	12 D. st Jules.	12 m. st Pacôme, év.	12 v. st Basilide.
13 m. Baptême de N. S.	13 v. st Lésin.	13 v. st Nicéphore.	13 l. st Justin, m.	13 m. st Onésime.	13 s. st Aventin.
14 m. st Hilaire, évêq.	14 s. st Valentin.	14 s. ste Mathilde.	14 m. st Tiburce.	14 j. st Boniface.	14 D. st Valère, m.
15 j. st Maur, abbé.	15 D. Quadragésime.	15 D. Passion.	15 m. st Paterne.	15 v. st Honoré.	15 l. st Guy, mart.
16 v. st Fulgence, év.	16 l. ste Julienne.	16 l. ste Eozébie, v.	16 j. st Fructueux.	16 s. st Germier. v.-j.	16 m. ss. Cyr et Julitte.
17 s. st Antoine, abbé.	17 m. st Sylvin, év.	17 m. st Patrice, év.	17 v. st Anicet.	17 D. PENTECOTE	17 m. st Avit, abbé.
18 D. Chaire st P. à R.	18 m. Quatre-Temps.	18 m. st Alexandre.	18 s. st Parfait.	18 l. st Venant.	18 j. st Emile, m.
19 l. st Sulpice, évêq.	19 j. st Gabin.	19 j. st Gaspard.	19 D. st Elphège.	19 m. st Pi rre Célestin	19 v. ss Gervais et Pro.
20 m. st Sébastien.	20 v. st Eucher. q.-t.	20 v. st Joachim.	20 l. st Joseph.	20 m. Quatre-Temps.	20 s. st Romuald.
21 m. ste Agnès, v.	21 s. st Sévérien. q.-t.	21 s. st Benoît.	21 m. st Anselme.	21 j. st Hospice.	21 D. st Louis de Gonz.
22 j. st Vincent, m.	22 D. Reminiscere.	22 D. Rameaux.	22 m. ste Opportune.	22 v. ste Julie. q.-t.	22 l. st Paulin, év.
23 v. st Fabien, pape.	23 l. st Pascase.	23 l. st Filèle.	23 j. st Georges, m.	23 s. st Didier. q.-t.	23 m. st Leufroy.
24 s. st Thimothée, év.	24 m. st Mathias.	24 m. st Gabriel.	24 v. st Phebade, év.	24 D. Trinité.	24 m. st Jean-Baptiste.
25 D. Septuagésime.	25 m. st Valburge.	25 m. st Humbert.	25 s. st Marc, évang.	25 l. st Urbain, pape.	25 j. ste Fébronie.
26 l. ste Paule, veuve.	26 j. st Nestor.	26 j. st Ludger.	26 D. st Clet, pape.	26 m. st Philippe de N.	26 v. st Maixent.
27 m. ss. Martyrs, rom.	27 v. ste Honorine.	27 v. Vendredi-Saint.	27 l. st Polycarpe.	27 m. st Hildebert.	27 s. st Crescent, év.
28 m. st Cyrile, évêq.	28 s. ss. Martyrs d'Al.	28 s. st Gontrand.	28 m. ss Martyrs d'Aff.	28 j. Fête-Dieu.	28 D. st Irénée, év.
29 j. st François de S.		29 D. Paques.	29 m. ste Marie Égypt.	29 v. st Maximin.	29 l. ss. Pierre et Paul.
30 v. ste Bathilde.		30 l. st Jean Climaque.	30 j. st Eutrope, év.	30 s. st Félix, p.	30 m. Comm. de s Paul.
31 s. st Pierre Nolasq.		31 m. st Acace, év.		31 D. st Sylve, év.	

JUILLET	AOUT	SEPTEMBRE	OCTOBRE	NOVEMBRE	DÉCEMBRE
1 m. st Martial, év.	1 s. st Pierre ès-liens.	1 m. st Gilis, abbé.	1 j. st Rémy, év.	1 D. TOUSSAINT.	1 m. st Éloi, év.
2 j. Visitation N.D.	2 D. st Etienne, pape.	2 m. st Antonin, m.	2 v. ss Anges gard.	2 l. Les Morts.	2 m. st François-Xav.
3 v. st Anatole.	3 l. Inv. st Etienne.	3 j. st Grégoire, pape	3 s. st Trophime, év.	3 m. st Papoul, m.	3 j. ste Clotilde.
4 s. st Théodore.	4 m. st Dominique.	4 v. st Lazare.	4 D. st François-d'As.	4 m. st Charles Borro.	4 v. ste Barbe, v.
5 D. ste Zoé.	5 m. st Félix, mart.	5 s. st Victorin, év.	5 l. st Placide, m.	5 j. st Léonard.	5 s. st Sabas, abbé.
6 l. st Tranquillin.	6 j. Trans. de N. S.	6 D. st Eugène, m.	6 m. st Bruno, moine.	6 v. st Léonard.	6 D. ste Victoire, v.
7 m. st Prosper, doct.	7 v. st Sixte, pape.	7 l. st Cloud, prêtre.	7 m. st Foi, v. m.	7 s. st Ernest, abbé.	7 l. st Nicolas, év.
8 m. ste Elisabeth, r.	8 s. ss. Just et Past.	8 m. Nativ. de la V.	8 j. ste Brigitte.	8 D. stes Reliques.	8 m. Concep. N. D.
9 j. st Ephrem.	9 D. st Vitrice, évêq.	9 m. st Omer, évêq.	9 v. st Denis, év.	9 l. st Austremoine.	9 m. ste Léocadie, v.
10 v. Sept-Frères M.	10 l. ste Philomène.	10 j. st Salvi, évêque.	10 s. st François de B.	10 m. st Léon, pape.	10 j. st Hubert.
11 s. Trans. st Benoît.	11 m. ste Suzanne, m.	11 v. st Patient.	11 D. st Julien.	11 m. st Martin, év.	11 v. st Damase, pape.
12 D. st Honeste, pr.	12 m. ste Claire, vierge.	12 s. st Serdot, évêq.	12 l. st Donation.	12 j. st Martin, pape.	12 s. st Paul, év.
13 l. st Anaclet.	13 j. ste Radegonde, r.	13 D. st Aimé, abbé.	13 m. st Géraud.	13 v. st Stanislas.	13 D. ste Luce, v. m.
14 m. st Bonaventure.	14 v. st Eusèbe. V.-J.	14 l. Exalt. Ste-Croix.	14 m. st Calixte.	14 s. st Claude, m.	14 l. st Honorat, év.
15 m. st Henri.	15 s. Assomption.	15 m. st Achard, abbé.	15 j. ste Thérèse, v.	15 D. st Malo, év.	15 m. st Mesmin, abbé.
16 j. N.-D. de M.-Car.	16 D. st Roch.	16 m. Quatre-Temps.	16 v. st Bertin, m.	16 l. st Eucher.	16 m. Quatre-Temps.
17 v. st Espérat, m.	17 l. st Alexis.	17 j. st Corneille.	17 s. st Gauderic.	17 m. st Asciscle, m.	17 j. ste Olimpie.
18 s. st Thomas d'Aq.	18 m. ste Hélène.	18 v. ste Camelle. q.-t.	18 D. st Luc, évang.	18 m. st Odon, abbé.	18 v. st Gratien. q.-t.
19 D. st Vincent de P.	19 m. st Louis, évêque.	19 s. st Cyprien. q.-t.	19 l. st Pierre d'Alc.	19 j. ste Elizabeth.	19 s. st Grégoire. q.-t.
20 l. ste Marguerite.	20 j. st Bernard, abbé.	20 D. st Eustache.	20 m. st Caprais, év.	20 v. st Edmond.	20 D. st Philogon.
21 m. st Victor, m.	21 v. st Privat, évêq.	21 l. st Mathieu, évan.	21 m. ste Ursule, v.	21 s. Présent. N. D.	21 l. st Thomas, apô.
22 m. ste Madeleine.	22 s. st Symphorien.	22 m. st Maurice.	22 j. st Mellon.	22 D. ste Cécile, v.	22 m. st Yves, év.
23 j. st Apollinaire.	23 D. ste Jeanne.	23 m. ste Thècle.	23 v. st Séverin.	23 l. st Clément, pape.	23 m. ste Anastasie.
24 v. ste Christine, v.	24 l. st Barthélemy, a.	24 j. st Yzarn, abbé.	24 s. st Erambert, év.	24 m. ste Flore, v.	24 j. ste Delphine, v.-j.
25 s. st Jacques, apôt.	25 m. st Louis, roi.	25 v. st Firmin, évêq.	25 D. ss Crépin et Cré.	25 m. ste Catherine, v.	25 v. NOEL.
26 D. ste Anne.	26 m. st Zéphirin.	26 s. ste Rustique.	26 l. st Rustique.	26 j. st Lin, pape.	26 s. st Étienne, m.
27 l. st Pantaléon.	27 j. st Césaire, év.	27 D. ss. Come et Dam.	27 m. st Frumence.	27 v. ss Vital et Agri.	27 D. st Jean, évang.
28 m. st Nazaire, m.	28 v. st Augustin, év.	28 l. st Exupère, évêq.	28 m. ss. Simon et Jud.	28 s. st Sosthène.	28 l. ss Innocents.
29 m. st Loup, évêque.	29 s. Déc. de st J.-Bapt.	29 m. st Michel.	29 j. st Narcisse.	29 D. Avent.	29 m. st Thomas, év.
30 j. st Germain, év.	30 D. st Gaudens.	30 m. st Jérôme, prêt.	30 v. st Quentin, m.	30 l. st André, ap.	30 m. st Sabin, év.
31 v. st Ignace, prêtre.	31 l. ste Florentine.		31 s. Vigile-Jeûne.		31 j. st Sylvestre, p.

Toulouse. — Imprimerie de Rives et Fagel, rue Triplère, 9.

Calendrier Perpétuel, Civil et Ecclésiastique

JANVIER	FÉVRIER	MARS	AVRIL	MAI	JUIN
1 m. CIRCONCISION.	1 v. st Ignace, m.	1 v. st Aubin, év.	1 l. st Hugues.	1 m. ss. Phil. et Jacq.	1 s. st Pamphile. v.-j.
2 m. st Basile.	2 s. PURIFICATION.	2 s. st Symplicien.	2 m. st François de P.	2 j. st Athanase, év.	2 D. PENTECOTE
3 j. ste Geneviève.	3 D. st Blaise, év.	3 D. QUADRAGÉSIME.	3 m. st Richard.	3 v. Invent. ste Croix.	3 l. ste Clotilde.
4 v. st Rigobert.	4 l. st Gilbert.	4 l. st Casimir.	4 j. st Ambroise, év.	4 s. ste Monique.	4 m. st Quirin, m.
5 s. st Siméon, styl.	5 m. ste Agathe, v.	5 m. st Phocas.	5 v. st Vincent Ferr.	5 D. st Théodard, év.	5 m. Quatre-Temps.
6 D. EPIPHANIE.	6 m. st Amand, év.	6 m. Quatre-Temps.	6 s. st Prudence.	6 l. st Jean P. L.	6 j. st Norbert.
7 l. st Théau.	7 j. ste Dorothée, v.	7 j. ss. Félic. et Per.	7 D. RAMEAUX.	7 m. Transf. s Etienne.	7 v. st Robert. q.-t.
8 m. st Lucien, m.	8 v. st Jean de M.	8 v. st Jean de D. q.-t.	8 l. st Gaultier.	8 m. st Orens, év.	8 s. st Médard. q.-t.
9 m. st Julien, hosp.	9 s. ste Appollonie.	9 s. ste François. q.-t.	9 m. st Isidore.	9 j. st Grégoire, év.	9 D. TRINITÉ.
10 j. st Paul, ermite.	10 D. SEPTUAGÉSIME.	10 D. REMINISCERE.	10 m. st Macaire.	10 v. st Gordien.	10 l. st Landry.
11 v. st Hygien, pape.	11 l. st Benoît, abbé.	11 l. ste Sophrone.	11 j. st Léon, pape.	11 s. st Mamert.	11 m. st Barnabé, ap.
12 s. st Fréjus, év.	12 m. ste Eulalie, v.	12 m. st Maximilien.	12 v. VENDREDI-SAINT	12 D. st Pacôme, ab.	12 m. st Basilide.
13 D. BAPTÊME DE N. S.	13 m. st Lésin.	13 m. st Nicéphore.	13 s. st Justin.	13 l. st Onésime.	13 j. FÊTE-DIEU.
14 l. st Hilaire, év.	14 j. st Valentin.	14 j. ste Mathilde.	14 D. PAQUES.	14 m. st Boniface.	14 v. st Valère.
15 m. st Maur, abbé.	15 v. st Faustin.	15 v. st Zacharie.	15 l. st Paterne.	15 m. st Honoré.	15 s. st Guy, m.
16 m. st Fulgence, év.	16 s. ste Julienne.	16 s. ste Eusèbe.	16 m. st Fructueux.	16 j. st Germier.	16 D. ss. Cyr et Julitte.
17 j. st Antoine, ab.	17 D. SEXAGÉSIME.	17 D. OCULI.	17 m. st Anicet.	17 v. st Pascal.	17 l. st Avit, abbé.
18 v. Chaire st P. à R.	18 l. st Siméon, év.	18 l. st Alexandre.	18 j. st Parfait.	18 s. st Venant.	18 m. st Emile, m.
19 s. st Sulpice, év.	19 m. st Gabin.	19 m. st Gaspard.	19 v. st Elphège.	19 D. st Pierre Célestin	19 m. ss. Gervais et Pr.
20 D. st Sébastien, m.	20 m. st Euchor.	20 m. st Joachim.	20 s. st Joseph.	20 l. ROGATIONS.	20 j. st Romuald.
21 l. ste Agnès, v.	21 j. st Sévérien.	21 j. st Benoît.	21 D. QUASIMODO.	21 m. st Hospice.	21 v. st Louis de G.
22 m. st Vincent, m.	22 v. st Maxime.	22 v. st Paul, év.	22 l. ste Opportune.	22 m. st Julie.	22 s. st Paulin, év.
23 m. st Fabien, pape.	23 s. st Pascase.	23 s. st Fidèle.	23 m. st George, m.	23 j. ASCENSION.	23 D. st Lenfroy.
24 j. st Timothée, év.	24 D. QUINQUAGÉSIME.	24 D. LOETARE.	24 m. st Phébade, év.	24 v. st François Rég.	24 l. st Jean-Baptiste.
25 v. Conv. de st Paul.	25 l. st Valburge.	25 l. ANNONCIATION.	25 j. st Marc, évang.	25 s. st Urbain, p.	25 m. st Fébronie.
26 s. ste Paule, veuve.	26 m. st Nestor.	26 m. st Ludger.	26 v. st Clet, pape.	26 D. st Philippe.	26 m. st Maixent.
27 D. ss. Martyrs rom.	27 m. CENDRES.	27 m. st Rupert, évêq.	27 s. st Polycarpe.	27 l. st Hildebert.	27 j. st Cressent, év.
28 l. st Cyrille, év.	28 j. ss. Martyrs d'Al.	28 j. st Gontrand.	28 D. ss. Martyrs d'Aff.	28 m. st Guillaume.	28 v. st Irénée, év.
29 m. st François de S.		29 v. st Eustase.	29 l. ste Marie Egypt.	29 m. st Maximin.	29 s. ss. Pierre et Paul.
30 m. ste Balbilde.		30 s. st Jean Climaque.	30 m. st Eutrope, ev.	30 j. st Félix, pape.	30 D. Comm. de s Paul.
31 j. st Pierre Nolasq.		31 D. PASSION.		31 v. st Sylve, év.	

JUILLET	AOUT	SEPTEMBRE	OCTOBRE	NOVEMBRE	DÉCEMBRE
1 l. st Martial, év.	1 j. st Pierre-ès-liens	1 D. st Gilis, abbé.	1 m. st Rémy, év.	1 v. TOUSSAINT.	1 D. AVENT.
2 m. VISITATION N. D.	2 v. st Etienne, pape.	2 l. st Antonin, m.	2 m. ss Anges gard.	2 s. Les Morts.	2 l. st François Xav.
3 m. st Anatole.	3 s. Invent. st Etien.	3 m. st Grégoire, pap.	3 j. st Trophime, év.	3 D. st Papoul, m.	3 m. st Anthème
4 j. st Théodore.	4 D. st Dominique	4 m. st Lazare.	4 v. st François-d'As.	4 l. st Charles-Borro.	4 m. ste Barbe, v.
5 v. ste Zoé.	5 l. st Félix, m.	5 j. st Victorin, év.	5 s. st Placide, m.	5 m. ste Bertile, v.	5 v. st Sabas, abbé.
6 s. st Tranquillin.	6 m. Trans. de N. S.	6 v. st Eugène, m.	6 D. st Bruno, moine.	6 m. st Léonard.	6 s. ste Victoire, v.
7 D. st Prosper, doct.	7 m. st Xiste, pape.	7 s. st Cloud, prêtre.	7 l. ste Foi, v. m.	7 j. st Ernest, abbé.	7 s. st Nicolas, év.
8 l. ste Elisabeth, r.	8 j. st Just et Past.	8 D. NATIVITÉ de la V.	8 m. ste Brigitte.	8 v. stes Reliques.	8 D. CONCEP. N. D.
9 m. st Ephrem.	9 v. st Vitrice, év.	9 l. st Omer, év.	9 m. st Denis, év.	9 s. st Anstremoine.	9 l. ste Léocadie, v.
10 m. Sept-Frères M.	10 s. st Philomène.	10 m. st Salvi, év.	10 j. st François de B.	10 D. st Léon, pape.	10 m. st Hubert.
11 j. Trans. st Benoît.	11 D. ste Susanne, m.	11 m. st Patient.	11 v. st Julien.	11 l. st Martin, év.	11 m. st Damase, pape.
12 v. st Honeste, pr.	12 l. ste Claire, vierge.	12 j. st Serdot, év.	12 s. st Donatien.	12 m. st Martin, pape.	12 j. st Paul, év.
13 s. st Anaclet.	13 m. ste Radegonde, r.	13 v. st Aimé, abbé.	13 D. st Géraud.	13 m. st Stanislas.	13 v. ste Luce, v. m.
14 D. st Bonaventure.	14 m. st Eusèbe, V.-J.	14 s. EXALT. ste CROIX	14 l. st Calixte.	14 j. st Claude, m.	14 s. st Honorat, év.
15 l. st Henri.	15 j. ASSOMPTION	15 D. st Achard, abbé.	15 m. ste Thérèse.	15 v. st Malo, év.	15 D. st Mesmin, abbé.
16 m. Notre-D. de M. C.	16 v. st Roch.	16 l. st Jean Chrysost.	16 m. st Bertrand, év.	16 s. st Eucher.	16 l. ste Adélaïde.
17 m. st Esperat, m.	17 s. st Alexis.	17 m. st Corneille.	17 j. st Gauderic.	17 D. st Asciscle, m.	17 m. ste Olimpie.
18 j. st Thomas d'Aq.	18 D. ste Hélène.	18 m. Quatre-Temps.	18 v. st Luc, évang.	18 l. st Odon, abbé.	18 m. Quatre-Temps.
19 v. st Vincent-de-P.	19 l. st Louis, év.	19 j. st Cyprien.	19 s. st Pierre d'Alc.	19 m. ste Elizabeth.	19 j. st Grégoire.
20 s. ste Marguerite.	20 m. st Bernard, ab.	20 v. st Eustache. q.-t.	20 D. st Caprais, év.	20 m. st Edmont.	20 v. st Philogon. q.-t.
21 D. st Victor, m.	21 m. st Privat, év.	21 s. st Mathieu. q.-t.	21 l. ste Ursule, v.	21 j. PRÉSENT. N. D.	21 s. st Thomas. q.-t.
22 l. ste Madeleine.	22 j. st Symphorien.	22 D. st Maurice.	22 m. st Mellon.	22 v. ste Cécile, v.	22 D. st Yves, év.
23 m. st Appollinaire.	23 v. ste Jeanne.	23 l. ste Thècle.	23 m. st Sévérin.	23 s. st Clément, pape.	23 l. ste Anastas.
24 m. ste Christine, m.	24 s. st Barthélemi, ap.	24 m. st Yzarn.	24 j. st Erambert, év.	24 D. ste Flore, v.	24 m. ste Delphine, v.-j.
25 j. st Jacques, apôt.	25 D. st Louis, roi.	25 m. st Firmin, év.	25 v. ss Crépin et Cré.	25 l. ste Catherine, v.	25 m. NOEL.
26 v. ste Anne.	26 l. st Zéphirin.	26 j. ste Justine.	26 s. ste Rustique.	26 m. st Lin, pape.	26 j. st Etienne, m.
27 s. st Pantaléon.	27 m. st Césaire, év.	27 v. ss. Come et Dam.	27 D. st Frumence.	27 m. ss. Vital et Agri.	27 v. st Jean, évang.
28 D. st Nazaire, m.	28 m. st Augustin, év.	28 s. st Exupère, év.	28 l. ss Simon et Jude.	28 s. st Sosthène.	28 s. ss Innocents.
29 l. st Loup, év.	29 j. Déco. de s. J. B.	29 D. st Michel.	29 m. st Narcisse.	29 v. st Saturnin.	29 D. st Thomas, évan.
30 m. st Germain, év.	30 v. st Gaudens.	30 l. st Jérôme, prêt.	30 m. st Quentin, m.	30 s. st André, ap.	30 l. st Sabin, év.
31 m. st Ignace, prêt.	31 s. ste Florentine.		31 j. Vigile-Jeûne.		31 m. st Sylvestre, p.

Toulouse. — Imprimerie de Rives et Faget, rue Tripière, 9.

Calendrier Perpétuel, Civil et Ecclésiastique.

JANVIER	FÉVRIER	MARS	AVRIL	MAI	JUIN
1 v. Circoncision.	1 l. st Ignace.	1 l. st Aubin, év.	1 j. st Hugues, év.	1 s. ss. Philip. et Jac.	1 m. st Pamphile.
2 s. st Basile.	2 m. Purification.	2 m. st Simplicien.	2 v. st François de P.	2 D. Quasimodo.	2 m. st Pothin.
3 D. ste Geneviève.	3 m. st Blaise, évêq.	3 m. ste Cunégonde.	3 s. st Richard.	3 l. Invent. ste Croix.	3 j. Ascension.
4 l. st Rigobert.	4 j. st Gilbert.	4 j. st Casimir.	4 D. Lætare.	4 m. ste Monique.	4 v. st Quirin.
5 m. st Siméon, styl.	5 v. ste Agathe, v.	5 v. st Phocas.	5 l. st Vincent Ferr.	5 m. st Théodard, év.	5 s. st Claude.
6 m. Epiphanie.	6 s. st Amand, évêq.	6 s. ste Colette.	6 m. st Prudence.	6 j. st Jean P. L.	6 D. st Norbert.
7 j. st Théau.	7 D. ste Dorothée, v.	7 D. Quinquagésime.	7 m. st Hégésippe.	7 v. Transf. st Etienne	7 l. st Robert, ab.
8 v. st Lucien, m.	8 l. st Jean de M.	8 l. st Jean de Dieu.	8 j.. st Gautier, abbé.	8 s. st Orens, évêq.	8 m. st Médard, év.
9 s. st Julien, hosp.	9 m. ste Appollonie.	9 m. ste Françoise.	9 v. st Isidore.	9 D. st Grégoire, év.	9 m. st Félicien, m.
10 D. st Paul, ermite.	10 m. ste Scolastique.	10 m. Cendres.	10 s. st Macaire.	10 l. st Gordien.	10 j. st Landry.
11 l. st Hygien, pape.	11 j. st Benoît, abbé.	11 j. ste Sophrone.	11 D. Passion.	11 m. st Mamert.	11 v. st Barnabé.
12 m. st Fréjus, évêq.	12 v. ste Eulalie, v.	12 v. st Maximilien.	12 l. st Jules.	12 m. st Pacôme, ab.	12 s. st Basilide. v.-j.
13 m. Baptême de N.S.	13 s. st Benoît.	13 s. st Nicéphore.	13 m. st Justin, m.	13 j. st Onésime.	13 D. Pentecôte
14 j. st Hilaire, évêq.	14 D. st Valentin.	14 D. Quadragésime.	14 m. st Tiburce.	14 v. st Boniface.	14 l. st Valère, m.
15 v. st Maur, abbé.	15 l. st Faustin.	15 l. st Zacharie.	15 j. st Paterne.	15 s. st Honoré.	15 m. st Guy, mart.
16 s. st Fulgence, év.	16 m. ste Julienne.	16 m. ste Euzébie, v.	16 v. st Fructueux.	16 D. st Germier.	16 m. Quatre-Temps.
17 D. st Antoine, abbé.	17 m. st Sylvin, év.	17 m. Quatre-Temps.	17 s. st Anicet.	17 l. st Pascal.	17 j. st Avit, abbé.
18 l. Chaire st P. à R.	18 j. st Siméon.	18 j. st Alexandre.	18 D. Rameaux.	18 m. st Venant.	18 v. st Emile, m. q.-t.
19 m. st Sulpice, évêq.	19 v. st Gabin.	19 v. st Gaspard. q.-t.	19 l. st Elphège.	19 m. st Pierre Célestin	19 s. ss Gerv. et P.q.-t.
20 m. st Sébastien.	20 s. st Eucher, évêq.	20 s. st Joachim. q.-t.	20 m. st Joseph.	20 j. st Hilaire, év.	20 D. Trinité.
21 j. ste Agnès, v.	21 D. Septuagésime.	21 D. Reminiscere.	21 m. st Anselme.	21 v. st Hospice.	21 l. st Louis de Gonz.
22 v. st Vincent, m.	22 l. st Maxime.	22 l. st Paul, év.	22 j. ste Opportune.	22 s. ste Julie.	22 m. st Paulin, év.
23 s. st Fabien, pape.	23 m. st Pascase.	23 m. st Fidèle.	23 v. Vendredi-Saint.	23 D. st Didier.	23 m. st Leufroy.
24 D. st Thimothée, év.	24 m. st Mathias.	24 m. st Gabriel.	24 s. st Phebade, év.	24 l. st François Rég.	24 j. Fête-Dieu.
25 l. Conv. de st Paul.	25 j. st Valburge.	25 j. Annonciation.	25 D. Paques.	25 m. st Urbain, pape.	25 v. ste Fébronie.
26 m. ste Paule, veuve.	26 v. st Nestor.	26 v. st Ludger.	26 l. st Clet, pape.	26 m. st Philippe de N.	26 s. st Maixent.
27 m. ss. Martyrs, rom.	27 s. ste Honorine.	27 s. st Rupert, év.	27 m. st Polycarpe.	27 j. st Hildebert.	27 D. st Crescent, év.
28 j. st Cyrille, évêq.	28 D. Sexagésime.	28 D. Oculi.	28 m. ss Martyrs d'Aff.	28 v. st Guillaume.	28 l. st Irénée, év.
29 v. st François de S.		29 l. st Eustase.	29 j. ste Marie Égypt.	29 s. st Maximin.	29 m. ss. Pierre et Paul.
30 s. ste Bathilde.		30 m. st Jean Climaque.	30 v. st Eutrope, év.	30 D. st Félix, p.	30 m. Comm. de s Paul.
31 D. st Pierre Nolasq.		31 m. st Acace, év.		31 l. Rogations.	

JUILLET	AOUT	SEPTEMBRE	OCTOBRE	NOVEMBRE	DÉCEMBRE
1 j. st Martial, év.	1 D. st Pierre ès-liens	1 m. st Gilis, abbé.	1 v. st Rémy, év.	1 l. Toussaint.	1 m. st Eloi, év,
2 v. Visitation N.D.	2 l. st Etienne, pape.	2 j. st Antonin, m.	2 s. ss Anges gard.	2 m. Les Morts.	2 j. st François-Xav.
3 s. st Anatole.	3 m. Inv. st Etienne.	3 v. st Grégoire, pape	3 D. st Trophime, év.	3 m. st Papoul, m.	3 v. ste Clotilde.
4 D. st Théodore.	4 m. st Dominique.	4 s. st Lazare.	4 l. st François-d'As.	4 j. st Charles-Borro.	4 s. ste Barbe, v.
5 l. ste Zoé.	5 j. st Félix, mart.	5 D. st Victorin, év.	5 m. st Placide, m.	5 v. ste Bertile. v.	5 D. st Sabas, abbé.
6 m. st Tranquillin.	6 v. Trans. de N. S.	6 l. st Eugène, m.	6 m. st Bruno, moine.	6 s. st Léonard.	6 l. ste Victoire, v.
7 m. st Prosper, doct.	7 s. st Sixte, pape.	7 m. st Cloud, prêtre.	7 j. ste Foi, v. m.	7 D. st Ernest, abbé.	7 m. st Nicolas, évq.
8 j. ste Elisabeth, r.	8 D. ss Just.et Past.	8 m. Nativ. de la V.	8 v. ste Brigitte.	8 l. stes Reliques.	8 m. Concep. N. D.
9 v. st Ephrem.	9 l. st Vitrice, évêq.	9 j. st Omer, évêq.	9 s. st Denis, év.	9 m. st Austremoine.	9 j. ste Léocadie, v.
10 s. Sept-Frères M.	10 m. st Philomène.	10 v. st Salvi, évêque.	10 D. st François de B.	10 m. st Léon, pape.	10 v. st Hubert.
11 D. Trans. st Benoît.	11 m. ste Suzanne, m.	11 s. st Patient.	11 l. st Julien.	11 j. st Martin, év.	11 j. st Damase, pape.
12 l. st Honeste, pr.	12 j. ste Claire, vierge.	12 D. st Serdot, évêq.	12 m. st Donatien.	12 v. st Martin, pape.	12 D. st Paul, év.
13 m. st Anaclet.	13 v. ste Radegonde, r.	13 l. st Aimé, abbé.	13 m. st Géraud.	13 s. st Stanislas.	13 l. ste Luce, v. m.
14 m. st Bonaventure.	14 s. st Eusèbe. V.-J.	14 m. Exalt.Ste-Croix	14 j. st Calixte.	14 D. st Claude, m.	14 m. st Honorat, év.
15 j. st Henri.	15 D. Assomption.	15 m. Quatre-Temps.	15 v. ste Thérèse, v.	15 l. st Malo, év.	15 m. Quatre-Temps.
16 v. N.-D. de M.-Car.	16 l. st Roch.	16 j. st Jean Chrysost.	16 s. st Bertrand, év.	16 m. st Eucher.	16 j. ste Adelaïde.
17 s. st Espérat, m.	17 m. st Alexis.	17 v. st Corneille. q.-t.	17 D. st Gaudéric.	17 m. st Asciscle, m.	17 v. ste Olimpie. q.-t.
18 D. st Thomas d'Aq.	18 m. ste Hélène.	18 s. ste Camelle. q.-t.	18 l. st Luc, évang.	18 j. st Odon, abbé.	18 s. st Gratien. q.-t.
19 l. st Vincent de P.	19 j. st Louis, évêque.	19 D. st Janvier, év.	19 m. st Pierre d'Alc.	19 v. ste Elizabeth.	19 D. st Grégoire.
20 m. ste Marguerite.	20 v. st Bernard, abbé.	20 l. st Eustache.	20 m. st Caprais, év.	20 s. st Edmond.	20 l. st Philogon.
21 m. st Victor, m.	21 s. st Privat, évêq.	21 m. st Mathieu, évan.	21 j. ste Ursule, v.	21 D. Présent. N. D.	21 m. st Thomas, apô.
22 j. ste Madeleine.	22 D. st Symphorien.	22 m. st Maurice.	22 v. st Mellon.	22 l. ste Cécile, v.	22 m. st Yves, év.
23 v. st Apollinaire.	23 l. ste Jeanne.	23 j. ste Thècle.	23 s. st Séverin.	23 m. st Clément, pape.	23 j. ste Anastasie.
24 s. ste Christine, v.	24 m. st Barthélemy, a.	24 v. st Yzarn, abbé.	24 D. st Erambert, év.	24 m. ste Flore, v.	24 v. ste Delphine, v.-j.
25 D. st Jacques, apôt.	25 m. st Louis, roi.	25 s. st Firmin, évêq.	25 l. ss Crépin et Cré.	25 j. ste Catherine, v.	25 s. Noel.
26 l. ste Anne.	26 j. st Zéphirin.	26 D. ste Justine.	26 m. ste Rustique.	26 v. st Lin, pape.	26 D. st Étienne, m.
27 m. st Pantaléon.	27 v. st Césaire, év.	27 l. ss. Come et Dam.	27 m. st Frumence.	27 s. ss Vital et Agri.	27 l. st Jean, évang.
28 m. st Nazaire, m.	28 s. st Augustin, év.	28 m. st Exupère, évêq.	28 j. ss. Simon et Jud.	28 D. Avent.	28 m. ss Innocents.
29 j. st Loup, évêque.	29 D. Déc. de st J.-Bapt.	29 m. st Michel.	29 v. st Narcisse.	29 l. st Saturnin, év.	29 m. st Thomas, év.
30 v. st Germain, év.	30 l. st Gaudens.	30 j. st Jérôme, prêt.	30 s. st Lucain. m.	30 m. st André, ap.	30 j. st Sabin, év.
31 s. st Ignace, prêtre.	31 m. ste Florentine.		31 D. Vigile-Jeûne.		31 v. st Sylvestre, p.

Toulouse. — Imprimerie de Rives et Faget, rue Tripière, 9.

Calendrier Perpétuel, Civil et Ecclésiastique

JANVIER	FÉVRIER	MARS	AVRIL	MAI	JUIN
1 D. CIRCONCISION.	1 m. st Ignace, m.	1 m. st Aubin, év.	1 s. st Hugues.	1 l. ss. Phil. et Jacq.	1 j. FÊTE-DIEU.
2 l. st Bazile.	2 j. PURIFICATION.	2 j. st Symplicien.	2 D. PAQUES.	2 m. st Athanase, év.	2 v. st Pothin.
3 m. ste Geneviève.	3 v. st Blaise, év.	3 v. ste Cunégonde.	3 l. st Richard.	3 m. Invent. ste Croix.	3 s. ste Clotilde.
4 m. st Rigobert.	4 s. st Gilbert.	4 s. st Casimir.	4 m. st Ambroise, év.	4 j. ste Monique.	4 D. st Quirin, m.
5 j. st Siméon, styl.	5 D. SEXAGÉSIME.	5 D. OCULI.	5 m. st Vincent Ferr.	5 v. st Théodard, év.	5 l. st Claude.
6 v. ÉPIPHANIE.	6 l. st Amand, év.	6 l. ste Colette.	6 j. st Prudence.	6 s. st Jean P. L.	6 m. st Norbert.
7 s. st Théau.	7 m. ste Dorothée, v.	7 m. ss. Félic. et Per.	7 v. st Egésippe.	7 D. Transf. s Etienne.	7 m. st Robert, ab.
8 D. st Lucien, pr.	8 m. st Jean de M.	8 m. st Jean de Dieu.	8 s. st Gaultier.	8 l. ROGATIONS.	8 j. st Médard.
9 l. st Julien, hosp.	9 j. ste Appollonie.	9 j. ste Françoise.	9 D. QUASIMODO.	9 m. st Grégoire, év.	9 v. st Félicien.
10 m. st Paul, ermite.	10 v. ste Scolastique.	10 v. st Blanchard.	10 l. st Macaire.	10 m. st Gordien.	10 s. st Landry.
11 m. st Hygien, pape.	11 s. st Benoît, abbé.	11 s. ste Sophrone.	11 m. st Léon, pape.	11 j. ASCENSION	11 D. st Barnabé, ap.
12 j. st Fréjus, év.	12 D. QUINQUAGÉSIME.	12 D. LOETARE.	12 m. st Jules.	12 v. st Pacôme, ab.	12 l. st Basilide.
13 v. BAPTÊME DE N. S.	13 l. st Lésin.	13 l. st Nicéphore.	13 j. st Justin.	13 s. st Onésime.	13 m. st Aventin.
14 s. st Hilaire, év.	14 m. st Valentin.	14 m. ste Mathilde.	14 v. st Tiburce.	14 D. st Boniface.	14 m. st Valère.
15 D. st Maur, abbé.	15 m. CENDRES.	15 m. st Zacharie.	15 s. st Paterne.	15 l. st Honoré.	15 j. st Guy, m.
16 l. st Fulgence, év.	16 j. ste Julienne.	16 j. ste Eusébie.	16 D. st Fructueux.	16 m. st Germier.	16 v. ss. Cyr et Julitte.
17 m. st Antoine, ab.	17 v. st Sylvin, év.	17 v. st Patrice.	17 l. st Anicet.	17 m. st Pascal.	17 s. st Avit, abbé.
18 m. Chaire st P. à R.	18 s. st Siméon, év.	18 s. st Alexandre.	18 m. st Parfait.	18 j. st Venant.	18 D. st Emile, m.
19 j. st Sulpice, év.	19 D. QUADRAGÉSIME.	19 D. PASSION.	19 m. st Elphège.	19 v. st Pierre Célestin	19 l. ss. Gervais et Pr.
20 v. st Sébastien, m.	20 l. st Eucher.	20 l. st Joachim.	20 j. st Joseph.	20 s. st Hilaire. v.-j.	20 m. st Romuald.
21 s. ste Agnès, v.	21 m. st Sévérien.	21 m. st Benoît.	21 v. st Anselme.	21 D. PENTECOTE	21 v. st Louis de G.
22 D. st Vincent, m.	22 m. Quatre-Temps.	22 m. st Paul, év.	22 s. ste Opportune.	22 l. ste Julie.	22 j. st Paulin, év.
23 l. st Fabien, pape.	23 j. st Pascase.	23 j. st Fidèle.	23 D. st George, m.	23 m. st Didier.	23 v. st Leufroy.
24 m. st Timothée, év.	24 v. st Mathias. q.-t.	24 v. st Gabriel.	24 l. st Phébade, év.	24 m. Quatre-Temps.	24 s. st Jean-Baptiste.
25 m. Conv. de st Paul.	25 s. st Valburge. q.-t.	25 s. ANNONCIATION.	25 m. st Marc, évang.	25 j. st Urbain, p.	25 D. ste Fébronie.
26 j. ste Paule, veuve.	26 D. REMINISCERE.	26 D. RAMEAUX.	26 m. st Clet, pape.	26 v. st Philippe. q.-t.	26 l. st Maixent.
27 v. ss. Martyrs rom.	27 l. ste Honorine.	27 l. st Rupert, évêq.	27 j. st Polycarpe.	27 s. st Hildebert. q.-t.	27 m. st Crescent, év.
28 s. st Cyrille, év.	28 m. ss. Martyrs d'Al.	28 m. st Gontrand.	28 v. ss. Martyrs d'Aff.	28 D. TRINITÉ.	28 m. st Irénée, év.
29 D. SEPTUAGÉSIME.		29 m. st Eustase.	29 s. ste Marie Egypt.	29 l. st Maximin.	29 j. ss. Pierre et Paul.
30 l. ste Bathilde.		30 j. st Jean Climaque.	30 D. st Eutrope, év.	30 m. st Félix, pape.	30 v. Comm. de s Paul.
31 m. st Pierre Nolasq.		31 v. VENDREDI-SAINT.		31 m. st Sylve, év.	

JUILLET	AOUT	SEPTEMBRE	OCTOBRE	NOVEMBRE	DÉCEMBRE
1 s. st Martial, év.	1 m. st Pierre-ès-liens	1 v. st Gilis, abbé.	1 D. st Rémy, év.	1 m. TOUSSAINT.	1 v. st Eloi, év.
2 D. VISITATION N. D.	2 m. st Etienne, pape.	2 s. st Antonin, m.	2 l. ss Anges gard.	2 j. Les Morts.	2 s. st François Xav.
3 l. st Anatole.	3 j. Invent. st Etien.	3 D. st Grégoire, pap.	3 m. st Trophime, év.	3 v. st Papoul, m.	3 D. AVENT.
4 m. st Théodore.	4 v. st Dominique.	4 l. st Lazare.	4 m. st François-d'As.	4 s. st Charles-Borro.	4 l. ste Barbe, v.
5 m. ste Zoé.	5 s. st Félix, m.	5 m. st Victorin, év.	5 j. st Placide, m.	5 D. ste Bertile, v.	5 m. st Sabas, abbé.
6 j. st Tranquillin.	6 D. Trans. de N. S.	6 m. st Eugène, m.	6 v. st Bruno, moine.	6 l. st Léonard.	6 m. ste Victoire, v.
7 v. st Prosper, doct.	7 l. st Xiste, pape.	7 j. st Cloud, prêtre.	7 s. ste Foi, v. m.	7 m. st Ernest, abbé.	7 j. st Nicolas, évq.
8 s. ste Elisabeth, r.	8 m. st Just et Past.	8 v. NATIVITÉ de la V.	8 D. ste Brigitte.	8 m. stes Reliques.	8 v. CONCEP. N. D.
9 D. st Ephrem.	9 m. st Vitrice, pr.	9 s. st Omer, év.	9 l. st Denis, év.	9 j. st Austremoine.	9 s. ste Léocadie, v.
10 l. Sept-Frères M.	10 j. ste Philomène.	10 D. st Salvi, év.	10 m. st François de B.	10 v. st Léon, pape.	10 D. st Hubert.
11 m. Trans. st Benoît.	11 v. ste Susanne, m.	11 l. st Patient.	11 m. st Julien.	11 s. st Martin, év.	11 l. st Damase, pape.
12 m. st Honeste, pr.	12 s. ste Claire, vierge.	12 m. st Serdot, év.	12 j. st Donatien.	12 D. st Martin, pape.	12 m. st Paul, év.
13 j. st Anaclet.	13 D. ste Radegonde, r.	13 m. st Aimé, abbé.	13 v. st Géraud.	13 l. st Stanislas.	13 m. ste Luce, v. m.
14 v. st Bonaventure.	14 l. st Eusèbe, V.-J.	14 j. EXALT. ste CROIX	14 s. st Calixte.	14 m. st Claude, m.	14 j. st Honorat, év.
15 s. st Henri.	15 m. ASSOMPTION	15 v. st Achard, abbé.	15 D. ste Thérèse.	15 m. st Malo, év.	15 v. st Nesmin, abbé.
16 D. Notre-D. de M. C.	16 m. st Roch.	16 s. st Jean Chrysost.	16 l. st Bertrand, év.	16 j. st Eucher.	16 s. ste Adélaïde.
17 l. st Esperat, m.	17 j. st Alexis.	17 D. st Corneille.	17 m. st Gauderic.	17 v. st Asciscle, m.	17 D. ste Olimpie.
18 m. st Thomas d'Aq.	18 v. ste Hélène.	18 l. ste Camelle	18 m. st Luc, évang.	18 s. st Odon, abbé.	18 l. st Gratien.
19 m. st Vincent-de-P.	19 s. st Louis, év.	19 m. st Cyprien.	19 j. st Pierre d'Alc.	19 D. ste Elizabeth.	19 m. st Grégoire.
20 j. ste Marguerite.	20 D. st Bernard, ab.	20 m. Quatre-Temps.	20 v. st Caprais, év.	20 l. st Edmont.	20 m. Quatre-Temps.
21 v. st Victor, m.	21 l. st Privat, év.	21 j. st Mathieu.	21 s. ste Ursule, v.	21 m. PRÉSENT. N. D.	21 j. st Thomas.
22 s. ste Madeleine.	22 m. st Symphorien.	22 v. st Maurice. q.-t.	22 D. st Mellon.	22 m. ste Cécile, v.	22 v. st Yves, év. q.-t.
23 D. st Appollinaire.	23 m. ste Jeanne.	23 s. ste Thècle. q.-t.	23 l. st Séverin.	23 j. st Clément, pape.	23 s. ste Anastas. q.-t.
24 l. ste Christine, v.	24 j. st Barthélemi, ap.	24 D. st Yzarn.	24 m. st Erambert, év.	24 v. ste Flore, v.	24 D. ste Delphine, v.-j.
25 m. st Jacques, apôt.	25 v. st Louis, roi.	25 l. st Firmin, év.	25 m. ss. Crépin et Cré.	25 s. ste Catherine, v.	25 l. NOEL.
26 m. ste Anne.	26 s. st Zéphirin.	26 m. ste Justine.	26 j. st Rustique.	26 D. st Lin, pape.	26 m. st Etienne, m.
27 j. st Pantaléon.	27 D. st Césaire, év.	27 m. ss. Come et Dam.	27 v. st Frumence.	27 l. ss. Vital et Agri.	27 m. st Jean, évang.
28 v. st Nazaire, m.	28 l. st Augustin, év.	28 j. st Exupère, év.	28 s. ss Simon et Jude.	28 m. st Sosthène.	28 j. ss Innocents.
29 s. st Loup, év.	29 m. Déco. de s. J. B.	29 v. st Michel.	29 D. st Narcisse.	29 m. st Saturnin.	29 v. st Thomas, évan.
30 D. st Germain, év.	30 m. st Gaudens.	30 s. st Jérôme, prêt.	30 l. st Quentin, m.	30 j. st André, ap.	30 s. st Sabin, év.
31 l. st Ignace, prêt.	31 j. ste Florentine.		31 m. Vigile-Jeûne.		31 D. st Sylvestre, p.

Toulouse. — Imprimerie de Rives et Faget, rue Triplère, 9.

Calendrier Perpétuel, Civil et Ecclésiastique.

JANVIER	FÉVRIER	MARS	AVRIL	MAI	JUIN
1 v. Circoncision.	1 l. st Ignace.	1 l. st Aubin, év.	1 j. st Hugues, év.	1 s. ss. Philip. et Jac.	1 m. st Pamphile.
2 s. st Basile.	2 m. Purification.	2 m. st Simplicien.	2 v. st François de P.	2 D. st Athanase, év.	2 m. st Pothin.
3 D. ste Geneviève.	3 m. st Blaise, évêq.	3 m. Cendres.	3 s. st Richard.	3 l. Invent. ste Croix.	3 j. ste Clotilde.
4 l. st Rigobert.	4 j. st Gilbert.	4 j. st Casimir.	4 D. Passion.	4 m. ste Monique.	4 v. st Quirin.
5 m. st Siméon, styl.	5 v. ste Agathe, v.	5 v. st Phocas.	5 l. st Vincent Ferr.	5 m. st Théodard, év.	5 s. st Claude. v.-j.
6 m. Épiphanie.	6 s. st Amand, évêq.	6 s. ste Colette.	6 m. st Prudence.	6 j. st Jean P. L.	6 D. Pentecôte
7 j. st Théau.	7 D. ste Dorothée, v.	7 D. Quadragésime.	7 m. st Hégésippe.	7 v. Transf. s Etie nne	7 l. st Robert, ab.
8 v. st Lucien, m.	8 l. st Jean de M.	8 l. st Jean de Dieu.	8 j. st Gautier, abbé.	8 s. st Orens, évêq.	8 m. st Médard, év.
9 s. st Julien, hosp.	9 m. ste Appollonie.	9 m. ste Françoise.	9 v. st Isidore.	9 D. st Grégoire, év.	9 m. Quatre-Temps.
10 D. st Paul, ermite.	10 m. ste Scolastique.	10 m. Quatre-Temps.	10 s. st Macaire.	10 l. st Gordien.	10 j. st Landry.
11 l. st Hygien, pape.	11 j. st Benoît, abbé.	11 j. ste Sophrone.	11 D. Rameaux.	11 m. st Mamert.	11 v. st Barnabé. q.-t.
12 m. st Fréjus, évêq.	12 v. ste Eulalie, v.	12 v. st Maximil. q.-t.	12 l. st Jules.	12 m. st Pacôme, ab.	12 s. st Basilide. q.-t.
13 m. Baptême de N. S.	13 s. st Lésin.	13 s. st Nicéphore.q.-t.	13 m. st Justin, m.	13 j. st Onésime.	13 D. Trinité.
14 j. st Hilaire, évêq.	14 D. Septuagésime.	14 D. Reminiscere.	14 m. st Tiburce.	14 v. st Boniface.	14 l. st Valère, m.
15 v. st Maur, abbé.	15 l. st Faustin.	15 l. st Zacharie.	15 j. st Paterne.	15 s. st Honoré.	15 m. st Guy, mart.
16 s. st Fulgence, év.	16 m. ste Julienne.	16 m. ste Euzébie, v.	16 v. Vendredi-Saint.	16 D. st Germier.	16 m. ss. Cyr et J.
17 D. st Antoine, abbé.	17 m. st Sylvin, év.	17 m. st Patrice.	17 s. st Anicet.	17 l. st Pascal.	17 j. Fête-Dieu.
18 l. Chaire st P. à R.	18 j. st Siméon.	18 j. st Alexandre.	18 D. Pâques.	18 m. st Venant.	18 v. st Emile, m.
19 m. st Sulpice, évêq.	19 v. st Gabin.	19 v. st Gaspard.	19 l. st Euphège.	19 m. st Pierre Célestin	19 s. ss Gervais et Pro.
20 m. st Sébastien.	20 s. st Eucher, évêq.	20 s. st Joachim.	20 m. st Joseph.	20 j. st Hilaire, év.	20 D. st Romuald.
21 j. ste Agnès, v.	21 D. Sexagésime.	21 D. Oculi.	21 m. st Anselme.	21 v. st Hospice.	21 l. st Louis de Gonz.
22 v. st Vincent, m.	22 l. st Maxime.	22 l. st Paul, év.	22 j. ste Opportune.	22 s. ste Julie.	22 m. st Paulin, év.
23 s. st Fabien, pape.	23 m. st Pascase.	23 m. st Fidèle.	23 v. st Georges, m.	23 D. st Didier.	23 m. st Leufroy.
24 D. st Thimothée, év.	24 m. st Mathias.	24 m. st Gabriel.	24 s. st Phebade, év.	24 l. Rogations.	24 j. st Jean-Baptiste.
25 l. Conv. de st Paul.	25 j. st Valburge.	25 D. Annonciation.	25 D. Quasimodo.	25 m. st Urbain, pape.	25 v. ste Fébronie.
26 m. ste Paule, veuve.	26 v. st Nestor.	26 v. st Ludger.	26 l. st Clet, pape.	26 m. st Philippe de N.	26 s. st Maixent.
27 m. ss. Martyrs, rom.	27 s. ste Honorine.	27 s. st Rupert, prêtre.	27 m. st Polycarpe.	27 j. Ascension.	27 D. st Crescent, év.
28 j. st Cyrille, évêq.	28 D. Quinquagésime.	28 D. Lætare.	28 m. ss Martyrs d'Aff.	28 v. st Guilhaume.	28 l. st Irénée, év.
29 v. st François de S.		29 l. st Eustase.	29 j. ste Marie Egypt.	29 s. st Maximin.	29 m. ss. Pierre et Paul.
30 s. st Bathilde.		30 m. st Jean Climaque.	30 v. st Eutrope, év.	30 D. st Félix, p.	30 m. Comm. de s Paul.
31 D. st Pierre Nolasq.		31 m. st Acace, év.		31 l. st Sylve, évêq.	

JUILLET	AOUT	SEPTEMBRE	OCTOBRE	NOVEMBRE	DÉCEMBRE
1 j. st Martial, év.	1 D. st Pierre ès-liens	1 m. st Gilis, abbé.	1 v. st Rémy, év.	1 l. Toussaint.	1 m. st Eloi, év.
2 v. Visitation N. D.	2 l. st Etienne, pape.	2 j. st Antonin, m.	2 s. ss Anges gard.	2 m. Les Morts.	2 j. st François-Xav.
3 s. st Anatole.	3 m. Inv. st Etienne.	3 v. st Grégoire, pape	3 D. st Trophime, év.	3 m. st Papoul, m.	3 v. ste Clotilde.
4 D. st Théodore.	4 m. st Dominique.	4 s. st Lazare.	4 l. st François-d'As.	4 j. st Charles Borro.	4 s. ste Barbe, v.
5 l. ste Zoé.	5 j. st Félix, mart.	5 D. st Victorin, év.	5 m. st Placide, m.	5 v. ste Bertile, v.	5 D. st Sabas, abbé.
6 m. st Tranquillin.	6 v. Trans. de N. S.	6 l. st Eugène, m.	6 m. st Bruno, moine.	6 s. st Léonard.	6 l. ste Victoire, v.
7 m. st Prosper, doct.	7 s. st Sixte, pape.	7 m. st Cloud, prêtre.	7 v. ste Foi, v, m.	7 D. st Ernest, abbé.	7 m. st Nicolas, év.
8 j. ste Elisabeth, r.	8 D. ss. Just et Past.	8 m. Nativ. de la V.	8 v. ste Brigitte.	8 l. stes Reliques.	8 m. Concep. N. D.
9 v. st Ephrem.	9 l. st Vitrice, évêq.	9 j. St Omer, évêq.	9 s. st Denis, év.	9 m. st Austremoine.	9 j. ste Léocadie, v.
10 s. Sept-Frères M.	10 m. st Philomène.	10 v. st Salvi, évêque.	10 D. st François de B.	10 m. st Léon, pape.	10 v. st Hubert.
11 D. Trans. st Benoît.	11 m. ste Suzanne, m.	11 s. st Patient.	11 l. st Julien.	11 j. st Martin, év.	11 s. st Damase, pape.
12 l. st Honeste, pr.	12 j. ste Claire, vierge.	12 D. st Serdot, évêq.	12 m. st Donatien.	12 v. st Martin, pape.	12 D. st Paul, év.
13 m. st Anaclet.	13 v. ste Radegonde, r.	13 l. st Aimé, abbé.	13 m. st Gérand.	13 s. st Stanislas.	13 l. ste Luce, v. m.
14 m. st Bonaventure.	14 s. st Eusèbe. V.-J.	14 m. Exalt. Ste-Croix	14 j. st Caliste.	14 D. st Claude, m.	14 m. Quatre-Temps.
15 j. st Henri.	15 D. Assomption.	15 m. Quatre-Temps.	15 v. ste Thérèse, v.	15 l. st Malo, év.	15 m. st Mesmin.
16 v. N.-D. de M.-Car.	16 l. st Roch.	16 j. st Jean Chrysost.	16 s. st Bertrand, év.	16 m. st Eucher.	16 j. st Adelaïde.
17 s. st Espérat, m.	17 m. st Alexis.	17 v. st Corneille. q.-t.	17 D. st Gauderic.	17 m. st Asciscle, m.	17 v. ste Olimpie. q.-t.
18 D. st Thomas d'Aq.	18 m. ste Hélène.	18 s. ste Camille. q.-t.	18 l. st Luc, évang.	18 j. st Odon, abbé.	18 s. st Gratien. q.-t.
19 l. st Vincent de P.	19 j. st Louis, évêque.	19 D. st Cyprien.	19 m. st Pierre d'Alc.	19 v. ste Elizabeth.	19 D. st Grégoire.
20 m. ste Marguerite.	20 v. st Bernard, abbé.	20 l. st Eustache.	20 m. st Caprais, év.	20 s. st Edmond.	20 l. st Philogon.
21 m. st Victor, m.	21 s. st Privat, évê.	21 m. st Mathieu, évan.	21 j. ste Ursule, v.	21 D. Présent. N. D.	21 m. st Thomas, apô.
22 j. ste Madeleine.	22 D. st Symphorien.	22 m. st Maurice.	22 v. st Mellon.	22 l. ste Cécile, v.	22 m. st Yves, év.
23 v. st Apollinaire.	23 l. ste Jeanne.	23 j. ste Thècle.	23 s. st Séverin.	23 m. st Clément, pape.	23 j. ste Anastasie.
24 s. ste Christine, v.	24 m. st Barthélemy, a.	24 v. st Yzarn, abbé.	24 D. st Erambert, év.	24 m. ste Flore, v.	24 v. ste Delphine, v.-j.
25 D. st Jacques, apôt.	25 m. st Louis, roi.	25 s. st Firmin, évêq.	25 l. ss Crépin et Cré.	25 j. ste Catherine, v.	25 s. Noel.
26 l. ste Anne.	26 j. st Zéphirin.	26 D. ste Rustique.	26 m. ste Rustique.	26 v. st Lin, pape.	26 D. st Etienne, m.
27 m. st Pantaléon.	27 v. st Césaire, év.	27 l. ss. Côme et Dam.	27 m. st Frumence.	27 s. ss Vital et Agri.	27 l. st Jean, évang.
28 m. st Nazaire, m.	28 s. st Augustin, év.	28 m. ss Exupère, évêq.	28 m. ss Simon et Jud.	28 D. Avent.	28 m. ss Innocents.
29 j. st Loup, évêque.	29 D. Déc. de st J.-Bapt.	29 m. st Michel.	29 v. st Narcisse.	29 l. st Saturnin, év.	29 j. st Thomas, év.
30 v. st Germain, év.	30 l. st Gaudens.	30 j. st Jérôme, prêt.	30 s. st Quentin, m.	30 m. st André, ap.	30 j. st Sabin, év.
31 s. st Ignace, prêtre.	31 m. ste Florentine.		31 D. Vigile-Jeûne.		31 v. st Sylvestre, p.

Toulouse. — Imprimerie de Rives et Faget, rue Tripière, 9.

Calendrier Perpétuel, Civil et Ecclésiastique

JANVIER	FÉVRIER	MARS	AVRIL	MAI	JUIN
1 m. CIRCONCISION.	1 s. st Ignace, m.	1 s. st Aubin, év.	1 m. st Hugues.	1 j. ss. Phil. et Jacq.	1 D. st Pamphile.
2 j. st Basile.	2 D. SEXAGÉSIME.	2 D. OCULI.	2 m. st François de P.	2 v. st Athanase, év.	2 l. st Pothin.
3 v. ste Geneviève.	3 l. st Blaise, év.	3 l. st Symplicien.	3 j. st Richard.	3 s. Invent. ste Croix.	3 m. ste Clotilde.
4 s. st Rigobert.	4 m. st Gilbert.	4 m. ste Cunégonde.	4 v. st Ambroise, év.	4 D. ste Monique.	4 m. st Quirin, m.
5 D. st Siméon, styl.	5 m. ste Agathe, v.	5 m. st Phocas.	5 s. st Vincent Ferr.	5 l. ROGATIONS.	5 j. st Claude.
6 l. ÉPIPHANIE.	6 j. st Amand, év.	6 j. ste Colette.	6 D. QUASIMODO.	6 m. st Jean P. L.	6 v. st Norbert.
7 m. st Théau.	7 v. ste Dorothée, v.	7 v. st Jean de Dieu.	7 l. ANNONCIATION.	7 m. Transf. s Etienne.	7 s. st Robert, ab.
8 m. st Lucien, m.	8 s. st Jean de M.	8 s. s'e Françoise.	8 m. st Gaultier.	8 j. ASCENSION	8 D. st Médard.
9 j. st Julien, hosp.	9 D. QUINQUAGÉSIME.	9 D. LOETARE.	9 m. st Isidore.	9 v. st Grégoire, év.	9 l. st Félicien.
10 v. st Paul, ermite.	10 l. ste Scolastique.	10 l. st Blanchar.	10 j. st Macaire.	10 s. st Gordien.	10 m. st Laudry.
11 s. st Hygien, pape.	11 m. st Benoît, abbé.	11 m. ste Sophrone.	11 v. st Léon, pape.	11 D. st Mamert.	11 m. st Barnabé, ap.
12 D. st Fréjus, év.	12 m. CENDRES.	12 m. st Maximilien.	12 s. st Jules.	12 l. st Pacôme, ab.	12 j. st Basilide.
13 l. BAPTÊME DE N. S.	13 j. st Lésin.	13 j. st Nicéphore.	13 D. st Justin.	13 m. st Onésime.	13 v. st Aventin.
14 m. st Hilaire, év.	14 v. st Valentin.	14 v. ste Mathilde.	14 l. st Tiburce.	14 m. st Boniface.	14 s. st Valère.
15 m. st Maur, abbé.	15 s. st Faustin.	15 s. st Zacharie.	15 m. st Paterne.	15 j. st Honoré.	15 D. st Guy, m.
16 j. st Fulgence, év.	16 D. QUADRAGÉSIME.	16 D. PASSION.	16 m. st Fructueux.	16 v. st Germier.	16 l. ss. Cyr et Julitte.
17 v. st Antoine, ab.	17 l. ste Julienne.	17 l. ste Eusébie.	17 j. st Anicet.	17 s. st Pascal. v.-j.	17 m. st Avit, abbé.
18 s. Chaire st P. à R.	18 m. st Sylvin, év.	18 m. st Patrice.	18 v. st Parfait.	18 D. PENTECOTE	18 m. st Emile, m.
19 D. st Sulpice, év.	19 m. Quatre-Temps.	19 m. st Gaspard.	19 s. st Elphége.	19 l. st Pierre Célestin	19 j. ss. Gervais et Pr.
20 l. st Sébastien, m.	20 j. st Eucher.	20 j. st Joachim.	20 D. st Joseph.	20 m. st Hilaire, év.	20 v. st Romuald.
21 m. ste Agnès, v.	21 v. st Sévérien. q.-t.	21 v. st Benoît.	21 l. st Anselme.	21 m. Quatre-Temps.	21 s. st Louis de G.
22 m. st Vincent, m.	22 s. st Maxime. q.-t.	22 s. st Paul, év.	22 m. ste Opportune.	22 j. ste Julie.	22 D. st Paulin, év.
23 j. st Fabien, pape.	23 D. REMINISCERE.	23 D. RAMEAUX.	23 m. st George, m.	23 v. st Didier. q.-t.	23 l. st Leufroy.
24 v. st Timothée, év.	24 l. st Pascase.	24 l. st Gabriel.	24 j. st Phébade, év.	24 s. st François R. q.-t.	24 m. st Jean-Baptiste.
25 s. Conv. de st Paul.	25 m. st Mathias.	25 m. st Taraise, év.	25 v. st Marc, évang.	25 D. TRINITÉ.	25 v. ste Febronie.
26 D. SEPTUAGÉSIME.	26 m. st Nestor.	26 m. st Ludger.	26 s. st Clet, pape.	26 l. st Philippe de N.	26 j. st Maixent.
27 l. ss. Martyrs rom.	27 j. st Honorine.	27 j. st Rupert, évêq.	27 D. st Polycarpe.	27 m. st Hildebert.	27 v. st Cressent, év.
28 m. st Cyrille, év.	28 v. ss. Martyrs d'Al.	28 s. VENDREDI-SAINT	28 l. ss. Martyrs d'Aff.	28 m. st Guilhaume.	28 s. st Irénée, év.
29 m. st François de S.		29 s. st Eustase.	29 m. ste Marie Égypt.	29 j. FÊTE-DIEU.	29 D. ss. Pierre et Paul.
30 j. ste Bathilde.		30 D. PAQUES.	30 m. st Eutrope, év.	30 v. st Félix, pape.	30 l. Comm. des Paul.
31 v. st Pierre Nolasq.		31 l. st Acace, év.		31 s. st Sylve, év.	

JUILLET	AOUT	SEPTEMBRE	OCTOBRE	NOVEMBRE	DÉCEMBRE
1 m. st Martial, év.	1 v. st Pierre-ès-liens	1 l. st Gilis, abbé.	1 m. st Rémy, év.	1 s. TOUSSAINT.	1 l. st Eloi, év.
2 m. VISITATION N. D.	2 s. st Etienne, pape.	2 m. st Antonin, m.	2 j. ss Anges gard.	2 D. Les Morts.	2 m. st François Xav.
3 j. st Anatole.	3 D. Invent. st Etien.	3 m. st Grégoire, pap.	3 v. st Trophime, év.	3 l. st Papoul, m.	3 m. st Anthême.
4 v. st Théodore.	4 l. st Dominique	4 j. st Lazare.	4 s. st François-d'As.	4 m. st Charles-Borro.	4 j. ste Barbe, v.
5 s. ste Zoé.	5 m. st Félix, m.	5 v. st Victorin, év.	5 D. st Placide, m.	5 m. ste Bertile, v.	5 v. st Sabas, abbé.
6 D. st Tranquillin.	6 m. Trans. de N. S.	6 s. st Eugène, m.	6 l. st Bruno, moine.	6 j. st Léonard.	6 s. ste Victoire, v.
7 l. st Prosper, doct.	7 j. st Xiste, pape.	7 D. st Cloud, prêtre.	7 m. ste Foi, v. m.	7 v. st Ernest, abbé.	7 D. st Nicolas, év.
8 m. ste Elisabeth, r.	8 v. st Just et Past.	8 l. NATIVITÉ de la V.	8 m. ste Brigitte.	8 s. stes Reliques.	8 l. CONCEP. N. D.
9 m. st Ephrem.	9 s. st Vitrice, év.	9 m. st Omer, év.	9 j. st Denis, év.	9 D. st Austremoine.	9 m. ste Léocadie, v.
10 j. Sept-Frères M.	10 D. st Philomène.	10 m. st Salvi, év.	10 v. st François de B.	10 l. st Léon, pape.	10 m. st Hubert.
11 v. Trans. st Benoît.	11 l. ste Susanne, m.	11 j. st Patient.	11 s. st Julien.	11 m. st Martin, év.	11 j. st Damase, pape.
12 s. st Honeste, pr.	12 m. ste Claire, vierge.	12 v. st Sordet, év.	12 D. st Opportune.	12 m. st Martin, pape.	12 v. st Paul, év.
13 D. st Anaclet.	13 m. ste Radegonde, r.	13 s. st Aimé, abbé.	13 l. st Géraud.	13 j. st Stanislas.	13 s. ste Luce, v. m.
14 l. st Bonaventure.	14 j. st Eusèbe, V.-J.	14 D. EXALT. ste Croix	14 m. st Calixte.	14 v. st Claude, m.	14 D. st Honorat, pr.
15 m. st Henri.	15 v. ASSOMPTION	15 l. st Achard, abbé.	15 m. ste Thérèse.	15 s. st Malo, év.	15 l. st Mesmin, abbé.
16 m. Notre-D. de M. C.	16 s. st Roch.	16 m. st Jean Chrysost.	16 j. st Gauderic.	16 D. st Eucher.	16 m. ste Adélaïde.
17 j. st Esperat, m.	17 D. st Alexis.	17 m. Quatre-Temps.	17 v. st Luc, évang.	17 l. st Asciscle, m.	17 m. Quatre-Temps.
18 v. st Thomas d'Aq.	18 l. ste Hélène.	18 j. ste Cunelle	18 s. st Pierre d'Alc.	18 m. st Odon, abbé.	18 j. st Gratien.
19 s. st Vincent-de-P.	19 m. st Louis, év.	19 v. st Cyprien. q.-t.	19 D. st Caprais, év.	19 m. ste Elizabeth.	19 v. st Grégoire. q.-t.
20 D. ste Marguerite.	20 m. st Bernard, ab.	20 s. st Eustache. q.-t.	20 l. ste Ursule, v.	20 j. st Edmont.	20 s. st Philogon. q.-t.
21 l. st Victor, m.	21 j. st Privat, év.	21 D. st Mathieu.	21 m. st Mellon.	21 v. PRÉSENT. N. D.	21 D. st Thomas.
22 m. ste Madeleine.	22 v. st Symphorien.	22 l. st Maurice.	22 m. st Sévérin.	22 s. ste Cécile, v.	22 l. st Yves, év.
23 j. st Appollinaire.	23 s. st Jeanne.	23 m. ste Thècle.	23 j. st Sévérin.	23 l. st Clément, pape.	23 m. ste Anastasie.
24 v. ste Christine, v.	24 D. st Barthélemi, ap.	24 m. st Yzarn.	24 v. st Erambert, év.	24 l. ste Flore, v.	24 m. ste Delphine, v.-j.
25 v. st Jacques, apôt.	25 L. st Louis, roi.	25 j. st Fi min, év.	25 s. ss Crépin et Cré.	25 m. ste Catherine, v.	25 j. NOEL.
26 s. ste Anne.	26 m. st Zéphirin.	26 v. ste Justine.	26 D. ste Rustique.	26 m. st Lin., pape.	26 v. st Etienne, m.
27 D. st Pantaléon.	27 m. st Césaire, év.	27 s. ss. Come et Dam.	27 l. st Frumence.	27 j. ss. Vital et Agri.	27 s. st Jean, évang.
28 l. st Nazaire, m.	28 j. st Augustin, év.	28 D. st Exupère, év.	28 m. ss Simon et Jude.	28 v. st Sosthène.	28 D. ss Innocents.
29 m. st Loup, év.	29 v. Déco. de s. J. B.	29 l. st Michel.	29 m. st Narcisse.	29 s. st Saturnin.	29 l. st Thomas, évan.
30 m. st Germain, év.	30 s. st Gaudens.	30 m. st Jérôme, prêt.	30 j. st Quentin, m.	30 D. AVENT.	30 m. st Sabin, év.
31 j. st Ignace, prêt.	31 D. ste Florentine.		31 v. Vigile-Jeûne.		31 m. st Sylvestre, p.

Toulouse. — Imprimerie de Rives et Faget, rue Tripière, 9.

Calendrier Perpétuel, Civil et Ecclésiastique.

JANVIER	FÉVRIER	MARS	AVRIL	MAI	JUIN
1 D. CIRCONCISION.	1 m. st Ignace.	1 m. st Aubin, év.	1 s. st Hugues, év.	1 l. ROGATIONS.	1 j. st Pamphile.
2 l. st Basile.	2 j. PURIFICATION.	2 j. st Simplicien.	2 D. QUASIMODO.	2 m. st Athanase, év.	2 v. st Pothin.
3 m. ste Geneviève.	3 v. st Blaise, évêq.	3 v. ste Cunégonde.	3 l. ANNONCIATION.	3 m. Invent. ste Croix.	3 s. ste Clotilde.
4 m. st Rigobert.	4 s. st Gilbert.	4 s. st Casimir.	4 m. st Ambroise, év.	4 j. ASCENSION.	4 D. st Quirin.
5 j. st Siméon, styl.	5 D. QUINQUAGÉSIME.	5 D. LÆTARE.	5 m. st Vincent Ferr.	5 v. st Théodard, év.	5 l. st Claude.
6 v. ÉPIPHANIE.	6 l. st Amand, évêq.	6 l. ste Colette.	6 j. st Prudence.	6 s. st Jean P. L.	6 m. st Norbert.
7 s. st Théau.	7 m. ste Dorothée, v.	7 m. ss. Félic. et Per.	7 v. st Hégésippe.	7 D. Transf. s Etienne.	7 m. st Robert, ab.
8 D. st Lucien, m.	8 m. CENDRES.	8 m. st Jean de Dieu.	8 s. st Gautier, abbé.	8 l. st Orens, évêq.	8 j. st Médard, év.
9 l. st Julien, hosp.	9 j. ste Appollonie.	9 j. ste Françoise.	9 D. st Isidore.	9 m. st Grégoire, év.	9 v. st Félicien, m.
10 m. st Paul, ermite.	10 v. ste Scolastique.	10 v. st Blanchard, év.	10 l. st Macaire.	10 m. st Gordien.	10 s. st Landry.
11 m. st Hygien, pape.	11 s. st Benoît, abbé.	11 s. ste Sophrone.	11 m. st Léon, pape.	11 j. st Mamert.	11 D. st Barnabé, ap.
12 j. st Fréjus, évêq.	12 D. QUADRAGÉSIME.	12 D. PASSION.	12 m. st Jules.	12 v. st Pacôme, ab.	12 l. st Basilide.
13 v. BAPTÊME DE N. S.	13 l. ste Eulalie.	13 l. st Nicéphore.	13 j. st Justin, m.	13 s. st Onésime. v.-j.	13 m. st Aventin.
14 s. st Hilaire, évêq.	14 m. st Lésin.	14 m. ste Mathilde.	14 v. st Tiburce.	14 D. PENTECOTE.	14 j. st Valère, m.
15 D. st Maur, abbé.	15 m. Quatre-Temps.	15 m. st Zacharie.	15 s. st Paterne.	15 l. st Honoré.	15 j. st Guy, mart.
16 l. st Fulgence, év.	16 j. ste Julienne.	16 j. ste Euzébie, v.	16 D. st Fructueux.	16 m. st Germier.	16 v. ss. Cyr et J.
17 m. st Antoine, abbé.	17 v. st Sylvin, év.q.-t.	17 v. st Patrice.	17 l. st Anicet.	17 m. Quatre-Temps.	17 s. st Avit, abb.
18 m. Chaire st P. à R.	18 s. st Siméon. q.-t.	18 s. st Alexandre.	18 m. st Parfait.	18 j. st Venant.	18 D. st Emile, m.
19 j. st Sulpice, évêq.	19 D. REMINISCERE.	19 D. RAMEAUX.	19 m. st Elphège.	19 v. st Pi rre C. q.-t.	19 l. ss Gervais et Pro.
20 v. st Sébastien.	20 l. st Eucher, évêq.	20 l. st Joachim.	20 j. st Joseph.	20 s. st Hilaire. q.-t.	20 m. st Romuald.
21 s. ste Agnès, v.	21 m. st Séverien.	21 m. st Anselme.	21 v. st Anselme.	21 D. TRINITÉ.	21 s. st Louis de Gonz.
22 D. SEPTUAGÉSIME.	22 m. st Maxime.	22 m. st Paul, év.	22 s. ste Opportune.	22 l. ste Julie.	22 j. st Paulin, év.
23 l. st Fabien, pape.	23 j. st Pascase.	23 j. st Fidèle.	23 D. st Georges, m.	23 m. st Didier.	23 v. st Leufroy.
24 m. st Thimothée, év.	24 v. st Mathias.	24 v. VENDREDI-SAINT.	24 l. st Phebade, év.	24 m. st François Rég.	24 s. st Jean-Baptiste.
25 m. Conv. de st Paul.	25 s. st Valburge.	25 s. st Agapit.	25 m. st Marc, évang.	25 j. FÊTE-DIEU.	25 D. ste Fébronie.
26 j. ste Paule, veuve.	26 D. OCULI.	26 D. PAQUES.	26 m. st Clet, pape.	26 v. st Philippe de N.	26 l. st Maixent.
27 v. ss. Martyrs, rom.	27 l. ste Honorine.	27 l. st Rupert, év.	27 j. st Polycarpe.	27 s. st Hildebert.	27 m. st Crescent, év.
28 s. st Cyrile, évêq.	28 m. ss. Martyrs d'Alc.	28 m. st Gontrand.	28 D. ss Martyrs d'Afl.	28 D. st Guillaume.	28 m. st Irénée, év.
29 D. SEXAGÉSIME.		29 m. st Eustase.	29 s. ste Marie Egypt.	29 l. st Maximin.	29 j. ss. Pierre et Paul.
30 l. ste Bathilde.		30 j. st Jean Climaque.	30 D. st Eutrope, év.	30 m. st Félix, p.	30 v. Comm. de s Paul.
31 m. st Pierre Nolasq.		31 v. st Acace, év.		31 m. st Sylve, évêq.	

JUILLET	AOUT	SEPTEMBRE	OCTOBRE	NOVEMBRE	DÉCEMBRE
1 s. st Martial, év.	1 m. st Pierre ès-liens.	1 v. st Gilis, abbé.	1 D. st Rémy, év.	1 m. TOUSSAINT.	1 v. st Eloi, év.
2 D. VISITATION N. D.	2 m. st Etienne, pape.	2 s. st Antonin, m.	2 l. ss Anges gard.	2 j. Les Morts.	2 s. st François-Xav.
3 l. st Anatole.	3 j. Inv. st Etienne.	3 D. st Grégoire, pape	3 m. st Trophime, év.	3 v. st Papoul, m.	3 D. AVENT.
4 m. st Théodore.	4 v. st Dominique.	4 l. st Lazare.	4 m. st François-d'As.	4 s. st Charles Borro.	4 l. ste Barbe, m.
5 m. ste Zoé.	5 s. st Félix, mart.	5 m. st Victorin, év.	5 j. st Placide, m.	5 D. ste Bertile. v.	5 m. st Sabas, abbé.
6 j. st Tranquillin.	6 D. TRANS. DE N. S.	6 m. st Eugène, m.	6 v. st Bruno, moine.	6 l. st Léonard.	6 m. ste Victoire, v.
7 v. st Prosper, duct.	7 l. st Sixte, pape.	7 j. st Cloud, prêtre.	7 s. st Foi, v. m.	7 m. st Ernest, abbé.	7 j. st Nicolas, év.
8 s. ste Elisabeth, r.	8 m. st Just et Past.	8 v. NATIV. DE LA V.	8 D. ste Brigitte.	8 j. stes Reliques.	8 v. CONCEP. N. D.
9 D. st Ephrem.	9 m. st Vitrice, évêq.	9 s. St-Omer, évêq.	9 l. st Denis, év.	9 v. st Austremoine.	9 s. ste Léocadie, v.
10 l. Sept-Frères m.	10 j. st Philomène.	10 D. st Salvi, évêque.	10 m. st François de B.	10 v. st Léon, pape.	10 D. st Hubert.
11 m. Trans. st Benoît.	11 v. ste Suzanne, m.	11 l. st Patient.	11 m. st Julien.	11 s. st Martin, év.	11 l. st Damase, pape.
12 m. st Honeste, pr.	12 s. ste Claire, vierge.	12 m. st Serdot, évêq.	12 j. st Séroot, évêq.	12 D. st Martin, pape.	12 m. st Paul, év.
13 j. st Anaclet.	13 D. ste Radegonde, r.	13 j. st Aimé, abbé.	13 v. st Géraud.	13 l. st Stanislas.	13 m. ste Luce, v.-m.
14 v. st Bonaventure.	14 l. st Eusèbe. V.-J.	14 v. EXALT. Ste-CROIX.	14 s. st Calixte.	14 m. st Claude, m.	14 j. st Honorat, év.
15 s. st Henri.	15 m. ASSOMPTION.	15 s. st Achard, ab.	15 D. ste Thérèse, v.	15 m. st Malo, év.	15 v. st Mesmin.
16 D. N.-D. de M.-Car.	16 m. st Roch.	16 D. st Jean Chrysost.	16 l. st Bertrand, év.	16 j. st Eucher.	16 s. ste Adelaïde.
17 l. st Espérat, m.	17 j. st Alexis.	17 l. st Corneille.	17 m. st Gaulderic.	17 v. st Asciscle, m.	17 D. ste Olimpie.
18 m. st Thomas d'Aq.	18 v. ste Hélène.	18 m. ste Camelle.	18 m. st Luc, évang.	18 s. st Odon, abbé.	18 l. st Gratien.
19 m. st Vincent de P.	19 s. st Louis, évêque.	19 l. st Janvier, évêq.	19 j. st Pierre d'Alc.	19 D. ste Elizabeth.	19 m. st Grégoire.
20 j. ste Marguerite.	20 D. st Bernard, abbé.	20 m. Quatre-Temps.	20 v. st Caprais, év.	20 l. st Edmond.	20 m. Quatre-Temps.
21 v. st Victor, m.	21 l. st Privat, év.	21 j. st Mathieu, évan.	21 s. ste Ursule, v.	21 m. PRÉSENT. N. D.	21 j. st Thomas, apôt.
22 s. ste Madeleine.	22 m. st Symphorien.	22 v. st Maurice, q.-t	22 D. st Mellon.	22 j. ste Cécile, v.	22 v. st Yves, év. q.-t.
23 D. st Apollinaire.	23 m. st Sidoine, m.	23 D. ste Thècle, q.-t.	23 l. st Séverin.	23 j. st Clément, pape.	23 s. ste Anastas. q.-t.
24 l. ste Christine, m.	24 j. st Barthélemy, a.	24 l. st Yzarn, abbé.	24 m. st Erambert, év.	24 v. st Flore, v.	24 D. ste Delphine, v.-j.
25 m. st Jacques, apôt.	25 v. st Louis, roi.	25 l. st Firmin, évêq.	25 m. ss Crépin et Cré.	25 s. ste Catherine, v.	25 l. NOEL.
26 m. ste Anne.	26 s. st Zéphirin.	26 m. st Cyprien.	26 j. st Rustique.	26 D. st Lin, pape.	26 m. st Etienne, m.
27 j. st Pantaléon.	27 D. st Césaire, év.	27 m. ss. Come et Dam.	27 v. st Frumence.	27 l. ss Vital et Agri.	27 m. st Jean, évang.
28 v. st Nazaire, m.	28 l. st Augustin, év.	28 j. st Exupère, évêq.	28 s. ss. Simon et Jud.	28 m. st Sosthène.	28 j. ss Innocents.
29 s. st Loup, évêque.	29 m. Déc. de st J.-Bapt.	29 v. st Michel.	29 D. st Narcisse.	29 m. st Saturnin, év.	29 v. st Thomas, év.
30 D. st Germain, év.	30 m. st Gaudens.	30 s. st Jérôme, prêt.	30 l. st Quentin. m.	30 j. st André, ap.	30 s. st Sabin, év.
31 l. st Ignace, prêtre.	31 j. ste Florentine.		31 m. Vigile-Jeûne.		31 D. st Sylvestre, p.

Calendrier Perpétuel, Civil et Ecclésiastique

JANVIER	FÉVRIER	MARS	AVRIL	MAI	JUIN
1 l. Circoncision.	1 j. st Ignace, m.	1 j. st Aubin, év.	1 D. Passion.	1 m. ss. Phil. et Jacq.	1 v. st Pamphile.
2 m. st Bazile.	2 v. Purification.	2 v. st Symplicien.	2 l. st François de P.	2 m. st Athanase, év.	2 s. st Pothin. v.-j.
3 m. ste Geneviève.	3 s. st Blaise, év.	3 s. ste Cunégonde.	3 m. st Richard.	3 j. Invent. ste Croix.	3 D. PENTECOTE
4 j. st Rigobert.	4 D. st Gilbert.	4 D. QUADRAGÉSIME.	4 m. st Ambroise, év.	4 v. ste Monique.	4 l. st Quirin, m.
5 v. st Siméon, styl.	5 l. ste Agathe, v.	5 l. st Phocas.	5 j. st Vincent Ferr.	5 s. st Théodard, év.	5 m. st Claude.
6 s. Epiphanie.	6 m. st Amand, év.	6 m. ste Colette.	6 v. st Prudence.	6 D. st Jean P. L.	6 m. Quatre-Temps.
7 D. st Théau.	7 m. ste Dorothée, v.	7 m. Quatre-Temps.	7 s. st Hégésippe.	7 l. Transf. st Etienne.	7 j. st Robert, ab.
8 l. st Lucien, m.	8 j. st Jean de M.	8 j. st Jean de Dieu.	8 D. Rameaux.	8 m. st Orens, évêq.	8 v. st Médard. q.-t.
9 m. st Julien, hosp.	9 v. ste Apollonie.	9 v. ste François.q.-t.	9 l. st Isidore.	9 m. st Grégoire, év.	9 s. st Félicien. q.-t.
10 m. st Paul, ermite.	10 s. ste Scolastique.	10 s. st Blanchar. q.-t.	10 m. st Macaire.	10 j. st Gordien.	10 D. Trinité.
11 j. st Hygien, pape.	11 D. Septuagésime.	11 D. Reminiscere.	11 m. st Léon, pape.	11 v. st Mamert.	11 l. st Barnabé, ap.
12 v. st Fréjus, év.	12 l. ste Eulalie, v.	12 l. st Maximilien.	12 j. st Jules.	12 s. st Pacôme, ab.	12 m. st Basilide.
13 s. Baptême de N. S.	13 m. st Lésin.	13 m. st Nicéphore.	13 v. Vendredi-Saint	13 D. st Onésime.	13 m. st Aventin.
14 D. st Hilaire, év.	14 m. st Valentin.	14 m. ste Mathilde.	14 s. st Tiburce.	14 l. st Boniface.	14 j. Fête-Dieu.
15 l. st Maur, abbé.	15 j. st Faustin.	15 j. st Zacharie.	15 D. Paques.	15 m. st Honoré.	15 v. st Guy, m.
16 m. st Fulgence, év.	16 v. ste Julienne.	16 v. ste Eusébie.	16 l. st Fructueux.	16 m. st Germier.	16 s. ss. Cyr et Julitte.
17 m. st Antoine, ab.	17 s. st Sylvin, év.	17 s. st Patrice.	17 m. st Anicet.	17 j. st Pascal.	17 D. st Avit, abbé.
18 j. Chaire st P. à R.	18 D. Sexagésime.	18 D. Oculi.	18 m. st Parfait.	18 v. st Venant.	18 l. st Emile, m.
19 v. st Sulpice, év.	19 l. st Gaspard.	19 l. st Elphége.	19 j. st Elphége.	19 s. st Pierre Célestin	19 m. ss. Gervais et Pr.
20 s. st Sébastien, m.	20 m. st Eucher.	20 m. st Joachim.	20 v. st Joseph.	20 D. st Hilaire, év.	20 m. st Romuald.
21 D. ste Agnès, v.	21 m. st Sévérien.	21 m. st Benoit.	21 s. st Anselme.	21 l. Rogations.	21 j. st Louis de G.
22 l. st Vincent, m.	22 j. st Maxime.	22 j. st Paul, év.	22 D. Quasimodo.	22 m. ste Julie.	22 v. st Paulin, év.
23 m. st Fabien, pape.	23 v. st Pascase.	23 v. st Fidèle.	23 l. st George, m.	23 m. st Didier.	23 s. st Leufroy.
24 m. st Timothée, év.	24 s. st Mathias.	24 s. st Gabriel.	24 m. st Phébade, év.	24 j. Ascension.	24 D. st Jean-Baptiste.
25 j. Conv. de st Paul.	25 D. Quinquagésime.	25 D. Annonciation.	25 m. st Marc, évang.	25 v. st Urbain, pape.	25 l. ste Fébronie.
26 v. ste Paule, veuve.	26 l. st Nestor.	26 l. st Ludger.	26 j. st Clet, pape.	26 s. st Philippe de N.	26 m. st Maixent.
27 s. ss. Martyrs rom.	27 m. ste Honorine.	27 m. st Rupert, évêq.	27 v. st Polycarpe.	27 D. st Hildebert.	27 m. st Cressent, év.
28 D. st Cyrille, m.	28 m. Cendres.	28 m. st Gontrand.	28 s. ss. Martyrs d'Aff.	28 l. st Guilhaume.	28 j. st Irénée, év.
29 l st François de S.		29 j. st Eustase.	29 D. ste Marie Egypt.	29 m. st Maximin.	29 v. ss. Pierre et Paul.
30 m. ste Bathilde.		30 v. st Jean Climaque	30 l. st Eutrope, év.	30 m. st Félix, pape.	30 s. Comm. des Paul.
31 m. st Pierre Nolasq.		31 s. st Acace, év.		31 j. st Sylve, év.	

JUILLET	AOUT	SEPTEMBRE	OCTOBRE	NOVEMBRE	DÉCEMBRE
1 D. st Martial, év.	1 m. st Pierre-ès-liens	1 s. st Gilis, abbé.	1 l. st Rémy, év.	1 j. TOUSSAINT.	1 s. st Eloi, év.
2 l. Visitation N. D.	2 j. st Etienne, pape.	2 D. st Antonin, m.	2 m. ss Anges gard.	2 v. Les Morts.	2 D. Avent.
3 m. st Anatole.	3 v. Invent. st Etien.	3 l. st Grégoire, pap.	3 m. st Trophime, év.	3 s. st Papoul, m.	3 l. st Anthème.
4 m. st Théodore.	4 s. st Dominique	4 m. st Lazare.	4 j. st François d'As.	4 D. st Charles-Borro.	4 m. ste Barbe, v.
5 j. ste Zoé.	5 D. st Félix, m.	5 m. st Victorin, év.	5 v. st Placide, m.	5 l. ste Bertile, v.	5 m. st Sabas, abbé.
6 v. st Tranquillin.	6 l. Trans. de N. S.	6 j. st Eugène, m.	6 s. st Bruno, moine.	6 m. st Léonard.	6 j. ste Victoire, v.
7 s. st Prosper, doct.	7 m. st Xiste, pape.	7 v. st Cloud, prêtre.	7 D. ste Foi, v. m.	7 m. st Ernest, abbé.	7 v. st Nicolas, év.
8 D. ste Elisabeth, r.	8 m. st Just et Past.	8 s. Nativité de la V.	8 l. ste Brigitte.	8 j. stes Reliques.	8 s. Concep. N. D.
9 l. st Ephrem.	9 j. st Vitrice, év.	9 D. st Omer, év.	9 m. st Denis, év.	9 v. st Austremoine.	9 D. ste Léocadie, v.
10 m. Sept-Frères M.	10 v. ste Philomène.	10 l. st Salvi, év.	10 m. st François de B.	10 s. st Léon, pape.	10 l. st Hubert.
11 m. Trans. st Benoit.	11 s. ste Susanne, m.	11 m. st Patient.	11 j. st Julien.	11 D. st Martin, év.	11 m. st Damase, pape.
12 j. st Honeste, pr.	12 D. ste Claire, vierge.	12 m. st Serdot, év.	12 v. st Donatien.	12 l. st Martin, pape.	12 m. st Paul, év.
13 v. st Anaclet.	13 l. ste Radegonde, r.	13 j. st Aimé, abbé.	13 s. st Géraud.	13 m. st Stanislas.	13 j. ste Luce, v. m.
14 s. st Bonaventure.	14 m. st Eusèbe, V.-J.	14 v. Exalt. ste Croix	14 D. st Calixte.	14 m. st Claude, m.	14 v. st Honorat, év.
15 D. st Henri.	15 m. Assomption.	15 s. st Achard, abbé.	15 l. ste Thérèse.	15 j. st Malo, év.	15 s. st Mesmin, abbé.
16 l. Notre-D. de M. C.	16 j. st Roch.	16 D. st Jean Chrysost.	16 m. st Bertrand, év.	16 v. st Eucher.	16 D. ste Adélaïde.
17 m. st Esperat, m.	17 v. st Alexis.	17 l. st Corneille, pap.	17 m. st Gauderic.	17 s. st Asciscle, m.	17 l. ste Olimpie.
18 m. st Thomas d'Aq.	18 s. ste Hélène.	18 m. ste Camelle	18 j. st Luc, évang.	18 D. st Odon, abbé.	18 m. st Gratien.
19 j. st Vincent-de-P.	19 D. st Louis, év.	19 m. Quatre-Temps.	19 v. st Pierre d'Alc.	19 l. ste Elizabeth.	19 m. Quatre-Temps.
20 v. ste Marguerite.	20 l. st Bernard, ab.	20 j. st Eustache.	20 s. st Caprais, év.	20 m. st Edmont.	20 j. st Philogone.
21 s. st Victor, m.	21 m. st Privat, év.	21 v. st Mathieu. q.-t.	21 D. ste Ursule, v.	21 m. Présent. N. D.	21 v. st Thomas. q.-t.
22 D. ste Madeleine.	22 m. st Symphorien.	22 s. st Maurice. q.-t.	22 l. st Mellon.	22 j. ste Cécile, v.	22 s. st Yves, év. q.-t.
23 l. st Appollinaire.	23 j. ste Jeanne.	23 D. ste Thécle.	23 m. st Sévérin.	23 v. st Clément, pape.	23 D. ste Anastasie.
24 m. ste Christine, v.	24 v. st Barthélemi, ap.	24 l. st Yzarn.	24 m. st Erambert, év.	24 s. ste Flore, v.	24 l. ste Delphine, v.-j.
25 m. st Jacques, apôt.	25 s. st Louis, roi.	25 m. st Fi min, év.	25 j. ss Crépin et Cré.	25 D. ste Catherine, v.	25 m. NOEL.
26 j. ste Anne.	26 D. st Zéphirin.	26 m. ste Justine.	26 v. ste Rustique.	26 l. st Lin, pape.	26 m. st Etienne, m.
27 v. st Pantaléon.	27 l. st Césaire, év.	27 j. ss. Come et Dam.	27 s. st Frumence.	27 m. ss. Vital et Agri.	27 j. st Jean, évang.
28 s. st Nazaire, m.	28 m. st Augustin, év.	28 v. st Exupère, m.	28 D. ss Simon et Jude.	28 s. st Sosthène.	28 v. ss Innocents.
29 D. st Loup, év.	29 m. Déca. de s. J. B.	29 s. st Michel.	29 l. st Narcisse.	29 j. st Saturnin.	29 s. st Thomas, évan.
30 l. st Germain, év.	30 j. st Gaudens.	30 D. st Jérôme, prêt.	30 m. st Quentin, m.	30 v. st André, ap.	30 D. st Sabin, év.
31 m. st Ignace, prêt.	31 v. ste Florentine.		31 m. Vigile-Jeûne.		31 l. st Sylvestre, p.

Toulouse. — Imprimerie de Rives et Faget, rue Triplère, 9.

Calendrier Perpétuel, Civil et Ecclésiastique.

JANVIER	FÉVRIER	MARS	AVRIL	MAI	JUIN
1 v. CIRCONCISION.	1 l. st Ignace.	1 l. st Aubin, év.	1 j. st Hugues, év.	1 s. st Hugues, év.	1 m. st Pamphile.
2 s. st Basile.	2 m. PURIFICATION.	2 m. st Simplicien.	2 v. st François de P.	2 D. st Athanase, év.	2 m. Quatre-Temps.
3 D. ste Geneviève.	3 m. st Blaise, évêq.	3 m. Quatre-Temps.	3 s. st Richard.	3 l. Invent. ste Croix.	3 j. ste Clotilde.
4 l. st Rigobert.	4 j. st Gilbert.	4 j. st Casimir.	4 D. RAMEAUX.	4 m. ste Monique.	4 v. st Quirin. q.-t.
5 m. st Siméon, styl.	5 v. ste Agathe, v.	5 v. st Phocas. q.-t.	5 l. st Vincent Ferr.	5 m. st Théodard, év.	5 s. st Claude. q.-t.
6 m. ÉPIPHANIE.	6 s. st Amand, évêq.	6 s. ste Colette. q.-t.	6 m. st Prudence.	6 j. st Jean P. L.	6 D. TRINITÉ.
7 j. st Théau.	7 D. SEPTUAGÉSIME.	7 D. REMINISCERE.	7 m. st Hégésippe.	7 v. Transf. s Etienne	7 l. st Robert, ab.
8 v. st Lucien, m.	8 l. st Jean de M.	8 l. st Jean de Dieu.	8 j. st Gautier, abbé.	8 s. st Orens, évêq.	8 m. st Médard, év.
9 s. st Julien, hosp.	9 m. ste Appolonie.	9 m. ste Françoise.	9 v. VENDREDI-SAINT.	9 D. st Grégoire, év.	9 m. st Félicien, m.
10 D. st Paul, ermite.	10 m. ste Scolastique.	10 m. st Blanchard, év.	10 s. st Macaire.	10 l. st Gordien.	10 j. FÊTE-DIEU.
11 l. st Hygien, pape.	11 j. st Benoît, abbé.	11 j. ste Sophronie.	11 D. PAQUES.	11 m. st Mamert.	11 v. st Barnabé, ap.
12 m. st Fréjus, évêq.	12 v. ste Eulalie.	12 v. st Maximilien.	12 l. st Jules.	12 m. st Pacôme, ab.	12 s. st Basilide.
13 m. BAPTÊME DE N. S.	13 s. st Lésin.	13 s. st Nicéphore.	13 m. st Justin, m.	13 j. st Onésime.	13 D. st Aventin.
14 j. st Hilaire, évêq.	14 D. SEXAGÉSIME.	14 D. OCULI.	14 m. st Tiburce.	14 v. st Boniface.	14 l. st Valère, m.
15 v. st Maur, abbé.	15 l. st Faustin.	15 l. st Zacharie.	15 j. st Paterne.	15 s. st Honoré.	15 m. st Guy, mart.
16 s. st Fulgence, év.	16 m. ste Julienne.	16 m. ste Euzébie, v.	16 v. st Fructueux.	16 D. st Germier.	16 m. ss. Cyr et J.
17 D. st Antoine, abbé.	17 m. st Sylvin, évêq.	17 m. st Patrice.	17 s. st Anicet.	17 l. ROGATIONS.	17 j. st Avit, abb.
18 l. Chaire st P. à R.	18 j. st Siméon, évêq.	18 j. st Alexandre.	18 D. QUASIMODO.	18 m. st Venant.	18 v. st Emile, m.
19 m. st Sulpice, évêq.	19 v. st Gabin.	19 v. st Gaspard.	19 l. st Elphège.	19 m. st Pierre Célestin	19 s. ss Gervais et Pro.
20 m. st Sébastien.	20 s. st Eucher, évêq.	20 s. st Joachim.	20 m. st Joseph.	20 j. ASCENSION.	20 D. st Romuald.
21 j. ste Agnès, v.	21 D. QUINQUAGÉSIME.	21 D. LÆTARE.	21 m. st Anselme.	21 v. st Hospice.	21 l. st Louis de Gonz.
22 v. st Vincent, m.	22 l. st Maxime.	22 l. st Paul, év.	22 j. ste Opportune.	22 s. ste Julie.	22 m. st Paulin, év.
23 s. st Fabien, pape.	23 m. st Pascase.	23 m. st Fidèle.	23 v. st Georges, m.	23 D. st Didier.	23 m. st Leufroy.
24 D. st Thimothée, év.	24 m. CENDRES.	24 m. st Gabriel.	24 s. st Phebade, év.	24 l. st François Rég.	24 j. st Jean-Baptiste.
25 l. Couv. de st Paul.	25 j. st Valburge.	25 j. ANNONCIATION.	25 D. st Marc, évang.	25 m. st Urbain.	25 v. ste Fébronie.
26 m. ste Paule, veuve.	26 v. st Nestor.	26 v. st Ludger.	26 l. st Clet, pape.	26 m. st Philippe de N.	26 s. st Maixent.
27 m. ss. Martyrs, rom.	27 s. ste Honorine.	27 s. st Rupert, év.	27 m. st Polycarpe.	27 j. st Hildebert.	27 D. st Crescent, év.
28 j. st Cyrille, évêq.	28 D. QUADRAGÉSIME.	28 D. PASSION.	28 m. ss Martyrs d'Aff.	28 v. st Guilhaume.	28 l. st Irénée, év.
29 v. st François de S.		29 l. st Eustase.	29 j. ste Marie Egypt.	29 s. st Maximin, v.-j.	29 m. ss. Pierre et Paul.
30 s. ste Bathilde.		30 m. st Jean Climaque.	30 v. st Eutrope, év.	30 D. PENTECOTE	30 m. Comm. de s Paul.
31 D. st Pierre Notasq.		31 m. st Acace, év.		31 l. st Sylve, évêq.	

JUILLET	AOUT	SEPTEMBRE	OCTOBRE	NOVEMBRE	DÉCEMBRE
1 j. st Martial, év.	1 D. st Pierre ès-liens	1 m. st Gilis, abbé.	1 v. st Rémy, év.	1 l. TOUSSAINT.	1 m. st Eloi, év.
2 v. VISITATION N. D.	2 l. st Etienne, pape.	2 j. st Antonin, m.	2 s. ss Anges gard.	2 m. Les Morts.	2 j. st François-Xav.
3 s. st Anatole.	3 m. Inv. st Etienne.	3 v. st Grégoire, pape	3 D. st Trophime, év.	3 m. st Papoul, m.	3 v. st Anthème.
4 D. st Théodore.	4 m. st Dominique.	4 s. st Lazare.	4 l. st François-d'As.	4 j. st Charles Borro.	4 s. ste Barbe, v.
5 l. ste Zoé.	5 j. st Félix, mart.	5 D. st Victorin, év.	5 m. st Placide, m.	5 v. ste Bertile. v.	5 D. st Sabas, abbé.
6 m. st Tranquillin.	6 v. TRANS. DE N. S.	6 l. st Eugène, m.	6 m. st Bruno, moine.	6 s. st Léonard.	6 l. st Victoire, v.
7 m. st Prosper, doct.	7 s. st Sixte, pape.	7 m. st Cloud, prêtre.	7 j. ste Foi, v. m.	7 D. st Ernest, abbé.	7 m. st Nicolas, év.
8 j. ste Elisabeth, r.	8 D. ss. Just et Past.	8 m. NATIV. DE LA V.	8 v. ste Brigitte.	8 l. stes Reliques.	8 m. CONCEP. N. D.
9 v. st Ephrem.	9 l. st Vitrice, évêq.	9 j. st Omer, évêq.	9 s. st Denis, év.	9 m. st Austremoine.	9 j. ste Léocadie, v.
10 s. Sept-Frères M.	10 m. ste Philomène.	10 v. st Salvi, évêq.	10 D. st François de B.	10 m. st Léon, pape.	10 v. st Hubert.
11 D. Trans. st Benoît.	11 m. ste Suzanne, m.	11 s. st Patient.	11 l. st Julien.	11 j. st Martin, év.	11 s. st Damase, pape.
12 l. st Honoré, pr.	12 j. ste Claire, vierge.	12 D. st Serdot, évêq.	12 m. st Donatien.	12 v. st Martin, pape.	12 D. st Paul, év.
13 m. st Anaclet.	13 v. ste Radegonde, r.	13 l. st Aimé, abbé.	13 m. st Géraud.	13 s. st Stanislas.	13 l. ste Luce, v. m.
14 m. st Bonaventure.	14 s. st Eusèbe. V.-J.	14 m. EXALT.Ste-CROIX	14 j. st Calixte.	14 D. st Claude, m.	14 m. st Honorat, év.
15 j. st Henri.	15 D. Assomption.	15 m. Quatre-Temps.	15 v. ste Thérèse, v.	15 l. st Malo, év.	15 m. Quatre-Temps.
16 v. N.-D. de M.-Car.	16 l. st Roch.	16 j. st Jean Chrysost.	16 s. st Bertrand, év.	16 m. st Eucher.	16 j. st Adelaïde.
17 s. st Espérat, m.	17 m. st Alexis.	17 v. st Corneille. q.-t.	17 D. st Gauderic.	17 m. st Asciscle, m.	17 v. ste Olimpie. q.-t.
18 D. st Thomas d'Aq.	18 m. ste Hélène.	18 s. ste Camelle. q.-t.	18 l. st Luc, évang.	18 j. st Odon, abbé.	18 s. st Gratien. q.-t.
19 l. st Vincent de P.	19 j. st Louis, évêque.	19 D. st Cyprien.	19 m. st Pierre d'Alc.	19 v. ste Elizabeth.	19 D. st Grégoire.
20 m. ste Marguerite.	20 v. st Bernard, abbé.	20 l. st Eustache.	20 m. st Caprais, év.	20 s. st Edmond.	20 l. st Philogone.
21 m. st Victor, m.	21 s. st Privat, évêq.	21 m. st Mathieu, évan.	21 j. ste Ursule, v.	21 D. PRÉSENT. N. D.	21 m. st Thomas, apô.
22 j. ste Madeleine.	22 D. st Symphorien.	22 m. st Maurice.	22 v. st Mellon.	22 l. ste Cécile, v.	22 j. st Yves, év.
23 v. st Apollinaire.	23 l. ste Jeanne.	23 j. ste Thècle.	23 s. st Séverin.	23 m. st Clément, pape.	23 j. ste Anastasie.
24 s. ste Christine, v.	24 m. st Barthélemy, a.	24 v. st Yzarn, abbé.	24 D. st Erambert, év.	24 m. ste Flore, v.	24 v. ste Delphine, v.-j.
25 D. st Jacques, apôt.	25 m. st Louis, roi.	25 s. st Firmin, évêq.	25 l. ss Crépin et Cré.	25 j. ste Catherine, v.	25 s. NOEL.
26 l. ste Anne.	26 j. st Zéphirin.	26 D. ste Justine.	26 m. ste Rustique.	26 v. st Lin, pape.	26 D. st Etienne, m.
27 m. st Pantaléon.	27 v. st Césaire, év.	27 l. ss. Come et Dam.	27 m. st Frumeuce.	27 s. ss Vital et Agri.	27 l. st Jean, évang.
28 m. st Nazaire, m.	28 s. st Augustin, évê.	28 m. st Expère, évêq.	28 j. ss. Simon et Jud.	28 D. AVENT.	28 m. ss Innocents.
29 j. st Loup, évêque.	29 D. Déc. de st J.-Bapt.	29 m. st Michel.	29 v. st Narcisse.	29 l. st Saturnin, év.	29 m. st Thomas, év.
30 v. st Germain, év.	30 l. st Gaudens.	30 j. st Jérôme, prêt.	30 s. st Quentin. m.	30 m. st André, ap.	30 j. st Sabin, év.
31 s. st Ignace, prêtre.	31 m. ste Florentine.		31 D. Vigile-Jeûne.		31 v. st Sylvestre, p.

Toulouse. — Imprimerie de Rives et Fogel, rue Tripière, 9.

Calendrier Perpétuel, Civil et Ecclésiastique

JANVIER	FÉVRIER	MARS	AVRIL	MAI	JUIN
1 s. Circoncision.	1 m. st Ignace, m.	1 m. st Aubin, év.	1 v. Vendredi-Saint	1 D. ss. Phil. et Jacq.	1 m. st Pamphile.
2 D. st Basile.	2 m. Purification.	2 m. st Symplicien.	2 s. st François de P.	2 l. st Athanase, év.	2 j. Fête-Dieu.
3 l. ste Geneviève.	3 j. st Blaise, év.	3 j. ste Cunégonde.	3 D. Paques.	3 m. Invent. ste Croix.	3 v. ste Clotilde.
4 m. st Rigobert.	4 v. st Gilbert.	4 v. st Casimir.	4 l. st Ambroise, év.	4 m. ste Monique.	4 s. st Quirin, m.
5 m. st Siméon, styl.	5 s. ste Agathe, v.	5 s. st Phocas.	5 m. st Vincent Ferr.	5 j. st Théodard, év.	5 D. st Claude.
6 j. Épiphanie.	6 D. Sexagésime.	6 D. Oculi.	6 m. st Prudence.	6 v. st Jean P. L.	6 l. st Norbert, év.
7 v. st Théau.	7 l. ste Dorothée, v.	7 l. ss. Félic. et Per.	7 j. st Hégésippe.	7 s. Transf. st Etienne.	7 m. st Robert, ab.
8 s. st Lucien, m.	8 m. st Jean de M.	8 m. st Jean de Dieu.	8 v. st Gautier, ab.	8 D. st Orens, évêq.	8 m. st Médard, év.
9 D. st Julien, hosp.	9 m. ste Apollonie.	9 m. ste Françoise.	9 s. st Isidore.	9 l. Rogations.	9 j. st Félicien.
10 l. st Paul, ermite.	10 j. ste Scolastique.	10 j. st Blanchard, év.	10 D. Quasimodo.	10 m. st Gordien.	10 v. st Landry.
11 m. st Hygien, pape.	11 v. st Benoît, abbé.	11 v. ste Sophrone.	11 l. st Léon, pape.	11 m. st Mamert.	11 s. st Barnabé, ap.
12 m. st Fréjus, év.	12 s. ste Eulalie, v.	12 s. st Maximilien.	12 m. st Jules.	12 j. Ascension.	12 D. st Basilide.
13 j. Baptême de N. S.	13 D. Quinquagésime.	13 D. Lætare.	13 m. st Justin, m.	13 v. st Onésime.	13 l. st Aventin.
14 v. st Hilaire, év.	14 l. st Valentin.	14 l. ste Mathilde.	14 j. st Tiburce.	14 s. st Boniface.	14 m. st Valère, m.
15 s. st Maur, abbé.	15 m. st Faustin.	15 m. st Zacharie.	15 v. st Paterne.	15 D. st Donoré.	15 m. st Guy, m.
16 D. st Fulgence, év.	16 m. Cendres.	16 m. ste Eusébie.	16 s. st Fructueux.	16 l. st Germier.	16 j. ss. Cyr et Julitte.
17 l. st Antoine, ab.	17 j. st Sylvin, év.	17 j. st Patrice.	17 D. st Anicet.	17 m. st Pascal.	17 v. st Avit, abbé.
18 m. Chaire st P. à R.	18 v. st Siméon, év.	18 v. st Alexandre, év.	18 l. st Parfait.	18 m. st Venant.	18 s. st Emile, m.
19 m. st Sulpice, év.	19 s. st Gabin.	19 s. st Gaspard.	19 m. st Elphége.	19 j. st Pierre Célestin	19 D. ss. Gervais et Pr.
20 j. st Sébastien, m.	20 D. Quadragésime.	20 D. Passion.	20 m. st Joseph.	20 v. st Hilaire, év.	20 l. st Romuald.
21 v. ste Agnès, v.	21 l. st Sévérin.	21 l. st Benoît.	21 j. st Anselme.	21 s. st Hospice. v.-j.	21 m. st Louis de G.
22 s. st Vincent, m.	22 m. st Maxime.	22 m. st Paul, év.	22 v. ste Opportune.	22 D. Pentecôte	22 m. st Paulin, év.
23 D. st Fabien, pape.	23 m. Quatre-Temps.	23 m. st Fidèle.	23 s. st George, m.	23 l. st Didier.	23 j. st Leufroy.
24 l. st Timothée, év.	24 j. st Mathias.	24 j. st Gabriel.	24 D. st Phébade, év.	24 m. st François Rég.	24 v. st Jean-Baptiste.
25 m. Conv. de st Paul.	25 v. st Valburge. q.-t.	25 v. Annonciation.	25 l. st Marc, évang.	25 m. Quatre-Temps.	25 s. ste Féhronie.
26 m. ste Paule, veuve.	26 s. st Nestor. q.-t.	26 s. st Ludger.	26 m. st Clet, pape.	26 j. st Philippe de N.	26 D. st Maixent.
27 j. ss. Martyrs rom.	27 D. Reminiscere.	27 D. Rameaux.	27 m. st Polycarpe.	27 v. st Hildebert. q.-t.	27 l. st Crescent, év.
28 v. st Cyrille, év.	28 l. ss. Martyrs d'Al.	28 l. st Gontrand.	28 j. ss. Martyrs d'Aff.	28 s. st Guilhaum. q.-t.	28 m. st Irénée, év.
29 s. st François de S.		29 m. st Eustase.	29 v. ste Marie Egypt.	29 D. Trinité.	29 m. ss. Pierre et Paul.
30 D. Septuagésime.		30 m. st Jean Climaque.	30 s. st Eutrope, m.	30 l. st Félix, pape.	30 j. Comm. de s Paul.
31 l. st Pierre Nolasq.		31 j. st Acace, év.		31 m. st Sylve, év.	

JUILLET	AOUT	SEPTEMBRE	OCTOBRE	NOVEMBRE	DÉCEMBRE
1 v. st Martial, év.	1 d. st Pierre-ès-liens	1 j. st Gilis, abbé.	1 s. st Rémy, év.	1 m. Toussaint.	1 j. st Eloi, év.
2 s. Visitation N. D.	2 m. st Etienne, pape.	2 v. st Antonin, m.	2 D. ss Anges gard.	2 m. Les Morts.	2 v. st François-Xav.
3 D. st Anatole.	3 m. Invent. st Etien.	3 s. st Grégoire, pap.	3 l. st Trophime, év.	3 j. st Papoul, m.	3 s. st Anthème.
4 l. st Théodore.	4 j. st Dominique	4 D. st Lazare.	4 m. st François d'As.	4 v. st Charles-Borro.	4 D. ste Barbe, v.
5 m. ste Zoé.	5 v. st Félix, m.	5 l. st Victorin, év.	5 m. st Placide, m.	5 s. ste Bertile, v.	5 l. st Sabas, abbé.
6 m. st Tranquillin.	6 s. Trans. de N. S.	6 m. st Eugène, m.	6 j. st Bruno, moine.	6 D. st Léonard.	6 m. ste Victoire, v.
7 j. st Prosper, doct.	7 D. st Xiste, pape.	7 m. st Cloud, prêtre.	7 v. ste Foi, v. m.	7 l. st Ernest, abbé.	7 m. st Nicolas, év.
8 v. ste Elisabeth, r.	8 l. st Just et Past.	8 j. Nativité de la V.	8 s. ste Brigitte.	8 m. stes Reliques.	8 j. Concep. N. D.
9 s. st Ephrem.	9 m. st Vitrice, év.	9 v. st Omer, év.	9 D. st Denis, év.	9 m. st Austremoine.	9 v. ste Léocadie, v.
10 D. Sept-Frères M.	10 m. ste Philomène.	10 s. st Salvi, év.	10 l. st François de B.	10 j. st Léon, pape.	10 s. st Hubert.
11 l. Trans. st Benoît.	11 j. ste Susanne, m.	11 D. st Patient.	11 m. st Julien.	11 v. st Martin, év.	11 D. st Damase, pape.
12 m. st Honeste, pr.	12 v. ste Claire, vierge.	12 l. st Serdot, év.	12 m. st Donatien.	12 s. st Martin, pape.	12 l. st Paul, év.
13 m. st Anaclet.	13 s. ste Radegonde, r.	13 m. st Géraud.	13 j. st Géraud.	13 D. st Stanislas.	13 m. ste Luce, v. m.
14 j. st Bonaventure.	14 D. st Eusébe, V.-J.	14 m. Exalt. ste Croix	14 v. st Caliste.	14 l. st Claude, m.	14 m. Quatre-Temps.
15 v. st Henri.	15 l. Assomption.	15 j. st Achard, abbé.	15 s. ste Thérèse.	15 m. st Malo, év.	15 j. st Mesmin, abbé.
16 s. Notre-D. de M. C.	16 m. st Roch.	16 v. st Jean Chrysost.	16 D. st Bertrand, év.	16 m. st Eucher.	16 v. ste Adélaïde. q.-t.
17 D. st Esporal, m.	17 m. st Alexis.	17 s. st Corneille, pap.	17 l. st Ganderic.	17 j. st Asciscle, m.	17 s. ste Olimpie. q.-t.
18 l. st Thomas d'Aq.	18 j. ste Hélène.	18 D. ste Camelle	18 m. st Luc, évang.	18 v. st Odon, abbé.	18 D. st Gratien.
19 m. st Vincent-de-P.	19 v. st Louis, év.	19 l. st Cyprien.	19 s. st Pierre d'Alc.	19 s. ste Elizabeth.	19 l. st Grégoire.
20 m. ste Marguerite.	20 s. st Bernard, ab.	20 m. st Eustache.	20 D. st Caprais, év.	20 D. st Edmont.	20 m. st Philogone.
21 j. st Victor, m.	21 D. st Prival, év.	21 m. Quatre-Temps.	21 l. ste Ursule, v.	21 l. Présent. N. D.	21 m. st Thomas.
22 v. ste Madeleine.	22 l. st Symphorien.	22 j. st Maurice.	22 s. st Mellon.	22 m. ste Cécile, v.	22 j. st Yves, év.
23 s. st Apollinaire.	23 m. ste Jeanne.	23 v. ste Thècle. q.-t.	23 D. st Sévérin.	23 m. st Clément, pape.	23 v. ste Anastasie.
24 D. ste Christine, v.	24 m. st Barthélemi, ap.	24 s. st Yzarn. q.-t.	24 l. st Erambert, év.	24 j. st Flore, v.	24 s. ste Delphine, v.-j.
25 l. st Jacques, apôt.	25 j. st Louis, roi.	25 D. st Firmin, év.	25 m. ste Catherine, v.	25 v. ste Catherine, v.	25 D. Noël.
26 m. ste Anne.	26 v. st Zéphirin.	26 l. ste Justine.	26 m. ste Rustique.	26 s. st Lin, pape.	26 l. st Etienne, m.
27 j. st Pantaléon.	27 s. st Césaire, m.	27 m. ss. Come et Dam.	27 j. st Frumence.	27 D. Avent.	27 m. st Jean, évang.
28 j. st Nazaire, m.	28 D. st Augustin, év.	28 m. st Exupère, év.	28 v. ss Simon et Jude.	28 l. st Sosthène.	28 m. ss Innocents.
29 v. st Loup, év.	29 l. Déco. de s. J. B.	29 j. st Michel.	29 s. st Narcisse.	29 m. st Saturnin.	29 j. st Thomas, évan.
30 s. st Germain, év.	30 m. st Gaudens.	30 v. st Jérôme, prêt.	30 D. st Quentin, m.	30 m. st André, ap.	30 v. st Sabin, év.
31 D. st Ignace, prêt.	31 m. ste Florentine.		31 l. Vigile-Jeûne.		31 s. st Sylvestre, p.

Toulouse. — Imprimerie de Rives et Faget, rue Tripière, 9.

Calendrier Perpétuel, Civil et Ecclésiastique.

JANVIER	FÉVRIER	MARS	AVRIL	MAI	JUIN
1 j. Circoncision.	1 D. st Ignace.	1 D. Quinquagésime.	1 m. st Hugues, év.	1 v. st Hugues, év.	1 l. st Pamphile.
2 v. st Basile.	2 l. Purification.	2 l. st Simplicien.	2 j. st François de P.	2 s. st Athanase, év.	2 m. st Pothin, év.
3 s. ste Genevième.	3 m. st Blaise, évêq.	3 m. ste Cunégonde.	3 v. st Richard.	3 D. Invent. ste Croix.	3 m. ste Clotilde.
4 D. st Rigobert.	4 m. st Gilbert.	4 m. Cendres.	4 s. st Ambroise, év.	4 l. ste Monique.	4 j. st Quirin, m.
5 l. st Siméon, styl.	5 j. ste Agathe, v.	5 j. st Phocas.	5 D. Passion.	5 m. st Théodard, év.	5 v. st Claude.
6 m. Epiphanie.	6 v. st Amand, évêq.	6 v. ste Colette.	6 l. st Prudence.	6 m. st Jean P. L.	6 s. st Norbert v.-j.
7 m. st Théau.	7 s. ste Dorothée, v.	7 s. ss. Félic. et Perp.	7 m. st Hégésippe.	7 j. Transf. st Etienne.	7 D. PENTECOTE
8 j. st Lucien, m.	8 D. st Jean de M.	8 D. Quadragésime.	8 m. st Gauter, abbé.	8 v. st Orens, évêq.	8 l. st Médard, év.
9 v. st Julien, hosp.	9 l. ste Appollonie.	9 l. ste Françoise.	9 j. ste Françoise.	9 s. st Grégoire, év.	9 m. st Félician, m.
10 s. st Paul, ermite.	10 m. ste Scolastique.	10 m. st Blanchard, év.	10 v. st Macaire.	10 D. st Gordien.	10 m. Quatre-Temps.
11 D. st Hygion, pape.	11 m. st Benoît, abbé.	11 m. Quatre-Temps.	11 s. st Léon, pape.	11 l. st Mamert.	11 j. st Barnabé, ap.
12 l. st Fréjus, évêq.	12 j. ste Eulalie.	12 j. st Maximilien.	12 D. Rameaux.	12 m. st Pacôme, ab.	12 v. st Basilide. q.-t.
13 m. Baptême de N. S.	13 v. st Lésin.	13 v. st Nicéphor. q.-t.	13 l. st Justin, m.	13 m. st Onésime.	13 s. st Atentin. q.-t.
14 m. st Hilaire, évêq.	14 s. st Valentin.	14 s. ste Mathild. q.-t.	14 m. st Tiburce.	14 j. st Boniface.	14 D. Trinité.
15 j. st Maur, abbé.	15 D. Septuagésime.	15 D. Reminiscere.	15 m. st Paterne.	15 v. st Honoré.	15 l. st Guy, mart.
16 v. st Fulgence, év.	16 l. ste Julienne.	16 l. ste Euzébie, v.	16 j. st Fructueux.	16 s. st Germier.	16 m. ss. Cyr et J.
17 s. st Antoine, abbé.	17 m. st Sylvin, évêq.	17 m. st Patrice.	17 v. Vendredi-Saint.	17 D. st Pascal.	17 m. st Avit, abb.
18 D. Chaire st P. à R.	18 m. st Siméon, évêq.	18 m. st Alexand.	18 s. st Parfait.	18 l. st Venant.	18 j. Fête-Dieu.
19 l. st Sulpice, évêq.	19 j. st Gabin.	19 j. st Gaspard.	19 D. PAQUES.	19 m. st Pi-rre Célestin	19 v. ss Gervais et Pro.
20 m. st Sébastien.	20 v. st Eucher, évêq.	20 v. st Joachim.	20 l. st Joseph.	20 m. st Hilaire, év.	20 s. st Romuald.
21 m. ste Agnès, v.	21 s. st Sévérien.	21 s. st Benoît.	21 m. st Anselme.	21 j. st Hospice.	21 D. st Louis de Gonz.
22 j. st Vincent, m.	22 D. Sexagésime.	22 D. Oculi.	22 m. ste Opportune.	22 v. ste Julie.	22 l. st Paulin, év.
23 v. st Fabien, pape.	23 l. st Pascase.	23 l. st Fidèle.	23 j. st Georges, m.	23 s. st Didier.	23 m. st Leufroy.
24 s. st Thimothée, év.	24 m. st Mathias, ap.	24 m. st Gabriel.	24 v. st Phebade, év.	24 D. st François Rég.	24 m. st Jean-Baptiste.
25 D. Conv. de st Paul.	25 m. st Valburge.	25 m. Annonciation.	25 s. st Marc, évang.	25 l. Rogations.	25 j. ste Febronie.
26 l. ste Paule, veuve.	26 j. st Nestor.	26 j. st Rupert, év.	26 D. Quasimodo.	26 m. ss. Philippe de N.	26 v. st Maixent.
27 m. ss. Martyrs, rom.	27 v. ste Honorine.	27 v. st Gontrand.	27 l. st Polycarpe.	27 m. st Hildebert.	27 s. st Crescent, év.
28 m. st Cyrile, évêq.	28 s. ss. Martyrs d'Al.	28 s. st Eustase.	28 m. ss Martyrs d'Aff.	28 j. ASCENSION.	28 D. st Irénée, év.
29 j. st François de S.		29 D. Lætare.	29 m. ste Marie Egypt.	29 v. st Maximin.	29 l. ss. Pierre et Paul.
30 v. ste Bathilde.		30 l. st Jean Climaque.	30 j. st Eutrope, év.	30 s. st Félix, pape.	30 m. Comm. de s Paul.
31 s. st Pierre Nolasq.		31 m. st Acace, év.		31 D. st Sylve, évêq.	

JUILLET	AOUT	SEPTEMBRE	OCTOBRE	NOVEMBRE	DÉCEMBRE
1 m. st Martial, év.	1 s. st Pierre ès-liens	1 m. st Gilis, abbé.	1 j. st Rémy, év.	1 D. TOUSSAINT.	1 m. st Eloi, év.
2 j. Visitation N. D.	2 D. st Etienne, pape.	2 m. st Antonin, m.	2 v. ss Anges gard.	2 l. Les Morts.	2 m. st François-Xav.
3 v. st Anatole.	3 l. Inv. st Etienne.	3 j. st Grégoire, pape	3 s. st Trophime, év.	3 m. st Papoul, m.	3 j. st Anthème.
4 s. st Théodore.	4 m. st Dominique.	4 v. st Lazare.	4 D. st François-d'As.	4 m. st Charles Borro.	4 v. ste Barbe, v.
5 D. ste Zoé.	5 m. st Félix, mart.	5 s. st Victorin, év.	5 l. st Placide, m.	5 j. ste Bertile. v.	5 s. st Sabas, abbé.
6 l. st Tranquillin.	6 j. Trans. de N. S.	6 D. st Eugène, m.	6 m. st Bruno, moine.	6 v. st Léonard.	6 D. ste Victoire, v.
7 m. st Prosper, doct.	7 v. st Sixte, pape.	7 l. st Cloud, prêtre.	7 m. ste Foi, v, m.	7 s. st Ernest, abbé.	7 l. st Nicolas, év.
8 m. ste Elisabeth, r.	8 s. ss. Just et Past.	8 m. Nativ. de la V.	8 j. st Brigitte.	8 D. stes Reliques.	8 m. Concep. N. D.
9 j. st Ephrem.	9 D. st Vitrice, évêq.	9 m. St Omer, évêq.	9 v. st Denis, év.	9 l. st Austremoine.	9 m. ste Léocadie, v.
10 v. Sept-Frères M.	10 l. ste Philomène.	10 j. st Salvi, évêq.	10 s. st François de B.	10 m. st Léon, pape.	10 j. st Hubert.
11 s. Trans. st Benoît.	11 m. ste Suzanne, m.	11 v. st Patient.	11 D. st Julien.	11 m. st Martin, év.	11 v. st Damase, pape.
12 D. st Honeste, pr.	12 m. ste Claire, vierge.	12 s. st Sardot, évêq.	12 l. st Donatien.	12 j. st Martin, pape.	12 s. st Paul, év.
13 l. st Anaclet.	13 j. ste Radegonde, r.	13 D. st Aimé, abbé.	13 m. st Géraud.	13 v. st Stanislas.	13 D. ste Luce, v. m.
14 m. st Bonaventure.	14 v. st Eusèbe. V.-J.	14 l. Exalt. Ste-Croix	14 m. st Caliste.	14 s. st Claude, m.	14 l. st Honorat, év.
15 m. st Henri.	15 s. Assomption.	15 m. st Achard, abbé.	15 j. ste Thérèse, v.	15 D. st Malo, év.	15 m. st Mesmin, abbé.
16 j. N.-D. du M.-Car.	16 D. st Roch.	16 m. Quatre-Temps.	16 v. st Bertrand, év.	16 l. st Eucher.	16 m. Quatre-Temps.
17 v. st Espérat, m.	17 l. st Alexis.	17 j. st Corneille, pap.	17 s. st Gauderic.	17 m. st Asciscle, m.	17 j. ste Olimpie.
18 s. st Thomas d'Aq.	18 m. ste Hélène.	18 v. ste Camelie, q.-t	18 D. st Luc, évang.	18 m. st Odon, abbé.	18 v. st Gratien. q.-t.
19 D. st Vincent de P.	19 m. st Louis, évêque.	19 s. st Cyprien. q.-t.	19 l. st Pierre d'Alc.	19 j. ste Elizabeth.	19 s. st Grégoire, q.-t.
20 l. ste Marguerite.	20 j. st Bernard, abbé.	20 D. st Eustache.	20 m. st Caprais, év.	20 v. st Edmond.	20 D. st Philogone.
21 m. st Victor, m.	21 v. st Privat, évêq.	21 l. st Mathieu, évan.	21 m. ste Ursule, v.	21 s. Présent. N. D.	21 l. st Thomas, apô.
22 m. ste Madeleine.	22 s. st Symphorien.	22 m. st Maurice.	22 j. st Mellon.	22 D. ste Cécile, v.	22 m. st Yves, év.
23 j. st Apollinaire.	23 D. ste Jeanne.	23 m. ste Thècle, v.	23 v. st Séverin.	23 l. st Clément, pape.	23 m. ste Anastas.
24 s. ste Christine, v.	24 l. st Barthélemy, a.	24 j. st Yzarn, abbé.	24 s. st Erambert, év.	24 m. ste Flore, v.	24 j. ste Delphine, v.-j.
25 s. st Jacques, apôt.	25 m. st Louis, roi.	25 v. st Firmin, évêq.	25 D. ss Crépin et Cré.	25 m. ste Catherine, v.	25 v. NOEL.
26 D. ste Anne.	26 m. st Zéphirin.	26 s. ste Justine.	26 l. ste Rustique.	26 j. st Lin, pape.	26 s. st Etienne, m.
27 l. st Pantaléon.	27 j. st Césaire, év.	27 D. ss. Come et Dam.	27 m. st Frumence.	27 v. ss Vital et Agri.	27 D. st Jean, évang.
28 m. st Nazaire, m.	28 v. st Augustin, év.	28 l. st Exupère, évêq.	28 m. ss. Simon et Jud.	28 s. st Sosthène.	28 l. ss Innocents.
29 m. st Loup, évêque.	29 s. Déc. de st J.-Bapt.	29 m. st Michel.	29 j. st Narcisse.	29 D. Avent.	29 m. st Thomas, év.
30 j. st Germain, év.	30 D. st Gaudens.	30 m. st Jérôme, prêt.	30 v. st Quentin, m.	30 l. st André, ap.	30 m. st Sabin, év.
31 v. st Ignace, prêtre.	31 l. ste Florentine.		31 s. Vigile-Jeûne.		31 j. st Sylvestre, p.

Calendrier Perpétuel, Civil et Ecclésiastique

JANVIER	FÉVRIER	MARS	AVRIL	MAI	JUIN
1 m. CIRCONCISION.	1 v. st Ignace, m.	1 v. st Aubin. q.-t.	1 l. st Hugues, év.	1 m. ss. Phil. et Jacq.	1 s. st Pamphile. q.-t.
2 m. st Basile.	2 s. PURIFICATION.	2 s. st Symplic. q.-t.	2 m. st François de P.	2 j. st Athanase, év.	2 D. TRINITÉ.
3 j. ste Geneviève.	3 D. SEPTUAGÉSIME.	3 D. REMINISCERE.	3 m. st Richard.	3 v. Invent. ste Croix.	3 l. ste Clotilde.
4 v. st Rigobert.	4 l. st Gilbert.	4 l. st Casimir.	4 j. st Ambroise, év.	4 s. ste Monique.	4 m. st Quirin, m.
5 s. st Siméon, styl.	5 m. ste Agathe, v.	5 m. st Phocas.	5 v. VENDREDI-SAINT	5 D. st Théodard, év.	5 m. st Claude.
6 D. ÉPIPHANIE.	6 m. st Amand, év.	6 m. ste Colette.	6 s. st Prudence.	6 l. st Jean P. l.	6 j. FÊTE-DIEU.
7 l. st Théau.	7 j. ste Dorothée, v.	7 j. ss. Félic. et Per.	7 D. PAQUES.	7 m. Transf. s Étienne.	7 v. st Robert, ab.
8 m. st Lucien, m.	8 v. st Jean de Dieu.	8 v. st Jean de Dieu.	8 l. st Gautier, ab.	8 m. st Orens, évêq.	8 s. st Médard, év.
9 m. st Julien, hosp.	9 s. ste Apollonie.	9 s. ste Françoise.	9 m. st Isidore.	9 j. st Grégoire.	9 D. st Félicien.
10 j. st Paul, ermite.	10 D. QUINQUAGÉSIME.	10 D. OCULI.	10 m. st Macaire.	10 v. st Gordien.	10 l. st Landry.
11 v. st Hygien, pape.	11 l. st Benoît, abbé.	11 l. ste Sophrone.	11 j. st Léon, pape.	11 s. st Mamert.	11 m. st Barnabé, ap.
12 s. st Fréjus, év.	12 m. ste Eulalie, v.	12 m. st Maximilien.	12 v. st Jules.	12 D. st Pacôme, ab.	12 m. st Basilide.
13 D. BAPTÊME DE N.S.	13 m. st Lésin.	13 m. st Nicéphore.	13 s. st Justin, m.	13 l. ROGATIONS.	13 j. st Aventin.
14 l. st Hilaire, év.	14 j. st Valentin.	14 j. ste Mathilde.	14 D. QUASIMODO.	14 m. st Boniface.	14 v. st Valère, m.
15 m. st Maur, abbé.	15 v. st Faustin.	15 v. st Zacharie.	15 l. st Paterne.	15 m. st Honoré.	15 s. st Guy, m.
16 m. st Fulgence, év.	16 s. ste Julienne.	16 s. ste Eusébie.	16 m. st Fructueux.	16 j. ASCENSION.	16 D. ss. Cyr et Julitte.
17 j. st Antoine, ab.	17 D. QUINQUAGÉSIME.	17 D. LÆTARE.	17 m. st Anicet.	17 v. st Pascal.	17 l. st Avit, abbé.
18 v. Chaire st P. à R.	18 l. st Siméon, év.	18 l. st Alexandre, év.	18 j. st Parfait.	18 s. st Venant.	18 m. st Émile, m.
19 s. st Sulpice, év.	19 m. st Gabin.	19 m. st Gaspard.	19 v. st Elphège.	19 D. st Pierre Célestin	19 m. ss. Gervais et Pr.
20 D. st Sébastien, m.	20 m. CENDRES.	20 m. st Joachim.	20 s. st Joseph.	20 l. st Hilaire, év.	20 j. st Romuald.
21 l. ste Agnès, v.	21 j. st Sévérien.	21 j. st Benoît.	21 D. st Anselme.	21 m. st Hospice.	21 v. st Louis de G.
22 m. st Vincent, m.	22 v. st Maxime.	22 v. st Paul, év.	22 l. ste Opportune.	22 m. ste Julie.	22 s. st Paulin, év.
23 m. st Fabien, pape.	23 s. st Pascase.	23 s. st Fidèle.	23 m. st George, m.	23 j. st Didier.	23 D. st Leufroy.
24 j. st Timothée, év.	24 D. QUADRAGÉSIME.	24 D. PASSION.	24 m. st Phébade, év.	24 v. st François Rég.	24 l. st Jean-Baptiste.
25 v. Conv. de st Paul.	25 l. st Valburge.	25 l. ANNONCIATION.	25 j. st Marc, évang.	25 s. st Urbain. v.-j.	25 m. ste Fébronie.
26 s. ste Paule, veuve.	26 m. st Nestor.	26 m. st Ladger.	26 v. st Clet, pape.	26 D. PENTECOTE.	26 m. st Maixent.
27 D. ss. Martyrs rom.	27 m. Quatre-Temps.	27 m. st Rupert, év.	27 s. st Polycarpe.	27 l. st Hildebert.	27 j. st Cressant, év.
28 l. st Cyrille, év.	28 j. ss. Martyrs d'Al.	28 j. st Gontrand.	28 D. ss. Martyrs d'Aff.	28 m. st Guillaume.	28 v. st Irénée, év.
29 m. st François de S.		29 v. st Eustase.	29 l. ste Marie Égypt.	29 m. Quatre-Temps.	29 s. ss. Pierre et Paul.
30 m. ste Bathilde.		30 s. st Jean Climaque	30 m. st Eutrope, év.	30 j. st Félix, pape.	30 D. Comm. de s Paul.
31 j. st Pierre Nolasq.		31 D. RAMEAUX.		31 v. st Sylve, év. q.-t.	

JUILLET	AOUT	SEPTEMBRE	OCTOBRE	NOVEMBRE	DÉCEMBRE
1 l. st Martial, év.	1 j. st Pierre-ès-liens	1 D. st Gilis, abbé.	1 m. st Rémy, év.	1 v. TOUSSAINT.	1 D. AVENT.
2 m. VISITATION N. D.	2 v. st Étienne, pap.	2 l. st Antonin, m.	2 m. ss Anges gard.	2 s. Les Morts.	2 l. st François-Xav.
3 m. st Anatole.	3 s. Invent. st Étien.	3 m. st Grégoire, pap.	3 j. st Trophime, év.	3 D. st Papoul, m.	3 m. st Anthème.
4 j. st Théodore.	4 D. st Dominique	4 m. st Lazare.	4 v. st François d'As.	4 l. st Charles-Borro.	4 m. ste Barbe, v.
5 v. ste Zoé.	5 l. st Félix, m.	5 j. st Victorin, év.	5 s. st Placide, m.	5 m. ste Bertile, v.	5 j. st Sabas, abbé.
6 s. st Tranquillin.	6 m. Trans. de N. S.	6 v. st Onésiphore.	6 D. st Bruno, moine.	6 m. st Léonard.	6 v. ste Victoire, v.
7 D. st Prosper, doct.	7 m. st Xiste, pape.	7 s. st Cloud, prêtre.	7 l. ste Foi, v. m.	7 j. st Ernest, abbé.	7 s. st Nicolas, év.
8 l. ste Élisabeth, r.	8 j. st Just et Past.	8 D. NATIVITÉ de la V.	8 m. ste Brigitte.	8 v. stes Reliques.	8 D. CONCEP. N. D.
9 m. st Éphrem.	9 v. st Vitrice, év.	9 l. st Omer, év.	9 m. st Denis, év.	9 s. st Austremoine.	9 l. ste Léocadie, v.
10 m. Sept-Frères M.	10 s. ste Philomène.	10 m. st Salvi, év.	10 j. st François de B.	10 D. st Léon, pape.	10 m. st Hubert.
11 j. Trans. st Benoît.	11 D. st Tiburce.	11 m. st Patient.	11 v. st Julien.	11 l. st Martin, év.	11 m. st Damase, pape.
12 v. st Honeste, pr.	12 l. ste Claire, vierge.	12 j. st Sérilot, év.	12 s. st Donatien.	12 m. st Martin, pape.	12 j. st Paul, év.
13 s. st Anaclet.	13 m. ste Radegonde, r.	13 v. st Aimé, abbé.	13 D. st Gérand.	13 m. st Stanislas.	13 v. ste Luce, v. m.
14 D. st Bonaventure.	14 m. st Eusèbe, V.-J.	14 s. EXALT. ste CROIX	14 l. st Calixte.	14 j. st Claude, év.	14 s. st Honorat.
15 l. st Henri.	15 j. ASSOMPTION.	15 D. st Achard, abbé.	15 m. ste Thérèse.	15 v. st Malo, év.	15 D. st Mesmin, abbé.
16 m. Notre-D. de M. C.	16 v. st Roch.	16 l. st Jean Chrysost.	16 m. st Galle.	16 s. st Eucher.	16 l. ste Adélaïde.
17 m. st Esperat, m.	17 s. st Alexis.	17 m. st Corneille, pap.	17 j. st Ganderic.	17 D. st Ascisele, m.	17 m. ste Olimpie.
18 j. st Thomas d'Aq.	18 D. ste Hélène.	18 m. Quatre-Temps.	18 v. st Luc, évang.	18 l. st Odon, abbé.	18 m. Quatre-Temps.
19 v. st Vincent-de-P.	19 l. st Louis, év.	19 j. st Cyprien.	19 s. st Pierre d'Alc.	19 m. ste Élizabeth.	19 j. st Grégoire.
20 s. ste Marguerite.	20 m. st Bernard, ab.	20 v. st Eustache. q.-t.	20 D. st Caprais, év.	20 v. st Edmont.	20 v. st Philogone. q.-t.
21 D. st Victor, m.	21 m. st Privat, év.	21 s. st Mathieu. q.-t.	21 l. ste Ursule, v.	21 j. PRÉSENT. N. D.	21 s. st Thomas. q.-t.
22 l. ste Madeleine.	22 j. st Symphorien.	22 D. st Maurice.	22 m. st Mellon.	22 v. ste Cécile, v.	22 D. st Yves, év.
23 m. st Appollinaire.	23 v. ste Jeanne.	23 l. ste Thècle, v.	23 m. st Sévérin.	23 s. st Clément, pape.	23 l. ste Athanasie.
24 m. ste Christine, v.	24 s. st Barthélemi, ap.	24 m. st Yzarn, abbé.	24 j. st Érambert, év.	24 D. ste Flore, v.	24 m. ste Delphine, v.-j.
25 j. st Jacques, apôt.	25 D. st Louis, roi.	25 m. st Fi min, év.	25 v. st Crépin et Cré.	25 l. ste Catherine, v.	25 m. NOEL.
26 v. ste Anne.	26 l. st Zéphirin.	26 j. ste Justine.	26 s. ste Rustique.	26 m. st Lin, pape.	26 j. st Étienne, pr.
27 s. st Pantaléon.	27 m. st Césaire, év.	27 v. ss. Come et Dam.	27 D. st Frumence.	27 m. st Vital et Agr.	27 v. st Jean, évang.
28 D. st Nazaire, m.	28 m. st Augustin, év.	28 s. st Exupère, m.	28 l. ss Simon et Jude.	28 j. st Sosthène.	28 s. ss Innocents.
29 l. st Loup, év.	29 j. Déco. de s. J. B.	29 D. st Michel.	29 m. st Narcisse.	29 v. st Saturnin.	29 D. st Thomas, évan.
30 m. st Germain, év.	30 v. st Gaudens.	30 l. st Jérôme, prêt.	30 m. st Quentin, m.	30 s. st André, ap.	30 l. st Sabin, év.
31 m. st Ignace, prêt.	31 s. ste Florentine.		31 j. Vigile-Jeûne.		31 m. st Sylvestre, p.

Toulouse. — Imprimerie de Rives et Faget, rue Tripière, 9.

Calendrier Perpétuel, Civil et Ecclésiastique.

JANVIER	FÉVRIER	MARS	AVRIL	MAI	JUIN
1 D. CIRCONCISION.	1 m. st Ignace.	1 m. st Aubin, év.	1 s. st Hugues, év.	1 l. st Hugues, év.	1 J. **ASCENSION.**
2 l. st Basile.	2 j. PURIFICATION.	2 j. st Simplicien.	2 D. LÆTARE.	2 m. st Athanase, év.	2 v. st Pothin, év.
3 m. ste Geneviève.	3 v. st Blaise, évêq.	3 v. ste Cunégonde.	3 l. st Richard.	3 m. Invent. ste Croix.	3 s. ste Clotilde.
4 m. st Rigobert.	4 s. st Gilbert.	4 s. st Casimir.	4 m. st Ambroise, év.	4 j. ste Monique.	4 D. st Quirin, m.
5 j. st Siméon , styl.	5 D. ste Agathe, v.	5 D. QUINQUAGÈSIME.	5 m. st Vincent Ferr.	5 v. st Théodard, év.	5 l. st Claude.
6 v. ÉPIPHANIE.	6 l. st Amand, évêq.	6 l. ste Colette.	6 j. st Prudence.	6 s. st Jean P. L.	6 m. st Norbert, év.
7 s. st Théau.	7 m. ste Dorothée, v.	7 m. ss. Félic. et Perp.	7 v. st Hégésippe.	7 D. Transf. s Etienne	7 m. st Robert, ab.
8 D. st Lucien, m.	8 m. st Jean de M.	8 m. CENDRES.	8 s. st Gauter, abbé.	8 l. st Orens, évêq.	8 j. st Médard, év.
9 l. st Julien, hosp.	9 j. ste Appolionie.	9 j. ste Françoise.	9 D. PASSION.	9 m. st Grégoire, év.	9 v. st Félicien, m.
10 m. st Paul, ermite.	10 v. ste Scolastique.	10 v. st Blanchard, év.	10 l. st Macaire.	10 m. st Gordien.	10 s. st Landry. v.-j.
11 m. st Hygien, pape.	11 s. st Benoît, abbé.	11 s. ste Sophrone.	11 m. st Léon, pape.	11 j. st Mamert.	11 D. **PENTECÔTE**
12 j. st Fréjus, évêq.	12 D. ste Eulalie.	12 D. QUADRAGÉSIME.	12 m. st Jules.	12 v. st Pacôme, ab.	12 l. st Basilide.
13 v. BAPTÊME DE N. S.	13 l. st Lésin.	13 l. st Nicéphore.	13 j. st Justin, m.	13 s. st Onésime.	13 m. st Aventin.
14 s. st Hilaire, évêq.	14 m. st Valentin.	14 m. ste Mathilde.	14 v. st Tiburce.	14 D. st Boniface.	14 m. Quatre-Temps.
15 D. st Maur, abbé.	15 m. st Faustin.	15 m. Quatre-Temps.	15 s. st Paterne.	15 l. st Isidore.	15 j. st Guy, mart.
16 l. st Fulgence, év.	16 j. ste Julienne.	16 j. ste Euzébie, v.	16 D. RAMEAUX.	16 m. st Germier.	16 v. ss. Cyr et J. q.-t.
17 m. st Antoine, abbé.	17 v. st Sylvin, évêq.	17 v. st Patrice. q.-t.	17 l. st Anicet.	17 m. st Pascal.	17 s. st Avit, abb. q.-t.
18 m. Choire st P. à R.	18 s. st Siméon, évêq.	18 s. st Alexand. q.-t.	18 m. st Parfait.	18 j. st Venant.	18 D. TRINITÉ.
19 j. st Sulpice, évêq.	19 D. SEPTUAGÉSIME.	19 D. REMINISCERE.	19 m. st Elphège.	19 v. st Pierre Célestin	19 l. ss Gervais et Pro.
20 v. st Sébastien.	20 l. st Eucher, évêq.	20 l. st Joachim.	20 j. st Joseph.	20 s. st Hilaire, év.	20 m. st Romuald.
21 s. ste Agnès, v.	21 m. st Sévérien.	21 m. st Benoît.	21 v. VENDREDI-SAINT.	21 D. st Hospice.	21 m. st Louis de Gonz.
22 D. st Vincent, m.	22 m. st Maxime.	22 m. st Paul, év.	22 s. st Opportune.	22 l. ste Julie.	22 j. FÊTE-DIEU.
23 l. st Fabien, pape.	23 j. st Puscase.	23 j. st Fidèle.	23 D. **PAQUES.**	23 m. st Didier.	23 v. st Leufroy.
24 m. st Thimothée, év.	24 v. st Mathias, ap.	24 v. st Gabriel.	24 l. st Phebade, év.	24 m. st François Rég.	24 s. st Jean-Baptiste.
25 m. Conv. de st Paul.	25 s. st Valburge.	25 s. ANNONCIATION.	25 m. st Marc, évang.	25 j. st Urbain, pape.	25 D. ste Fébronie.
26 j. ste Paule , veuve.	26 D. SEXAGÉSIME.	26 D. Oculi.	26 m. st Clet, pape.	26 v. ss. Philippe de N.	26 l. st Maixent.
27 v. ss. Martyrs, rom.	27 l. ste Honorine.	27 l. st Rupert, év.	27 j. st Polycarpe.	27 s. st Hildebert.	27 m. st Crescent, év.
28 s. st Cyrile, évêq.	28 m. ss. Martyrs d'Al.	28 m. st Gontrand.	28 v. ss Martyrs d'Aff.	28 D. st Guilhaume.	28 m. st Irénée, év.
29 D. st François de S.		29 m. st Eustase.	29 s. ste Marie Égypt.	29 l. ROGATIONS.	29 j. ss. Pierre et Paul.
30 l. ste Bathilde.		30 j. st Jean Climaque.	30 D. QUASIMODO.	30 m. st Félix, pape.	30 v. Comm. de s Paul.
31 m. st Pierre Nolasq.		31 v. Acace, év.		31 m. st Sylve, évêq.	

JUILLET	AOUT	SEPTEMBRE	OCTOBRE	NOVEMBRE	DÉCEMBRE
1 s. st Martial, év.	1 m. st Pierre ès-liens	1 v. st Gilis, abbé.	1 D. st Rémy, év.	1 m. **TOUSSAINT.**	1 v. st Eloi, év.
2 D. VISITATION N. D.	2 m. st Etienne, pap.	2 s. st Antonin, m.	2 l. ss Anges gard.	2 j. Les Morts.	2 s. st François-Xav.
3 l. st Anatole.	3 j. Inv. st Etienne.	3 D. st Grégoire, pape	3 m. st Trophime, év.	3 v. st Papoul, m.	3 D. AVENT.
4 m. st Théodore.	4 v. st Dominique.	4 l. st Lazare.	4 m. st François-d'As.	4 s. st Charles Borro.	4 l. ste Barbe, v.
5 m. ste Zoé.	5 s. st Félix, mart.	5 m. st Victorin, év.	5 j. st Placide, m.	5 D. ste Bertile. v.	5 m. st Sabas, abbé.
6 j. st Tranquillin.	6 D. TRANS. DE N. S.	6 m. st Eugène, m.	6 v. st Bruno, moine.	6 l. st Léonard.	6 m. ste Victoire, v.
7 v. st Prosper, doct.	7 l. st Sixte, pape.	7 j. st Cloud, prêtre.	7 s. ste Foi, v. m.	7 m. st Ernest, abbé.	7 j. st Nicolas, év.
8 s. ste Elisabeth, r.	8 m. ss. Just et Past.	8 v. NATIV. DE LA V.	8 D. ste Brigitte.	8 m. stes Reliques.	8 v. CONCEP. N. D.
9 D. st Ephrem.	9 m. st Vitrice, évêq.	9 s. St Omer, évêq.	9 l. st Denis, év.	9 j. st Austremoine.	9 s. ste Léocadie, v.
10 l. Sept-Frères M.	10 j. ste Philomène.	10 D. st Salvi, évêque.	10 m. st François de B.	10 v. st Léon, pape.	10 D. st Hubert.
11 m. Trans. st Benoît.	11 v. ste Suzanne, m.	11 l. st Patient.	11 m. st Julien.	11 s. st Martin, év.	11 l. st Damase, pape.
12 m. st Honeste, pr.	12 s. ste Claire, vierge.	12 m. st Serdot, évêq.	12 j. st Donatien.	12 D. st Martin, pape.	12 m. st Paul, év.
13 j. st Anaclet.	13 D. ste Radegonde, r.	13 m. st Aimé, abbé.	13 v. st Géraud.	13 l. st Stanislas.	13 m. ste Luce, v. m.
14 v. st Bonaventure.	14 l. st Eusèbe. V.-J.	14 j. EXALT. Ste-CROIX	14 s. st Calixte.	14 m. st Claude, m.	14 j. st Honorat, év,
15 s. st Henri.	15 m. **Assomption.**	15 v. st Achard, abbé.	15 D. ste Thérèse, v.	15 m. st Malo, év.	15 v. st Mesmin, abbé.
16 D. N.-D. de M.-Car.	16 m. st Roch.	16 s. st Jean Chrysost.	16 l. st Bertrand, év.	16 j. st Eucher.	16 s. ste Adelaïde.
17 l. st Espérat, m.	17 j. st Alexis.	17 D. st Corneille, pap.	17 m. st Gauderic.	17 v. st Asciscle, m.	17 D. ste Olimpie.
18 m. st Thomas d'Aq.	18 v. ste Hélène.	18 l. ste Camelle, v.	18 m. st Luc, évang.	18 s. st Odon, abbé.	18 l. st Gratien.
19 m. st Vincent de P.	19 s. st Louis, évêque.	19 m. st Cyprien.	19 j. st Pierre d'Alc.	19 D. ste Elizabeth.	19 m. st Grégoire,
20 j. ste Marguerite.	20 D. st Bernard, abbé.	20 m. Quatre-Temps.	20 v. st Caprais, év.	20 l. st Edmond.	20 m. Quatre-Temps.
21 v. st Victor, m.	21 l. st Privat; évêq.	21 j. st Mathieu, évan.	21 s. ste Ursule, v.	21 m. PRÉSENT. N. D.	21 j. st Thomas, apô.
22 s. ste Madeleine.	22 m. st Symphorien.	22 v. st Maurice; q.-t.	22 D. st Mellon.	22 m. ste Cécile, v.	22 v. st Yves, év. q.-t.
23 D. st Apollinaire.	23 m. ste Jeanne.	23 s. ste Thècle, q.-t.	23 l. st Séverin.	23 j. st Clément, pape.	23 s. ste Anastas. q.-t.
24 l. ste Christine, v.	24 j. st Barthélemy, a.	24 D. st Yzarn, abbé.	24 m. st Erambert, év.	24 v. ste Flore, v.	24 D. ste Delphine, v.-j.
25 m. st Jacques, apôt.	25 v. st Louis, roi.	25 l. st Firmin, évêq.	25 m. ss Crépin et Cré.	25 s. ste Catherine, v.	25 l. NOEL.
26 m. ste Anne.	26 s. st Zéphirin.	26 m. ste Justine.	26 j. ste Rustique.	26 D. st Lin, pape.	26 m. st Etienne, m.
27 j. st Pantaléon.	27 D. st Césaire, év.	27 m. ss. Come et Dam.	27 v. st Frumence.	27 l. ss Vital et Agri.	27 m. st Jean, évang.
28 v. st Nazaire, m.	28 l. st Augustin, év.	28 j. st Exupère, évêq.	28 s. ss. Simon et Jud.	28 m. st Sosthène.	28 j. st Innocents.
29 s. st Loup, évêque.	29 m. Déc. de st J.-Bapt.	29 v. st Michel.	29 D. st Narcisse.	29 m. st Saturnin, év.	29 v. st Thomas, év.
30 D. st Germain, év.	30 m. st Gaudens.	30 s. st Jérôme, prêt.	30 l. st Quentin. m.	30 j. st André, ap.	30 s. st Sabin, év.
31 l. st Ignace, prêtre.	31 j. ste Florentine.		31 m. Vigile-Jeûne.		31 D. st Sylvestre, p.

Toulouse. — Imprimerie de Bivax et Faget, rue Tripière, 6.

Calendrier Perpétuel, Civil et Ecclésiastique

JANVIER	FÉVRIER	MARS	AVRIL	MAI	JUIN
1 l. CIRCONCISION.	1 j. st Ignace, m.	1 j. st Aubin, év.	1 D. LÆTARE.	1 m. ss. Phil. et Jacq.	1 v. st Pamphile.
2 m. st Bazile.	2 v. PURIFICATION.	2 v. st Symplicien.	2 l. st François de P.	2 m. st Athanase, év.	2 s. st Pothin, év.
3 m. ste Geneviève.	3 s. st Blaise, év.	3 s. ste Cunégonde.	3 m. st Richard.	3 j. Invent. ste Croix.	3 D. ste Clotilde.
4 j. st Rigobert.	4 D. st Gilbert.	4 D. QUINQUAGÉSIME.	4 m. st Ambroise, év.	4 v. ste Monique.	4 l. st Quirin, m.
5 v. st Siméon, styl.	5 l. ste Agathe, v.	5 l. st Phocas.	5 j. st Vincent Ferr.	5 s. st Théodard, év.	5 m. st Claude.
6 s. ÉPIPHANIE.	6 m. st Amand, év.	6 m. ste Colette.	6 v. st Prudence.	6 D. st Jean P. L.	6 m. st Norbert, év.
7 D. st Théau.	7 m. ste Dorothée, v.	7 m. CENDRES.	7 s. st Hégésippe.	7 l. Transf. s Etienne.	7 j. st Robert, ab.
8 l. st Lucien, m.	8 j. st Jean de M.	8 j. st Jean de Dieu.	8 D. PASSION.	8 m. st Orens, évêq.	8 v. st Médard, év.
9 m. st Julien, hosp.	9 v. ste Apollonie.	9 v. ste Françoise.	9 l. st Isidore.	9 m. st Grégoire.	9 s. st Félicien. v.-j.
10 m. st Paul, ermite.	10 s. ste Scholastique.	10 s. st Blanchard.	10 m. st Macaire	10 j. st Gordien.	10 D. PENTECOTE.
11 j. st Hygien, pape.	11 D. st Benoît, abbé.	11 D. QUADRAGÉSIME.	11 m. st Léon, pape.	11 v. st Mamert.	11 l. st Barnabé, ap.
12 v. st Fréjus, év.	12 l. ste Eulalie, v.	12 l. st Maximilien.	12 j. st Jules.	12 s. st Pacôme, ab.	12 m. st Basilide.
13 s. BAPTÊME DE N. S.	13 m. st Lésin.	13 m. st Nicéphore.	13 v. st Justin, m.	13 D. st Onésime.	13 m. Quatre-Temps.
14 D. st Hilaire, év.	14 m. st Valentin.	14 m. Quatre-Temps.	14 s. st Tiburce.	14 l. st Boniface.	14 j. st Valère, m.
15 l. st Maur, abbé.	15 j. st Faustin.	15 j. st Zacharie.	15 D. RAMEAUX.	15 m. st Honoré.	15 v. st Guy, m. q.-t.
16 m. st Fulgence, év.	16 v. ste Julienne.	16 v. ste Eusébie. q.-t.	16 l. st Fructueux.	16 m. st Germier.	16 s. ss. Cyr et J. q.-t.
17 m. st Antoine, ab.	17 s. st Sylvain, év.	17 s. st Patrice. q.-t.	17 m. st Anicet.	17 j. st Pascal.	17 D. TRINITÉ.
18 j. Chaire st P. à R.	18 D. SEPTUAGÉSIME.	18 D. REMINISCERE.	18 m. st Parfait.	18 v. st Venant.	18 l. st Emile, m.
19 v. st Sulpice, év.	19 l. st Gaspard.	19 l. st Gaspard.	19 j. st Elphège.	19 s. st Pierre Célestin	19 m. ss. Gervais et Pr.
20 s. st Sébastien, m.	20 m. st Eucher, év.	20 m. st Joachim.	20 v. VENDREDI-SAINT	20 D. st Hilaire, év.	20 m. st Romuald.
21 D. ste Agnès, v.	21 m. st Sévérien.	21 m. st Benoît.	21 s. st Anselme.	21 l. st Hospice.	21 j. FÊTE-DIEU.
22 l. st Vincent, m.	22 j. st Maxime.	22 j. st Paul, év.	22 D. PAQUES.	22 m. ste Julie.	22 v. st Paulin, év.
23 m. st Fabien, pape.	23 v. st Pascase.	23 v. st Fidèle.	23 l. st George, m.	23 m. st Didier.	23 s. st Leufroy.
24 m. st Timothée, év.	24 s. st Mathias, ap.	24 s. st Gabriel.	24 m. st Phébade, év.	24 j. st François Rég.	24 D. st Jean-Baptiste.
25 j. Conv. de st Paul.	25 D. SEXAGÉSIME.	25 D. OCULI.	25 m. st Marc, évang.	25 v. st Urbain, pape.	25 l. ste Fébronie.
26 v. ste Paule, veuve.	26 l. st Nestor.	26 l. st Ludger.	26 j. st Clet, pape.	26 s. st Philippe de N.	26 m. st Maixent.
27 s. ss. Martyrs rom.	27 m. ste Honorine.	27 m. st Rupert, év.	27 v. st Polycarpe.	27 D. st Hildebert.	27 m. st Cressent, év.
28 D. st Cyrille, év.	28 m. ss. Martyrs d'Al.	28 m. st Gontrand.	28 s. ss. Martyrs d'Aff.	28 l. ROGATIONS.	28 j. st Irénée, év.
29 l. st François de S.		29 j. st Eustase.	29 D. QUASIMODO.	29 m. st Maximin.	29 v. ss. Pierre et Paul.
30 m. ste Bathilde.		30 v. st Jean Climaque.	30 l. st Eutrope, év.	30 m. st Félix, pape.	30 s. Comm. des Paul.
31 m. st Pierre Nolasq.		31 s. st Acace, év.		31 j. ASCENSION.	

JUILLET	AOUT	SEPTEMBRE	OCTOBRE	NOVEMBRE	DÉCEMBRE
1 D. st Martial, év.	1 m. st Pierre-ès-liens	1 s. st Gilis, abbé.	1 l. st Rémy, év.	1 j. TOUSSAINT.	1 s. st Eloi, év.
2 l. VISITATION N. D.	2 j. st Etienne, pape.	2 D. st Antonin, m.	2 m. ss. Anges gard.	2 v. Les Morts.	2 D. AVENT.
3 m. st Anatole.	3 v. Invent. st Etien.	3 l. st Grégoire, pap.	3 m. st Trophime, év.	3 s. st Papoul, m.	3 l. st Anthème.
4 m. st Théodore.	4 s. st Dominique	4 m. st Lazare.	4 j. st François-d'As.	4 D. st Charles-Borro.	4 m. ste Barbe, v.
5 j. ste Zoé.	5 D. st Félix, m.	5 m. st Victorin, év.	5 v. st Placide, m.	5 l. ste Bertile, v.	5 m. st Sabas, abbé.
6 v. st Tranquillin.	6 l. Trans. de N. S.	6 j. st Eugène, m.	6 s. st Bruno, moine.	6 m. st Léonard.	6 j. st Victoire, v.
7 s. st Prosper, doct.	7 m. st Xiste, pape.	7 v. st Cloud, prêtre.	7 D. ste Foi, v. m.	7 m. st Ernest, abbé.	7 v. st Nicolas, év.
8 D. ste Elisabeth, r.	8 m. st Just et Past.	8 s. NATIVITÉ de la V.	8 l. ste Brigitte.	8 j. stes Reliques.	8 s. CONCEP. N. D.
9 l. st Ephrem.	9 j. st Vitrice, év.	9 D. st Omer, év.	9 m. st Denis, év.	9 v. st Austremoine.	9 D. ste Léocadie, v.
10 m. Sept-Frères M.	10 v. ste Philomène.	10 l. st Salvi, év.	10 m. st François de B.	10 s. st Léon, pape.	10 l. st Hubert.
11 m. Trans. st Benoît.	11 s. ste Susanne, m.	11 m. st Patient.	11 j. st Julien.	11 D. st Martin, év.	11 m. st Damase, pape.
12 j. st Honeste, pr.	12 D. ste Claire, vierge.	12 m. st Serdot, év.	12 v. st Donatien.	12 l. st Martin, pape.	12 m. st Paul, év.
13 v. st Anaclet.	13 l. ste Radegonde, r.	13 j. st Aimé, abbé.	13 s. st Géraud.	13 m. st Stanislas.	13 j. ste Luce, v. m.
14 s. st Bonaventure.	14 m. st Eusèbe, V.-J.	14 v. EXALT. ste CROIX	14 D. st Calixte.	14 m. st Claude, év.	14 v. st Honorat, prê.
15 D. st Henri.	15 m. ASSOMPTION.	15 s. st Achard, abbé.	15 l. ste Thérèse.	15 j. st Malo, év.	15 s. st Mesmin, abbé.
16 l. Notre-D. de M. C.	16 j. st Roch.	16 D. st Jean Chrysost.	16 m. st Bertrand, év.	16 v. st Eucher.	16 D. ste Adélaïde.
17 m. st Esperat, m.	17 v. st Alexis.	17 l. st Corneille, pap.	17 m. st Gauderic.	17 s. st Asciscle, m.	17 l. ste Olimpie.
18 m. st Thomas d'Aq.	18 s. ste Hélène.	18 m. ste Camelle.	18 j. st Luc, évang.	18 D. st Odon, abbé.	18 m. st Gratien.
19 j. st Vincent-de-P.	19 D. st Louis, év.	19 m. Quatre-Temps.	19 v. st Pierre d'Alc.	19 l. ste Elizabeth.	19 m. Quatre-Temps.
20 v. ste Marguerite.	20 l. st Bernard, ab.	20 j. st Eustache.	20 s. st Caprais, év.	20 m. st Edmont.	20 j. st Philogone.
21 s. st Victor, m.	21 m. st Privat, év.	21 v. st Mathieu. q.-t.	21 D. ste Ursule, v.	21 m. PRÉSENT. N. D.	21 v. st Thomas. q.-t.
22 D. ste Madeleine.	22 m. st Symphorien.	22 s. st Maurice. q.-t.	22 l. st Mellon.	22 j. ste Cécile, v.	22 s. st Yves, év. q.-t.
23 l. st Appollinaire.	23 j. ste Jeanne.	23 D. ste Thècle, v.	23 m. st Sévérin.	23 v. st Clément, pape.	23 D. ste Anastasie.
24 m. ste Christine, v.	24 v. st Barthélemi, ap.	24 l. st Yzarn, abbé.	24 m. st Erambert, év.	24 s. ste Flore, v.	24 l. ste Delphine, v.-j.
25 m. st Jacques, apôt.	25 s. st Louis, roi.	25 m. st Firmin, év.	25 j. ss. Crépin et Cré.	25 D. ste Catherine, v.	25 m. NOEL.
26 j. ste Anne.	26 D. st Zéphirin.	26 m. ste Justine.	26 v. ste Rustique.	26 l. st Lin, pape.	26 m. st Etienne, m.
27 v. st Pantaléon.	27 l. st Césaire, év.	27 j. ss. Come et Dam.	27 s. st Fromence.	27 m. ss Vital et Agr.	27 j. st Jean, évang.
28 s. st Nazaire, m.	28 m. st Augustin, év.	28 v. st Exupère, m.	28 D. ss Simon et Jude.	28 m. st Sosthène.	28 v. ss. Innocents.
29 D. st Loup, év.	29 m. Déco. de s. J. B.	29 s. st Michel.	29 l. st Narcisse.	29 j. st Saturnin.	29 s. st Thomas, évan.
30 l. st Germain, év.	30 j. st Gaudens.	30 D. st Jérôme, prêt.	30 m. st Quentin, m.	30 v. st André, ap.	30 D. st Sabin, év.
31 m. st Ignace, prêt.	31 v. ste Florentine.		31 m. Vigile-Jeûne.		31 l. st Sylvestre, p.

Calendrier Perpétuel, Civil et Ecclésiastique.

JANVIER	FÉVRIER	MARS	AVRIL	MAI	JUIN
1 m. CIRCONCISION.	1 s. st Ignace.	1 s. st Aubin, év.	1 m. st Hugues, év.	1 j. **ASCENSION.**	1 D. st Pamphile,
2 j. st Basile.	2 D. QUINQUAGÉSIME.	2 D. LÆTARE.	2 m. st François de P.	2 v. st Athanase, év.	2 l. st Pothin, év.
3 v. ste Geneviève.	3 l. st Blaise, évêq.	3 l. ste Cunégonde.	3 j. st Richard.	3 s. Invent. ste Croix.	3 m. ste Clotilde.
4 s. st Rigobert.	4 m. st Gilbert.	4 m. st Casimir.	4 v. st Ambroise, év.	4 D. ste Monique.	4 m. st Quirin, m.
5 D. st Siméon, styl.	5 m. CENDRES.	5 m. st Phocas.	5 s. st Vincent Ferr.	5 l. st Théodard, év.	5 j. st Claude.
6 l. ÉPIPHANIE.	6 j. st Amand, évêq.	6 j. ste Colette.	6 D. st Prudence.	6 m. st Jean P. L.	6 v. st Norbert, év.
7 m. st Théau.	7 v. ste Dorothée, v.	7 v. ss. Félic. et Perp.	7 l. st Hégésippe.	7 m. Transf. s Etienne	7 s. st Robert, ab.
8 m. st Lucien, m.	8 s. st Jean de M.	8 s. st Jean-de-Dieu.	8 m. st Gauter, abbé.	8 j. st Oreus, évêq.	8 D. st Médard, év.
9 j. st Julien, hosp.	9 D. QUADRAGÉSIME.	9 D. PASSION.	9 m. st Isidore.	9 v. st Grégoire, év.	9 l. st Félicien, m.
10 v. st Paul, ermite.	10 l. ste Scolastique.	10 l. st Blanchard, év.	10 j. st Macaire.	10 s. st Gordien. v.-j.	10 m. st Landry.
11 s. st Hygien, pape.	11 m. st Benoît, abbé.	11 m. ste Sophrone.	11 v. st Léon, pape.	11 D. **PENTECOTE**	11 m. st Barnabé, ap.
12 D. st Fréjus, évêq.	12 m. Quatre-Temps.	12 m. st Maximilien.	12 s. st Jules.	12 l. st Pacôme, ab.	12 j. st Basilide.
13 l. BAPTÊME DE N. S.	13 j. st Lésin.	13 j. st Nicéphore.	13 D. st Justin, m.	13 m. st Onésime.	13 v. st Aventin.
14 m. st Hilaire, évêq.	14 v. st Valentin. q.-t.	14 v. ste Mathilde.	14 l. st Tiburce.	14 m. Quatre-Temps.	14 s. st Valère, m.
15 m. st Maur, abbé.	15 s. st Faustin. q.-t.	15 s. st Zacharie.	15 m. st Paterne.	15 j. st Honoré.	15 D. st Guy, mart.
16 j. st Fulgence, év.	16 D. REMINISCERE.	16 D. RAMEAUX.	16 m. st Fructueux.	16 v. st Germier. q.-t.	16 l. ss. Cyr et Julitte.
17 v. st Antoine, abbé.	17 l. st Sylvin, évêq.	17 l. st Patrice, év.	17 j. st Anicet.	17 s. st Pascal. q.-t.	17 m. st Avit, abbé.
18 s. Chaire st P. à R.	18 m. st Siméon, év.	18 m. st Alexandre, év.	18 v. st Parfait.	18 D. TRINITÉ.	18 m. st Emile, m.
19 D. SEPTUAGÉSIME.	19 m. st Gabin.	19 m. st Gaspard.	19 s. st Elphège.	19 l. st Pierre Célestin	19 j. ss Gervais et Pro.
20 l. st Sébastien, m.	20 j. st Eucher, évêq.	20 j. st Joachim.	20 D. st Joseph.	20 m. st Hilaire, év.	20 v. st Romuald.
21 m. ste Agnès, v.	21 v. st Sévérien.	21 v. VENDREDI-SAINT.	21 l. st Anselme.	21 m. st Hospice.	21 s. st Louis de Gonz.
22 m. st Vincent, m.	22 s. st Maxime.	22 s. st Paul, év.	22 m. st Opportune.	22 j. FÊTE-DIEU.	22 D. st Paulin, év.
23 j. st Fabien, pape.	23 D. OCULI.	23 D. PAQUES.	23 m. st George, m.	23 v. st Didier.	23 l. st Leufroy.
24 v. st Thimothée, év.	24 l. st Mathias, ap.	24 l. st Gabriel.	24 j. st Phébade, év.	24 s. st François Rég.	24 m. st Jean-Baptiste.
25 s. Conv. de st Paul.	25 m. st Valburge.	25 m. st Humbert.	25 v. st Marc, évang.	25 D. st Urbain, pape.	25 m. ste Fébronie.
26 D. SEXAGÉSIME.	26 m. st Nestor.	26 m. st Ludger.	26 s. st Clet, pape.	26 l. ss. Philippe de N.	26 j. st Maixent.
27 l. ss. Martyrs, rom.	27 j. ste Honorine.	27 j. st Rupert, pape.	27 D. st Polycarpe.	27 m. st Hildebert.	27 v. st Crescent, év.
28 m. st Cyrile, évêq.	28 v. ss. Martyrs d'Al.	28 v. st Gontrand.	28 l. ROGATIONS.	28 m. st Guilhaume.	28 s. st Irénée, év.
29 m. st François de S.		29 s. st Eustase.	29 m. ste Marie Égypt.	29 j. st Austremoine.	29 D. ss. Pierre et Paul.
30 j. ste Bathilde.		30 D. QUASIMODO.	30 m. st Eutrope, év.	30 v. st Félix, pape.	30 l. Comm. de s Paul.
31 v. st Pierre Nolasq.		31 l. ANNONCIATION.		31 s. st Sylve, évêq.	

JUILLET	AOUT	SEPTEMBRE	OCTOBRE	NOVEMBRE	DÉCEMBRE
1 m. st Martial, év.	1 v. st Pierre ès-liens.	1 l. st Gilis, abbé.	1 m. st Rémy, év.	1 s. **TOUSSAINT.**	1 l. st Eloi, év.
2 m. VISITATION N. D.	2 s. st Etienne, pape.	2 m. st Antonin, m.	2 j. ss Anges gard.	2 D. Les Morts.	2 m. st François-Xav.
3 j. st Anatole.	3 D. Inv. st Etienne.	3 m. st Grégoire, pape	3 v. st Trophime, év.	3 l. st Papoul, m.	3 m. st Anthème.
4 v. st Théodore.	4 l. st Dominique.	4 j. st Lazare.	4 s. st François-d'As.	4 m. st Charles Borro.	4 j. ste Barbe, v.
5 s. ste Zoé.	5 m. st Félix, mart.	5 v. st Victorin, év.	5 D. st Placide, m.	5 m. ste Bertile. v.	5 v. st Sabas, abbé.
6 D. st Tranquillin.	6 m. TRANS. DE N. S.	6 s. st Eugène, m.	6 l. st Bruno, moine.	6 j. st Léonard.	6 s. ste Victoire, v.
7 l. st Prosper, doct.	7 j. st Sixte, pape.	7 D. st Cloud, prêtre.	7 m. ste Foi, v.	7 v. st Ernest, abbé.	7 D. st Nicolas, év.
8 m. ste Elisabeth, r.	8 v. ss. Just et Past.	8 l. NATIV. DE LA V.	8 m. ste Brigitte.	8 s. stes Reliques.	8 l. CONCEP. N. D.
9 m. st Ephrem.	9 s. st Virtice, évêq.	9 m. st Omer, évêq.	9 j. st Denis, év.	9 D. st Austremoine.	9 m. ste Léocadie, v.
10 j. Sept-Frères M.	10 D. ste Philomène.	10 m. st Salvi, évêque.	10 v. st François de B.	10 l. st Léon, pape.	10 m. st Hubert.
11 v. Trans. st Benoît.	11 l. ste Suzanne, m.	11 j. st Patient.	11 s. st Julien.	11 m. st Martin, év.	11 j. st Damase, pape.
12 s. st Honeste, pr.	12 m. ste Claire, vierge.	12 v. st Serdot, évêq.	12 D. st Donatien.	12 m. st Martin, pape.	12 v. st Paul, év.
13 D. st Anaclet.	13 m. ste Radegonde, r.	13 s. st Aimé, abbé.	13 l. st Géraud.	13 j. st Stanislas.	13 s. ste Luce, v. m.
14 l. st Bonaventure.	14 j. st Eusèbe. V.-J.	14 D. EXALT. Ste-CROIX	14 m. st Caliste.	14 v. st Claude, m.	14 D. st Honorat, év.
15 m. st Henri.	15 v. **Assomption.**	15 l. st Achard, abbé.	15 m. ste Thérèse, v.	15 s. st Malo, év.	15 l. st Mesmin, abbé.
16 m. N.-D. de M.-Car.	16 s. st Roch.	16 m. st Jean Chrysost.	16 j. st Bertrand, év.	16 D. st Eucher.	16 m. ste Adelaïde, v.
17 j. st Espérat, m.	17 D. st Alexis.	17 m. Quatre-Temps.	17 v. st Gauderic.	17 l. st Asciscle, m.	17 m. Quatre-Temps.
18 v. st Thomas d'Aq.	18 l. ste Hélène.	18 j. st Camelle, v.	18 s. st Luc, évang.	18 m. st Odon, abbé.	18 j. st Gratien.
19 s. st Vincent de P.	19 m. st Louis, évêque.	19 v. st Cyprien. q.-t.	19 D. st Pierre d'Alc.	19 m. ste Elizabeth.	19 v. st Grégoire, q.-t.
20 D. ste Marguerite.	20 m. st Bernard, abbé.	20 s. st Eustache. q.-t	20 l. st Caprais, év.	20 j. st Edmond.	20 s. st Philogone, q-t.
21 l. st Victor, m.	21 j. st Privat, évêque.	21 D. st Mathieu, évan.	21 m. ste Ursule, v.	21 v. PRÉSENT. N. D.	21 D. st Thomas, apô.
22 m. ste Madeleine.	22 v. st Symphorien.	22 l. st Maurice, apôt.	22 m. st Mellon.	22 s. ste Cécile, v.	22 l. st Yves, év.
23 m. st Apollinaire.	23 s. ste Jeanne.	23 m. ste Thècle, v.	23 j. st Séverin.	23 D. st Clément, pape.	23 m. ste Anastasie.
24 j. ste Christine, v.	24 D. st Barthélemy, a.	24 m. st Yzarn, abbé.	24 v. st Erambert, év.	24 l. ste Flore, v.	24 m. ste Delphine, v.-j.
25 v. st Jacques, apôt.	25 l. st Louis, roi.	25 j. st Firmin, évêq.	25 s. ss Crépin et Cré.	25 m. ste Catherine, v.	25 j. NOEL.
26 s. ste Anne.	26 m. st Zéphirin.	26 v. ste Justine.	26 D. st Rustique.	26 m. st Lin, pape.	26 v. st Etienne, m.
27 D. st Pantaléon.	27 m. st Césaire, év.	27 s. ss. Côme et Dam.	27 l. st Frumence.	27 j. ss Vital et Agri.	27 s. st Jean, évang.
28 l. st Nazaire, m.	28 j. st Augustin, év.	28 D. st Exupère, évêq.	28 m. ss. Simon et Jud.	28 s. st Sosthène.	28 D. ss Innocents.
29 m. st Loup, évêque.	29 v. Déc. st J.-Bapt.	29 l. st Michel.	29 m. st Narcisse.	29 D. st Saturnin, év.	29 l. st Thomas, év.
30 m. st Germain, év.	30 s. st Gaudens.	30 m. st Jérôme, prêt.	30 m. st Quentin, m.	30 D. AVENT.	30 m. st Sabin, év.
31 j. st Ignace, prêtre.	31 D. ste Florentine.		31 v. Vigile-Jeûne.		31 m. st Sylvestre, p.

Calendrier Perpétuel, Civil et Ecclésiastique

JANVIER	FÉVRIER	MARS	AVRIL	MAI	JUIN
1 j. Circoncision.	1 D. Quinquagésime.	1 D. Lætare.	1 m. st Hugues, év.	1 v. ss. Phil. et Jacq.	1 l. st Pamphile.
2 v. st Bazile.	2 l. Purification.	2 l. st Symplicien.	2 j. st François de P.	2 s. st Athanase, év.	2 m. st Pothin, év.
3 s. ste Geneviève.	3 m. st Binise, év.	3 m. ste Cunégonde.	3 v. st Richard.	3 D. Invent. ste Croix.	3 m. ste Clotilde.
4 D. st Rigobert.	4 m. Cendres.	4 m. st Casimir.	4 s. st Ambroise, év.	4 l. ste Monique.	4 j. st Quirin, m.
5 l. st Siméon, styl.	5 j. ste Agathe, v.	5 j. st Phocas.	5 D. st Vincent Ferr.	5 m. st Théodard, év.	5 v. st Claude.
6 m. Epiphanie.	6 v. st Amand, év.	6 v. ste Colette.	6 l. st Prudence.	6 m. st Jean P. L.	6 s. st Norbert, év.
7 m. st Théau.	7 s. ste Dorothée, v.	7 s. stes Félic. et Per.	7 m. st Hégésippe.	7 j. Transf. s Etienne.	7 D. st Robert, ab.
8 j. st Lucien, m.	8 D. Quadragésime.	8 D. Passion.	8 m. st Gautier, ab.	8 v. st Orens, évêq.	8 l. st Médard, év.
9 v. st Julien, hosp.	9 l. ste Apollonie.	9 l. ste Françoise.	9 j. st Isidore.	9 s. st Grégoire. v.-j.	9 m. st Félicien, m.
10 s. st Paul, ermite.	10 m. ste Scholastique.	10 m. st Blanchard.	10 v. st Macaire.	10 D. Pentecôte	10 m. st Landry.
11 D. st Hygien, pape.	11 m. Quatre-Temps.	11 m. ste Sophrone.	11 s. st Léon, pape.	11 l. st Mamert.	11 j. st Barnabé, ap.
12 l. st Fréjus, év.	12 j. ste Eulalie, v.	12 j. st Maximilion.	12 D. st Jules.	12 m. st Pacome, ab.	12 v. st Basilide.
13 m. Baptême de N. S.	13 v. st Lésin. q.-t.	13 v. st Nicéphore.	13 l. st Justin, m.	13 m. Quatre-Temps.	13 s. st Aventin.
14 m. st Hilaire, év.	14 s. st Valentin. q.-t.	14 s. ste Mathilde.	14 m. st Tiburce.	14 j. st Boniface.	14 D. st Valère, m.
15 j. st Maur, abbé.	15 D. Reminiscere.	15 D. Rameaux.	15 m. st Paterne.	15 v. st Honoré. q.-t.	15 l. st Guy, m.
16 v. st Fulgence, év.	16 l. ste Julienne.	16 l. ste Eusébie, v.	16 j. st Fructueux.	16 s. st Germier. q.-t.	16 m. ss. Cyr et Julitte.
17 s. st Antoine, ab.	17 m. st Sylvain, év.	17 m. st Patrice, év.	17 v. st Anicet.	17 D. Trinité.	17 m. st Avit, abbé.
18 D. Septuagésime.	18 m. st Siméon, év.	18 m. st Alexandre, év.	18 s. st Parfait.	18 l. st Venant.	18 j. st Emile, m.
19 l. st Sulpice, év.	19 j. st Gabin.	19 j. st Gaspard.	19 D. st Elphège.	19 m. st Pierre Célestin	19 v. ss. Gervais et Pr.
20 m. st Sébastien, m.	20 v. st Eucher, év.	20 v. Vendredi-Saint	20 l. st Joseph.	20 m. st Hilaire, év.	20 s. st Romuald.
21 m. ste Agnès, v.	21 s. st Sévérien.	21 s. st Benoît.	21 m. st Anselme.	21 j. Fête-Dieu.	21 D. st Louis de Gonz.
22 j. st Vincent, m.	22 D. Oculi.	22 D. Paques.	22 m. ste Opportune.	22 v. ste Julie.	22 l. st Paulin, év.
23 v. st Fabien, pape.	23 l. st Pascase.	23 l. st Fidèle.	23 j. st George, m.	23 s. st Didier.	23 m. st Leufroy.
24 s. st Timothée, év.	24 m. st Mathias, ap.	24 m. st Gabriel.	24 v. st Phébade, év.	24 D. st François Rég.	24 m. st Jean-Baptiste.
25 D. Sexagésime.	25 m. st Valburge.	25 m. st Humbert.	25 s. st Marc, évang.	25 l. st Urbain, pape.	25 j. ste Fébronie.
26 l. ste Paule, veuve.	26 j. st Nestor.	26 j. st Ludger.	26 D. st Clet, pape.	26 m. st Philippe de N.	26 v. st Maixent.
27 m. ss. Martyrs rom.	27 v. ste Honorine.	27 v. st Rupert, év.	27 l. Rogations.	27 m. st Hildebert.	27 s. st Cressent, év.
28 m. st Cyrille, év.	28 s. ss. Martyrs d'Al.	28 s. st Gontrand.	28 m. ss. Martyrs d'Aff.	28 j. st Guilhaume.	28 D. st Irénée, év.
29 j. st François de S.		29 D. Quasimodo.	29 m. ste Marie Égypt.	29 v. st Maximin.	29 l. ss. Pierre et Paul.
30 v. ste Bathilde.		30 l. Annonciation.	30 j. Ascension.	30 s. st Félix, pape.	30 m. Comm. de s Paul.
31 s. st Pierre Nolasq.		31 m. st Acace, év.		31 D. st Sylve, év.	

JUILLET	AOUT	SEPTEMBRE	OCTOBRE	NOVEMBRE	DÉCEMBRE
1 m. st Martial, év.	1 s. st Pierre-ès-liens.	1 m. st Gilis, abbé.	1 j. st Rémy, év.	1 D. Toussaint.	1 m. st Eloi, év.
2 j. Visitation N. D.	2 D. st Etienne, pape.	2 m. st Antonin, m.	2 v. ss Anges gard.	2 l. Les Morts.	2 m. st François Xav.
3 v. st Anatole.	3 l. Invent. st Etien.	3 j. st Grégoire, pap.	3 s. st Trophime, év.	3 m. st Papoul, m.	3 j. st Anthème.
4 s. st Théodore.	4 m. st Dominique	4 v. st Lazare.	4 D. st François-d'As.	4 m. st Charles-Borro.	4 v. ste Barbe, v.
5 D. ste Zoé.	5 m. st Félix, m.	5 s. st Victorin, év.	5 l. st Placide, m.	5 j. ste Bertile, v.	5 s. st Sabas, abbé.
6 l. st Tranquillin.	6 j. Trans. de N. S.	6 D. st Eugène, m.	6 m. st Bruno, moine.	6 v. st Léonard.	6 D. ste Victoire, v.
7 m. st Prosper, doct.	7 v. st Xiste, pape.	7 l. st Cloud, prêtre.	7 m. ste Foi, v. m.	7 s. st Ernest, abbé.	7 l. st Nicolas, év.
8 m. ste Elisabeth, r.	8 s. st Just et Past.	8 m. Nativité de la V.	8 j. ste Brigitte.	8 D. stes Reliques.	8 m. Concep. N. D.
9 j. st Ephrem.	9 D. st Vitrice, év.	9 m. st Omer, év.	9 v. st Denis, év.	9 l. st Anstremoine.	9 m. ste Léocadie, v.
10 v. Sept-Frères M.	10 l. ste Philomène.	10 j. st Salvi, év.	10 s. st François de B.	10 m. st Léon, pape.	10 j. st Hubert.
11 s. Trans. st Benoît.	11 m. ste Susanne, m.	11 v. st Patient.	11 D. st Julien.	11 m. st Martin, év.	11 v. st Damase, pape.
12 D. st Honeste, pr.	12 m. ste Claire, vierge.	12 s. st Serdot, év.	12 l. st Donatien.	12 j. st Martin, pape.	12 s. st Paul, év.
13 l. st Anaclet.	13 j. ste Radegonde, r.	13 D. st Ainé, abbé.	13 m. st Géraud.	13 v. st Stanislas.	13 D. ste Luce, v. m.
14 m. st Bonaventure.	14 v. st Eusèbe, V.-J.	14 l. Exalt. ste Croix	14 m. st Calixte.	14 s. st Claude, m.	14 l. st Honorat, év.
15 m. st Henri.	15 s. Assomption.	15 m. st Achard, abbé.	15 j. ste Thérèse.	15 D. st Malo, év.	15 m. st Mesmin, abbé.
16 j. Notre-D. de M. C.	16 D. st Roch.	16 m. Quatre-Temps.	16 v. st Bertrand, év.	16 l. st Eucher.	16 j. Quatre-Temps.
17 v. st Esperat, m.	17 l. st Alexis.	17 j. st Corneille, pap.	17 s. st Gaudoric.	17 m. st Asciscle, m.	17 v. ste Olimpie.
18 s. st Thomas d'Aq.	18 m. ste Hélène.	18 v. ste Camelle, q.-t.	18 D. st Luc, évang.	18 m. st Odon, abbé.	18 v. st Gratien. q.-t.
19 D. st Vincent-de-P.	19 m. st Louis, év.	19 s. st Cyprien. q.-t.	19 l. st Pierre d'Alc.	19 j. ste Elizabeth.	19 s. st Grégoire. q.-t.
20 l. ste Marguerite.	20 j. st Bernard, ab.	20 D. st Eustache.	20 m. st Caprais, év.	20 v. st Edmont.	20 D. st Philogone.
21 m. st Victor, m.	21 v. st Privat, év.	21 l. st Mathieu, ét.	21 m. ste Ursule, v.	21 s. Présent. N. D.	21 l. st Thomas, apôt.
22 m. ste Madeleine.	22 s. st Symphorien.	22 m. st Maurice, ap.	22 j. st Mellon.	22 D. ste Cécile, v.	22 m. st Yves, év.
23 j. st Appollinaire.	23 D. ste Jeanne.	23 m. ste Thècle, v.	23 v. st Sévérin.	23 l. st Clément, pape.	23 m. ste Anastasie.
24 v. ste Christine, v.	24 l. st Barthélemi, ap.	24 j. st Yzarn, abbé.	24 s. st Raphael, év.	24 m. ste Flore, v.	24 j. ste Delphine, v.-j.
25 s. st Jacques, apôt.	25 m. st Louis, roi.	25 v. st Firmin, év.	25 D. ss Crépin et Cré.	25 m. ste Catherine, v.	25 v. Noel.
26 D. ste Anne.	26 m. st Zéphirin.	26 s. ste Justine.	26 l. ste Rustique.	26 j. st Lin, pape.	26 s. st Etienne, m.
27 l. st Pantaléon.	27 j. st Césaire, év.	27 D. ss. Come et Dam.	27 m. st Frumence.	27 v. ss Vital et Agr.	27 D. st Jean, évang.
28 m. st Nazaire, m.	28 v. st Augustin, év.	28 l. st Exupère, m.	28 m. ss Simon et Jude.	28 s. st Sosthène.	28 l. ss Innocents.
29 m. st Loup, év.	29 s. Déco. de s. J. B.	29 m. st Michel.	29 j. st Narcisse.	29 D. Avent.	29 m. st Thomas, évan.
30 j. st Germain, év.	30 D. st Gaudens.	30 m. st Jérôme, prêt.	30 v. st Quentin, m.	30 l. st André, ap.	30 m. st Sabin, év.
31 v. st Ignace, prêt.	31 l. ste Florentine.		31 s. Vigile-Jeûne.		31 m. st Sylvestre, p.

Toulouse. — Imprimerie de Rives et Faget, rue Tripière, 9.

Calendrier Perpétuel, Civil et Ecclésiastique.

JANVIER
1 m. CIRCONCISION.
2 m. st Bazile.
3 j. ste Geneviève.
4 v. st Rigobert.
5 s. st Siméon, styl.
6 D. ÉPIPHANIE.
7 l. st Théau.
8 m. st Lucien, m.
9 m. st Julien, hosp.
10 j. st Paul, ermite.
11 v. st Hygien, pape.
12 s. st Fréjus, év.
13 D. BAPTÊME DE N.S.
14 l. st Hilaire, év.
15 m. st Maur, abbé.
16 m. st Fulgence, év.
17 j. st Antoine, ab.
18 v. Chaire st P. à R.
19 s. st Sulpice, év.
20 D. SEPTUAGÉSIME.
21 l. ste Agnès, v.
22 m. st Vincent, m.
23 m. st Fabien, pape.
24 j. st Timothée, év.
25 v. Conv. de st Paul.
26 s. ste Paule, veuve.
27 D. SEXAGÉSIME.
28 l. st Cyrille, év.
29 m. st François de S.
30 m. ste Bathilde.
31 j. st Pierre Nolasq.

FÉVRIER
1 v. st Ignace, m.
2 s. PURIFICATION.
3 D. QUINQUAGÉSIME.
4 l. st Gilbert.
5 m. ste Agathe, v.
6 m. CENDRES.
7 j. ste Dorothée, v.
8 v. st Jean de M.
9 s. ste Apollonie.
10 D. QUADRAGÉSIME.
11 l. st Benoît, abbé.
12 m. ste Eulalie, v.
13 m. Quatre-Temps.
14 j. st Valentin.
15 v. st Faustin. q.-t.
16 s. ste Julienne. q.-t.
17 D. REMINISCERE.
18 l. st Siméon, év.
19 m. st Gabin.
20 m. st Eucher, év.
21 j. st Sévérin.
22 v. st Maxime.
23 s. st Pascase.
24 D. OCULI.
25 l. st Valburge.
26 m. st Nestor.
27 m. ste Honorine.
28 j. ss. Martyrs d'Al.
29 v. st Romain.

MARS
1 s. st Aubin, év.
2 D. LÆTARE.
3 l. ste Cunégonde.
4 m. st Casimir.
5 m. st Phocas.
6 j. ste Colette.
7 v. ss. Félic. et Per.
8 s. st Jean de Dieu.
9 D. PASSION.
10 l. st Blanchard.
11 m. ste Sophrone.
12 m. st Maximilien.
13 j. st Nicéphore.
14 v. ste Mathilde.
15 s. st Zacharie.
16 D. RAMEAUX.
17 l. st Patrice, év.
18 m. st Alexandre, év.
19 m. st Gaspard.
20 j. st Joachim.
21 v. VENDREDI-SAINT.
22 s. st Paul, évêq.
23 D. PAQUES.
24 l. st Gabriel.
25 m. st Humbert.
26 m. st Ludger.
27 j. st Rupert, év.
28 v. st Gontrand.
29 s. st Eustase.
30 D. QUASIMODO.
31 l. ANNONCIATION.

AVRIL
1 m. st Hugues, év.
2 m. st François de P.
3 j. st Richard.
4 v. st Ambroise, év.
5 s. st Vincent Ferr.
6 D. st Prudence.
7 l. st Hégésippe.
8 m. st Gautier, ab.
9 m. st Isidore.
10 j. st Macaire.
11 v. st Léon, pape.
12 s. st Jules.
13 D. st Justin, m.
14 l. st Tiburce.
15 m. st Paterne.
16 m. st Fructueux.
17 j. st Anicet.
18 v. st Parfait.
19 s. st Elphège.
20 D. st Joseph.
21 l. st Anselme.
22 m. ste Opportune.
23 m. st George, m.
24 j. st Phebade, év.
25 v. st Marc, évang.
26 s. st Clet, pape.
27 D. st Policarpe.
28 l. ROGATIONS.
29 m. ste Marie Egypt.
30 m. st Eutrope, év.

MAI
1 j. **ASCENSION.**
2 v. st Athanase, év.
3 s. Invent. ste Croix.
4 D. ste Monique.
5 l. st Théodard, ev.
6 m. st Jean P. L.
7 m. Transf. s Etienne
8 j. st Orens, év.
9 v. st Grégoire, év.
10 s. st Gordien. v.-j.
11 D. **PENTECOTE.**
12 l. st Pacôme, ab.
13 m. st Onésime.
14 m. Quatre-Temps.
15 j. st Honoré.
16 v. st Germier. q.-t.
17 s. st Pascal. q.-t.
18 D. TRINITÉ.
19 l. st Pierre Célestin
20 m. st Hilaire, év.
21 m. st Hospice.
22 j. FÊTE-DIEU.
23 v. st Didier.
24 s. st François Rég.
25 D. st Urbain, pape.
26 l. st Philippe Néri.
27 m. st Hildebert.
28 m. st Guilhaume.
29 j. st Maximin.
30 v. st Félix, pape.
31 s. st Sylve, év.

JUIN
1 D. st Pamphile.
2 l. st Pothin, év.
3 m. ste Clotilde.
4 m. st Quirin, m.
5 j. st Claude.
6 v. st Norbert, év.
7 s. st Robert, ab.
8 D. st Médard, év.
9 l. st Félicien, m.
10 m. st Landry.
11 D. st Barnabé, ap.
12 j. st Basilide.
13 v. st Aventin.
14 s. st Valère, m.
15 D. st Guy, mart.
16 l. ss. Cyr et Julitte.
17 m. st Avit, abbé.
18 m. st Emile, m.
19 j. st Gervais et Pr.
20 v. st Romuald.
21 s. st Louis de G.
22 D. st Paulin, év.
23 l. st Leufroy.
24 m. st Jean-Baptiste.
25 m. ste Fébronie.
26 j. st Maixent.
27 v. st Cressent, év.
28 s. st Irénée, év.
29 D. ss. Pierre et Paul.
30 l. Comm. st Paul.

JUILLET
1 m. st Martial, év.
2 m. VISITATION N. D.
3 j. st Anatole.
4 v. st Théodore.
5 s. ste Zoé.
6 D. st Tranquillin.
7 l. st Prosper, doct.
8 m. ste Elizabeth, r.
9 m. st Ephrem.
10 j. Sept-Frères M.
11 v. Trans. st Benoit.
12 s. St Honeste, pr.
13 D. st Anaclet.
14 l. st Bonaventure.
15 m. st Henri.
16 m. Notre-D. de M. C.
17 j. st Esperat, m.
18 v. st Thomas d'Aq.
19 s. st Vincent-de-P.
20 D. ste Marguerite.
21 l. st Victor, m.
22 m. ste Madeleine.
23 m. st Appollinaire.
24 j. ste Christine, v.
25 v. st Jacques, apôt.
26 s. ste Anne.
27 D. st Pantaléon.
28 l. st Nazaire, m.
29 m. st Loup, év.
30 m. st Germain, év.
31 j. st Ignace, pr.

AOUT
1 v. st Pierre-ès-liens.
2 s. st Etienne, pap.
3 D. Inven. st Etienne.
4 l. st Dominique.
5 m. st Félix, ni.
6 m. TRANS. DE N. S.
7 j. st Xiste, pape.
8 v. ss Just et Past.
9 s. st Vitrice, év.
10 D. st Philomène.
11 l. ste Suzanne, m.
12 m. ste Claire, vierge.
13 m. ste Radegonde, r.
14 j. st Eusèbe. V.-J.
15 v. **Assomption.**
16 s. st Roch.
17 D. st Alexis.
18 l. ste Hélène.
19 m. st Louis, év.
20 m. st Bernard, ab.
21 j. st Privat, év.
22 v. st Symphorien.
23 s. ste Thècle, v.
24 D. st Barthélemi, ap.
25 l. st Louis, roi.
26 m. st Zéphirin.
27 m. st Césaire, év.
28 j. st Augustin, év.
29 v. Déco. de J.-B.
30 s. st Gaudens.
31 D. ste Florentine.

SEPTEMBRE
1 l. st Gilis, abbé.
2 m. st Antonin, m.
3 m. st Grégoire, pap.
4 j. st Lazare.
5 v. st Victorin, m.
6 s. st Eugène, m.
7 D. st Cloud prè.
8 l. NATIVITÉ de la V.
9 m. st Omer, év.
10 m. st Salvi, év.
11 j. st Patient.
12 v. st Serdot, év.
13 s. st Aimé, abbé.
14 D. EXALT. ste CROIX
15 l. st Achard, abbé.
16 m. st Jean Chrysost.
17 m. Quatre-Temps.
18 j. ste Camelle, v.
19 v. st Cyprien. q.-t.
20 s. st Eustache. q.-t.
21 D. st Mathieu, év.
22 l. st Maurice, ap.
23 m. st Sévérin.
24 m. st Yzarn, abbé.
25 j. st Firmin, év.
26 v. ste Justine.
27 s. ss Come et Dam.
28 D. st Exupère, m.
29 l. st Michel.
30 m. st Jérôme, pr.

OCTOBRE
1 m. st Rémi, év.
2 j. ss Anges gard.
3 v. st Trophime, év.
4 s. st François-d'As.
5 D. st Placide, m.
6 l. st Bruno, moine.
7 m. ste Foi, v. m.
8 m. ste Brigitte.
9 j. st Denis, év.
10 v. st François de B.
11 s. st Julien.
12 D. st Donatien.
13 l. st Géraud.
14 m. st Calixte.
15 m. ste Thérèse, v.
16 j. st Bertrand, év.
17 v. st Gauderic.
18 s. st Luc, évang.
19 D. st Pierre d'Alc.
20 l. st Caprais, év.
21 m. ste Ursule, v.
22 m. st Mellon.
23 j. st Sévérin.
24 v. st Erambert, év
25 s. ss Crépin et Cré.
26 D. st Rustique.
27 l. st Frumence.
28 m. ss Simon et Jude.
29 m. st Narcisse.
30 j. st Quentin, m.
31 v. Vigile-Jeûne.

NOVEMBRE
1 s. **TOUSSAINT**
2 D. Les Morts.
3 l. st Papoul, m.
4 m. st Charles Borr.
5 m. ste Bertile, v.
6 j. st Léonard.
7 v. st Ernest, abbé.
8 s. stes Reliques.
9 D. st Austremoine.
10 l. st Léon, pape.
11 m. st Martin, év.
12 m. st Martin, pape.
13 j. st Stanislas.
14 v. st Claude.
15 s. st Malo, év.
16 D. st Eucher.
17 l. st Asciscle, m.
18 m. st Odon, abbé.
19 m. ste Elisabeth.
20 j. st Edmond.
21 v. PRÉSENT. N. D.
22 s. ste Cécile, v.
23 D. st Clément, pape.
24 l. ste Flore, v.
25 m. ste Catherine, v.
26 m. st Lin, pape.
27 j. ss Vital et Agri.
28 v. st Sosthène.
29 s. st Saturnin.
30 D. AVENT.

DÉCEMBRE
1 l. st Eloi, év.
2 m. st François-Xav.
3 m. st Anthème.
4 j. ste Barbe, v.
5 v. st Sabas, abbé.
6 s. ste Victoire, v.
7 D. st Nicolas, év.
8 l. CONCEP. N. D.
9 m. ste Léocadie, v.
10 m. st Hubert.
11 j. st Damase, pape.
12 v. st Paul, év.
13 s. ste Luce, v. m.
14 D. st Honorat, év.
15 l. st Mesmin, abbé.
16 m. Quatre-Temps.
17 m. st Gatien.
18 j. st Grégoire. q.-t.
19 v. st Philogon. q.-t.
20 s. st Thomas, ap.
21 D. st Yves, év.
22 l. ste Anastasie.
23 m. ste Delphine. v.-j.
24 m. **NOEL.**
25 v. st Etienne, m.
26 s. st Jean, évang.
27 D. ss Innocents.
28 l. st Thomas, év.
29 m. st Sabin, év.
30 m. st Sylvestre, p.
31 j.

Toulouse. — Imprimerie de Rives et Faget, rue Tripière, 9.

Calendrier Perpétuel, Civil et Ecclésiastique.

JANVIER	FÉVRIER	MARS	AVRIL	MAI	JUIN
1 D. CIRCONCISION.	1 m. st Ignace, m.	1 j. st Aubin, év.	1 D. RAMEAUX.	1 m. ss. Philip. et Jac.	1 v. st Pamphile. q.-t.
2 l. st Bazile.	2 j. PURIFICATION.	2 v. st Simplie. q.-t.	2 l. st François de P.	2 m. st Athanase, év.	2 s. st Pothin. q.-t.
3 m. ste Geneviève.	3 v. st Blaise, év.	3 s. st Cunég. q.-t.	3 m. st Richard.	3 j. Invent. ste Croix.	3 D. TRINITÉ.
4 m. st Rigobert.	4 s. st Gilbert.	4 D. REMINISCERE.	4 m. st Ambroise, év.	4 v. ste Monique.	4 l. st Quirin, m.
5 j. st Siméon, styl.	5 D. SEPTUAGÉSIME.	5 l. st Phocas.	5 j. st Vincent Ferr.	5 s. st Théodard, év.	5 m. st Claude.
6 v. EPIPHANIE.	6 l. st Amand, év.	6 m. ste Colette.	6 v. VENDREDI-SAINT.	6 D. st Jean P. L.	6 m. st Norbert, év.
7 s. st Théau.	7 m. ste Dorothée, v.	7 m. ss. Félic. et Per.	7 s. st Régésippe.	7 l. Transf. s Etienne	7 j. FÊTE-DIEU.
8 D. st Lucien, m.	8 m. st Jean de M.	8 j. st Jean de Dieu.	8 D. PAQUES.	8 m. st Orens, évêq.	8 v. st Médard, év.
9 l. st Julien, hosp.	9 j. ste Apollonie.	9 v. ste Françoise.	9 l. st Isidore.	9 m. st Grégoire, év.	9 s. st Félicien, m.
10 m. st Paul, ermite.	10 v. ste Scolastique.	10 s. st Blanchard.	10 m. st Macaire.	10 j. st Gordien.	10 D. st Landry.
11 m. st Hygien, pape.	11 s. st Benoît, ab.	11 D. OCULI.	11 m. st Léon, pape.	11 v. st Mamert.	11 l. st Barnabé, ap.
12 j. st Fréjus, év.	12 D. SEXAGÉSIME.	12 l. st Maximilien.	12 j. st Jules.	12 s. st Pacôme, ab.	12 m. st Basilide.
13 v. BAPTÊME DE N. S.	13 l. st Lézin.	13 m. st Nicéphore.	13 v. st Justin, m.	13 D. st Onésime.	13 m. st Aventin.
14 s. st Hilaire, év.	14 m. st Valentin.	14 m. ste Mathilde.	14 s. st Tiburce.	14 l. ROGATIONS.	14 j. st Valère, m.
15 D. st Maur, abbé.	15 m. st Faustin.	15 j. st Zacharie.	15 D. QUASIMODO.	15 m. st Honoré.	15 v. st Guy, mart.
16 l. st Fulgence, év.	16 j. ste Julienne.	16 v. ste Eusébie, v.	16 l. st Fructueux.	16 m. st Germier, év.	16 s. ss. Cyr et Julitte.
17 m. st Antoine, ab.	17 v. st Sylvin, év.	17 s. st Patrice, év.	17 m. st Anicet.	17 j. ASCENSION.	17 D. st Avit, abbé.
18 m. Chaire st P. à R.	18 s. st Siméon, év.	18 D. LÆTARE.	18 m. st Parfait.	18 v. st Venant.	18 l. st Emile, m.
19 j. st Sulpice, év.	19 D. QUINQUAGÉSIME.	19 l. st Gaspard.	19 j. st Elphége.	19 s. st Pierre Célestin	19 m. st Gervais et Pro.
20 v. st Sébastien, m.	20 l. st Eucher, év.	20 m. st Joachim.	20 v. st Joseph.	20 D. st Hilaire, év.	20 m. st Romuald.
21 s. ste Agnès, v.	21 m. st Séverien.	21 m. st Benoît.	21 s. st Anselme.	21 l. st Hospice.	21 j. st Louis de Gonz.
22 D. st Vincent, m.	22 m. CENDRES.	22 j. st Paul, évêq.	22 D. ste Opportune.	22 m. ste Julie.	22 v. st Paulin, év.
23 l. st Fabien, pape.	23 j. st Pascase.	23 v. st Fidèle.	23 l. st George, m.	23 m. st Didier.	23 s. st Leufroy.
24 m. st Timothée, év.	24 v. st Mathias, apôt.	24 s. st Gabriel.	24 m. st Phebade, év.	24 j. st François Rég.	24 D. st Jean-Baptiste.
25 m. Conv. de st Paul.	25 s. st Valburge.	25 D. PASSION.	25 m. st Marc, évang.	25 v. st Urbain, pape.	25 l. ste Fébronie.
26 j. ste Paule, veuve.	26 D. QUADRAGÉSIME.	26 l. st Ludger.	26 j. st Clet, pape.	26 s. st Philip. N. v.-j.	26 m. st Maixent.
27 v. ss. Martyrs rom.	27 l. ste Honorine.	27 m. st Rupert, év.	27 v. st Policarpe.	27 D. PENTECOTE	27 m. st Crescent, év.
28 s. st Cyrille, év.	28 m. ss. Martyrs d'Al.	28 m. st Gontrand.	28 s. ss. Martyrs d'Aff.	28 l. st Guilhaume.	28 j. st Irénée, év.
29 D. st François de S.	29 m. Quatre-Temps.	29 j. st Eustase.	29 D. ste Marie Egypt.	29 m. st Maximin.	29 v. ss. Pierre et Paul
30 l. ste Bathilde.		30 v. st Jean Climaque	30 l. st Eutrope, év.	30 m. Quatre-Temps.	30 s. Comm. de s Paul.
31 m. st Pierre Nolasq.		31 s. st Acace, év.		31 j. st Sylve, év.	

JUILLET	AOUT	SEPTEMBRE	OCTOBRE	NOVEMBRE	DÉCEMBRE
1 D. st Martial, év.	1 m. st Pierre-ès-liens	1 s. st Gilis, abbé.	1 l. st Rémy, év.	1 j. TOUSSAINT.	1 s. st Eloi, év.
2 l. VISITATION N. D.	2 j. st Etienne, pape.	2 D. st Antonin, m.	2 m. ss Anges gard.	2 v. Les Morts.	2 D. AVENT.
3 m. st Anatole.	3 v. Inv. st Etienne.	3 l. st Grégoir, pape.	3 m. st Trophime, év.	3 s. st Papoul, m.	3 l. st Anthème.
4 m. st Théodore.	4 s. st Dominique.	4 m. st Lazare.	4 j. st François-d'As.	4 D. st Charles Borro.	4 m. ste Barbe, v.
5 j. ste Zoé.	5 D. st Félix, mart.	5 m. st Victorin, év.	5 v. st Placide, m.	5 l. ste Bertile, v.	5 m. st Sabbas, abbé.
6 v. st Tranquillin.	6 l. TRANS. DE N. S.	6 j. st Eugène, m.	6 s. st Bruno, moine.	6 m. st Léonard.	6 j. ste Victoire, v.
7 s. st Prosper, doct.	7 m. st Sixte, pape.	7 v. st Cloud, prêtre.	7 D. ste Foi, v. m.	7 m. st Ernest, abbé.	7 v. st Nicolas, év.
8 D. ste Elisabeth, r.	8 m. ss. Just. et Past.	8 s. NATIV. DE LA V.	8 l. ste Brigitte.	8 j. stes Reliques.	8 s. CONCEP. N. D.
9 l. st Ephrem.	9 j. st Vitrice, m.	9 D. st Omer, évêque.	9 m. st Denis, év.	9 v. st Austremoine.	9 D. ste Léocadie, v.
10 m. Sept-Frères M.	10 v. ste Philomène.	10 l. st Salvi, évêque.	10 m. st François de B.	10 s. st Léon, pape.	10 l. st Hubert.
11 m. Trans. st Benoit.	11 s. ste Suzanne, m.	11 m. st Patient.	11 j. st Julien.	11 D. st Martin, év.	11 m. st Damase, pape.
12 j. st Honeste, pr.	12 D. ste Claire, vierge.	12 m. st Serdot, évêq.	12 v. st Donatien.	12 l. st Martin, pape.	12 m. st Paul, év.
13 v. st Anaclet.	13 l. ste Radegonde, r.	13 j. st Aimé, abbé.	13 s. st Géraud.	13 m. st Stanislas.	13 j. ste Luce, v. m.
14 s. st Bonaventure.	14 m. st Eusèbe. V.-J.	14 v. EXALT. Ste-Croix	14 D. st Calixte.	14 m. st Claude, m.	14 v. st Honorat, év.
15 D. st Henri.	15 j. Assomption.	15 s. st Achard, abbé.	15 l. ste Thérèse, v.	15 j. st Malo, év.	15 s. st Nesmin, abbé.
16 l. N.-D. de M.-Car.	16 j. st Roch.	16 D. st Jean Chrysost.	16 m. st Bertrand, év.	16 v. st Eucher.	16 D. ste Adelaïde.
17 m. st Espérat.	17 v. st Alexis.	17 l. st Corneille, p.	17 m. st Gauderic.	17 s. st Asciscle, m.	17 l. ste Olimpie.
18 m. st Thomas-d'Aq.	18 s. ste Hélène.	18 m. ste Camelie, v.	18 j. st Luc, évang.	18 D. st Odon, abbé.	18 m. st Gratien.
19 j. st Vincent de P.	19 D. st Louis, évêq.	19 m. Quatre-Temps.	19 v. st Pierre d'Alc.	19 l. ste Elizabeth.	19 m. Quatre-Temps.
20 v. ste Marguerite	20 l. st Bernard, abbé.	20 j. st Eustache.	20 s. st Caprais, év.	20 m. st Edmond.	20 j. st Philogone.
21 s. st Victor, m.	21 m. st Privat, évêq.	21 v. st Mathieu. q.-t.	21 D. ste Ursule, v.	21 m. PRÉSENT. N. D.	21 v. st Thomas, q.-t.
22 D. ste Madeleine.	22 m. st Symphorien.	22 s. st Maurice. q.-t.	22 l. st Mellon.	22 j. ste Cécile, v.	22 s. st Yves, év. q.-t.
23 l. st Apollinaire.	23 j. ste Jeanne.	23 D. ste Thècle, v.	23 m. st Séverin.	23 v. st Clément, pap.	23 D. ste Anastasie.
24 m. ste Christine, v.	24 v. st Barthélemy, a.	24 l. st Yzarn, abbé.	24 m. st Erambert, év.	24 s. ste Flore, v.	24 l. ste Delphine, v.-j.
25 m. st Jacques, ap.	25 s. st Louis, roi.	25 m. st Firmin, évêq.	25 j. ss. Crépin et Cré.	25 D. ste Catherine, v.	25 m. NOEL.
26 j. ste Anne.	26 D. st Zéphirin.	26 m. ste Justine.	26 v. ste Rustique.	26 l. st Lin, pape.	26 m. st Etienne, m.
27 v. st Pantaléon.	27 l. st Césaire, évêq.	27 j. ss. Come et Dam.	27 s. st Frumeuce.	27 m. ss Vital et Agri.	27 j. st Jean, évang.
28 s. st Nazaire, m.	28 m. st Augustin, év.	28 v. st Exupère, év.	28 D. ss Simon et Jude.	28 m. st Sosthène.	28 s. ss Innocents.
29 D. st Loup, évêque.	29 m. Déc. de st J.-Bapt.	29 s. st Michel, év.	29 l. st Narcisse.	29 j. st Saturnin, év.	29 s. st Thomas, év.
30 l. st Germain, év.	30 j. st Gaudens.	30 D. st Jérôme, prêt.	30 m. st Quentin, m.	30 v. st André, ap.	30 D. st Sabin, év.
31 m. st Ignace, pr.	31 v. ste Florentine.		31 m. Vigile-Jeûne.		31 l. st Sylvestre, p.

Toulouse. — Imprimerie de Rives et Faget, rue Tripière, 9.

Calendrier Perpétuel, Civil et Ecclésiastique.

JANVIER	FÉVRIER	MARS	AVRIL	MAI	JUIN
1 v. CIRCONCISION.	1 l. st Ignace, m.	1 m. st Aubin, év.	1 v. st Hugues, év.	1 D. st Hugues, év.	1 m. st Pamphile.
2 s. st Bazile.	2 m. PURIFICATION.	2 m. st Symplicien.	2 s. st François de P.	2 l. ROGATIONS.	2 j. st Pothin, év.
3 D. ste Geneviève.	3 m. st Blaise, év.	3 j. ste Cunégonde.	3 D. QUASIMODO.	3 m. Invent. ste Croix.	3 v. ste Clotilde.
4 l. st Rigobert.	4 j. st Gilbert.	4 v. st Casimir.	4 l. ANNONCIATION.	4 m. ste Monique.	4 s. st Quirin, m.
5 m. st Siméon, styl.	5 v. ste Agathe, v.	5 s. st Phocas.	5 m. st Vincent Ferr.	5 j. ASCENSION.	5 D. st Claude.
6 m. ÉPIPHANIE.	6 s. st Amand, év.	6 D. LÆTARE.	6 m. st Prudence.	6 v. st Jean P. L.	6 l. st Norbert, év.
7 j. st Théau.	7 D. QUINQUAGÉSIME.	7 l. ss. Félic. et Per.	7 j. st Hégésippe.	7 s. Transf. s Etienne.	7 m. st Robert, ab.
8 v. st Lucien, m.	8 l. st Jean de M.	8 m. st Jean de Dieu.	8 v. st Gautier, ab.	8 D. st Orens, év.	8 m. st Médard, év.
9 s. st Julien, hosp.	9 m. ste Apollonie.	9 m. ste Françoise.	9 s. st Isidore.	9 l. st Grégoire, év.	9 j. st Félicien, m.
10 D. st Paul, ermite.	10 m. CENDRES.	10 j. st Blanchard.	10 D. st Macaire.	10 m. st Gordien.	10 v. st Landry.
11 l. st Hygien, pape.	11 j. st Benoît, abbé.	11 v. ste Sophrone.	11 l. st Léon, pape.	11 m. st Mamert.	11 s. st Barnabé, ap.
12 m. st Fréjus, év.	12 v. ste Eulalie, v.	12 s. st Maximilien.	12 m. st Jules.	12 j. st Pacôme, ab.	12 D. st Basilide.
13 m. BAPTÊME DE N. S.	13 s. st Lésiin.	13 D. PASSION.	13 m. st Justin, m.	13 v. st Onésime.	13 l. st Aventin.
14 j. st Hilaire, év.	14 D. QUADRAGÉSIME.	14 l. ste Mathilde.	14 j. st Tiburce.	14 s. st Boniface, v.-j.	14 m. st Valère, m.
15 v. st Maur, abbé.	15 l. st Faustin.	15 m. st Zacharie.	15 v. st Paterne.	15 D. PENTECOTE.	15 m. st Guy, mart.
16 s. st Fulgence, év.	16 m. ste Julienne.	16 m. st Euzébie, v.	16 s. st Fructueux.	16 l. st Germier.	16 j. ss. Cyr et Julitte.
17 D. st Antoine, ab.	17 m. Quatre-Temps.	17 j. st Patrice, év.	17 D. st Anicet.	17 m. st Pascal.	17 v. st Avit, abbé.
18 l. Chaire st P. à R.	18 j. st Siméon, év.	18 v. st Alexandre, év.	18 l. st Parfait.	18 m. Quatre-Temps.	18 s. st Emile, m.
19 m. st Sulpice, év.	19 v. st Gabin. q.-t.	19 s. st Gaspard.	19 m. st Elphège.	19 j. st Pierre Célestin	19 D. st Gervais et Pr.
20 m. st Sébastien, m.	20 s. st Eucher. q.-t.	20 D. RAMEAUX.	20 m. st Joseph.	20 v. st Hilaire. q.-t.	20 l. st Romuald.
21 j. ste Agnès, v.	21 D. REMINISCERE.	21 l. st Benoît.	21 j. st Anselme.	21 s. st Hospice. q.-t.	21 m. st Louis de G.
22 v. st Vincent, m.	22 l. st Maxime.	22 m. st Paul, évêq.	22 v. ste Opportune.	22 D. TRINITÉ.	22 m. st Paulin, év.
23 s. st Fabien, pape.	23 m. st Pascase.	23 m. st Fidèle.	23 s. st George, m.	23 l. st Didier.	23 j. st Leufroy.
24 D. SEPTUAGÉSIME.	24 m. st Mathias, ap.	24 j. st Gabriel.	24 D. st Phébade, év.	24 m. st François Rég.	24 v. st Jean-Baptiste.
25 l. Conv. de st Paul.	25 j. st Valburge.	25 v. VENDREDI-SAINT	25 l. st Marc, évang.	25 m. st Urbain, pape.	25 s. ste Fébronie.
26 m. ste Paule, veuve.	26 v. st Nestor.	26 s. st Ludger.	26 m. st Clet, pape.	26 j. FÊTE-DIEU.	26 D. st Maixent.
27 m. ss. Martyrs rom.	27 s. ste Honorine.	27 D. PAQUES.	27 m. st Policarpe.	27 v. st Hildebert.	27 l. st Cressent, év.
28 j. st Cyrille, év.	28 D. OCULI.	28 l. st Gontrand.	28 j. ss Martyrs d'Aff.	28 s. st Guilbaume.	28 m. st Irénée, év.
29 v. st François de S.	29 l. st Romain.	29 m. st Eustase.	29 v. ste Marie Egypt.	29 D. st Maximin.	29 m. ss. Pierre et Paul.
30 s. ste Bathilde.		30 m. st Jean Climaque	30 s. st Eutrope, év.	30 l. st Félix, pape.	30 j. Comm. st Paul.
31 D. SEXAGÉSIME.		31 j. st Acace, év.		31 m. st Sylve, év.	

JUILLET	AOUT	SEPTEMBRE	OCTOBRE	NOVEMBRE	DÉCEMBRE
1 v. st Martial, év.	1 l. st Pierre-ès-liens.	1 j. st Gilis, abbé.	1 s. st Rémi, év.	1 m. TOUSSAINT.	1 j. st Eloi, év.
2 s. VISITATION N. D.	2 m. st Etienne, pape.	2 v. st Antonin, m.	2 D. ss Anges gard.	2 m. Les Morts.	2 v. st François-Xav.
3 D. st Anatole.	3 m. Inven. st Etienne.	3 s. st Grégoire, pap.	3 l. st Trophime, év.	3 j. st Papoul, m.	3 s. st Anthème.
4 l. st Théodore.	4 j. st Dominique.	4 D. st Lazare.	4 m. st François-d'As.	4 v. st Charles Borr.	4 D. ste Barbe, v.
5 m. ste Zoé.	5 v. st Félix, m.	5 l. st Victorin, év.	5 m. st Placide, m.	5 s. ste Bertile, v.	5 l. st Sabas, abbé.
6 m. st Tranquillin.	6 s. TRANS. DE N. S.	6 m. st Eugène, m.	6 j. st Bruno, moine.	6 D. st Léonard.	6 m. ste Victoire, v.
7 j. st Prosper, doct.	7 D. st Xiste, pape.	7 m. st Cloud prê.	7 v. ste Foi, v. m.	7 l. st Ernest, abbé.	7 m. st Nicolas, év.
8 v. ste Elizabeth, r.	8 l. ss Just et Past.	8 j. NATIVITÉ de la V.	8 s. ste Brigitte.	8 m. stes Reliques.	8 j. CONCEP. N. D.
9 s. st Ephrem.	9 m. st Vitrice, év.	9 v. st Omer, év.	9 D. st Denis, év.	9 m. st Austremoine.	9 v. ste Léocadie, v.
10 D. Sept-Frères M.	10 m. st Philomène.	10 s. st Salvi, év.	10 l. st François de B.	10 j. st Léon, pape.	10 s. st Hubert.
11 l. Trans. st Benoit.	11 j. ste Suzanne, m.	11 D. st Patient.	11 m. st Julien.	11 v. st Martin, év.	11 D. st Damase, pape.
12 m. St Honeste, pr.	12 v. ste Claire, vierge.	12 l. st Serdot, év.	12 m. st Donatien.	12 s. st Martin, pape.	12 l. st Paul, év.
13 m. st Anaclet.	13 s. ste Radegonde, r.	13 m. st Aimé, abbé.	13 j. st Géraud.	13 D. st Stanislas.	13 m. ste Luce, v. m.
14 j. st Bonaventure.	14 D. st Eusèbe. V.-J.	14 m. EXALT. ste CROIX	14 v. st Calixte.	14 l. st Claude.	14 m. Quatre-Temps.
15 v. st Henri.	15 l. Assomption.	15 j. st Achard, abbé.	15 s. ste Thérèse, v.	15 m. st Malo, év.	15 j. st Mesmin, abbé.
16 s. Notre-D. de M. C.	16 m. st Roch.	16 v. st Jean Chrysost.	16 D. st Bertrand, év.	16 m. st Eucher.	16 v. ste Adelaïde, q.-t.
17 D. st Esperat, m.	17 m. st Alexis.	17 s. st Corneille, pap.	17 l. st Gauderic.	17 j. st Asciscle, m.	17 s. ste Olimpie. q.-t.
18 l. st Thomas d'Aq.	18 j. ste Hélène.	18 D. ste Camelle, v.	18 m. st Luc, évang.	18 v. st Odon, abbé.	18 D. st Gratien.
19 m. st Vincent-de-P.	19 v. st Louis, év.	19 l. st Cyprien.	19 m. st Pierre d'Alc.	19 s. ste Elisabeth.	19 l. st Grégoire.
20 m. ste Marguerite.	20 s. st Bernard, ab.	20 m. st Eustache.	20 j. st Caprais, év.	20 D. st Edmond.	20 m. st Philogon.
21 j. st Victor, m.	21 D. st Privat, év.	21 m. Quatre-Temps.	21 v. ste Ursule, v.	21 l. PRÉSENT. N. D.	21 m. st Thomas, ap.
22 v. ste Madeleine.	22 l. st Symphorien.	22 j. st Maurice, ap.	22 s. st Mellon.	22 m. ste Cécile, v.	22 j. st Yves, év.
23 s. st Appollinaire.	23 m. ste Jeanne.	23 v. ste Thècle. q.-t.	23 D. st Sévérin.	23 m. st Clément, pape.	23 v. ste Anastasie.
24 D. ste Christine, v.	24 m. st Barthélemi, ap.	24 s. st Yzarn. q.-t.	24 l. st Erambert, év.	24 j. ste Flore, v.	24 s. ste Delphine, v.-j.
25 l. st Jacques, apôt.	25 j. st Louis, roi.	25 D. st Firmin, év.	25 m. ss Crépin et Cré.	25 v. ste Catherine, v.	25 D. NOEL.
26 m. ste Anne.	26 v. st Zéphirin.	26 l. ste Justine.	26 m. ste Rustique.	26 s. st Lin, pape.	26 l. st Etienne, m.
27 m. st Pantaléon.	27 s. st Césaire, év.	27 m. ss Come et Dam.	27 j. st Frumence.	27 D. ss Vital et Agri.	27 m. st Jean, évang.
28 j. st Nazaire, m.	28 D. st Augustin, év.	28 m. st Exupère, év.	28 v. st Simon et Jude.	28 l. st Sosthène.	28 m. ss Innocents.
29 v. st Loup, év.	29 l. Déco. de st J.-B.	29 j. st Michel.	29 s. st Narcisse.	29 m. st Saturnin.	29 j. st Thomas, év.
30 s. st Germain, év.	30 m. st Gaudens.	30 v. st Jérôme, pr.	30 D. st Quentin, m.	30 D. AVENT.	30 v. st Sabin, év.
31 D. st Ignace, pr.	31 m. ste Florentine.		31 l. Vigile-Jeûne.		31 s. st Sylvestre, p.

Calendrier Perpétuel, Civil et Ecclésiastique.

JANVIER	FÉVRIER	MARS	AVRIL	MAI	JUIN
1 m. CIRCONCISION.	1 s. st Ignace, m.	1 D. QUADRAGÉSIME.	1 m. st Hugues.	1 v. ss. Philip. et Jac.	1 l. st Pamphile.
2 j. st Basile.	2 D. PURIFICATION.	2 l. st Simplicien.	2 j. st François de P.	2 s. st Athanase, év.	2 m. st Pothin.
3 v. ste Geneviève.	3 l. st Blaise, év.	3 m. st Cunégonde.	3 v. st Richard.	3 D. Invent. ste Croix.	3 m. Quatre-Temps.
4 s. st Rigobert.	4 m. st Gilbert.	4 m. Quatre-Temps.	4 s. st Ambroise, év.	4 l. ste Monique.	4 j. st Quirin, m.
5 D. st Siméon, styl.	5 m. ste Agathe, v.	5 j. st Phocas.	5 D. RAMEAUX.	5 m. st Théobard, év.	5 v. st Claude, q.-t.
6 l. ÉPIPHANIE.	6 j. st Amand, év.	6 v. ste Colette. q.-t.	6 l. st Prudence.	6 m. st Jean P. L.	6 s. st Norbert. q.-t.
7 m. st Théau.	7 v. ste Dorothée, v.	7 s. ss. Fél. et P. q.-t.	7 m. st Hégésippe.	7 j. Transl. s Etienne	7 D. TRINITÉ.
8 m. st Lucien, év.	8 s. st Jean de M.	8 D. REMINISCERE.	8 m. st Gauthier, ab.	8 v. st Orens, év.	8 l. st Médard, év.
9 j. st Julien, hosp.	9 D. SEPTUAGÉSIME.	9 l. ste Françoise.	9 j. st Isidore.	9 s. st Grégoire, év.	9 m. st Félicien, m.
10 v. st Paul, ermite.	10 l. ste Scolastique.	10 m. st Blanchard.	10 v. VENDREDI-SAINT.	10 D. st Gordien.	10 m. st Landry.
11 s. st Hygien, pape.	11 m. st Benoît, ab.	11 m. ste Sophrone.	11 s. st Léon, pape.	11 l. st Mamert.	11 j. FÊTE-DIEU.
12 D. st Fréjus, év.	12 m. ste Eulalie, v.	12 j. st Maximilien.	12 D. PAQUES.	12 m. st Pacôme, ab.	12 v. st Basilide.
13 l. BAPTÊME DE N. S.	13 j. st Lézin.	13 v. st Nicéphore.	13 l. st Justin, m.	13 m. st Onésime.	13 s. st Aventin.
14 m. st Hilaire, év.	14 v. st Valentin.	14 s. ste Mathilde.	14 m. st Tiburce.	14 j. st Boniface.	14 D. st Valère, m.
15 m. st Maur, abbé.	15 s. st Faustin.	15 D. OCULI.	15 m. st Paterne.	15 v. st Honoré.	15 l. st Guy, mart.
16 j. st Fulgence, év.	16 D. SEXAGÉSIME.	16 l. ste Eusébie, v.	16 j. st Fructueux.	16 s. st Germier, év.	16 m. ss. Cyr et Julitte.
17 v. st Antoine, ab.	17 l. st Sylvin, év.	17 m. st Patrice, év.	17 v. st Anicet.	17 D. st Pascal.	17 m. st Avit, abbé.
18 s. Chaire st P. à R.	18 m. st Siméon, év.	18 m. st Alexandre, év.	18 s. st Parfait.	18 l. ROGATIONS.	18 j. st Emile, m.
19 D. st Sulpice, év.	19 m. st Gabin.	19 j. st Gaspard.	19 D. QUASIMODO.	19 m. st Pierre Célestin	19 v. st Gervais et Pro.
20 l. st Sébastien, m.	20 j. st Eucher, év.	20 v. st Joachim.	20 l. st Joseph.	20 m. st Hilaire, év.	20 s. st Romuald.
21 m. ste Agnès, v.	21 v. st Sévérien.	21 s. st Benoît.	21 m. st Anselme.	21 j. ASCENSION.	21 D. st Louis de Gonz.
22 m. st Vincent, m.	22 s. st Maxime.	22 D. LÆTARE.	22 m. ste Opportune.	22 v. ste Julie.	22 l. st Paulin, év.
23 j. st Fabien, pape.	23 D. QUINQUAGÉSIME.	23 l. st Fidèle.	23 j. st George, m.	23 s. st Didier.	23 m. st Leufroy.
24 v. st Timothée, év.	24 l. st Mathias, apôt.	24 m. st Gabriel.	24 v. st Phébade, év.	24 l. st François Rég.	24 m. st Jean-Baptiste.
25 s. Conv. de st Paul.	25 m. st Valburge.	25 m. st Humbert.	25 s. st Marc, év.	25 m. st Urbain, pape.	25 j. ste Fébronie.
26 D. ste Paule, veuve.	26 m. CENDRES.	26 j. st Ludger.	26 D. st Clet, pape.	26 m. st Philip. N.	26 v. st Maixent.
27 l. ss. Martyrs rom.	27 j. st Honorine.	27 v. st Rupert, év.	27 l. st Policarpe.	27 j. st Hildebert.	27 s. st Crescent, év.
28 m. st Cyrille, év.	28 v. ss. Martyrs d'Al.	28 s. st Gontrand.	28 m. ss. Martyrs, d'Aff.	28 v. st Guilhaume.	28 D. st Irénée, év.
29 m. st François de S.	29 s. st Romain.	29 D. PASSION.	29 m. ste Marie Égypt.	29 s. st Maximin.	29 l. ss. Pierre et Paul
30 j. ste Bathilde.		30 l. st Jean Climaque.	30 j. st Eutrope, év.	30 l. st Félix, p. v.-j.	30 m. Comm. des Paul.
31 v. st Pierre Nolasq.		31 m. st Acace, év.		31 D. PENTECOTE	

JUILLET	AOUT	SEPTEMBRE	OCTOBRE	NOVEMBRE	DÉCEMBRE
1 m. st Martial, év.	1 s. st Pierre-ès-liens	1 m. st Gilis, abbé.	1 j. st Rémy, év.	1 D. TOUSSAINT.	1 m. st Eloi, év.
2 j. VISITATION N. D.	2 D. st Etienne, pape.	2 m. st Antonin, m.	2 v. ss. Anges gard.	2 l. Les Morts.	2 m. st François Xav.
3 v. st Anatole.	3 l. Inv. st Etienne.	3 j. st Grégoire, pap.	3 s. st Trophime, év.	3 m. st Papoul, m.	3 j. st Anthème.
4 s. st Théodore.	4 m. st Dominique.	4 v. st Lazare.	4 D. st François-d'As.	4 m. st Charles Borro.	4 v. ste Barbe, v.
5 D. ste Zoé.	5 m. st Félix, m.	5 s. st Victorin, év.	5 l. st Placide, m.	5 j. ste Bertile, v.	5 s. st Sabbas, abbé.
6 l. st Tranquillin.	6 j. TRANS. DE N. S.	6 D. st Eugène, m.	6 m. st Bruno, moine.	6 v. st Léonard.	6 D. ste Victoire, v.
7 m. st Prosper, doct.	7 v. st Sixte, pape.	7 l. st Cloud, prêtre.	7 m. ste Foi, v.	7 s. st Ernest, abbé.	7 l. st Nicolas. év.
8 m. ste Elisabeth, r.	8 s. ss. Just. et Past.	8 m. NATIV. DE LA V.	8 j. ste Brigitte.	8 D. stes Reliques.	8 m. CONCEP. N. D.
9 j. st Ephrem.	9 D. st Vitrice, év.	9 m. st Omer, év.	9 v. st Denis, év.	9 l. st Austremoine.	9 m. ste Léocadie, v.
10 v. Sept-Frères M.	10 l. st Laurent.	10 j. st Salvi, év.	10 s. st François de B.	10 m. st Léon, pape.	10 j. st Hubert.
11 s. Trans. st Benoît.	11 m. ste Suzanne, m.	11 v. st Patient.	11 D. st Julien.	11 m. st Martin, év.	11 v. st Damase, pape.
12 D. st Honeste, pr.	12 m. ste Claire, v.	12 s. st Serdot, év.	12 l. st Dandieu.	12 j. st Martin, pape.	12 s. st Paul, év.
13 l. st Anaclet.	13 j. ste Radegonde, r.	13 D. st Aimé, abbé.	13 m. st Géraud.	13 v. st Stanislas.	13 D. ste Luce, v. m.
14 m. st Bonaventure.	14 v. st Eusèbe. v.-j.	14 l. EXALT. Ste-CROIX	14 v. st Calixte.	14 s. st Claude, m.	14 l. st Honorat, év.
15 m. st Henri.	15 s. Assomption.	15 m. st Achard, ab.	15 j. ste Thérèse, v.	15 D. st Malo, év.	15 m. st Mesmin, ab.
16 j. N.-D. du M.-Car.	16 D. st Roch.	16 j. Quatre-Temps.	16 v. st Bertrand, év.	16 l. st Eucher.	16 m. Quatre-Temps.
17 v. st Espérat, m.	17 l. st Alexis.	17 v. st Corneille, p.	17 s. st Gaudéric.	17 m. st Asciscle, m.	17 j. ste Olimpie.
18 s. st Thomas d'Aq.	18 m. ste Hélène.	18 s. ste Camelle, q.-t.	18 D. st Luc, évang.	18 m. st Odon, abbé.	18 v. st Gratien, q.-t.
19 D. st Vincent de P.	19 m. st Louis, év.	19 D. st Cyprien. q.-t.	19 l. st Pierre d'Alc.	19 j. ste Elizabeth.	19 s. st Grégoire, q.-t.
20 l. ste Marguerite.	20 j. st Bernard, ab.	20 l. st Eustache.	20 m. st Caprais, év.	20 v. st Edmond.	20 D. st Philogone.
21 m. st Victor, m.	21 v. st Privat, év.	21 m. st Mathieu.	21 m. ste Ursule, v.	21 s. PRÉSENT. N. D.	21 l. st Thomas.
22 m. ste Madeleine.	22 s. st Symphorien.	22 m. st Maurice.	22 j. st Mellon.	22 D. ste Cécile, v.	22 m. st Yves, év.
23 j. st Appollinaire.	23 D. st Jeanne.	23 j. ste Thècle, v.	23 v. st Sévérin.	23 l. st Clément, pap.	23 m. ste Anastasie.
24 v. ste Christine, v.	24 l. st Barthélemy, a.	24 v. st Yzarn, abbé.	24 s. st Erambert, év.	24 m. ste Flore, v.	24 j. ste Delphine, v.-j.
25 s. st Jacques, ap.	25 m. st Louis, roi.	25 s. st Firmin, év.	25 D. ss. Crépin et Cré.	25 m. ste Catherine, v.	25 v. NOEL.
26 D. ste Anne.	26 m. st Zéphirin.	26 D. ste Justine.	26 l. ste Rustique.	26 j. st Lin, pape.	26 s. st Etienne, m.
27 l. st Pantaléon.	27 j. st Césaire, év.	27 l. ss. Come et Dam.	27 m. st Frumence.	27 v. ss. Vital et Agri.	27 D. st Jean, évang.
28 m. st Nazaire, m.	28 v. st Augustin, év.	28 m. st Exupère, év.	28 m. ss. Simon et Jude	28 s. st Sosthène.	28 l. ss. Innocents.
29 m. st Loup, évêque.	29 s. Déc. de st J.-Bapt.	29 m. st Michel, arc.	29 j. st Narcisse.	29 D. AVENT.	29 m. st Thomas, év.
30 j. st Germain, év.	30 D. st Gaudens.	30 j. st Jérôme, prêt.	30 v. st Quentin, m.	30 l. st André, ap.	30 m. st Sabin, év.
31 v. st Ignace, pr.	31 l. ste Florentine.		31 s. Vigile Jeûne.		31 j. st Sylvestre, p.

Calendrier Perpétuel, Civil et Ecclésiastique.

JANVIER	FÉVRIER	MARS	AVRIL	MAI	JUIN
1 l. Circoncision.	1 j. st Ignace, m.	1 v. st Aubin, év.	1 l. st Hugues, év.	1 m. st Hugues, év.	1 s. st Pamphile.
2 m. st Bazile.	2 v. Purification.	2 s. st Symplicien.	2 m. st François de P.	2 j. st Athanase, év.	2 D. st Pothin, év.
3 m. ste Geneviève.	3 s. st Blaise, év.	3 D. Oculi.	3 m. st Richard.	3 v. Invent. ste Croix.	3 l. ste Clotilde.
4 j. st Rigobert.	4 D. Sexagésime.	4 l. st Casimir.	4 j. st Ambroise, év.	4 s. ste Monique.	4 m. st Quirin, m.
5 v. st Siméon, styl.	5 l. ste Agathe, v.	5 m. st Phocas.	5 v. st Vincent Ferr.	5 D. st Théodard, év.	5 m. st Claude.
6 s. Épiphanie.	6 m. st Amand, év.	6 m. ste Colette.	6 s. st Prudence.	6 l. Rogations.	6 j. st Norbert, év.
7 D. st Théau.	7 m. ste Dorothée, v.	7 j. ss. Félic. et Per.	7 D. Quasimodo.	7 m. Transf. s Étienne	7 v. st Robert, ab.
8 l. st Lucien, m.	8 j. st Jean de M.	8 v. st Jean de Dieu.	8 l. Annonciation.	8 m. st Orens, év.	8 s. st Médard, év.
9 m. st Julien, hosp.	9 v. ste Apollonie.	9 s. ste Françoise.	9 m. st Isidore.	9 j. Ascension.	9 D. st Félicien, m.
10 m. st Paul, ermite.	10 s. ste Scolastique.	10 D. Lætare.	10 m. st Macaire.	10 v. st Gordien.	10 l. st Landry.
11 j. st Hygien, pape.	11 D. Quinquagésime.	11 l. ste Sophrone.	11 j. st Léon, pape.	11 s. st Mamert.	11 m. st Barnabé, ap.
12 v. st Fréjus, év.	12 l. ste Eulalie, v.	12 m. st Maximilien.	12 v. st Jules.	12 D. st Pacôme, ab.	12 m. st Basilide.
13 s. Baptême de N.S.	13 m. st Lésin.	13 m. st Nicéphore.	13 s. st Justin, m.	13 l. st Onésime.	13 j. st Aventin.
14 D. st Hilaire, év.	14 m. Cendres.	14 j. ste Mathilde.	14 D. st Tiburce.	14 m. st Boniface.	14 v. st Valère, m.
15 l. st Maur, abbé.	15 j. st Faustin.	15 v. st Zacharie.	15 l. st Paterne.	15 m. st Paterne.	15 s. st Guy, mart.
16 m. st Fulgence, év.	16 v. ste Julienne.	16 s. ste Euzébie, v.	16 m. st Fructueux.	16 j. st Germier.	16 D. ss. Cyr et Julitte.
17 m. st Antoine, ab.	17 s. st Sylvin, év.	17 D. Passion.	17 m. st Anicet.	17 v. st Pascal.	17 l. st Avit, abbé.
18 j. Chaire st P. à R.	18 D. Quadragésime.	18 l. st Alexandre, év.	18 j. st Parfait.	18 s. st Venant. v.-j.	18 m. st Émile, m.
19 v. st Sulpice, év.	19 l. st Gabin.	19 m. st Gaspard.	19 v. st Elphège.	19 D. Pentecôte	19 m. st Gervais et Pr.
20 s. st Sébastien, m.	20 m. st Eucher.	20 m. st Joachim.	20 s. st Sulpice.	20 l. st Hilaire.	20 j. st Romuald.
21 D. ste Agnès, v.	21 m. Quatre-Temps.	21 j. st Benoît.	21 D. st Anselme.	21 m. st Hospice.	21 v. st Louis de G.
22 l. st Vincent, m.	22 j. st Maxime.	22 v. st Paul, évêq.	22 l. ste Opportune.	22 m. Quatre-Temps.	22 s. st Paulin, év.
23 m. st Fabien, pape.	23 v. st Pascase. q.-t.	23 s. st Fidèle.	23 m. st George, m.	23 j. st Didier.	23 D. st Lenfroy.
24 m. st Timothée, év.	24 s. st Mathias. q.-t.	24 D. Rameaux.	24 m. st Phébade, év.	24 v. st Franç. R. q.-t.	24 l. st Jean-Baptiste.
25 j. Conv. de st Paul.	25 D. Reminiscere.	25 l. st Humbert.	25 j. st Marc, évang.	25 s. st Urbain, p. q.-t.	25 m. ste Febronie.
26 v. ste Paule, veuve.	26 l. st Nestor.	26 m. st Ludger.	26 v. st Clet, pape.	26 D. Trinité.	26 m. st Maxent.
27 s. ss. Martyrs rom.	27 m. ste Honorine.	27 m. st Rupert, év.	27 s. st Policarpe.	27 l. st Hildebert.	27 j. st Crescent, év.
28 D. Septuagésime.	28 m. ss. Martyrs d'Al.	28 j. st Gontrand.	28 D. ss Martyrs d'Aff.	28 m. st Guilhaume.	28 v. st Irénée, m.
29 l. st François de S.	29 j. st Romain.	29 v. Vendredi-Saint	29 l. ste Marie Égypt.	29 m. st Maximin.	29 s. ss. Pierre et Paul.
30 m. ste Bathilde.		30 s. st Jean Climaque	30 m. st Eutrope, év.	30 j. Fête-Dieu.	30 D. Comm. st Paul.
31 m. st Pierre Nolasq.		31 D. Pâques.		31 v. st Sylve, év.	

JUILLET	AOUT	SEPTEMBRE	OCTOBRE	NOVEMBRE	DÉCEMBRE
1 l. st Martial, év.	1 j. st Pierre-ès-liens.	1 D. st Gilis, abbé.	1 m. st Rémi, év.	1 v. Toussaint.	1 D. Avent.
2 m. Visitation N. D.	2 v. st Étienne, pape.	2 l. st Antonin, m.	2 m. ss Anges gard.	2 s. Les Morts.	2 l. st François-Xav.
3 m. st Anatole.	3 s. Inven. st Étienne.	3 m. st Tréphime, év.	3 j. st Candide, év.	3 D. st Papoul, m.	3 m. st Anthème.
4 j. st Théodore.	4 D. st Dominique.	4 m. st Lazare.	4 v. st François-d'As.	4 l. st Charles Borr.	4 m. ste Barbe, v.
5 v. ste Zoé.	5 l. st Félix, m.	5 j. st Victorin, év.	5 s. st Placide, m.	5 m. ste Bertile, v.	5 j. st Sabas, abbé.
6 s. st Tranquillin.	6 m. Trans. de N. S.	6 v. st Eugène, m.	6 D. st Bruno, moine.	6 m. st Léonard.	6 v. ste Victoire, v.
7 D. st Prosper, doct.	7 m. st Xiste, pape.	7 s. st Cloud prê.	7 m. ste Foi, v. m.	7 j. st Ernest, abbé.	7 s. st Nicolas, év.
8 l. ste Élizabeth, r.	8 j. ss Just et Past.	8 D. Nativité de la V.	8 m. ste Brigitte.	8 v. stes Reliques.	8 D. Concep. N. D.
9 m. st Cyrille.	9 v. st Vitrice, év.	9 l. st Omer, év.	9 m. st Denis, év.	9 s. st Austremoine.	9 l. ste Léocadie, v.
10 m. Sept-Frères M.	10 s. st Philomène.	10 m. st Salvi, év.	10 j. st François de B.	10 D. st Léon, pape.	10 m. st Hubert.
11 j. Trans. st Benoît.	11 D. ste Suzanne, m.	11 m. st Patient.	11 v. st Julien.	11 l. st Martin, év.	11 m. st Damase, pape.
12 v. st Honeste, pr.	12 l. ste Claire, vierge.	12 j. st Serdot, év.	12 s. st Donatien.	12 m. st Martin, pape.	12 j. st Paul, év.
13 s. st Anaclet.	13 m. ste Radegonde, r.	13 v. st Aimé, abbé.	13 D. st Géraud.	13 m. st Stanislas.	13 v. ste Luce, v. m.
14 D. st Bonaventure.	14 m. st Eusèbe. V.-J.	14 s. Exalt. ste Croix	14 l. st Calixte.	14 j. st Clinde.	14 s. st Honorat, év.
15 l. st Henri.	15 j. Assomption.	15 D. st Achard, abbé.	15 m. ste Thérèse, v.	15 v. st Malo, év.	15 D. st Mesmin, abbé.
16 m. Notre-D. de M. C.	16 v. st Roch.	16 l. st Jean Chrysost.	16 m. st Bertrand, év.	16 s. st Eucher.	16 l. ste Adélaïde.
17 m. st Esperat, m.	17 s. st Alexis.	17 m. st Corneille, pap.	17 j. st Gauderic.	17 D. st Asciscle, m.	17 m. ste Olimpie.
18 j. st Thomas d'Aq.	18 D. ste Hélène.	18 m. Quatre-Temps.	18 v. st Luc, évang.	18 l. st Odon, abbé.	18 m. Quatre-Temps.
19 v. st Vincent-de-P.	19 l. st Louis, év.	19 j. st Cyprien.	19 s. st Pierre d'Alc.	19 m. ste Élisabeth.	19 j. st Grégoire.
20 s. ste Marguerite.	20 m. st Bernard, ab.	20 v. st Eustache. q.-t.	20 D. st Caprais, év.	20 m. st Edmond.	20 v. st Philogon. q.-t.
21 D. st Victor, m.	21 m. st Privat, év.	21 s. st Mathieu. q.-t.	21 l. ste Ursule, v.	21 j. Présent. N. D.	21 s. st Thomas. q.-t.
22 l. ste Madeleine.	22 j. st Symphorien.	22 D. st Maurice, ap.	22 m. st Mellon.	22 v. ste Cécile, v.	22 D. st Yves, év.
23 m. st Appollinaire.	23 v. ste Jeanne.	23 l. ste Thècle.	23 m. st Séverin.	23 s. st Clément, pape.	23 l. ste Anastasie.
24 m. ste Christine, v.	24 s. st Barthélemi, ap.	24 m. st Yzarn.	24 j. st Érambert, év.	24 D. ste Flore, v.	24 m. ste Delphine. v.-j.
25 j. st Jacques, apôt.	25 D. st Louis, roi.	25 m. st Firmin, év.	25 v. ss Crépin et Cré.	25 l. ste Catherine, v.	25 m. Noël.
26 v. ste Anne.	26 l. st Zéphirin.	26 j. ste Justine.	26 s. ste Rustique.	26 m. st Lin, pape.	26 j. st Étienne, m.
27 s. st Pantaléon.	27 m. st Césaire, év.	27 v. ss Come et Dam.	27 D. st Frumence.	27 m. ss Vital et Agri.	27 v. st Jean, évang.
28 D. st Nazaire, m.	28 m. st Augustin, év.	28 s. st Exupère, év.	28 l. ss Simon et Jude.	28 j. st Sosthène.	28 s. ss Innocents.
29 l. st Loup, év.	29 j. Déco. de st J.-B.	29 D. st Michel.	29 m. st Narcisse.	29 v. st Saturnin.	29 D. st Thomas, év.
30 m. st Germain, év.	30 v. st Gaudens.	30 l. st Jérôme, pr.	30 m. st Quentin, m.	30 s. st André, ap.	30 l. st Sabin, év.
31 m. st Ignace, pr.	31 s. ste Florentine.		31 j. Vigile-Jeûne.		31 m. st Sylvestre, p.

Calendrier Perpétuel, Civil et Ecclésiastique.

JANVIER	FÉVRIER	MARS	AVRIL	MAI	JUIN
1 s. Circoncision.	1 m. st Ignace, m.	1 m. Cendres.	1 s. st Hugues.	1 l. ss. Philip. et Jac.	1 j. st Pamphile.
2 D. st Bazile.	2 m. Purification.	2 j. st Simplicien.	2 D. Passion.	2 m. st Athanase, év.	2 v. st Pothin.
3 l. ste Geneviève.	3 j. st Blaise, év.	3 v. st Cunégonde.	3 l. st Richard.	3 m. Invent. ste Croix.	3 s. ste Clotilde. v.-j.
4 m. st Rigobert.	4 v. st Gilbert.	4 s. st Casimir.	4 m. st Ambroise, év.	4 j. ste Monique.	4 D. PENTECOTE
5 m. st Siméon, styl.	5 s. ste Agathe, v.	5 D. Quadragésime.	5 m. st Vincent Ferr.	5 v. st Théobard, év.	5 l. st Claude,
6 j. Epiphanie.	6 D. st Amand, év.	6 l. ste Colette.	6 j. st Prudence.	6 s. st Jean P. L.	6 m. st Norbert.
7 v. st Théau.	7 l. ste Dorothée, v.	7 m. ss. Fél. et P.	7 v. st Hégésippe.	7 D. Transf. s Etienne	7 m. Quatre-Temps.
8 s. st Lucien, m.	8 m. st Jean de M.	8 m. Quatre-Temps.	8 s. st Gauthier, ab.	8 l. st Orens, év.	8 j. st Médard, év.
9 D. st Julien, hosp.	9 m. ste Appollonie.	9 j. ste Françoise.	9 D. Rameaux.	9 m. st Grégoire, év.	9 v. st Félicien, q.-t.
10 l. st Paul, ermite.	10 j. ste Scolastique.	10 v. st Blanch. q.-t.	10 l. st Macaire.	10 m. st Gordien.	10 s. st Landry. q.-t.
11 m. st Hygion, pape.	11 v. st Benoît, ab.	11 s. ste Sophron. q.-t.	11 m. st Léon, pape.	11 j. st Mamert.	11 D. Trinité.
12 m. st Fréjus, év.	12 s. ste Eulalie, v.	12 D. Réminiscere.	12 m. st Jules.	12 v. st Pacôme, ab.	12 l. st Basilide.
13 j. Baptême de N. S.	13 D. Septuagésime.	13 l. st Nicéphore.	13 j. st Justin, m.	13 s. st Onésime.	13 m. st Aventin.
14 v. st Hilaire, év.	14 l. st Valentin.	14 m. ste Mathilde.	14 v. Vendredi-Saint.	14 D. st Boniface.	14 m. st Valère, m.
15 s. st Maur, abbé.	15 m. st Faustin.	15 m. st Zacharie.	15 s. st Paterne.	15 l. st Honoré.	15 j. Fête-Dieu.
16 D. st Fulgence, év.	16 m. ste Julienne.	16 j. ste Eusébio, v.	16 D. Paques.	16 m. st Germier, év.	16 v. ss. Cyr et Julitte.
17 l. st Antoine, ab.	17 j. st Sylvin, év.	17 v. st Patrice, év.	17 l. st Anicet.	17 m. st Pascal.	17 s. st Avit, abbé.
18 m. Chaire st P. à R.	18 v. st Siméon, év.	18 s. st Alexandre, év.	18 m. st Parfait.	18 j. st Venant.	18 D. st Emile, m.
19 m. st Sulpice, év.	19 s. st Gabin.	19 D. Oculi.	19 m. st Elphège.	19 v. st Pierre Célestin	19 l. st Gervais et Pro.
20 j. st Sébastien.	20 D. Sexagésime.	20 l. st Joachim.	20 j. st Joseph.	20 s. st Hilaire, év.	20 m. st Romuald.
21 v. ste Agnès, v.	21 l. st Sévérien.	21 m. st Benoît.	21 v. st Anselme.	21 D. st Hospice.	21 m. st Louis de Gonz.
22 s. st Vincent, m.	22 m. st Maxime.	22 m. st Paul, év.	22 s. ste Opportune.	22 l. Rogations.	22 j. st Paulin, év.
23 D. st Fabien, pape.	23 m. st Pascase.	23 j. st Fidèle.	23 D. Quasimodo.	23 m. st Didier.	23 v. st Leufroy.
24 l. st Timothée, év.	24 j. st Mathias, apôt.	24 v. st Gabriel.	24 l. st Pluchade, év.	24 m. st François Rég.	24 s. st Jean-Baptiste.
25 m. Conv. de st Paul.	25 v. st Valburge.	25 s. Annonciation.	25 m. st Marc, év.	25 j. ASCENSION.	25 D. ste Fébronic.
26 m. ste Paule, veuve.	26 s. st Nestor.	26 D. Lætare.	26 m. st Clet, pape.	26 v. st Philip. N.	26 l. st Maixent.
27 j. ss. Martyrs rom.	27 D. Quinquagésime.	27 l. st Rupert, év.	27 j. st Policarpe.	27 s. st Hildebert.	27 m. st Crescent, év.
28 v. st Cyrille, év.	28 l. ss. Martyrs d'Al.	28 m. st Gontrand.	28 v. ss. Martyrs, d'Aff.	28 D. st Guilbaume.	28 m. st Irénée, év.
29 s. st François de S.	29 m. st Romain.	29 m. st Eustase.	29 s. ste Marie Egypt.	29 l. st Maximin.	29 j. ss. Pierre et Paul
30 D. ste Bathilde.		30 j. st Jean Climaque.	30 D. st Eutrope, év.	30 m. st Félix, p.	30 v. Comm. de s Paul.
31 l. st Pierre Nolasq.		31 v. st Acace, év.		31 m. st Sylve, évêq.	

JUILLET	AOUT	SEPTEMBRE	OCTOBRE	NOVEMBRE	DÉCEMBRE
1 s. st Martial, év.	1 m. st Pierre-ès-liens	1 v. st Gilis, abbé.	1 D. st Rémy, év.	1 m. TOUSSAINT.	1 v. st Eloi, év.
2 D. Visitation N. D.	2 m. st Etienne, pape.	2 s. st Antonin, m.	2 l. ss. Anges gard.	2 j. Les Morts.	2 s. st François Xav.
3 l. st Anatole.	3 j. Inv. st Etienne.	3 D. st Grégoire, pap.	3 m. st Trophime, év.	3 v. st Papoul, m.	3 D. Avent.
4 m. st Théodore.	4 v. st Dominique.	4 l. st Lazare.	4 m. st François-d'As.	4 s. st Charles Borro.	4 l. ste Barbe, v.
5 m. ste Zoé.	5 s. st Félix, m.	5 m. st Victorin, év.	5 j. st Placide, m.	5 D. ste Bertile, v.	5 m. st Sabbas, abbé.
6 j. st Tranquillin.	6 D. Trans. de N. S.	6 m. st Eugène, m.	6 v. st Bruno, moine.	6 l. st Léonard.	6 m. ste Victoire, v.
7 v. st Prosper, doct.	7 l. st Sixte, pape.	7 j. st Cloud, prêtre.	7 s. ste Foi, v. m.	7 m. st Ernest, abbé.	7 j. st Nicolas, év.
8 s. ste Elisabeth, r.	8 m. ss. Just. et Past.	8 v. Nativ. de la V.	8 D. ste Brigitte.	8 m. stes Reliques.	8 v. Concep. N. D.
9 D. st Ephrem.	9 m. st Vitrice, év.	9 s. st Omer, év.	9 l. st Denis, év.	9 j. st Austremoine.	9 s. ste Léocadie, v.
10 l. Sept-Frères M.	10 j. ste Philomène.	10 D. st Salvi, év.	10 m. st François de B.	10 v. st Léon, pape.	10 D. st Hubert.
11 m. Trans. st Benoît.	11 v. ste Suzanne, m.	11 l. st Patient.	11 m. st Julien.	11 s. st Martin, év.	11 l. st Damase, pape.
12 m. st Honeste, pr.	12 s. ste Claire, v.	12 m. st Sordot, év.	12 j. st Donatien.	12 D. st Martin, pape.	12 m. st Paul, év.
13 j. st Anaclet.	13 D. ste Radegonde, r.	13 m. st Aimé, abbé.	13 v. st Géraud.	13 l. st Stanislas.	13 m. ste Luce, v. m.
14 v. st Bonaventure.	14 l. st Eusèbe. v.-j.	14 j. Exalt. Ste-Croix	14 s. st Calixte.	14 m. st Malo, év.	14 j. st Honorat, év.
15 s. st Henri.	15 m. Assomption.	15 v. st Achard, ab.	15 D. ste Thérèse, v.	15 m. st Eucher.	15 v. st Mesmin, ab.
16 D. N.-D. du M.-Car.	16 m. st Roch.	16 s. st Jean Chrysost.	16 l. st Bertrand, év.	16 j. st Eucher.	16 s. ste Adélaïde.
17 l. st Espérat, m.	17 j. st Alexis.	17 D. st Corneille, p.	17 m. st Gauderic.	17 v. st Asciscle, m.	17 D. st Olimpie.
18 m. st Thomas d'Aq.	18 v. ste Hélène.	18 l. ste Camelle.	18 m. st Luc, évang.	18 s. st Odon, abbé.	18 l. st Gratien,
19 m. st Vincent de P.	19 s. st Louis, év.	19 m. st Cyprien.	19 j. st Pierre d'Alc.	19 D. ste Elizabeth.	19 m. st Grégoire,
20 j. ste Marguerite.	20 D. st Bernard, ab.	20 m. Quatre-Temps.	20 v. st Caprais, év.	20 l. st Edmond.	20 m. Quatre-Temps.
21 v. st Victor, m.	21 l. st Privat, év.	21 j. st Mathieu.	21 s. ste Ursule, v.	21 m. Présent. N. D.	21 j. st Thomas.
22 s. ste Madeleine.	22 m. st Symphorien.	22 v. st Maurice. q.-t.	22 D. st Mellon.	22 m. ste Cécile, v.	22 v. st Yves, év. q.-t.
23 D. st Appollinaire.	23 m. ste Jeanne.	23 s. ste Thècle. q.-t.	23 l. st Sévérin.	23 j. st Clément, pap.	23 s. ste Anastas. q.-t.
24 l. ste Christine, m.	24 j. st Barthélemy, a.	24 D. st Yzarn, abbé.	24 m. st Erambert, év.	24 v. ste Flore, v.	24 D. ste Delphine, v.-j.
25 m. st Jacques, ap.	25 v. st Louis, roi.	25 l. st Firmin, év.	25 m. ss. Crépin et Cré.	25 s. ste Catherine, v.	25 l. Noël.
26 m. ste Anne.	26 s. st Zéphirin.	26 m. ste Justine.	26 j. ste Rustique.	26 D. st Lin, pape.	26 m. st Etienne, m.
27 j. st Pantaléon.	27 D. st Césaire, év.	27 m. ss. Cosme et Dam.	27 v. st Frumence.	27 l. ss. Vital et Agri.	27 j. st Jean, évang.
28 v. st Nazaire, m.	28 l. st Augustin, év.	28 j. st Exupère, m.	28 s. ss. Simon et Jude	28 m. st Sosthène.	28 s. ss. Innocents.
29 s. st Loup, évêque.	29 m. Déc. des J.-Bapt.	29 v. st Michel, év.	29 D. st Narcisse.	29 m. st Saturnin, év.	29 v. st Thomas, év.
30 D. st Germain, év.	30 m. st Gaudens.	30 s. st Jérôme, prêt.	30 l. st Quentin, m.	30 j. st André, ap.	30 s. st Sabin, év.
31 l. st Ignace, pr.	31 j. ste Florentine.		31 m. Vigile Jeûne.		31 D. st Sylvestre, p.

Calendrier Perpétuel, Civil et Ecclésiastique.

JANVIER	FÉVRIER	MARS	AVRIL	MAI	JUIN
1 j. Circoncision.	1 D. Sexagésime.	1 l. st Aubin, év.	1 j. st Hugues, év.	1 s. st Hugues, év.	1 m. st Pamphile.
2 v. st Bazile.	2 l. Purification.	2 m. st Simplicien.	2 v. st François de P.	2 D. st Athanase, év.	2 m. st Pothin, év.
3 s. ste Geneviève.	3 m. st Blaise, év.	3 m. ste Cunégonde.	3 s. st Richard.	3 l. Rogations.	3 j. st Clotilde.
4 D. st Rigobert.	4 m. st Gilbert.	4 j. st Casimir.	4 D. Quasimodo.	4 m. ste Monique.	4 v. st Quirin, m.
5 l. st Siméon, styl.	5 j. ste Agathe, v.	5 v. st Phocas.	5 l. Annonciation.	5 m. st Théodard, év.	5 s. st Claude.
6 m. Épiphanie.	6 v. st Amand, év.	6 s. ste Colette.	6 m. st Prudence.	6 j. Ascension.	6 D. st Norbert, év.
7 m. st Théau.	7 s. ste Dorothée, v.	7 D. Lætare.	7 m. st Hégésippe.	7 v. Transf. s Étienne	7 l. st Robert, ab.
8 j. st Lucien, m.	8 D. Quinquagésime.	8 l. st Jean de Dieu.	8 j. st Gautier, ab.	8 s. st Orens, év.	8 m. st Médard, év.
9 v. st Julien, hosp.	9 l. ste Apollonie.	9 m. ste Françoise.	9 v. st Isidore.	9 D. st Grégoire, év.	9 m. st Félicien, m.
10 s. st Paul, ermite.	10 m. ste Scolastique.	10 m. st Blanchard, év.	10 s. st Macaire.	10 l. st Gordien.	10 j. st Landry.
11 D. st Hygien, pape.	11 m. Cendres.	11 j. ste Sophronie.	11 D. st Léon, pape.	11 m. st Mamert.	11 v. st Barnabé, ap.
12 l. st Fréjus, év.	12 j. ste Eulalie, v.	12 v. st Maximilien.	12 l. st Jules.	12 m. st Pacôme, ab.	12 s. st Basilide.
13 m. Baptême de N.S.	13 v. st Lésin.	13 s. st Nicéphore.	13 m. st Justin, m.	13 j. st Onésime.	13 D. st Aventin.
14 m. st Hilaire, év.	14 s. st Valentin.	14 D. Passion.	14 m. st Tiburce.	14 v. st Boniface.	14 l. st Valère, m.
15 j. st Maur, abbé.	15 D. Quadragésime.	15 l. st Zacharie.	15 j. st Paterne.	15 s. st Honoré. v.-j.	15 m. st Guy, mart.
16 v. st Fulgence, év.	16 l. ste Julienne.	16 m. ste Euzébie, v.	16 v. st Fructueux.	16 D. Pentecôte	16 m. ss. Cyr et Julitte.
17 s. st Antoine, ab.	17 m. st Sylvin, év.	17 m. st Patrice.	17 s. st Anicet.	17 l. st Pascal.	17 j. st Avit, abbé.
18 D. Chaire st P. à R.	18 m. Quatre-Temps.	18 j. st Alexandre, év.	18 D. st Parfait.	18 m. st Venant.	18 v. st Émile, m.
19 l. st Sulpice, év.	19 j. st Gabin.	19 v. st Gaspard.	19 l. st Elphége.	19 m. Quatre-Temps.	19 s. st Gervais et Pr.
20 m. st Sébastien, m.	20 v. st Eucher. q.-t.	20 s. st Joachim.	20 m. st Joseph.	20 j. st Hilaire.	20 D. st Romuald.
21 m. ste Agnès, v.	21 s. st Sévérien. q.-t.	21 D. Rameaux.	21 m. st Anselme.	21 v. st Hospice. q.-t.	21 l. st Louis de G.
22 j. st Vincent, m.	22 D. Reminiscere.	22 l. st Paul, évêq.	22 j. ste Opportune.	22 s. ste Julie. q.-t.	22 m. st Paulin, év.
23 v. st Fabien, pape.	23 l. st Pascase.	23 m. st Fidèle.	23 v. st George, m.	23 D. Trinité.	23 m. st Lenfroy.
24 s. st Timothée, év.	24 m. st Mathias.	24 m. st Gabriel.	24 s. st Phebade, év.	24 l. st Franç. R.	24 j. st Jean-Baptiste.
25 D. Septuagésime.	25 m. st Valburge.	25 j. st Humbert.	25 D. st Marc, évang.	25 m. st Urbain, p.	25 v. ste Fébronie.
26 l. ste Paule, veuve.	26 j. st Nestor.	26 v. Vendredi-Saint	26 l. st Clet, pape.	26 m. st Philippe de N.	26 s. st Maixent.
27 m. ss. Martyrs d'Al.	27 v. ste Honorine.	27 s. st Rupert, év.	27 m. st Policarpe.	27 j. Fête-Dieu.	27 D. st Cressent, év.
28 m. st Cyrille, év.	28 s. ss. Martyrs d'Al.	28 D. Pâques.	28 m. ss Martyrs d'Aff.	28 v. st Guillaume.	28 l. st Irénée, év.
29 j. st François de S.	29 D. Oculi.	29 l. st Eustase.	29 j. ste Marie Égypt.	29 s. st Maximin.	29 m. ss. Pierre et Paul.
30 v. ste Bathilde.		30 m. st Jean Climaque	30 v. st Eutrope, év.	30 D. st Félix, pape.	30 m. Comm. st Paul.
31 s. st Pierre Nolasq.		31 m. st Acace, év.		31 l. st Sylve, év.	

JUILLET	AOUT	SEPTEMBRE	OCTOBRE	NOVEMBRE	DÉCEMBRE
1 j. st Martial, év.	1 D. st-Pierre-ès-liens.	1 m. st Gilis, abbé.	1 v. st Rémi, év.	1 l. Toussaint.	1 m. st Éloi, év.
2 v. Visitation N. D.	2 l. st Étienne, pape.	2 j. st Antonin, m.	2 s. ss Anges gard.	2 m. Les Morts.	2 j. st François-Xav.
3 s. st Anatole.	3 m. Inven. st Étienne.	3 v. st Grégoire, pap.	3 D. st Trophime, év.	3 m. st Papoul, m.	3 v. st Anthème.
4 D. st Théodore.	4 m. st Dominique.	4 s. st Lazare.	4 l. st François-d'As.	4 j. st Charles Borr.	4 s. ste Barbe, v.
5 l. ste Zoé.	5 j. st Félix, m.	5 D. st Victorin, év.	5 m. st Placide, m.	5 v. ste Bertile, v.	5 D. st Sabas, abbé.
6 m. st Tranquillin.	6 v. Trans. de N. S.	6 l. st Eugène, m.	6 m. st Bruno, moine.	6 s. st Léonard.	6 l. ste Victoire, v.
7 m. st Prosper, doct.	7 s. st Xiste, pape.	7 m. st Cloud pre.	7 j. ste Foi, v. m.	7 D. st Ernest, abbé.	7 m. st Nicolas, év.
8 j. ste Elizabeth, r.	8 D. ss Just et Past.	8 m. Nativité de la V.	8 v. ste Brigitte.	8 l. stes Reliques.	8 m. Concep. N.-D.
9 v. st Éphrem.	9 l. st Vitrice, év.	9 j. st Omer, év.	9 s. st Denis, év.	9 m. st Austremoine.	9 j. ste Léocadie, v.
10 s. Sept-Frères M.	10 m. ste Philomène.	10 v. st Salvi, év.	10 D. st François de B.	10 m. st Léon, pape.	10 v. st Hubert.
11 D. Trans. st Benoît.	11 m. ste Suzanne, m.	11 s. st Patient.	11 l. st Julien.	11 v. st Martin, év.	11 s. st Damase, pape.
12 l. St Honeste, pr.	12 j. ste Claire, vierge.	12 D. st Serdot, év.	12 m. st Donatien.	12 s. st Martin, pape.	12 D. st Paul, év.
13 m. st Anaclet.	13 v. ste Radegonde, r.	13 l. st Aimé, abbé.	13 m. st Géraud.	13 s. st Stanislas.	13 l. ste Luce, v. m.
14 m. st Bonaventure.	14 s. st Eusébe. V.-J.	14 m. Exalt. ste Croix	14 j. st Calixte.	14 D. st Claude.	14 m. st Honorat, év.
15 j. st Henri.	15 D. Assomption.	15 m. Quatre-Temps.	15 v. ste Thérèse, v.	15 l. st Malo, év.	15 m. Quatre-Temps.
16 v. Notre-D. de M.C.	16 l. st Roch.	16 j. st Jean Chrysost.	16 s. st Bertrand, év.	16 m. st Eucher.	16 j. ste Adelaïde.
17 s. st Esperat, m.	17 m. st Alexis.	17 v. st Corneille. q.-t.	17 D. st Gauderic.	17 m. st Ascisele, m.	17 v. ste Olimpie. q.-t.
18 D. st Thomas d'Aq.	18 m. ste Hélène.	18 s. ste Camelie. q.-t.	18 l. st Luc, évang.	18 j. st Odon, abbé.	18 s. st Gratien. q.-t.
19 l. st Vincent-de-P.	19 j. st Louis, év.	19 D. st Cyprien.	19 m. st Pierre d'Alc.	19 v. ste Elisabeth.	19 D. st Grégoire.
20 m. ste Marguerite.	20 v. st Bernard, ab.	20 l. st Eustache.	20 m. st Caprais, év.	20 s. st Edmond.	20 l. st Philogon.
21 m. st Victor, m.	21 s. st Privat, m.	21 m. st Mathieu.	21 j. ste Ursule, m.	21 D. Présent. N.D.	21 m. st Thomas.
22 j. ste Madeleine.	22 D. st Symphorien.	22 m. st Maurice, ap.	22 v. st Mellon.	22 l. ste Cécile, v.	22 m. st Yves, év.
23 v. st Appollinaire.	23 l. ste Thècle.	23 j. ste Thècle.	23 s. st Sévérin.	23 m. st Clément, pape.	23 j. ste Anastasie.
24 s. ste Christine, v.	24 m. st Barthélemi, ap.	24 v. st Yzarn.	24 D. st Erambert, év.	24 m. ste Flore, v.	24 v. ste Delphine. v.-j.
25 D. st Jacques, apôt.	25 m. st Louis, roi.	25 s. st Firmin, év.	25 l. ss Crépin et Cré.	25 j. ste Catherine, v.	25 s. Noël.
26 l. ste Anne.	26 j. st Zéphirin.	26 D. ste Justine.	26 m. ste Rustique.	26 v. st Lin, pape.	26 D. st Étienne, m.
27 m. st Pantaléon.	27 v. st Césaire, év.	27 l. ss Come et Dam.	27 m. st Frumence.	27 s. ss Vital et Agri.	27 l. st Jean, évang.
28 m. st Nazaire, m.	28 s. st Augustin, év.	28 m. st Exupère, m.	28 j. ss Simon et Jude.	28 D. Avent.	28 m. ss Innocents.
29 j. st Loup, év.	29 D. Déco. de st J.-B.	29 m. st Michel.	29 v. st Narcisse.	29 l. st Saturnin.	29 m. st Thomas, ap.
30 v. st-Germain, év.	30 l. st Gaudens.	30 j. st Jérôme, pr.	30 s. st Quentin, m.	30 m. st André, ap.	30 j. st Sabin, év.
31 s. st Ignace, pr.	31 m. ste Florentine.		31 D. Vigile-Jeûne.		31 v. st Sylvestre, p.

Toulouse. — Imprimerie de Lives et Faget, rue Taipière, 6.

Calendrier Perpétuel, Civil et Ecclésiastique.

JANVIER	FÉVRIER	MARS	AVRIL	MAI	JUIN
1 m. CIRCONCISION.	1 v. st Ignace, m·	1 s. st Aubin, év.	1 m. st Hugues.	1 j. ss. Philip. et Jac.	1 D. PENTECOTE
2 m. st Bazile.	2 s. PURIFICATION.	2 D. QUADRAGÉSIME.	2 m. st François de P.	2 v. st Athanase, év.	2 l. st Pothin.
3 j. ste Geneviève.	3 D. st Blaise, év.	3 l. ste Cunégonde.	3 j. st Richard.	3 s. Invent. ste Croix	3 m. ste Clotilde.
4 v. st Rigobert.	4 l. st Gilbert.	4 m. st Casimir.	4 v. st Ambroise, év.	4 D. ste Monique.	4 m. Quatre-Temps.
5 s. st Siméon, styl.	5 m. ste Agathe, v.	5 m. Quatre-Temps.	5 s. st Vincent Ferr.	5 l. st Théobard, év.	5 j. st Claude.
6 D. ÉPIPHANIE.	6 m. st Amand, év.	6 j. ste Colette.	6 D. RAMEAUX.	6 m. st Jean P. L.	6 v. st Norbert. q.-t.
7 l. st Théau.	7 j. ste Dorothée, v.	7 v. ss. Fél. et P. q.-t.	7 l. st Hégésippe.	7 m. Transf. s Etienne	7 s. st Robert. q.-t.
8 m. st Lucien, m.	8 v. st Jean de M.	8 s. st Jean de M. q.-t.	8 m. st Gautbier, ab.	8 j. st Orens, év.	8 D. TRINITÉ.
9 m. st Julien, hosp.	9 s. ste Appollonie.	9 D. REMINISCERE.	9 m. st Isidore.	9 v. st Grégoire, év.	9 l. st Félicien, m.
10 j. st Paul, ermite.	10 D. SEPTUAGÉSIME.	10 l. st Blanchard, év.	10 j. st Macaire.	10 s. st Gordien.	10 m. st Landry.
11 v. st Hygien, pape.	11 l. st Benoît, ab.	11 m. ste Sophrone.	11 v. VENDREDI-SAINT.	11 D. st Mamert.	11 m. st Barnabé, ap.
12 s. st Fréjus, év.	12 m. ste Eulalie, v.	12 m. st Maximilien.	12 s. st Jules.	12 l. st Pacôme, ab.	12 j. FÊTE-DIEU.
13 D. BAPTÊME DE N. S	13 m. st Lésin.	13 j. st Nicéphore.	13 D. PAQUES.	13 m. st Onésime.	13 v. st Aventin.
14 l. st Hilaire, év.	14 j. st Valentin.	14 v. ste Mathilde.	14 l. st Tiburce.	14 D. st Boniface.	14 s. st Valère, m.
15 m. st Maur, abbé.	15 v. st Faustin, v.	15 s. st Zacharie.	15 m. st Paterne.	15 j. st Honoré.	15 D. st Guy, mart.
16 m. st Fulgence, év.	16 s. ste Julienne.	16 D. OCULI.	16 m. st Fructueux.	16 v. st Germier, év.	16 l. ss. Cyr et Julitte.
17 j. st Antoine, ab.	17 D. SEXAGÉSIME.	17 l. st Patrice, év.	17 j. st Anicet.	17 s. st Pascal.	17 m. st Avit, abbé.
18 v. Chaire st P. à R.	18 l. st Siméon, év.	18 m. st Alexandre, év.	18 v. st Parfait.	18 D. st Venant.	18 m. st Émile, m.
19 s. st Sulpice, év.	19 m. st Gabin.	19 m. st Gaspard.	19 s. st Elphège.	19 l. ROGATIONS.	19 j. st Gervais et Pro
20 D. st Sébastien, m.	20 m. st Eucher, év.	20 j. st Joachim.	20 D. QUASIMODO.	20 m. st Hilaire, év.	20 v. st Romuald.
21 l. ste Agnès, v.	21 j. st Sévérien.	21 v. st Benoît.	21 l. st Anselme.	21 m. st Hospice.	21 s. st Louis de Gonz.
22 m. st Vincent, m.	22 v. st Maxime.	22 s. st Paul, év.	22 m. ste Opportune.	22 v. ASCENSION.	22 D. st Paulin, év.
23 m. st Fabien, pape.	23 s. st Pascase.	23 D. LÆTARE.	23 v. st Georges, m.	23 v. st Didier.	23 l. st Leufroy.
24 j. st Timothée, év.	24 D. QUINQUAGÉSIME.	24 l. st Gabriel.	24 j. st Phelade, év.	24 s. st François Rég.	24 m. st Jean-Baptiste.
25 v. Conv. de st Paul.	25 l. st Valburge.	25 m. ANNONCIATION.	25 v. st Marc, év.	25 D. st Urbain, pape.	25 m. ste Fébronie.
26 s. ste Paule, veuve.	26 m. st Nestor.	26 m. st Ludger.	26 s. st Clet, pape.	26 l. st Philip. N.	26 j. st Maixent.
27 D. ss. Martyrs rom.	27 m. CENDRES.	27 j. st Rupert, év.	27 D. st Policarpe.	27 m. st Hildebert.	27 v. st Crescent, év.
28 l. st Cyrille, év.	28 j. ss. Martyrs d'Al.	28 v. st Gontrand.	28 l. ss. Martyrs, d'Aff.	28 m. st Guilhaume.	28 s. st Irénée, év.
29 m. st François de S.	29 v. st Romain.	29 s. st Eustase.	29 m. ste Marie Égypt.	29 j. st Maximin.	29 D. ss. Pierre et Paul
30 m. ste Bathilde.		30 D. PASSION.	30 m. st Eutrope, év.	30 v. st Félix, p.	30 l. Comm. des Paul.
31 j. st Pierre Nolasq		31 l. st Acace, év.		31 s. st Sylve, év. v.-j.	

JUILLET	AOUT	SEPTEMBRE	OCTOBRE	NOVEMBRE	DÉCEMBRE
1 m. st Martial, év.	1 v. st Pierre-ès-liens	1 l. st Gilis, abbé.	1 m. st Rémy, év.	1 s. TOUSSAINT.	1 l. st Éloi, év.
2 m. VISITATION N. D.	2 s. st Etienne, pape.	2 m. st Antonin, m.	2 j. ss. Anges gard.	2 D. Les Morts.	2 m. st François Xav.
3 j. st Anatole.	3 D. Inv. st Etienne.	3 m. st Grégoire, pap.	3 v. st Trophime, év.	3 l. st Papoul, m.	3 m. st Anthème.
4 v. st Théodore.	4 l. st Dominique.	4 j. st Lazare.	4 s. st François-d'As.	4 m. st Charles Borro.	4 j. ste Barbe, v.
5 s. ste Zoé.	5 m. st Félix, m.	5 v. st Victorin, év.	5 D. st Placide, m.	5 m. ste Bertile, v.	5 v. st Sabbas, abbé.
6 D. st Tranquillin.	6 m. TRANS. DE N. S.	6 s. st Eugène, m.	6 l. st Bruno, moine.	6 j. st Léonard.	6 s. ste Victoire, v.
7 l. st Prosper, doct.	7 j. st Sixte, pape.	7 D. st Cloud, prêtre.	7 m. ste Foi, v. m.	7 v. st Ernest, abbé.	7 D. st Nicolas, év.
8 m. ste Elisabeth, r.	8 v. ss. Just. et Past.	8 l. NATIV. DE LA V.	8 m. ste Brigitte.	8 s. stes Reliques.	8 l. CONCEP. N. D.
9 m. st Ephrem.	9 s. st Vitrice, év.	9 m. st Omer, év.	9 j. st Denis, év.	9 D. st Astremoine.	9 m. ste Léocadie, v.
10 j. Sept-Frères M.	10 D. st Laurent, m.	10 m. st Salvi, év.	10 v. st François de B	10 l. st Léon, pape.	10 m. st Hubert.
11 v. Trans. st Benoît.	11 l. ste Suzanne, m.	11 j. st Patient.	11 s. st Julien.	11 m. st Martin, év.	11 j. st Damase, pape.
12 s. st Honeste, pr.	12 m. ste Claire, v.	12 v. st Serdot, év.	12 D. st Donatien.	12 m. st Martin, pape.	12 v. st Paul, év.
13 D. st Anaclet.	13 m. ste Radegonde, r.	13 s. st Aimé, abbé.	13 l. st Géraud.	13 j. st Stanislas.	13 s. ste Luce, v. m.
14 l. st Bonaventure.	14 j. st Eusèbe. v.-j.	14 D. EXALT. Ste-CROIX	14 m. st Calixte.	14 v. st Claude, m.	14 D. st Honorat, év.
15 m. st Henri.	15 v. Assomption.	15 l. st Achard, ab.	15 m. ste Thérèse, v.	15 s. st Malo, év.	15 l. st Mesmin, ab.
16 m. N.-D. du M.-Car.	16 s. st Roch.	16 m. st Jean Chrysost.	16 j. st Bertrand, év.	16 D. st Eucher.	16 m. ste Adélaïde.
17 j. st Espérat, m.	17 D. st Alexis.	17 m. Quatre-Temps.	17 v. st Gauderic.	17 l. st Aciscole, m.	17 m. Quatre-Temps.
18 v. st Thomas d'Aq.	18 l. ste Hélène.	18 j. ste Camelle.	18 s. st Luc, évang.	18 m. st Odon, abbé.	18 j. st Gratien.
19 s. st Vincent de P.	19 m. st Louis, év.	19 v. st Cyprien. q.-t.	19 D. st Pierre d'Alc.	19 m. ste Elizabeth.	19 v. st Grégoire. q.-t.
20 D. ste Marguerite.	20 m. st Bernard, ab.	20 s. st Eustache. q.-t.	20 l. st Caprais, év.	20 j. st Edmond.	20 s. st Philogon. q.-t.
21 l. st Victor, m.	21 j. st Privat, év.	21 D. st Mathieu.	21 m. ste Ursule, v.	21 v. PRÉSENT. N. D.	21 D. st Thomas.
22 m. ste Madeleine.	22 v. st Symphorien.	22 l. st Maurice.	22 m. st Mellon.	22 s. ste Cécile, v.	22 l. st Yves, év.
23 m. st Appollinaire.	23 s. ste Jeanne.	23 m. st Thècle.	23 j. st Sévérin.	23 D. st Clément, pap.	23 m. ste Anastasie.
24 j. ste Christine, v.	24 D. st Barthélemy, a.	24 m. st Yzarn, abbé.	24 v. st Ecambert, év.	24 l. ste Flore, v.	24 m. ste Delphine, v.-j.
25 v. st Jacques, ap.	25 l. st Louis, roi.	25 j. st Firmin, év.	25 s. ss. Crépin et Cré.	25 m. ste Catherine, v.	25 j. NOEL.
26 s. ste Anne.	26 m. st Zéphirin.	26 v. st Justine.	26 D. st Rustique.	26 m. st Lin, pape.	26 v. st Etienne, m.
27 D. st Pantaléon.	27 m. st Césaire, év.	27 s. ss. Come et Dam	27 l. st Frumence.	27 j. ss. Vital et Agri.	27 s. st Jean, évang.
28 l. st Nazaire, m.	28 j. st Augustin, év.	28 D. st Exupère, év.	28 m. ss. Simon et Jude	28 s. st Sosthène.	28 D. ss. Innocents.
29 m. st Loup, évêque.	29 v. Déc. de st J.-Bapt.	29 l. st Michel, év.	29 m. st Narcisse.	29 s. st Saturnin, év.	29 l. st Thomas, év.
30 m. st Germain, év.	30 s. st Gaudens.	30 m. st Jérôme, prêt.	30 j. st Quentin, m.	30 D. AVENT.	30 m. st Sabin, év.
31 j. st Ignace, pr.	31 D. ste Florentine.		31 v. Vigile Jeûne.		31 m. st Sylvestre, p.

Toulouse. — Imprimerie de Rives et Faget, rue Tripière, 9.

Calendrier Perpétuel, Civil et Ecclésiastique.

JANVIER	FÉVRIER	MARS	AVRIL	MAI	JUIN
1 D. Circoncision.	1 m. st Ignace, m.	1 j. st Aubin, év.	1 D. **PAQUES**.	1 m. st Hugues, év.	1 v. st Pamphile.
2 l. st Bazile.	2 j. Purification.	2 v. st Symplicien.	2 l. st François de P.	2 m. st Athanase, év.	2 s. st Pothin, év.
3 m. ste Geneviève.	3 v. st Blaise, év.	3 s. ste Cunégonde.	3 m. st Richard.	3 j. Invent. ste Croix	3 D. ste Clotilde.
4 m. st Rigobert.	4 s. st Gilbert.	4 D. Oculi.	4 m. st Ambroise, év.	4 v. ste Monique.	4 l. st Quirin, m.
5 j. st Siméon, styl.	5 D. Sexagésime.	5 l. st Phocas.	5 j. st Vincent Ferr.	5 s. st Théodard, év.	5 m. st Claude.
6 v. Epiphanie.	6 l. st Amand, év.	6 m. ste Colette.	6 v. st Prudence.	6 D. st Jean P. L.	6 m. st Norbert, év.
7 s. st Théau.	7 m. ste Dorothée, v.	7 m. ss. Félic. et Per.	7 s. st Hégésippe.	7 l. Rogations.	7 j. st Robert, ab.
8 D. st Lucien, m.	8 m. st Jean de M.	8 j. st Jean de Dieu.	8 D. Quasimodo.	8 m. st Orens, év.	8 v. st Médard, év.
9 l. st Julien, hosp.	9 j. ste Apollonie.	9 v. ste Françoise.	9 l. Annonciation.	9 m. st Grégoire, év.	9 s. st Félicien, m.
10 m. st Paul, ermite.	10 v. ste Scolastique.	10 s. st Blanchard, év.	10 m. st Macaire.	10 j. **ASCENSION**.	10 D. st Landry.
11 m. st Hygien, pape.	11 s. st Benoît, abbé.	11 D. Lætare.	11 m. st Léon, pape.	11 v. st Mamert.	11 l. st Barnabé, ap.
12 j. st Fréjus, év.	12 D. Quinquagésime.	12 l. st Maximilien.	12 j. st Jules.	12 s. st Pacôme, ab.	12 m. st Basilide.
13 v. Baptême de N. S.	13 l. st Lésin.	13 m. st Nicéphore.	13 v. st Justin, m.	13 D. st Onésime.	13 m. st Aventin.
14 s. st Hilaire, év.	14 m. st Valentin.	14 m. ste Mathilde.	14 s. st Tiburce.	14 l. st Boniface.	14 j. st Valère, m.
15 D. st Maur, abbé.	15 m. Cendres.	15 j. st Zacharie.	15 D. st Paterne.	15 m. st Honoré.	15 v. st Guy, mart.
16 l. st Fulgence, év.	16 j. ste Julienne.	16 v. ste Euzébie, v.	16 l. st Fructueux.	16 m. st Germier.	16 s. ss. Cyr et Julitte.
17 m. st Antoine, ab.	17 v. st Sylvin, év.	17 s. st Patrice.	17 m. st Anicet.	17 j. st Pascal.	17 D. st Avit, abbé.
18 m. Chaire st P. à R.	18 s. st Siméon, év.	18 D. Passion.	18 m. st Parfait.	18 v. st Venant.	18 l. st Emile, m.
19 j. st Sulpice, év.	19 D. Quadragésime.	19 l. st Gaspard.	19 j. st Elphége.	19 s. st Pierre C. v.-j.	19 m. st Gervais et Pr.
20 v. st Sébastien, m.	20 l. st Eucher.	20 m. st Joachim.	20 v. st Joseph.	20 D. **PENTECOTE**	20 m. st Romuald.
21 s. ste Agnès, v.	21 m. st Sévérien.	21 m. st Joachim.	21 s. st Anselme.	21 l. st Hospice.	21 j. st Louis de G.
22 D. st Vincent, m.	22 m. Quatre-Temps.	22 j. st Paul, évêq.	22 D. ste Opportune.	22 m. ste Julie.	22 v. st Paulin, év.
23 l. st Fabien, pape.	23 j. st Pascase.	23 v. st Fidèle.	23 l. st George, m.	23 m. Quatre-Temps.	23 s. st Leufroy.
24 m. st Timothée, év.	24 v. st Mathias. q.-t.	24 s. st Gabriel.	24 m. st Phebade, év.	24 j. st Franç. R.	24 D. st Jean-Baptiste.
25 m. Conv. de st Paul.	25 s. st Valburge. q.-t.	25 D. Rameaux.	25 m. st Marc, évang.	25 v. st Urbain, p.-t.	25 l. ste Fébronie.
26 j. ste Paule, veuve.	26 D. Reminiscere.	26 l. st Ludger.	26 j. st Clet, pape.	26 s. st Philippe. q.-t.	26 m. st Maixent.
27 v. ss. Martyrs rom.	27 l. ste Honorine.	27 m. st Rupert, év.	27 v. st Policarpe.	27 D. Trinité.	27 m. st Crescent, év.
28 s. st Cyrille, év.	28 m. ss. Martyrs d'Al.	28 m. st Gontrand.	28 s. ss Martyrs d'Aff.	28 l. st Guilhaume.	28 j. st Irénée, év.
29 D. Septuagésime.	29 m. st Romain.	29 j. st Eustase.	29 D. ste Marie Egypt.	29 m. st Maximin.	29 v. ss. Pierre et Paul.
30 l. st Bathilde.		30 v. Vendredi-Saint	30 l. st Eutrope, év.	30 m. st Félix, pape.	30 s. Comm. st Paul.
31 m. st Pierre Nolasq.		31 s. st Acace, év.		31 j. Fête-Dieu.	

JUILLET	AOUT	SEPTEMBRE	OCTOBRE	NOVEMBRE	DÉCEMBRE
1 D. st Martial, év.	1 m. st Pierre-ès-liens.	1 s. st Gilis, abbé.	1 l. st Rémi, év.	1 j. **TOUSSAINT**.	1 s. st Eloi, év.
2 l. Visitation N. D.	2 j. st Etienne, pape.	2 D. st Antonin, m.	2 m. ss Anges gard.	2 v. Les Morts.	2 D. Avent.
3 m. st Anatole.	3 v. Inven. st Etienne.	3 l. st Grégoire, pap.	3 m. st Trophime, év.	3 s. st Papoul, m.	3 l. st Anthème.
4 m. st Théodore.	4 s. st Dominique.	4 m. st Lazare.	4 j. st François-d'As.	4 D. st Charles Borr.	4 m. ste Barbe, v.
5 j. ste Zoé.	5 D. st Félix, m.	5 m. st Victorin, év.	5 v. st Placide, m.	5 l. ste Bertile, v.	5 m. st Sabas. abbé.
6 v. st Tranquillin.	6 l. Trans. de N. S.	6 j. st Eugène, m.	6 s. st Bruno, moine.	6 m. st Léonard.	6 j. ste Victoire, v.
7 s. st Prosper, doct.	7 m. st Xiste, pape.	7 v. st Cloud prê.	7 D. ste Foi, v. m.	7 m. st Ernest, abbé.	7 v. st Nicolas, év.
8 D. ste Elizabeth, r.	8 m. ss Just et Past.	8 s. Nativité de la V.	8 l. ste Brigitte.	8 j. stes Reliques.	8 s. Concept. N. D.
9 l. st Ephrem.	9 j. st Vitrice, év.	9 D. st Omer, év.	9 m. st Denis, év.	9 v. st Austremoine.	9 D. ste Léocadie, v.
10 m. Sept-Frères M.	10 v. ste Philomène.	10 l. st Salvi, év.	10 m. st François de B.	10 s. st Léon, pape.	10 l. st Hubert.
11 m. Trans. st Benoît.	11 s. ste Suzanne, m.	11 m. st Patient.	11 j. st Julien.	11 D. st Martin, év.	11 m. st Damase, pape.
12 j. st Honeste, pr.	12 D. ste Claire, vierge.	12 m. st Serdot, év.	12 v. st Domitien.	12 l. st Martin, pape.	12 m. st Paul, év.
13 v. st Anaclet.	13 l. ste Radegonde, r.	13 j. st Aimé, abbé.	13 s. st Géraud.	13 m. st Stanislas.	13 j. ste Luce, v. m.
14 s. st Bonaventure.	14 m. st Eusèbe. V.-J.	14 v. Exalt. ste Croix	14 D. st Calixte.	14 m. st Claude.	14 v. st Honorat, év.
15 D. st Henri.	15 m. Assomption.	15 s. st Achard, abbé.	15 l. ste Thérèse, v.	15 v. st Malo, év.	15 s. st Mesmin, abbé.
16 l. Notre-D. de M. C.	16 j. st Roch.	16 D. st Jean Chrysost.	16 m. st Bertrand, év.	16 v. st Eucher.	16 D. ste Adélaïde.
17 m. st Esperat, m.	17 v. st Alexis.	17 l. st Corneille.	17 m. st Gauderic.	17 s. st Asciscle, m.	17 l. ste Olimpie.
18 m. st Thomas d'Aq.	18 s. ste Hélène.	18 m. ste Corneille.	18 j. st Luc, évang.	18 D. st Odon, abbé.	18 m. st Gratien.
19 j. st Vincent-de-P.	19 D. st Louis, év.	19 m. Quatre-Temps.	19 v. st Pierre d'Alc.	19 l. ste Elisabeth.	19 m. Quatre-Temps.
20 v. ste Marguerite.	20 l. st Bernard, ab.	20 j. st Eustache.	20 s. st Caprais, év.	20 m. st Edmond.	20 j. st Philogon.
21 s. st Victor, m.	21 m. st Privat, év.	21 v. st Mathien. q.-t.	21 D. ste Ursule, v.	21 m. Présent. N. D.	21 v. st Thomas. q.-t.
22 D. ste Madeleine.	22 m. st Symphorien.	22 s. st Maurice. q.-t.	22 l. st Mellon.	22 j. ste Cécile, v.	22 s. st Yves, év. q.-t.
23 l. st Appollinaire.	23 j. ste Jeanne.	23 D. ste Thècle.	23 m. st Séverin.	23 v. st Clément, pape.	23 D. ste Anastasie.
24 m. ste Christine, v.	24 v. st Barthélemi, ap.	24 l. st Yzarn.	24 m. st Erambert, év	24 s. ste Flore, v.	24 l. ste Delphine. v.-j.
25 m. st Jacques, apôt.	25 s. st Louis, roi.	25 m. st Firmin, év.	25 j. ss Crépin et Cré.	25 D. ste Catherine, v.	25 m. **NOEL**.
26 j. ste Anne.	26 D. st Zéphirin.	26 m. ste Justine.	26 v. ste Rustique.	26 l. st Lin, pape.	26 m. st Etienne, m.
27 v. st Pantaléon.	27 l. st Césaire, év.	27 j. ss Come et Dam.	27 s. st Frumence.	27 m. ss Vital et Agri.	27 j. st Jean, évang.
28 s. st Nazaire, m.	28 m. st Augustin, év.	28 v. st Exupère, év.	28 D. ss Simon et Jude.	28 m. st Sosthène.	28 v. ss Innocents.
29 D. st Loup, év.	29 m. Déco. de st J.-B.	29 s. st Michel.	29 l. st Narcisse.	29 j. st Saturnin.	29 s. st Thomas, év.
30 l. st Germain, év.	30 j. st Gaudens.	30 D. st Jérôme, pr.	30 m. st Quentin, m.	30 v. st André, ap.	30 D. st Sabin, év.
31 m. st Ignace, pr.	31 v. ste Florentine.		31 m. Vigile-Jeûne.		31 l. st Sylvestre, p.

Toulouse. — Imprimerie de Rives et Faget, rue Tripière, 9.

Calendrier Perpétuel, Civil et Ecclésiastique.

JANVIER	FÉVRIER	MARS	AVRIL	MAI	JUIN
1 v. Circoncision.	1 l. st Ignace, m·	1 m. st Aubin, év.	1 v. st Hugues.	1 D. ss Philip. et Jac.	1 m. st Pamphile.
2 s. st Bazile.	2 m. Purification.	2 m. Cendres.	2 s. st François de P.	2 l. st Athanase, év.	2 j. st Pothin.
3 D. ste Geneviève.	3 m. st Blaise, év.	3 j. ste Cunégonde.	3 D. Passion.	3 m. Invent. ste Croix.	3 v. ste Clotilde.
4 l. st Rigobert.	4 j. st Gilbert.	4 v. st Casimir.	4 l. st Ambroise, év.	4 m. ste Monique	4 s. st Quirin. v.-j.
5 m. st Siméon, styl.	5 v. ste Agathe, v.	5 s. st Phocas.	5 m. st Vincent Ferr.	5 j. st Théobard, év.	5 D. PENTECÔTE
6 m. Épiphanie.	6 s. st Amand, év.	6 D. Quadragésime.	6 m. st Prudence.	6 v. st Jean P. L.	6 l. st Norbert.
7 j. st Théau.	7 D. ste Dorothée, v.	7 l. ss. Félic. et Per.	7 j. st Hégésippe.	7 s. Transf. s Etienne	7 m. st Robert.
8 v. st Lucien, m.	8 l. st Jean de M.	8 m. st Jean de Dieu.	8 v. st Gauthier, ab.	8 D. st Orens, év.	8 m. Quatre-Temps.
9 s. st Julien, hosp.	9 m. ste Appollonie.	9 m. Quatre-Temps.	9 s. st Isidore.	9 l. st Grégoire, év.	9 j. st Félicien, m.
10 D. st Paul, ermite.	10 m. ste Scolastique.	10 j. st Blanchard, év.	10 D. Rameaux.	10 m. st Gordien.	10 v. st Landry. q.-t.
11 l. st Hygien, pape.	11 j. st Benoît, ab.	11 v. ste Sophron. q.-t.	11 l. st Léon, pape.	11 m. st Mamert.	11 s. st Barnabé. q.-t.
12 m. st Fréjus, év.	12 v. ste Eulalie, v.	12 s. st Maximil. q.-t.	12 m. st Jules.	12 j. st Pacôme, ab.	12 D. Trinité.
13 m. Baptême de N. S.	13 s. st Lésin.	13 D. Reminiscere.	13 m. st Justin, m.	13 v. st Onésime.	13 l. st Aventin.
14 j. st Hilaire, év.	14 D. Septuagésime.	14 l. ste Mathilde.	14 j. st Tiburce.	14 s. st Boniface.	14 m. st Valère, m.
15 v. st Maur, abbé.	15 l. st Faustin.	15 m. st Zacharie.	15 v. Vendredi-Saint.	15 D. st Honoré.	15 m. st Guy, mart.
16 s. st Fulgence, év.	16 m. ste Julienne.	16 m. ste Euzébie. v.	16 s. st Fructueux.	16 l. st Germier, év.	16 j. Fête-Dieu.
17 D. st Antoine, ab.	17 m. st Sylvin, év.	17 j. st Patrice, év.	17 D. Paques.	17 m. st Pascal.	17 v. st Avit, abbé.
18 l. Chaire st P. à R.	18 j. st Siméon, év.	18 v. st Alexandre, év.	18 l. st Parfait.	18 m. st Venant.	18 s. st Emile, m.
19 m. st Sulpice, év.	19 v. st Gabin.	19 s. st Gaspard.	19 m. st Elphège.	19 j. st Pierre Célestin	19 D. st Gervais et Pro.
20 m. st Sébastien, m.	20 s. st Eucher, év.	20 D. Oculi.	20 m. st Joseph.	20 v. st Hilaire, év.	20 l. st Romuald.
21 j. ste Agnès, v.	21 D. Sexagésime.	21 l. st Benoît.	21 j. st Anselme.	21 s. st Hospice.	21 m. st Louis de Gonz.
22 v. st Vincent, m.	22 l. st Maxime.	22 m. st Paul, év.	22 v. ste Opportune.	22 D. ste Julie.	22 m. st Paulin, év.
23 s. st Fabien, pape.	23 m. st Pascase.	23 m. st Fidèle.	23 s. st Georges, m.	23 l. Rogations.	23 j. st Leufroy.
24 D. st Timothée, év.	24 m. st Mathias.	24 j. st Gabriel.	24 D. Quasimodo.	24 m. st François-Rég.	24 v. st Jean-Baptiste.
25 l. Conv. de st Paul.	25 j. st Valburge.	25 v. Annonciation.	25 l. st Marc, év.	25 m. st Urbain, pape.	25 s. st Fébronie.
26 m. ste Paule, veuve.	26 v. st Nestor.	26 s. st Ludger.	26 m. st Clet, pape.	26 j. Ascension.	26 D. st Maixent.
27 m. ss. Martyrs rom.	27 s. ste Honorine.	27 D. Lætare.	27 m. st Policarpe.	27 v. st Hildebert.	27 l. st Crescent, év.
28 j. st Cyrille, év.	28 D. Quinquagésime.	28 l. st Gontrand.	28 j. ss. Martyrs, d'Aff.	28 s. st Guilhaume.	28 m. st Irénée, év.
29 v. st François de S.	29 l. st Romain.	29 m. st Eustase	29 v. ste Marie Égypt.	29 D. st Maximin.	29 m. ss. Pierre et Paul
30 s. ste Bathilde.		30 m. st Jean Climaque	30 s. st Eutrope, év.	30 l. st Félix, p.	30 j. Comm. des Paul.
31 D. st Pierre Nolasq		31 j. st Acace, év.		31 m. st Sylve, év.	

JUILLET	AOUT	SEPTEMBRE	OCTOBRE	NOVEMBRE	DÉCEMBRE
1 v. st Martial, év.	1 l. st Pierre-ès-liens	1 j. st Gilis, abbé.	1 s. st Rémy, év.	1 m. Toussaint.	1 j. st Eloi, év.
2 s. Visitation N. D.	2 m. st Etienne, pape.	2 v. st Antonin, m.	2 D. ss. Anges gard.	2 m. Les Morts.	2 v. st François Xav.
3 D. st Anatole.	3 m. Inv. st Etienne.	3 s. st Grégoire, pap.	3 l. st Trophime, év.	3 j. st Papoul, m.	3 s. st Anthème.
4 l. st Théodore.	4 j. st Dominique.	4 D. st Lazare.	4 m. st François-d'As.	4 v. st Charles Borro.	4 D. ste Barbe, v.
5 m. ste Zoé.	5 v. st Félix, m.	5 l. st Victorin, év.	5 m. st Placide, m.	5 s. ste Bertile, v.	5 l. st Sabbas, abbé.
6 m. st Tranquillin.	6 s. Trans. de N. S.	6 m. st Eugène, m.	6 j. st Bruno, moine.	6 D. st Léonard.	6 m. ste Victoire, v.
7 j. st Prosper, doct.	7 D. st Sixte, pape.	7 m. st Cloud, prêtre.	7 v. ste Foi, v. m.	7 l. st Ernest, abbé.	7 m. st Nicolas, év.
8 v. ste Elisabeth, r.	8 l. ss. Just. et Past.	8 j Nativ. de la V.	8 s. ste Brigitte.	8 m. stes Reliques.	8 j. Concep. N. D.
9 s. st Ephrem.	9 m. st Vitrice, év.	9 v. st Omer, év.	9 D. st Denis, év.	9 m. st Austremoine.	9 v. ste Léocadie, v.
10 D. Sept-Frères M.	10 m. ste Philomène.	10 s. st Salvi, év.	10 l. st François de B.	10 j. st Léon, pape.	10 s. st Hubert.
11 l. Trans. st Benoît.	11 j. ste Suzanne, m.	11 D. st Patient.	11 m. st Julien.	11 v. st Martin, év.	11 D. st Damase, pape.
12 m. st Honeste, pr.	12 v. ste Claire, v.	12 l. st Serdot, év.	12 m. st Martin, pape.	12 s. st Martin, pape.	12 l. st Paul, év.
13 m. st Anaclet.	13 s. ste Radegonde, r.	13 m. st Aimé, abbé.	13 j. st Géraud.	13 D. st Stanislas.	13 m. ste Luce, v. m.
14 j. st Bonaventure.	14 D. st Eusèbe. v.-j.	14 m. Exalt. Ste-Croix.	14 v. st Calixte.	14 l. Claude, m.	14 m. Quatre-Temps.
15 v. st Henri.	15 l. Assomption.	15 j. st Achard, ab.	15 s. ste Thérèse, v.	15 m. st Malo, év.	15 j. st Mesmin, ab.
16 s. N.-D. du M.-Car.	16 m. st Roch.	16 v. st Jean Chrysost.	16 D. st Bernard, év.	16 m. st Eucher.	16 v. ste Adélaïde.q.-t.
17 D. st Espérat, m.	17 m. st Alexis.	17 s. st Corneille.	17 l. st Gauderic.	17 v. st Asciscle, m.	17 s. ste Olimpie. q.-t.
18 l. st Thomas d'Aq.	18 j. ste Hélène.	18 D. ste Camelle.	18 m. st Luc, évang.	18 v. st Odon, abbé.	18 D. st Gratien
19 m. st Vincent de P.	19 v. st Louis, év.	19 l. st Cyprien.	19 m. st Pierre d'Alc.	19 s. ste Elizabeth.	19 l. st Grégoire.
20 m. ste Marguerite.	20 s. st Bernard, ab.	20 m. st Eustache.	20 j. st Caprais, év.	20 D. st Edmond.	20 m. st Philogone.
21 j. st Victor, m.	21 D. st Privat, év.	21 m. Quatre-Temps.	21 v. ste Ursule, v.	21 l. Présent. N. D.	21 j. st Thomas.
22 v. ste Madeleine.	22 l. st Symphorien.	22 j. st Maurice.	22 s. st Mellon.	22 m. ste Cécile, v.	22 j. st Yves, év.
23 s. st Appollinaire.	23 m. ste Jeanne.	23 v. ste Thècle. q.-t.	23 D. st Séverin.	23 m. st Clément, pap.	23 v. ste Anastasie.
24 D. ste Christine, v.	24 m. st Barthélemy, a.	24 s. st Yzarn. q.-t.	24 l. st Erambert, év.	24 j. ste Flore, v.	24 s. ste Delphine,v.-j.
25 l. st Jacques, ap.	25 j. st Louis, roi.	25 D. st Firmin, év.	25 m. ss. Crépin et Cré.	25 v. ste Catherine, v.	25 D. Noël.
26 m. ste Anne.	26 v. st Zéphirin.	26 l. ste Justine.	26 m. ste Rustique.	26 s. st Lin, pape.	26 l. st Etienne, m.
27 m. st Pantaléon.	27 s. st Césaire, év.	27 m. ss. Come et Dam.	27 j. st Frumence.	27 D. Avent.	27 m. st Jean, évang.
28 j. st Nazaire, m.	28 D. st Augustin, év.	28 m. st Exupère, év.	28 v. ss. Simon et Jude	28 l. st Sosthène.	28 m. ss. Innocents.
29 v. st Loup, évêque.	29 l. Déc. dest J.-Bapt.	29 j. st Michel, év.	29 s. st Narcisse.	29 m. st Saturnin, év.	29 j. st Thomas, év.
30 s. st Germain, év.	30 m. st Gaudens.	30 v. st Jérôme, prêt.	30 D. st Quentin, m.	30 m. st André, ap.	30 v. st Sabin, év.
31 D. st Ignace, pr.	31 m. ste Florentine.		31 l. Vigile Jeûne.		31 s. st Sylvestre, p.

Toulouse. — Imprimerie de Rives et Faget, rue Tripière, 9.

Calendrier Perpétuel, Civil et Ecclésiastique.

JANVIER	FÉVRIER	MARS	AVRIL	MAI	JUIN
1 m. Circoncision.	1 s. st Ignace, m.	1 D. Reminiscere.	1 m. st Hugues.	1 v. st Hugues, év.	1 l. st Pamphile.
2 j. st Bazile.	2 D. Septuagésime.	2 l. st Symplicien.	2 j. st François de P.	2 s. st Athanase, év.	2 m. st Pothin, év.
3 v. ste Geneviève.	3 l. st Blaise, év.	3 m. ste Cunégonde.	3 v. Vendredi-Saint	3 D. Invent. ste Croix	3 m. ste Clotilde.
4 s. st Rigobert.	4 m. st Gilbert.	4 m. ste Cunégonde.	4 s. st Ambroise, év.	4 l. ste Monique.	4 j. Fête-Dieu.
5 D. st Siméon, styl.	5 m. ste Agathe, v.	5 j. st Phocas.	5 D. Paques.	5 m. st Théodard, év.	5 v. st Claude.
6 l. Epiphanie.	6 j. st Amand, év.	6 v. ste Colette.	6 l. st Prudence.	6 m. st Jean P. L.	6 s. st Norbert, év.
7 m. st Théau.	7 v. ste Dorothée, v.	7 s. ss. Félic. et Per.	7 m. st Hégésippe.	7 j. st Orens, év.	7 D. st Robert, ab.
8 m. st Lucien, m.	8 s. st Jean de M.	8 D. Oculi.	8 m. st Gaultier.	8 v. Transf. s Etienne	8 l. st Médard, év.
9 j. st Julien, hosp.	9 D. Sexagésime.	9 l. ste Françoise.	9 j. st Isidore.	9 s. st Grégoire, év.	9 m. st Félicien, m.
10 v. st Paul, ermite.	10 l. ste Scolastique.	10 m. st Blanchard, év.	10 v. st Macaire.	10 D. st Gordien.	10 m. st Landry.
11 s. st Hygien, pape.	11 m. st Benoît, abbé.	11 m. ste Sophrone.	11 s. st Léon, pape.	11 l. Rogations.	11 j. st Barnabé, ap.
12 D. st Fréjus, év.	12 m. ste Eulalie.	12 j. st Maximilien.	12 D. Quasimodo.	12 m. st Pacôme, ab.	12 v. st Basilide.
13 l. Baptême de N. S.	13 j. st Lésin.	13 v. st Nicéphore.	13 l. st Justin, m.	13 m. st Onésime,	13 s. st Avantin.
14 m. st Hilaire, év.	14 v. st Valentin.	14 s. ste Mathilde.	14 m. st Tiburce.	14 j. Ascension.	14 D. st Valère, m.
15 m. st Maur, abbé.	15 s. st Faustin.	15 D. Lætare.	15 m. st Paterne.	15 v. st Honoré.	15 l. st Guy, mart.
16 j. st Fulgence, év.	16 D. Quinquagésime.	16 l. ste Eusébie, v.	16 j. st Fructueux.	16 s. st Germier.	16 m. ss. Cyr et Julitte.
17 v. st Antoine, ab.	17 l. st Sylvin, év.	17 m. st Patrice.	17 v. st Anicet.	17 D. st Pascal.	17 m. st Avit, abbé.
18 s. Chaire st P. à R.	18 m. st Siméon, év.	18 m. st Patrice.	18 s. st Parfait.	18 l. st Venant.	18 j. st Emile, m.
19 D. st Sulpice, év.	19 m. Cendres.	19 j. st Gaspard.	19 D. st Elphège.	19 m. st Pierre C.	19 v. st Gervais et Pr.
20 l. st Sébastien, m.	20 j. st Eucher.	20 v. st Joachim.	20 l. st Joseph.	20 m. st Hilaire, év.	20 s. st Romuald.
21 m. ste Agnès, v.	21 v. st Sévérien.	21 s. st Joachim.	21 m. st Anselme.	21 j. st Hospice.	21 D. st Louis de G.
22 m. st Vincent, m.	22 s. st Maxime.	22 D. Passion.	22 m. ste Opportune.	22 v. ste Julie.	22 l. st Paulin, év.
23 j. st Fabien, pape.	23 D. Quadragésime.	23 l. st Fidèle.	23 j. st George, m.	23 s. st Didier. v.-j.	23 m. st Leufroy.
24 v. st Timothée, év.	24 l. st Mathias.	24 m. st Gabriel.	24 v. st Phebade, év.	24 D. Pentecote	24 m. st Jean-Baptiste.
25 s. Conv. st st Paul.	25 m. st Valburge.	25 D. Annonciation.	25 s. st Marc, évang.	25 l. st Urbain, p.	25 j. ste Fébronie.
26 D. ste Paule, veuve.	26 m. Quatre-Temps.	26 l. st Ludger.	26 D. st Clet, pape.	26 m. st Philippe.	26 v. st Maixent.
27 l. ss. Martyrs rom.	27 j. ste Honorine.	27 m. st Rupert, év.	27 l. st Policarpe.	27 m. Quatre-Temps.	27 s. st Cressent, év.
28 m. st Cyrille, év.	28 v. ss. Martyrs q.-t.	28 s. st Gontrand.	28 m. ss Martyrs d'Aff.	28 j. st Guilhaume.	28 D. st Irénée, év.
29 m. st François de S.	29 s. st Romain. q.-t.	29 D. Rameaux.	29 m. ste Marie Egypt.	29 v. st Maximin. q.-t.	29 l. ss. Pierre et Paul.
30 j. ste Bathilde.		30 l. st Eustase.	30 j. st Eutrope, év.	30 s. st Félix, p- q.-t.	30 m. Comm. st Paul.
31 v. st Pierre Nolasq.		31 m. st Acace, év.		31 D. Trinité.	

JUILLET	AOUT	SEPTEMBRE	OCTOBRE	NOVEMBRE	DÉCEMBRE
1 m. st Martial, év.	1 s. st Pierre-ès-liens.	1 m. st Gilis, abbé.	1 j. st Rémi, év.	1 D. Toussaint.	1 m. st Eloi, év.
2 j. Visitation N. D.	2 D. st Etienne, pape.	2 m. st Antonin, m.	2 v. ss Anges gard.	2 l. Les Morts.	2 m. st François Xav.
3 v. st Anatole.	3 l. Inven. st Etienne.	3 j. st Grégoire, pap.	3 s. st Trophime, év.	3 m. st Papoul, m.	3 j. st Anthême.
4 s. st Théodore.	4 m. st Dominique.	4 v. st Lazare.	4 D. st François-d'As.	4 m. st Charles Borr.	4 v. ste Barbe, v.
5 D. ste Zoé.	5 m. st Félix, m.	5 s. st Victorin, év.	5 l. st Placide, m.	5 j. ste Bertile, v.	5 s. st Sabas, abbé.
6 l. st Tranquillin.	6 j. Trans. de N. S.	6 D. st Eugène, m.	6 m. st Bruno, moine.	6 v. st Léonard.	6 D. ste Victoire, v.
7 m. st Prosper, doct.	7 v. st Xiste, pape.	7 l. st Cloud prê.	7 m. ste Foi, v. m.	7 s. st Ernest, abbé.	7 l. st Nicolas, év.
8 m. ste Elizabeth, r.	8 s. ss Just et Past.	8 m. Nativité de la V.	8 j. ste Brigitte.	8 D. stes Reliques.	8 m. Concep. N. D.
9 j. st Ephrem.	9 D. st Vitrice, év.	9 m. st Omer, év.	9 v. st Denis, év.	9 l. st Austremoine.	9 m. ste Léocadie, v.
10 v. Sept-Frères M.	10 l. ste Philomène.	10 j. st Salvi, év.	10 s. st François de B.	10 m. st Léon, pape.	10 j. st Hubert.
11 s. Trans. st Benoit.	11 m. ste Suzanne, m.	11 v. st Patient.	11 D. st Julien.	11 m. st Martin, év.	11 v. st Damase, pape.
12 D. St Honeste, pr.	12 m. ste Claire, vierge.	12 s. st Serdot, év.	12 l. st Donatien.	12 j. st Martin, pape.	12 s. st Paul, év.
13 l. st Anaclet.	13 j. st Radegonde, r.	13 D. st Aimé, abbé.	13 m. st Géraud.	13 v. st Stanislas.	13 D. ste Luce, v. m.
14 m. st Bonaventure.	14 v. st Eusèbe. V.-J.	14 l. Exalt. ste Croix	14 m. st Calixte.	14 s. st Claude.	14 l. st Honorat, év.
15 m. st Henri.	15 s. Assomption.	15 m. st Achard, verb.	15 j. ste Thérèse, v.	15 D. st Malo, év.	15 m. st Mesmin, abbé.
16 j. Notre-D. de M. C.	16 D. st Roch.	16 m. Quatre-Temps.	16 v. st Bertrand, év.	16 l. st Eucher.	16 m. Quatre-Temps.
17 v. st Esperat, m.	17 l. st Alexis.	17 j. st Lambert, év.	17 s. st Gauderic.	17 m. st Asciscle, m.	17 j. st Olimpie.
18 s. st Thomas d'Aq.	18 m. ste Hélène.	18 v. ste Caonelle. q.-t.	18 D. st Luc, évang.	18 m. st Odon, abbé.	18 v. st Gratien. q.-t.
19 D. st Vincent-de-P.	19 m. st Louis, év.	19 s. st Cyprien. q.-t.	19 l. st Pierre d'Alc.	19 j. ste Elisabeth.	19 s. st Grégoire, q.-t.
20 l. ste Marguerite.	20 j. st Bernard, ab.	20 D. st Eustache.	20 m. st Caprais, év.	20 v. st Edmond.	20 D. st Philogon.
21 m. st Victor, m.	21 v. st Privat, év.	21 l. st Mathieu.	21 m. ste Ursule, v.	21 s. Présent. N. D.	21 l. st Thomas.
22 m. ste Madeleine.	22 s. st Symphorien.	22 m. st Maurice.	22 j. st Melton.	22 D. ste Cécile, v.	22 m. st Yves, év.
23 j. st Appollinaire.	23 D. ste Jeanne.	23 m. ste Thècle.	23 v. st Sévérin.	23 l. st Clément, pape.	23 m. ste Anastasie.
24 v. ste Christine, v.	24 l. st Barthélemi, ap.	24 j. st Yzarn.	24 s. st Erambert, év.	24 m. ste Flore, v.	24 j. ste Delphine. v.-j.
25 s. st Jacques, apôt.	25 m. st Louis, roi.	25 v. st Firmin, év.	25 D. ss Crépin et Cré.	25 m. ste Catherine, v.	25 v. Noël.
26 D. ste Anne.	26 m. st Zéphirin.	26 s. ste Justine.	26 l. ste Rustique.	26 j. st Lin, pape.	26 s. st Etienne, m.
27 l. st Pantaléon.	27 j. st Césaire, év.	27 D. ss Come et Dam.	27 m. st Frumence.	27 v. ss Vital et Agri.	27 D. st Jean, évang.
28 m. st Nazaire, m.	28 v. st Augustin, év.	28 l. st Exupère, év.	28 m. ss Simon et Jude.	28 s. st Sosthène.	28 l. ss Innocents.
29 m. st Loup, év.	29 s. Déco. st J.-B.	29 m. st Michel.	29 v. st Narcisse.	29 D. Avent.	29 m. st Thomas, év.
30 j. st Germain, év.	30 D. st Gaudens.	30 m. st Jérôme, pr.	30 v. st Quentin, m.	30 l. st André, ap.	30 m. st Sabin, év.
31 v. st Ignace, pr.	31 l. ste Florentine.		31 s. Vigile-Jeûne.		31 j. st Sylvestre, p.

Calendrier Perpétuel, Civil et Ecclésiastique.

JANVIER	FÉVRIER	MARS	AVRIL	MAI	JUIN
1 l. Circoncision.	1 j. st Ignace, m.	1 v. st Aubin, év.	1 l. st Hugues.	1 m. ss. Philip. et Jac.	1 s. st Pamphile.
2 m. st Bazile.	2 v. Purification.	2 s. st Simplicien.	2 m. st François de P.	2 j. st Athanase, év.	2 D. st Pothin.
3 m. ste Geneviève.	3 s. st Blaise, év.	3 D. Quinquagésime.	3 m. st Richard.	3 v. Invent. ste Croix.	3 l. ste Clotilde.
4 j. st Rigobert.	4 D. st Gilbert.	4 l. st Casimir.	4 j. st Ambroise, év.	4 s. ste Monique.	4 m. st Quirin.
5 v. st Siméon, styl.	5 l. ste Agathe, v.	5 m. st Phocas.	5 v. st Vincent Ferr.	5 D. st Théobard, év.	5 m. st Claude.
6 s. Épiphanie.	6 m. st Amand, év.	6 m. Cendres.	6 s. st Prudence.	6 l. st Jean P. L.	6 j. st Norbert.
7 D. st Théau.	7 m. ste Dorothée, v.	7 j. ss. Félic. et Per.	7 D. Passion.	7 m. Transf. s Etienne	7 v. st Robert.
8 l. st Lucien, m.	8 j. st Jean de M.	8 v. st Jean de Dieu.	8 l. st Gauthier, ab.	8 m. st Oreus, év.	8 s. st Médard. r.-j.
9 m. st Julien, hosp.	9 v. ste Appollonie.	9 s. ste Françoise.	9 m. st Isidore.	9 j. st Grégoire, év.	9 D. Pentecôte.
10 m. st Paul, ermite.	10 s. ste Scolastique.	10 D. Quadragésime.	10 m. st Macaire.	10 v. st Gordien.	10 l. st Landry.
11 j. st Hygien, pape.	11 D. st Benoît, ab.	11 l. ste Sophrone.	11 j. st Léon, pape.	11 s. st Mamert.	11 m. st Barnabé.
12 v. st Fréjus, év.	12 l. ste Eulalie, v.	12 m. st Maximilien.	12 v. st Jules.	12 D. st Pacôme, ab.	12 m. Quatre-Temps.
13 s. Baptême de N. S	13 m. st Lésin.	13 m. Quatre-Temps.	13 s. st Justin, m.	13 l. st Onésime.	13 j. st Aventin.
14 D. st Hilaire, év.	14 m. st Valentin.	14 j. ste Mathilde.	14 D. Rameaux.	14 m. st Boniface.	14 v. st Valère, m.q.-t.
15 l. st Maur, abbé.	15 j. st Faustin.	15 v. st Zacharie. q.-t.	15 l. st Paterne.	15 m. st Honoré.	15 s. st Guy, m. q.-t.
16 m. st Fulgence, év.	16 v. ste Julienne.	16 s. ste Euzébie. q.-t.	16 m. st Fructueux.	16 j. st Germier, év.	16 D. Trinité.
17 m. st Antoine, ab.	17 s. st Sylvin, év.	17 D. Reminiscere.	17 m. st Anicet.	17 v. st Pascal.	17 l. st Avit, abbé.
18 j. Chaire st P. à R	18 D. Septuagésime.	18 l. st Alexandre, év.	18 j. st Parfait.	18 s. st Venant.	18 m. st Emile, m..
19 v. st Sulpice, év.	19 l. st Gabin.	19 m. st Gaspard.	19 v. Vendredi-Saint.	19 D. st Pierre Célestin	19 m. st Gervais et Pro.
20 s. st Sébastien, m.	20 m. st Eucher, év.	20 m. st Joachim.	20 s. st Joseph.	20 l. st Hilaire, év.	20 j. Fête-Dieu.
21 D. ste Agnès, v.	21 m. st Sévérien.	21 j. st Benoît.	21 D. Pâques.	21 m. st Hospice.	21 v. st Louis de Gonz.
22 l. st Vincent, m.	22 j. st Maxime.	22 v. st Paul, év.	22 l. ste Opportune.	22 m. ste Julie.	22 s. st Paulin, év.
23 m. st Fabien, pape.	23 v. st Pascase.	23 s. st Fidèle.	23 m. st Georges, m.	23 j. st Didier.	23 D. st Lenfroy.
24 m. st Timothée, év.	24 s. st Mathias.	24 D. Oculi.	24 m. st Phebade, év.	24 v. st François Rég.	24 l. st Jean-Baptiste.
25 j. Conv. de st Paul.	25 D. Sexagésime.	25 l. Annonciation.	25 j. st Marc, év.	25 s. st Urbain, pape.	25 m. ste Fébronie.
26 v. ste Paule, veuve.	26 l. st Nestor.	26 m. st Ludger.	26 v. st Clet, pape.	26 D. st Philippe de N.	26 m. st Maixent.
27 s. ss. Martyrs rom.	27 m. ste Honorine.	27 m. st Rupert, év.	27 s. st Policarpe.	27 l. Rogations.	27 j. st Crescent, év.
28 D. st Cyrille, év.	28 m. ss. Martyrs d'Al.	28 j. st Gontrand.	28 D. Quasimodo.	28 m. st Guilhaume.	28 v. st Irénée, év.
29 l. st François de S.	29 j. st Romain.	29 v. st Eustase.	29 l. ste Marie Égypt.	29 m. st Maximin.	29 s. ss. Pierre et Paul
30 m. ste Batbilde.		30 s. st Jean Climaque.	30 m. st Eutrope, év.	30 j. Ascension.	30 D. Comm. des Paul.
31 m. st Pierre Nolasq		31 D. Lætare.		31 v. st Sylve, év.	

JUILLET	AOUT	SEPTEMBRE	OCTOBRE	NOVEMBRE	DÉCEMBRE
1 l. st Martial, év.	1 j. st Pierre-ès-liens	1 D. st Gilis, abbé.	1 m. st Rémy, év.	1 v. Toussaint.	1 D. Avent.
2 m. Visitation N. D.	2 v. st Etienne, pape.	2 l. st Antonin, m.	2 m. ss. Anges gard.	2 s. Les Morts.	2 l. st François Xav.
3 m. st Anatole.	3 s. Inv. st Etienne.	3 m. st Grégoire, pap.	3 j. st Trophime, év.	3 D. st Papoul, m.	3 m. st Authème.
4 j. st Théodore.	4 D. st Dominique.	4 m. st Lazare.	4 v. st François-d'As.	4 l. st Charles Borro.	4 m. ste Barbe, v.
5 v. ste Zoé.	5 l. st Félix, m.	5 j. st Victorin, év.	5 s. st Placide, m.	5 m. ste Bertile, v.	5 j. st Sabbas, abbé.
6 s. st Tranquillin.	6 m. Trans. de N. S.	6 v. st Eugène, m.	6 D. st Bruno, moine.	6 m. st Léonard.	6 v. ste Victoire, v.
7 D. st Prosper, doct.	7 m. st Sixte, pape.	7 s. st Cloud, prêtre.	7 l. ste Foi, v. m.	7 j. st Ernest, abbé.	7 s. st Nicolas, év.
8 l. ste Elisabeth, r.	8 j. ss. Just. et Past.	8 D. Nativ. de la V.	8 m. ste Brigitte.	8 v. stes Reliques.	8 D. Concep. N. D.
9 m. st Ephrem.	9 v. st Vitrice, év.	9 l. st Omer, év.	9 m. st Denis, év.	9 s. st Austremoine.	9 l. ste Léocadie, v.
10 m. Sept-Frères M.	10 s. st Philomène.	10 m. st Salvi, év.	10 j. st François de B.	10 D. st Léon, pape.	10 m. st Hubert.
11 j. Trans. st Benoît.	11 D. ste Suzanne, m.	11 m. st Patient.	11 v. st Nicaise.	11 l. st Martin, év.	11 m. st Damase, pape.
12 v. st Honeste, pr.	12 l. ste Claire, v.	12 j. st Serdot, év.	12 s. st Donatien.	12 m. st Martin, pape.	12 j. st Paul, év.
13 s. st Anaclet.	13 m. ste Radegonde, r.	13 v. st Aimé, abbé.	13 D. st Géraud.	13 m. st Stanislas.	13 v. ste Luce, v. m.
14 D. st Bonaventure.	14 m. st Eusèbe. v.-j.	14 s. Exalt.-Ste-Croix	14 l. st Caliste.	14 j. st Chaude, m.	14 s. st Honorat, m.
15 l. st Henri.	15 j. Assomption.	15 D. st Achard, ab.	15 m. ste Thérèse, v.	15 v. st Malo, év.	15 D. st Mesmin, ab.
16 m. N.-D. du M.-Car.	16 v. st Roch.	16 l. st Jean Chrysost.	16 m. st Bertrand, év.	16 s. st Eucher, év.	16 l. ste Adélaïde.
17 m. st Espérat, m.	17 s. st Alexis.	17 m. st Corneille.	17 j. st Gauderic.	17 D. st Asciscle, m.	17 m. ste Olimpie.
18 j. st Thomas d'Aq.	18 D. ste Hélène.	18 m. Quatre-Temps.	18 v. st Luc, évang.	18 l. st Odon, abbé.	18 m. Quatre-Temps.
19 v. st Vincent de P.	19 l. st Louis, év.	19 j. st Cyprien.	19 s. st Pierre d'Alc.	19 m. ste Elizabeth.	19 j. st Grégoire.
20 s. ste Marguerite.	20 m. st Bernard, ab.	20 v. st Eustache. q.-t.	20 D. st Caprais, év.	20 j. st Félix de Val.	20 v. st Philogon. q.-t.
21 D. st Victor, m.	21 m. st Privat, év.	21 s. st Mathieu. q.-t.	21 l. ste Ursule, v.	21 j. Présent. N. D.	21 s. st Thomas. q.-t.
22 l. ste Madeleine.	22 j. st Symphorien.	22 D. st Maurice.	22 m. st Mellon.	22 v. ste Cécile, v.	22 D. st Yves, év.
23 m. st Appollinaire.	23 v. ste Thècle.	23 l. ste Thècle.	23 m. st Sévérin.	23 s. st Clément, pap.	23 l. ste Anastasie.
24 m. ste Christine, v.	24 s. st Barthélemy, a.	24 m. st Yzarn.	24 j. st Erambert, év.	24 D. st Flore, v.	24 m. ste Delphine, v.-j.
25 j. st Jacques, ap.	25 D. st Louis, roi.	25 m. st Firmin, év.	25 v. ss. Crépin et Cré.	25 l. ste Catherine, v.	25 m. Noël.
26 v. ste Anne.	26 l. st Zéphirin.	26 j. ste Justine.	26 s. ste Rustique.	26 m. st Lin, pape.	26 j. st Etienne, pr.
27 s. st Pantaléon.	27 m. st Césaire, év.	27 v. ss. Come et Dam	27 D. st Frumence.	27 m. st Vital et Agri.	27 v. st Jean, évang.
28 D. st Nazaire, m.	28 m. st Augustin, év.	28 s. st Exupère, m.	28 l. ss. Simon et Jude	28 j. st Susthène.	28 s. ss. Innocents.
29 l. st Loup, évêque.	29 j. Déc. de st J.-Bapt.	29 D. st Michel, év.	29 m. st Narcisse.	29 v. st Saturnin, év.	29 D. st Thomas, év.
30 m. st Germain, év.	30 v. st Gaudens.	30 l. st Jérôme, prêt.	30 m. st Quentin, m.	30 s. st André, ap.	30 l. st Sabin, év.
31 m. st Ignace, pr.	31 s. ste Florentine.		31 j. Vigile Jeûne.		31 m. st Sylvestre, p.

Calendrier Perpétuel, Civil et Ecclésiastique.

JANVIER	FÉVRIER	MARS	AVRIL	MAI	JUIN
1 s. Circoncision.	1 m. st Ignace, m.	1 m. st Aubin, év.	1 s. st Hugues.	1 l. st Hugues, év.	1 j. Fête-Dieu.
2 D. st Bazile.	2 m. Purification.	2 j. st Symplicien.	2 D. Paques.	2 m. st Athanase, év.	2 v. st Pothin, év.
3 l. ste Geneviève.	3 j. st Blaise, év.	3 v. ste Cunégonde.	3 l. st Richard.	3 m. Invent. ste Croix	3 s. ste Clotilde.
4 m. st Rigobert.	4 v. st Gilbert.	4 s. st Casimir.	4 m. st Ambroise, év.	4 j. ste Monique.	4 D. st Quirin, m.
5 m. st Siméon, styl.	5 s. ste Agathe, v.	5 D. Oculi.	5 m. st Vincent Ferr.	5 v. st Théodard, év.	5 l. st Claude.
6 j. Épiphanie.	6 D. Sexagésime.	6 l. ste Colette.	6 j. st Prudence.	6 s. st Jean P. L.	6 m. st Norbert, év.
7 v. st Théau.	7 l. ste Dorothée, v.	7 m. ss. Félic. et Per.	7 v. st Hégésippe.	7 D. st Orens, év.	7 m. st Robert, ab.
8 s. st Lucien, m.	8 m. st Jean de M.	8 m. st Jean de Dieu.	8 s. st Gaultier.	8 l. Rogations.	8 j. st Médard, év.
9 D. st Julien, hosp.	9 m. ste Appollonie.	9 j. ste Françoise.	9 D. Quasimodo.	9 m. st Grégoire, év.	9 v. st Félicien, m.
10 l. st Paul, ermite.	10 j. ste Scolastique.	10 v. st Blanchard, év.	10 l. st Macaire.	10 m. st Gordien.	10 s. st Landry.
11 m. st Hygien, pape.	11 v. st Benoît, abbé.	11 s. ste Sophronc.	11 m. st Léon, pape.	11 j. Ascension.	11 D. st Barnabé, ap.
12 m. st Fréjus, év.	12 s. ste Eulalie.	12 D. Lætare.	12 m. st Jules.	12 v. st Pacôme, ab.	12 l. st Basilide.
13 j. Baptême de N. S.	13 D. Quinquagésime.	13 l. st Nicéphore.	13 j. st Justin, m.	13 s. st Onésime.	13 m. st Aventin.
14 v. st Hilaire, év.	14 l. st Valentin.	14 m. ste Mathilde.	14 v. st Tiburce.	14 D. st Boniface.	14 m. st Valère, m.
15 s. st Maur, abbé.	15 m. st Faustin.	15 m. st Zacharie.	15 s. st Paterne.	15 l. st Honoré.	15 j. st Guy, mart.
16 D. st Fulgence, óv.	16 m. Cendres.	16 j. ste Enzébie, v.	16 D. st Fructueux, év.	16 m. st Germier.	16 v. ss. Cyr et Julitte.
17 l. st Antoine, ab.	17 j. st Sylvin, év.	17 v. st Patrice.	17 l. st Anicet.	17 m. st Pascal.	17 s. st Avit, abbé.
18 m. Chaire st P. à R.	18 v. st Siméon, év.	18 s. st Alexandre.	18 m. st Parfait.	18 j. st Venant.	18 D. st Émile, m.
19 m. st Sulpice, év.	19 s. st Gabin.	19 D. Passion.	19 m. st Elphège.	19 v. st Pierre C.	19 l. st Gervais et Pr.
20 j. st Sébastien, m.	20 D. Quadragésime.	20 l. st Joachim.	20 j. st Joseph.	20 s. st Hilaire, év.	20 m. st Romuald.
21 v. ste Agnès M.	21 l. st Sévérien.	21 m. st Benoît.	21 v. st Anselme.	21 D. Pentecote	21 m. st Louis de G.
22 s. st Vincent, m.	22 m. st Maxime.	22 m. st Paul, év.	22 s. ste Opportune.	22 l. ste Julie.	22 j. st Paulin, év.
23 D. st Fubien, pape.	23 m. Quatre-Temps.	23 j. st Fidèle.	23 D. st George, m.	23 m. st Didier. v.-j.	23 v. st Leufroy.
24 l. st Timothée, év.	24 j. st Mathias.	24 v. st Gabriel.	24 l. st Phébade, év.	24 m. Quatre-Temps.	24 s. st Jean-Baptiste.
25 m. Conv. de st Paul.	25 v. st Valburge. g.-t.	25 s. Annonciation.	25 m. st Marc, évang.	25 j. st Urbain, p.	25 D. ste Fébronie.
26 m. ste Paule, veuve.	26 s. st Nestor. q.-t.	26 D. Rameaux.	26 m. st Clet, pape.	26 v. st Philippe. q.-t.	26 l. st Maixent.
27 j. ss. Martyrs rom.	27 D. Reminiscere.	27 l. st Rupert, év.	27 j. st Policarpe.	27 s. st Hildebert. q.-t.	27 m. st Cresseut, év.
28 v. st Cyrille, év.	28 l. ss. Martyrs	28 m. st Gontrand.	28 v. ss Martyrs d'Aff.	28 D. Trinité.	28 m. st Irénée, év.
29 s. st François de S.	29 m. st Romain.	29 m. st Eustase.	29 s. ste Marie Egypt.	29 l. st Maximin.	29 j. ss. Pierre et Paul.
30 D. Septuagésime.		30 j. st Jean Climaque.	30 D. st Eutrope, év.	30 m. st Félix, p.	30 v. Comm. st Paul.
31 l. st Pierre Nolasq.		31 v. Vendredi-Saint		31 m. st Sylve, évêque.	

JUILLET	AOUT	SEPTEMBRE	OCTOBRE	NOVEMBRE	DÉCEMBRE
1 s. st Martial, óv.	1 m. st Pierre-ès-liens.	1 v. st Gilis, abbé.	1 D. st Rémi, év.	1 m. Toussaint.	1 v. st Eloi, év.
2 D. Visitation N. D.	2 m. st Etienne, pape.	2 s. st Antonin, m.	2 l. ss Anges gard.	2 j. Les Morts.	2 s. st François Xav.
3 l. st Anatole.	3 j. Inven. st Etienne.	3 D. st Grégoire, pap.	3 m. st Trophime, év.	3 v. st Papoul, m.	3 D. Avent.
4 m. st Théodore.	4 v. st Dominique.	4 l. st Lazare.	4 m. st François-d'As.	4 s. st Charles Borr.	4 l. ste Barbe, v.
5 m. ste Zoé.	5 s. st Félix, m.	5 m. st Victorin, m.	5 j. st Placide, m.	5 D. ste Bertile, v.	5 m. st Sabas, abbé.
6 j. st Tranquillin.	6 D. Trans. de N. S.	6 m. st Eugène, m.	6 v. st Bruno, moine.	6 l. st Léonard.	6 m. ste Victoire, v.
7 v. st Prosper, doct.	7 l. st Xiste, pape.	7 j. st Cloud pr.	7 s. ste Foi, v. m.	7 m. st Ernest, abbé.	7 j. st Nicolas, év.
8 s. ste Elizabeth, r.	8 m. ss Just et Past.	8 v. Nativité de la V.	8 D. ste Brigitte.	8 m. stes Reliques.	8 v. Concep. N. D.
9 D. st Ephrem.	9 m. st Vitrice, év.	9 s. st Omer, év.	9 l. st Denis, év.	9 j. st Austremoine.	9 s. ste Léocadie, v.
10 l. Sept-Frères M.	10 j. st Philomène.	10 D. st Salvi, év.	10 m. st François de B.	10 v. st Léon, pape.	10 D. st Hubert.
11 m. Trans. st Benoît.	11 v. ste Suzanne, m.	11 l. st Patient.	11 m. st Julien.	11 s. st Martin, év.	11 l. st Damase, pape.
12 m. St Honeste, pr.	12 s. ste Claire, vierge.	12 m. st Serdot, év.	12 j. st Donatien.	12 D. st Martin, pape.	12 m. st Paul, év.
13 j. st Anaclet.	13 D. ste Radegonde, r.	13 m. st Aimé, abbé.	13 v. st Géraud.	13 l. st Stanislas.	13 m. ste Luce, v. m.
14 v. st Bonaventure.	14 l. st Eusèbe. V.-J.	14 j. Exalt. ste Croix	14 s. st Calixte.	14 m. st Claude.	14 j. st Honorat, év.
15 s. st Henri.	15 m. Assomption.	15 v. st Achard, abbé.	15 D. ste Thérèse, v.	15 m. st Malo, év.	15 v. st Mesmin, abbé.
16 D. Notre-D. de M. C.	16 m. st Roch.	16 s. st Jean Chrysost.	16 l. st Bertrand, év.	16 j. st Eucher.	16 s. ste Adélaïde.
17 l. st Esperat, m.	17 j. st Alexis.	17 D. st Corneille.	17 m. st Gauderic.	17 v. st Asciscle, m.	17 D. ste Olimpie.
18 m. st Thomas d'Aq.	18 v. ste Hélène.	18 l. ste Camelle.	18 m. st Luc, évang.	18 s. st Odon, abbé.	18 l. st Gratien.
19 m. st Vincent-de-P.	19 s. st Louis, év.	19 m. st Cyprien.	19 j. st Pierre d'Alc.	19 D. ste Elisabeth.	19 m. st Grégoire.
20 j. ste Marguerite.	20 D. st Bernard, ab.	20 m. Quatre-Temps.	20 v. st Caprais, év.	20 l. st Edmond.	20 m. Quatre-Temps.
21 v. st Victor, m.	21 l. st Privat, év.	21 j. st Mathieu.	21 s. ste Ursule, v.	21 m. Présent. N. D.	21 j. st Thomas.
22 s. ste Madeleine.	22 m. st Symphorien.	22 v. st Maurice. q.-t.	22 D. st Mellon.	22 m. ste Cécile, v.	22 v. st Yves, év. q.-t.
23 D. st Appolinaire.	23 m. ste Jeanne.	23 s. ste Thècle. q.-t.	23 l. st Séverin.	23 j. st Clément, pape.	23 s. ste Anastas. q.-t.
24 l. ste Christine, v.	24 j. st Barthélemi, ap.	24 D. st Yzarn.	24 m. st Erambert, év.	24 v. ste Flore, v.	24 v. ste Delphine. v.-j.
25 m. st Jacques, apôt.	25 v. st Louis, roi.	25 l. st Firmin, év.	25 m. ss Crépin et Cré.	25 s. ste Catherine, v.	25 l. Noel.
26 m. ste Anne.	26 s. st Zéphirin.	26 m. ste Justine.	26 j. ste Rustique.	26 D. st Lin, pape.	26 m. st Etienne, m.
27 j. st Pantaléon.	27 D. st Césaire, év.	27 m. ss Come et Dam.	27 v. st Frumence.	27 l. ss Vital et Agri.	27 m. st Jean, évang.
28 v. st Nazaire, m.	28 l. st Augustin, év.	28 j. st Exupère, m.	28 s. ss Simon et Jude.	28 m. st Sosthène.	28 j. ss Innocents.
29 s. st Loup, év.	29 m. Déco. de st J.-B.	29 v. st Michel.	29 D. st Narcisse.	29 m. st Saturnin, év.	29 v. st Thomas, év.
30 D. st Germain, év.	30 m. st Gaudens.	30 s. st Jérôme, pr.	30 l. st Quentin, m.	30 j. st André, ap.	30 s. st Sabin, év.
31 l. st Ignace, pr.	31 j. ste Florentine.		31 m. Vigile-Jeûne.		31 D. st Sylvestre, p.

Toulouse. — Imprimerie de Rives et Faget, rue Tripière, 9.

Calendrier Perpétuel, Civil et Ecclésiastique.

JANVIER	FÉVRIER	MARS	AVRIL	MAI	JUIN
1 j. CIRCONCISION.	1 D. st Ignace, m.	1 l. st Aubin, év.	1 j. st Hugues.	1 s. ss. Philip. et Jac.	1 m. st Pamphile.
2 v. st Bazile.	2 l. PURIFICATION.	2 m. st Simplicien.	2 v. st François de P.	2 D. st Athanase. év.	2 m. st Pothin.
3 s. ste Geneviève.	3 m. st Blaise, év.	3 m. CENDRES.	3 s. st Richard.	3 l. Invent. ste Croix.	3 j. ste Clotilde.
4 D. st Rigobert.	4 m. st Gilbert.	4 j. st Casimir.	4 D. PASSION.	4 m. ste Monique.	4 v. st Quirin.
5 l. st Siméon, styl.	5 j. ste Agathe, v.	5 v. st Phocas.	5 l. st Vincent Ferr.	5 m. st Théobard, év.	5 s. st Claude. v.-j.
6 m. EPIPHANIE.	6 v. st Amand, év.	6 s. ste Colette.	6 m. st Prudence.	6 j. st Jean P. L.	6 D. PENTECOTE
7 m. st Théau.	7 s. ste Dorothée, v.	7 D. QUADRAGÉSIME.	7 m. st Hégésippe.	7 v. Transf. s Etienne	7 l. st Robert.
8 j. st Lucien, ab.	8 D. st Jean de M.	8 l. st Jean de Dieu.	8 j. st Gauthier, ab.	8 s. st Orens, év.	8 m. st Médard.
9 v. st Julien, hosp.	9 l. ste Appollonie.	9 m. ste Françoise.	9 v. st Isidore.	9 D. st Grégoire, év.	9 m. Quatre-Temps.
10 s. st Paul, ermite.	10 m. ste Scolastique.	10 m. Quatre-Temps.	10 s. st Macaire.	10 l. st Gordien.	10 j. st Landry.
11 D. st Hygien, pape.	11 m. st Benoît, ab.	11 j. st Sophrone.	11 D. RAMEAUX.	11 m. st Mamert.	11 v. st Barnabé. q.-t.
12 l. st Fréjus, év.	12 j. ste Eulalie, v.	12 v. st Maximil. q.-t.	12 l. st Jules.	12 m. st Pacôme, ab.	12 s. st Basilide. q.-t.
13 m. BAPTÊME DE N. S.	13 v. st Lésin.	13 s. st Nicéphor. q.-t.	13 m. st Justin, m.	13 j. st Onésime.	13 D. TRINITÉ.
14 m. st Hilaire, év.	14 s. st Valentin.	14 D. REMINISCERE.	14 m. st Tiburce.	14 v. st Boniface.	14 l. st Valère, m.
15 j. st Maur, abbé.	15 D. SEPTUAGÉSIME.	15 l. st Zacharie.	15 j. st Paterne.	15 s. st Honoré.	15 m. st Guy, m.
16 v. st Fulgence, év.	16 l. ste Julienne.	16 m. ste Eusébie.	16 v. VENDREDI-SAINT.	16 D. st Germier, év.	16 m. ss. Cyr et Julitte.
17 s. st Antoine, ab.	17 m. st Sylvin, év.	17 m. st Patrice.	17 s. st Anicet.	17 l. st Pascal.	17 j. FÊTE-DIEU.
18 D. Chaire st P. à R.	18 m. st Siméon, év.	18 j. st Alexandre, év.	18 D. PAQUES.	18 m. st Venant.	18 v. st Emile, m.
19 l. st Sulpice, év.	19 j. st Gabin.	19 v. st Gaspard.	19 l. st Elphège.	19 m. st Pierre Célestin	19 s. ss Gervais et Pro.
20 m. st Sébastien, m.	20 v. st Eucher, év.	20 s. st Joachim.	20 m. st Joseph.	20 j. st Hilaire, év.	20 D. st Romuald.
21 m. ste Agnès, v.	21 s. st Sévérien.	21 D. OCULI.	21 m. st Anselme.	21 v. st Hospice.	21 l. st Louis de Gonz.
22 j. st Vincent, m.	22 D. SEXAGÉSIME.	22 l. st Paul, év.	22 j. ste Opportune.	22 s. ste Julie.	22 m. st Paulin, év.
23 v. st Fabien, pape.	23 l. st Pascase.	23 m. st Fidèle.	23 v. st Georges, m.	23 D. st Didier.	23 m. st Leufroy.
24 s. st Timothée, év.	24 m. st Mathias.	24 m. st Gabriel.	24 s. st Phebade, év.	24 l. ROGATIONS.	24 j. st Jean-Baptiste.
25 D. Conv. de st Paul.	25 m. st Valburge.	25 j. ANNONCIATION.	25 D. QUASIMODO.	25 m. st Urbain, pape.	25 v. ste Fébronie.
26 l. ste Paule, veuve.	26 j. st Nestor.	26 v. st Ludger.	26 l. st Clet, pape.	26 m. st Philippe de N.	26 s. st Maixent.
27 m. ss. Martyrs rom.	27 v. ste Honorine.	27 s. st Rupert, év.	27 m. st Policarpe.	27 j. ASCENSION.	27 D. st Crescent, év.
28 m. st Cyrille, év.	28 s. ss. Martyrs d'Al.	28 D. LÆTARE.	28 m. ss. Martyrs d'Aff.	28 v. st Guillaume.	28 l. st Irénée, év.
29 j. st François de S.	29 D. QUINQUAGÉSIME.	29 l. st Eustase.	29 j. ste Marie Egypt.	29 s. st Maximin.	29 m. ss. Pierre et Paul
30 v. ste Bathilde.		30 m. st Jean Climaque.	30 v. st Eutrope, év.	30 D. st Félix, pape.	30 m. Comm. de s Paul.
31 s. st Pierre Nolasq		31 m. st Acace, év.		31 l. st Sylve, év.	

JUILLET	AOUT	SEPTEMBRE	OCTOBRE	NOVEMBRE	DÉCEMBRE
1 j. st Martial, év.	1 D. st Pierre-ès-liens	1 m. st Gilis, abbé.	1 v. st Rémy, év.	1 l. TOUSSAINT.	1 m. st Eloi, év.
2 v. VISITATION N. D.	2 l. st Etienne, pape.	2 j. st Antonin, m.	2 s. ss. Anges gard.	2 m. Les Morts.	2 j. st François Xav.
3 s. st Anatole.	3 m. Inv. st Etienne.	3 v. st Grégoire, pap.	3 D. st Trophime, év.	3 m. st Papoul, m.	3 v. st Anthème.
4 D. st Théodore.	4 m. st Dominique.	4 s. st Lazare.	4 l. st François-d'As.	4 j. st Charles Borro.	4 s. ste Barbe, v.
5 l. ste Zoé.	5 j. st Félix, m.	5 D. st Victorin, év.	5 m. st Placide, m.	5 v. ste Bertile, v.	5 D. st Sabbas, abbé.
6 m. st Tranquillin.	6 v. TRANS. DE N. S.	6 l. st Eugène, m.	6 m. st Bruno, moine.	6 s. st Léonard.	6 l. st Victoire, v.
7 m. st Prosper, doct.	7 s. st Gaetan, év.	7 m. st Cloud, prêtre.	7 j. ste Foi, v. m.	7 D. st Ernest, abbé.	7 m. st Nicolas, év.
8 j. ste Elisabeth, r.	8 D. ss. Just. et Past.	8 m. NATIV. DE LA V.	8 v. ste Brigitte.	8 l. stes Reliques.	8 m. CONCEP. N. D.
9 v. st Ephrem.	9 l. st Vitrice, év.	9 j. st Omer, év.	9 s. st Denis, év.	9 m. st Austremoine.	9 j. ste Léocadie, v.
10 s. Sept-Frères M.	10 m. ste Philomène.	10 v. st Salvi, év.	10 D. st François de B.	10 m. st Léon, pape.	10 v. st Hubert.
11 D. Trans. st Benoît.	11 m. ste Suzanne, m.	11 s. st Patient.	11 l. st Julien.	11 j. st Martin, év.	11 s. st Damase, pape.
12 l. st Honeste, pr.	12 j. ste Claire, v.	12 D. st Serdot, év.	12 m. st Donatien.	12 v. st Martin, pape.	12 D. st Paul, év.
13 m. st Anaclet.	13 v. ste Radegonde, r.	13 l. st Aimé, abbé.	13 m. st Géraud.	13 s. st Stanislas.	13 l. ste Luce, v. m.
14 m. st Bonaventure.	14 m. st Eusèbe. v.-j.	14 m. EXALT.Ste-CROIX	14 j. st Calixte.	14 D. st Claude, m.	14 m. st Honorat, év.
15 j. st Henri.	15 D. Assomption	15 m. Quatre-Temps.	15 v. ste Thérèse, v.	15 l. st Malo, év.	15 j. Quatre-Temps.
16 v. N.-D. du M.-Car.	16 l. st Roch.	16 j. st Jean Chrysost.	16 s. st Bertrand, év.	16 m. st Eucher.	16 v. ste Adélaïde.
17 s. st Espérat, m.	17 m. st Alexis.	17 v. st Corneille. q.-t.	17 D. st Gauderic.	17 m. st Asciscle, m.	17 s. st Olimpie. q.-t.
18 D. st Thomas d'Aq.	18 m. ste Hélène.	18 s. ste Camelle. q.-t.	18 l. st Luc, évang.	18 j. st Odon, abbé.	18 s. st Gratien. q.-t.
19 l. st Vincent de P.	19 j. st Louis, év.	19 D. st Cyprien.	19 m. st Pierre d'Alc.	19 v. ste Elizabeth.	19 D. st Grégoire.
20 m. ste Marguerite.	20 v. st Bernard, ab.	20 l. st Eustache.	20 m. st Caprais, év.	20 s. st Edmond.	20 l. st Philogon.
21 m. st Victor, m.	21 s. st Privat, év.	21 m. st Mathieu.	21 j. ste Ursule, v.	21 D. PRÉSENT. N. D.	21 m. st Thomas, apôt.
22 j. ste Madeleine.	22 D. st Symphorien.	22 m. st Maurice.	22 v. st Mellon.	22 l. ste Cécile, v.	22 m. st Yves, év.
23 v. st Appollinaire.	23 l. ste Jeanne.	23 j. ste Thècle.	23 s. st Sévérin.	23 m. st Clément, pap.	23 j. ste Anastasie.
24 s. ste Christine, v.	24 m. st Barthélemy, a.	24 v. st Yzarn.	24 D. st Erambert, év.	24 m. st Flore, v.	24 v. ste Delphine, v.-j.
25 D. st Jacques, ap.	25 m. st Louis, roi.	25 s. st Firmin, év.	25 l. ss. Crépin.et Cré.	25 j. ste Catherine, v.	25 s. NOEL.
26 l. ste Anne.	26 j. st Zéphirin.	26 D. ste Justine.	26 m. ste Rustique.	26 v. st Lin, pape.	26 D. st Etienne, m.
27 m. st Pantaléon.	27 v. st Césaire, év.	27 l. ss. Come et Dam.	27 m. st Frumence.	27 s. ss. Vital et Agri.	27 l. st Jean, évang.
28 m. st Nazaire, m.	28 s. st Augustin, év.	28 m. st Exupère, év.	28 j. ss. Simon et Jude	28 D. AVENT.	28 m. ss. Innocents.
29 j. st Loup, évêque.	29 D. Déc. de st J.-Bapt.	29 m. st Michel, arc.	29 v. st Narcisse.	29 l. st Saturnin, év.	29 m. st Thomas, év.
30 v. st Germain, év.	30 l. st Gaudens.	30 j. st Jérôme, prêt.	30 s. st Quentin, m.	30 m. st André, ap.	30 j. st Sabin, év.
31 s. st Ignace, pr.	31 m. ste Florentine.		31 D. Vigile Jeûne.		31 v. st Sylvestre, p.

Toulouse. — Imprimerie de Rivus et Faget, rue Triplère, 9.

Calendrier Perpétuel, Civil et Ecclésiastique.

JANVIER	FÉVRIER	MARS	AVRIL	MAI	JUIN
1 m. CIRCONCISION.	1 v. st Ignace, m.	1 s. st Aubin, év.q.-t.	1 m. st Hugues.	1 j. st Hugues, év.	1 D. TRINITÉ.
2 m. st Bazile.	2 s. PURIFICATION.	2 D. REMINISCERE.	2 m. st François de P.	2 v. st Athanase, év.	2 l. st Pothin, év.
3 j. ste Geneviève.	3 D. SEPTUAGÉSIME.	3 l. ste Cunégonde.	3 j. st Richard.	3 s. Invent. ste Croix	3 m. ste Clotilde.
4 v. st Rigobert.	4 l. st Gilbert.	4 m. st Casimir.	4 v. VENDREDI-SAINT	4 D. ste Monique.	4 m. st Quirin, m.
5 s. st Siméon, styl.	5 m. ste Agathe, v.	5 m. st Phocas.	5 s. st Vincent Ferr.	5 l. st Théodard, év.	5 j. FÊTE-DIEU.
6 D. ÉPIPHANIE.	6 m. st Amand.	6 j. ste Colette.	6 D. PAQUES.	6 m. st Jean P. L.	6 v. st Norbert, év.
7 l. st Théau.	7 j. ste Dorothée, v.	7 v. ss. Félic. et Per.	7 l. st Hégésippe.	7 m. st Orens, év.	7 s. st Robert, ab.
8 m. st Lucien, m.	8 v. st Jean de M.	8 s. st Jean de Dieu.	8 m. st Gaultier.	8 j. st Orens, év.	8 D. st Médard, év.
9 m. st Julien, hosp.	9 s. ste Appollonie.	9 D. OCULI.	9 m. st Isidore.	9 v. st Grégoire, év.	9 l. st Félicien, m.
10 j. st Paul, ermite.	10 D. SEXAGÉSIME.	10 l. st Blanchard.	10 j. st Macaire.	10 s. st Gordien.	10 m. st Landry.
11 v. st Hygin, pape.	11 l. st Benoît, abbé.	11 m. ste Sophrone.	11 v. st Léon, pape.	11 D. st Mamert.	11 m. st Barnabé, ap.
12 s. st Fréjus, év.	12 m. ste Eulalie.	12 m. st Maximilien.	12 s. st Jules.	12 l. ROGATIONS.	12 j. st Basilide.
13 D. BAPTÊME DE N.S.	13 m. st Lézin.	13 j. st Nicéphore.	13 D. QUASIMODO.	13 m. st Onésime.	13 v. st Aventin.
14 l. st Hilaire, év.	14 j. st Valentin.	14 v. ste Mathilde.	14 l. st Tiburce.	14 m. st Boniface.	14 s. st Valère, m.
15 m. st Maur, abbé.	15 v. st Faustin.	15 s. st Zacharie.	15 m. st Paterne.	15 j. ASCENSION.	15 D. st Guy, mart.
16 m. st Fulgence, év.	16 s. ste Julienne.	16 D. LÆTARE.	16 m. st Fructueux.	16 v. st Germier.	16 l. ss. Cyr et Julitte.
17 j. st Antoine, ab.	17 D. QUINQUAGÉSIME.	17 l. st Patrice.	17 j. st Anicet.	17 s. st Pascal.	17 m. st Avit, abbé.
18 v. Chaire st P. à R.	18 l. st Siméon, év.	18 m. st Alexandre.	18 v. st Parfait.	18 D. st Venant.	18 m. st Émile, m.
19 s. st Sulpice, év.	19 m. st Gabin.	19 m. st Gaspard.	19 s. st Elphège.	19 l. st Pierre C.	19 j. st Gervais et Pr.
20 D. st Sébastien, m.	20 m. CENDRES.	20 j. st Joachim.	20 D. st Joseph.	20 m. st Hilaire, év.	20 v. st Romuald.
21 l. st Agnès, v.	21 j. st Sévérien.	21 v. st Benoît.	21 l. st Anselme.	21 m. st Hospice.	21 s. st Louis de G.
22 m. st Vincent, m.	22 v. st Maxime.	22 s. st Paul, év.	22 m. ste Opportune.	22 j. ste Julie.	22 D. st Paulin, év.
23 m. st Fabien, pape.	23 s. st Pascase.	23 D. PASSION.	23 m. st George, m.	23 v. st Didier.	23 l. st Leufroy.
24 j. st Timothée, év.	24 D. QUADRAGÉSIME.	24 l. st Gabriel.	24 j. st Phebade, év.	24 s. st Franç. R. v.-j.	24 m. st Jean-Baptiste.
25 v. Conv. de st Paul.	25 l. st Valburge.	25 m. ANNONCIATION.	25 v. st Marc, évang.	25 D. PENTECOTE	25 m. ste Fébronie.
26 s. ste Paule, veuve.	26 m. st Nestor.	26 m. st Ludger.	26 s. st Clet, pape.	26 l. st Philippe.	26 j. st Maixent.
27 D. ss. Martyrs rom.	27 m. Quatre-Temps.	27 j. st Rupert, év.	27 D. st Policarpe.	27 m. st Hildebert.	27 v. st Cressent, év.
28 l. st Cyrille, m.	28 j. ss. Martyrs	28 v. st Gontrand.	28 l. ss Martyrs d'Aff.	28 m. Quatre-Temps.	28 s. st Irénée, év.
29 m. st François de S.	29 v. st Romain. q.-t.	29 s. st Eustase.	29 m. ste Marie Egypt.	29 j. st Maximin.	29 D. ss. Pierre et Paul.
30 m. ste Bathilde.		30 D. RAMEAUX.	30 m. st Eutrope, év.	30 v. st Félix, p. q.-t.	30 l. Comm. st Paul.
31 j. st Pierre Nolasq.		31 l. st Acace, év.		31 s. st Sylve, év.q.-t.	

JUILLET	AOUT	SEPTEMBRE	OCTOBRE	NOVEMBRE	DÉCEMBRE
1 m. st Martial, év.	1 v. st Pierre-ès-liens.	1 l. st Gilis, abbé.	1 m. st Rémi, év.	1 s. TOUSSAINT.	1 l. st Éloi, év.
2 m. VISITATION N. D.	2 s. st Étienne, pape.	2 m. st Antonin, m.	2 j. ss Anges gard.	2 D. Les Morts.	2 m. st François Xav.
3 j. st Anatole.	3 D. Inven. st Etienne.	3 m. st Grégoire, pap.	3 v. st Trophime, év.	3 l. st Papoul, m.	3 m. st Authème.
4 v. st Théodore.	4 l. st Dominique.	4 j. st Lazare.	4 s. st François-d'As.	4 m. st Charles Borr.	4 j. ste Barbe, v.
5 s. ste Zoé.	5 m. st Félix, m.	5 v. st Victorin, év.	5 D. st Placide, m.	5 m. ste Bertile, v.	5 v. st Sabas, abbé.
6 D. st Tranquillin.	6 m. TRANS. DE N. S.	6 s. st Eugène, m.	6 l. st Bruno, moine.	6 j. st Léonard.	6 s. ste Victoire, v.
7 l. st Prosper, doct.	7 j. st Xiste, pape.	7 D. st Cloud pré.	7 m. ste Foi, v. m.	7 v. st Ernest, abbé.	7 D. st Nicolas, év.
8 m. ste Elizabeth, r.	8 v. ss Just et Past.	8 l. NATIVITÉ de la V.	8 m. ste Brigitte.	8 s. stes Reliques.	8 l. CONCEP. N. D.
9 m. st Éphrem.	9 s. st Vitrice, év.	9 m. st Omer, év.	9 j. st Denis, év.	9 D. st Austremoine.	9 m. ste Léocadie, v.
10 j. Sept-Frères M.	10 D. ste Philomène.	10 m. st Salvi, év.	10 v. st François de B.	10 l. st Léon, pape.	10 m. st Hubert.
11 v. Trans. st Benoît.	11 l. ste Suzanne, m.	11 j. st Patient.	11 s. st Julien.	11 m. st Martin, év.	11 j. st Damase, pape.
12 s. St Honeste, pr.	12 m. ste Claire, vierge.	12 v. st Serdot, év.	12 D. st Donatien.	12 m. st Martin, pape.	12 v. st Paul, év.
13 D. st Anaclet.	13 m. ste Radegonde, r.	13 s. st Aimé, abbé.	13 l. st Géraud.	13 s. st Stanislas.	13 s. ste Luce, v. m.
14 l. st Bonaventure.	14 j. st Eusèbe. V.-J.	14 D. EXALT. ste CROIX	14 m. st Calixte.	14 v. st Claude.	14 D. st Honorat, év.
15 m. st Henri.	15 v. ASSOMPTION.	15 l. st Achard, abbé.	15 m. ste Thérèse, v.	15 s. st Malo, év.	15 l. st Mesmin, abbé.
16 m. Notre-D. de M. C.	16 s. st Roch.	16 m. st Jean Chrysost.	16 j. st Bertrand, év.	16 D. st Eucher.	16 m. ste Adélaïde.
17 j. st Esperat, m.	17 D. st Alexis.	17 m. Quatre-Temps.	17 v. st Gauderic.	17 l. st Asciscle, m.	17 m. Quatre-Temps.
18 v. st Thomas d'Aq.	18 l. st Hélène.	18 j. ste Camelie.	18 s. st Luc, évang.	18 m. st Odon, abbé.	18 j. st Gratien.
19 s. st Vincent-de-P.	19 m. st Louis, év.	19 v. st Cyprien. q.-t.	19 D. st Pierre d'Alc.	19 m. ste Elisabeth.	19 v. st Grégoire. q.-t.
20 D. ste Marguerite.	20 m. st Bernard, ab.	20 s. st Eustache. q.-t.	20 l. st Caprais, év.	20 j. st Edmond.	20 s. st Philogon. q.-t.
21 l. st Victor, m.	21 j. st Privat, év.	21 D. st Mathieu.	21 m. ste Ursule, v.	21 v. PRÉSENT. N. D.	21 D. st Thomas.
22 m. ste Madeleine.	22 v. st Symphorien.	22 l. st Maurice.	22 m. st Mellon.	22 s. ste Cécile, v.	22 l. st Yves, év.
23 m. st Appollinaire.	23 s. ste Jeanne.	23 m. ste Tbècle.	23 j. st Sévérin.	23 D. st Clément, pape.	23 m. ste Anastas.
24 j. ste Christine, v.	24 D. st Barthélemi, ap.	24 m. st Yzarn.	24 v. st Érambert, év.	24 l. ste Flore, v.	24 m. ste Dalphine. v.-vj.
25 s. st Jacques, apôt.	25 l. st Louis, roi.	25 j. st Firmin, év.	25 s. ss Crépin et Cré.	25 m. ste Catherine, v.	25 j. NOEL.
26 s. ste Anne.	26 m. st Zéphirin.	26 v. ste Justine.	26 D. ste Rustique.	26 m. st Lin, pape.	26 v. st Étienne, m.
27 D. st Pantaléon.	27 m. st Césaire, év.	27 s. ss Cosme et Dam.	27 l. st Frumence.	27 j. st Vital et Agri.	27 s. st Jean, évang.
28 l. st Nazaire, m.	28 j. st Augustin, év.	28 D. st Exupère, év.	28 m. ss Simon et Jude.	28 v. st Sosthène.	28 D. ss Innocents.
29 m. st Loup, év.	29 v. Déco. de J.-B.	29 l. st Michel.	29 m. st Narcisse, m.	29 s. st Saturnin, év.	29 l. st Thomas, év.
30 m. st Germain, év.	30 s. st Gaudens, m.	30 m. st Jérôme, pr.	30 j. st Quentin, m.	30 D. AVENT.	30 m. st Sabin, év.
31 j. st Ignace, pr.	31 D. ste Florentine.		31 v. Vigile-Jeûne.		31 m. st Sylvestre, p.

Toulouse. — Imprimerie de Rives et Faget, rue Tripière, 9.

Calendrier Perpétuel, Civil et Ecclésiastique.

JANVIER	FÉVRIER	MARS	AVRIL	MAI	JUIN
1 D. Circoncision.	1 m. st Ignace, m.	1 j. st Aubin, év.	1 D. Lætare.	1 m. ss. Philip. et Jac.	1 v. st Pamphile.
2 l. st Bazile.	2 j. Purification.	2 v. st Simplicien.	2 l. st François de P.	2 m. st Athanase. év.	2 s. st Pothin.
3 m. ste Geneviève.	3 v. ste Blaise, év.	3 s. ste Cunégonde.	3 m. st Richard.	3 j. Invent. ste Croix.	3 D. ste Clotilde.
4 m. st Rigobert.	4 s. st Gilbert.	4 D. Quinquagésime.	4 m. st Ambroise, év.	4 v. ste Monique.	4 l. st Quirin.
5 j. st Siméon, styl.	5 D. ste Agathe, v.	5 l. st Phocas.	5 j. st Vincent Ferr.	5 s. st Théobard, év.	5 m. st Claude.
6 v. Épiphanie.	6 l. st Amand, év.	6 m. ste Colette.	6 v. st Prudence.	6 D. st Jean P. L.	6 m. st Norbert, év.
7 s. st Théau.	7 m. ste Dorothée, v.	7 m. Cendres.	7 s. st Hégésippe.	7 l. Transf. s Etienne	7 j. st Robert.
8 D. st Lucien, m.	8 m. st Jean de M.	8 j. st Jean de Dieu.	8 D. Passion.	8 m. st Orens, év.	8 v. st Médard.
9 l. st Julien, hosp.	9 j. ste Appollonie.	9 v. ste Françoise.	9 l. st Isidore.	9 m. st Grégoire, év.	9 s. st Félicien. v.-j.
10 m. st Paul, ermite.	10 v. ste Scolastique.	10 s. st Blanchard.	10 m. st Macaire.	10 j. st Gordien.	10 D. Pentecote
11 m. st Hygien, pape.	11 s. st Benoît, ab.	11 D. Quadragésime.	11 m. st Léon, pape.	11 v. st Mamert.	11 l. st Barnabé.
12 j. st Fréjus, év.	12 D. ste Eulalie, v.	12 l. st Maximilien.	12 j. st Jules.	12 s. st Pacôme, ab.	12 m. st Basilide.
13 v. Baptême de N. S.	13 l. st Lésin.	13 m. st Nicéphore.	13 v. st Justin, m.	13 D. st Onésime.	13 m. Quatre-Temps.
14 s. st Hilaire, év.	14 m. st Valentin.	14 m. Quatre-Temps.	14 s. st Tiburce.	14 l. st Boniface.	14 j. st Valère, m.
15 D. st Maur, abbé.	15 m. st Faustin.	15 j. st Zacharie.	15 D. Rameaux.	15 m. st Honoré.	15 v. st Guy, m. q.-t.
16 l. st Fulgence, év.	16 j. ste Julienne.	16 v. ste Enzébie. q.-t.	16 l. st Fructueux.	16 m. st Germier, év.	16 s. ss. Cyr et J. q.-t.
17 m. st Antoine, ab.	17 v. st Sylvin, év.	17 s. st Patrice. q.-t.	17 m. st Anicet.	17 j. st Pascal.	17 D. Trinité.
18 m. Chaire st P. à R.	18 s. st Siméon, év.	18 D. Reminiscere.	18 m. st Parfait.	18 v. st Venant.	18 l. st Émile, m.
19 j. st Sulpice, év.	19 D. Septuagésime.	19 l. st Gaspard.	19 j. st Elphège.	19 s. st Pierre Célestin	19 m. ss Gervais et Pro.
20 v. st Sébastien, m.	20 l. st Eucher, év.	20 m. st Joachim.	20 v. Vendredi-Saint.	20 D. st Hilaire, év.	20 m. st Romuald.
21 s. ste Agnès, v.	21 m. st Sévérien.	21 m. st Benoît.	21 s. st Anselme.	21 l. st Hospice.	21 j. Fête-Dieu.
22 D. st Vincent, m.	22 m. st Maxime.	22 j. st Paul, év.	22 D. Paques.	22 m. ste Julie.	22 v. st Paulin, év.
23 l. st Fabien, pape.	23 j. st Pascase.	23 v. st Fidèle.	23 l. st Georges, m.	23 m. st Didier.	23 s. st Leufroy.
24 m. st Timothée, év.	24 v. st Mathias.	24 s. st Gabriel.	24 m. st Phebade, év.	24 j. st François Rég.	24 D. st Jean-Baptiste.
25 m. Conv. de st Paul.	25 s. st Valburge.	25 D. Annonciation.	25 m. ste Marc, évang.	25 v. st Urbain, pape.	25 l. ste Fébronie.
26 j. ste Paule, veuve.	26 D. Sexagésime.	26 l. st Ludger.	26 j. st Clet, pape.	26 s. st Philippe de N.	26 m. st Maixent.
27 v. ss. Martyrs rom.	27 l. ste Honorine.	27 m. st Rupert, év.	27 v. st Policarpe.	27 D. st Hildebert.	27 m. st Crescent, év.
28 s. st Cyrille, év.	28 m. ss. Martyrs d'Al.	28 m. st Gontrand.	28 s. ss. Martyrs d'Aff.	28 l. Rogations.	28 j. st Irénée, év.
29 D. st François de S.	29 m. st Romain.	29 j. st Eustase	29 D. Quasimodo.	29 m. st Maximin.	29 v. ss. Pierre et Paul
30 l. ste Bathilde.		30 v. st Jean Climaque	30 l. st Eutrope, év.	30 m. st Félix, pape.	30 s. Comm. de s Paul.
31 m. st Pierre Nolasq.		31 s. st Acace, év.		31 j. Ascension.	

JUILLET	AOUT	SEPTEMBRE	OCTOBRE	NOVEMBRE	DÉCEMBRE
1 D. st Martial, év.	1 m. st Pierre-ès-liens	1 s. st Gilis, abbé.	1 l. st Rémy, év.	1 j. Toussaint.	1 s. st Eloi, év.
2 l. Visitation N. D.	2 j. st Etienne, pape.	2 D. st Antonin, m.	2 m. ss. Anges gard.	2 v. Les Morts.	2 D. Avent.
3 m. st Anatole.	3 v. Inv. st Etienne.	3 l. st Grégoire, pap.	3 m. st Trophime, év.	3 s. st Papoul, év.	3 l. st Anthème.
4 m. st Théodore.	4 s. st Dominique.	4 m. st Lazare.	4 j. st François-d'As.	4 D. st Charles Borro.	4 m. ste Barbe, v.
5 j. ste Zoé.	5 D. st Félix, m.	5 m. st Victorin, év.	5 v. st Placide, m.	5 l. ste Bertile, v.	5 m. st Sabbas, abbé.
6 v. st Tranquillin.	6 l. Trans. de N. S.	6 j. st Eugène, m.	6 s. st Bruno, moine.	6 m. st Léonard.	6 j. ste Victoire, v.
7 s. st Prosper, doct.	7 m. st Sixte, pape.	7 v. st Cloud, prêtre.	7 D. ste Foi, v. m.	7 m. st Ernest, abbé.	7 v. st Nicolas, év.
8 D. ste Elisabeth, r.	8 m. ss. Just. et Past.	8 s. Nativ. de la V.	8 l. ste Brigitte.	8 j. stes Reliques.	8 s. Concep. N. D.
9 l. st Ephrem.	9 j. st Vitrice, év.	9 D. st Omer, év.	9 m. st Denis, év.	9 v. st Anstremoine.	9 D. ste Léocadie, v.
10 m. Sept-Frères M.	10 v. ste Philomène.	10 l. st Salvi, év.	10 m. st François de B.	10 s. st Léon, pape.	10 l. st Hubert.
11 m. Trans. st Benoît.	11 s. ste Suzanne, m.	11 m. st Patient.	11 j. st Julien.	11 D. st Martin, év.	11 m. st Damase, pape.
12 j. st Honeste, pr.	12 D. ste Claire, v.	12 m. st Serdot, év.	12 v. st Donatien.	12 l. st Martin, pape.	12 m. st Paul, év.
13 v. st Anaclet.	13 l. ste Radegonde, r.	13 j. st Aimé, abbé.	13 s. st Gérand.	13 m. st Stanislas.	13 j. ste Luce, v. m.
14 s. st Bonaventure.	14 m. st Eusèbe. v.-j.	14 v. Exalt. Ste-Croix	14 D. st Calixte.	14 m. st Claude, m.	14 v. st Honorat, év.
15 D. st Henri.	15 m. Assomption.	15 s. st Achard, abbé.	15 l. ste Thérèse, v.	15 j. st Malo, év.	15 s. st Mesmin, abbé.
16 l. N.-D. du M.-Car.	16 j. st Roch.	16 D. st Jean Chrysost.	16 m. st Bertrand, év.	16 v. st Eucher.	16 D. ste Adélaïde.
17 m. st Espérat, m.	17 v. st Alexis.	17 l. st Corneille.	17 m. st Gaudéric.	17 s. st Asciscle, m.	17 l. ste Olimpie.
18 m. st Thomas d'Aq.	18 s. ste Hélène.	18 m. ste Camelle.	18 j. st Luc, évang.	18 D. st Odon, abbé.	18 m. st Gratien.
19 j. st Vincent de P.	19 D. st Louis, év.	19 m. Quatre-Temps.	19 v. st Pierre d'Alc.	19 l. ste Elizabeth.	19 m. Quatre-Temps.
20 v. ste Marguerite.	20 l. st Bernard, ab.	20 j. st Eustache.	20 s. st Caprais, év.	20 m. st Edmond.	20 j. st Philogon.
21 s. st Victor, m.	21 m. st Privat, év.	21 v. st Mathieu. q.-t.	21 D. ste Ursule, v.	21 D. Présent. N. D.	21 v. st Thomas. q.-t.
22 D. ste Madeleine.	22 m. st Symphorien.	22 s. st Maurice. q.-t.	22 l. st Mellon.	22 j. ste Cécile, v.	22 s. st Yves, év. q.-t.
23 l. st Appollinaire.	23 j. ste Jeanne.	23 D. ste Thècle.	23 m. st Sévérin.	23 v. st Clément, pap.	23 D. ste Anastasie.
24 m. ste Christine, v.	24 v. st Barthélemy, a.	24 l. st Yzarn.	24 m. st Erambert, év.	24 s. st Flore, v.	24 l. ste Delphine, v.-j.
25 m. st Jacques, ap.	25 s. st Louis, roi.	25 m. st Firmin, év.	25 j. ss. Crépin et Cré.	25 D. ste Catherine, v.	25 m. Noel.
26 j. ste Anne.	26 D. st Zéphirin.	26 m. ste Justine.	26 v. st Rustique.	26 l. ste Geneviève.	26 m. st Etienne, m.
27 v. st Pantaléon.	27 l. st Césaire, év.	27 j. ss. Come et Dam.	27 s. st Frumence.	27 m. ss Vital et Agri.	27 j. st Jean, évang.
28 s. st Nazaire, m.	28 m. st Augustin, év.	28 v. st Exupère, év.	28 D. ss. Simon et Jude	28 m. st Sosthène.	28 v. ss. Innocents.
29 D. st Loup, évêque.	29 m. Déc. de st J.-Bapt.	29 s. st Michel, av.	29 l. st Narcisse.	29 j. st Saturnin, év.	29 s. st Thomas, év.
30 l. st Germain, év.	30 j. st Gaudens.	30 D. st Jérôme, prêt.	30 m. st Quentin, m.	30 v. st André, ap.	30 D. st Sabin, év.
31 m. st Ignace, pr.	31 v. ste Florentine.		31 m. Vigile Jeûne.		31 l. st Sylvestre, p.

Calendrier Perpétuel, Civil et Ecclésiastique.

JANVIER	FÉVRIER	MARS	AVRIL	MAI	JUIN
1 v. CIRCONCISION.	1 l. st Ignace, m.	1 m. st Aubin, év.	1 v. st Hugues.	1 D. st Hugues, év.	1 m. *Quatre-Temps.*
2 s. st Bazile.	2 m. PURIFICATION.	2 m. *Quatre-Temps.*	2 s. st François de P.	2 l. st Athanase, év.	2 j. st Pothin.
3 D. ste Geneviève.	3 m. st Blaise, év.	3 j. ste Cunégonde.	3 D. RAMEAUX.	3 m. Invent. ste Croix	3 v. ste Clotilde. q.-t.
4 l. st Rigobert.	4 j. st Gilbert.	4 v. st Casimir. q.-t.	4 l. st Ambroise.	4 m. ste Monique.	4 s. st Quirin. q.-t.
5 m. st Siméon, styl.	5 v. ste Agathe, v.	5 s. st Phocas. q.-t.	5 m. st Vincent Ferr.	5 j. st Théodard, év.	5 D. TRINITÉ.
6 m. ÉPIPHANIE.	6 s. st Amand.	6 D. REMINISCERE.	6 m. st Prudence.	6 v. st Jean P. L.	6 l. st Norbert, év.
7 j. st Théau.	7 D. SEPTUAGÉSIME.	7 l. ss. Félic. et Per.	7 j. st Hégésippe.	7 s. st Orens, év.	7 m. st Robert, ab.
8 v. st Lucien, m.	8 l. st Jean de M.	8 m. st Jean de Dieu.	8 v. VENDREDI-SAINT	8 D. st Orens, év.	8 m. st Médard, év.
9 s. st Julien, hosp.	9 m. ste Appollonie.	9 m. se Françoise.	9 s. st Isidore.	9 l. st Grégoire, év.	9 j. FÊTE-DIEU.
10 D. st Paul, ermite.	10 m. ste Scolastique.	10 j. t Blanchard.	10 D. PAQUES.	10 m. st Gordien.	10 v. st Landry.
11 l. st Hygien, pape.	11 j. st Benoît, abbé.	11 v. ste Sophrone.	11 l. st Léon, pape.	11 m. st Mamert.	11 s. st Barnabé, ap.
12 m. st Fréjus, év.	12 v. ste Eulalie.	12 s. st Maximilien.	12 m. st Jules.	12 j. st Pacôme, ab.	12 D. st Basilide.
13 m. BAPTÊME DE N. S.	13 s. st Lézin.	13 D. OCULI.	13 m. st Justin, m.	13 v. st Onésime.	13 l. st Aventin.
14 j. st Hilaire, é.	14 D. SEXAGÉSIME.	14 l. ste Mathilde.	14 j. st Tiburce.	14 s. st Boniface.	14 m. st Valère, m.
15 v. st Maur, abbé.	15 l. st Faustin.	15 m. st Zacharie.	15 v. st Paterne.	15 D. st Honoré.	15 m. st Guy, mart.
16 s. st Fulgence, év.	16 m. ste Julienne.	16 m. ste Euzbéie, v.	16 s. st Fructueux.	16 l. ROGATIONS.	16 j. ss. Cyr et Julitte.
17 D. st Antoine, ab.	17 m. st Sylvin, év.	17 j. st Patrice.	17 D. QUASIMODO.	17 m. st Pascal.	17 v. st Avit, abbé.
18 l. Chaire st P. à R.	18 j. st Siméon, év.	18 v. st Alexandre.	18 l. st Parfait.	18 m. st Venant.	18 s. st Emile, m.
19 m. st Sulpice, év.	19 v. st Gabin.	19 s. st Joseph.	19 m. st Elphége.	19 j. ASCENSION.	19 D. st Gervais et Pr.
20 m. st Sébastien, m.	20 s. st Eucher.	20 D. LÆTARE.	20 m. st Joseph.	20 v. st Hilaire, év.	20 l. st Romuald.
21 j. ste Agnès, v.	21 D. QUINQUAGÉSIME.	21 l. st Benoît.	21 j. st Anselme.	21 s. st Hospice.	21 m. st Louis de G.
22 v. st Vincent, m.	22 l. st Maxime.	22 m. st Paul, év.	22 v. ste Opportune.	22 D. ste Julie.	22 m. st Paulin, év.
23 s. st Fabien, pape.	23 m. st Pascase.	23 m. st Fidèle.	23 s. st George, m.	23 l. st Didier.	23 j. st Leufroy.
24 D. st Timothée, év.	24 m. CENDRES.	24 j. st Gabriel.	24 D. st Phebade, év.	24 m. st Franç. R.	24 v. st Jean-Baptiste.
25 l. Conv. de st Paul.	25 j. st Valburge.	25 v. ANNONCIATION.	25 l. st Marc, évang.	25 m. st Urbain, pape.	25 s. ste Fébronie.
26 m. ste Paule, veuve.	26 v. st Nestor.	26 s. st Ludger.	26 m. st Clet, pape.	26 j. st Philippe.	26 D. st Maixent.
27 m. ss. Martyrs rom.	27 s. ste Honorine.	27 D. PASSION.	27 m. st Policarpe.	27 v. st Hildebert.	27 l. st Cressent, év.
28 j. st Cyrille, év.	28 D. QUADRAGÉSIME.	28 l. st Gontrand.	28 j. ss Martyrs d'Aff.	28 s. st Guillaum. v.-j.	28 m. st Irénée, év.
29 v. ✠ st François de S.	29 l. st Romain.	29 m. st Eustase.	29 v. ste Marie Égypt.	29 D. PENTECOTE	29 v. ss. Pierre et Paul.
30 s. ste Bathilde.		30 m. st Jean Climaque.	30 s. st Eutrope, év.	30 l. st Félix, p.	30 j. Comm. st Paul.
31 D. st Pierre Nolasq.		31 j. st Acace, év.		31 m. st Sylve, év.	

JUILLET	AOUT	SEPTEMBRE	OCTOBRE	NOVEMBRE	DÉCEMBRE
1 v. st Martial, év.	1 l. st Pierre-ès-liens.	1 j. st Gilis, abbé.	1 s. st Rémi, év.	1 m. TOUSSAINT.	1 j. st Eloi, év.
2 s. VISITATION N. D.	2 m. st Etienne, pape.	2 v. st Antonin, m.	2 D. ss Anges gard.	2 m. Les Morts.	2 v. st François Xav.
3 D. st Anatole.	3 m. Inven. st Etienne.	3 s. st Grégoire, pap.	3 l. st Trophime, év.	3 j. st Papoul, m.	3 s. st Anthème.
4 l. st Théodore.	4 j. st Dominique.	4 D. st Lazare.	4 m. st François-d'As.	4 v. st Charles Borr.	4 D. ste Barbe, v.
5 m. ste Zoé.	5 v. st Félix, m.	5 l. st Victorin, év.	5 m. st Placide, m.	5 s. ste Bertile, v.	5 l. st Sabas, abbé.
6 m. st Tranquillin.	6 s. TRANS. DE N. S.	6 m. st Eleuthère.	6 j. st Bruno, moine.	6 D. st Léonard.	6 m. ste Victoire, v.
7 j. st Prosper, doct.	7 D. st Xiste, pape.	7 m. st Cloud prê.	7 v. ste Foi, v. m.	7 l. st Ernest, abbé.	7 m. st Nicolas, év.
8 v. ste Elizabeth, r.	8 l. ss Just el Past.	8 j. NATIVITÉ de la V.	8 s. ste Brigitte.	8 m. stes Reliques.	8 j. CONCEP. N. D.
9 s. st Ephrem.	9 m. st Vitrice, év.	9 v. st Omer, év.	9 D. st Denis, év.	9 m. st Austremoine.	9 v. ste Léocadie, v.
10 D. Sept-Frères M.	10 m. st Philomène.	10 s. ste Sylvi, év.	10 l. st François de B.	10 j. st Léon, pape.	10 s. st Hubert.
11 l. Trans. st Benoît.	11 j. ste Suzanne, m.	11 D. st Patient.	11 m. st Julien.	11 v. st Martin, év.	11 D. st Damàse, pape.
12 m. St Honeste, pr.	12 v. ste Claire, vierge.	12 l. st Serdot, m.	12 m. st Donatien.	12 s. st Martin, pape.	12 l. st Paul, év.
13 m. st Anaclet.	13 s. ste Radegonde, r.	13 m. st Aimé, abbé.	13 j. st Géraud.	13 D. st Stanislas.	13 m. ste Luce, v. m.
14 j. st Bonaventure.	14 D. st Eusèbe. V.-J.	14 m. EXALT. ste CROIX	14 v. st Calixte.	14 l. st Claude.	14 m. *Quatre-Temps.*
15 v. st Henri.	15 l. Assomption.	15 j. st Achard, abbé.	15 s. ste Thérèse, v.	15 m. st Malo, év.	15 j. st Mesmin, abbé.
16 s. Notre-D. de M. C.	16 m. st Roch.	16 v. st Jean Chrysost.	16 D. st Bertrand, év.	16 m. st Eucher.	16 v. ste Adélaïd. q.-t.
17 D. st Esperat, m.	17 m. st Alexis.	17 s. st Corneille.	17 l. st Gauderic.	17 j. st Asciscle, m.	17 s. ste Olimpie. q.-t.
18 l. st Thomas d'Aq.	18 j. ste Hélène.	18 D. ste Camelle.	18 m. st Luc, évang.	18 v. st Odon, abbé.	18 D. st Gratien.
19 m. st Vincent-de-P.	19 v. st Louis, év.	19 l. st Cyprien.	19 m. st Pierre d'Alc.	19 s. ste Elisabeth.	19 l. st Grégoire.
20 m. ste Marguerite.	20 s. st Bernard, ab.	20 m. st Eustache.	20 j. st Caprais, év.	20 D. st Edmond.	20 m. st Philogon.
21 j. st Victor, m.	21 D. st Privat, év.	21 m. *Quatre-Temps.*	21 v. ste Ursule, v.	21 l. PRÉSENT. N. D.	21 m. st Thomas.
22 v. ste Madeleine.	22 l. st Symphorien.	22 j. st Maurice.	22 s. st Mellon.	22 m. ste Cécile, v.	22 j. st Yves, év.
23 s. st Appollinaire.	23 m. ste Jeanne.	23 v. ste Thècle. q.-t.	23 D. st Sévérin.	23 m. st Clément, pape.	23 v. ste Anastas.
24 D. ste Christine, v.	24 m. st Barthélemi, ap.	24 s. st Yzarn. q.-t.	24 l. st Erambert, év.	24 j. st Flore, v.	24 s. ste Delphine. v.-j.
25 l. st Jacques, apôt.	25 j. st Louis, roi.	25 D. st Firmin, év.	25 m. ss Crépin et Cré.	25 v. ste Catherine, v.	25 D. NOEL.
26 m. ste Anne.	26 v. st Zéphirin.	26 l. ste Justine.	26 m. ste Rustique.	26 s. st Lin, pape.	26 l. st Etienne, m.
27 m. st Pantaléon.	27 s. st Césaire, év.	27 m. ss Come et Dam.	27 j. st Frumence.	27 D. AVENT.	27 m. st Jean, évang.
28 j. st Nazaire, m.	28 D. st Augustin, év.	28 m. st Exupère, év.	28 v. ss Simon et Jude.	28 l. st Sosthène.	28 m. ss Innocents.
29 v. st Loup, év.	29 l. Déco. de st J.-B.	29 j. st Michel.	29 s. st Narcisse.	29 m. st Saturnin, év.	29 j. st Thomas, év.
30 s. st Germain, év.	30 m. st Gaudens.	30 v. st Jérôme, pr.	30 D. st Quentin, m.	30 m. st André, ap.	30 v. st Sabin, év.
31 D. st Ignace, pr.	31 m. ste Florentine.		31 l. Vigile-Jeûne.		31 s. st Sylvestre, p.

Calendrier Perpétuel, Civil et Ecclésiastique.

JANVIER	FÉVRIER	MARS	AVRIL	MAI	JUIN
1 m. Circoncision.	1 s. st Ignace, m.	1 D. Lætare.	1 m. st Hugues, év.	1 v. ss. Philip. et Jac.	1 l. st Pamphile.
2 j. st Bazile.	2 D. Purification.	2 l. st Simplicien.	2 j. st François de P.	2 s. st Athanase, év.	2 m. st Pothin.
3 v. ste Geneviève.	3 l. st Blaise, év.	3 m. ste Cunégonde.	3 v. st Richard.	3 D. Invent. ste Croix.	3 m. ste Clotilde.
4 s. st Rigobert.	4 m. st Gilbert.	4 m. st Casimir.	4 s. st Ambroise, év.	4 l. ste Monique.	4 j. st Quirin.
5 D. st Siméon, styl.	5 m. Cendres.	5 j. st Phocas.	5 D. st Vincent Ferr.	5 m. st Théobard, év.	5 v. st Claude.
6 l. Epiphanie.	6 j. st Amand, év.	6 v. ste Colette.	6 l. st Prudence.	6 m. st Jean P. L.	6 s. st Norbert, év.
7 m. st Théau.	7 v. ste Dorothée, v.	7 s. ss. Félic. et Per.	7 m. st Hégésippe.	7 j. Transf. s Etienne	7 D. st Robert.
8 m. st Lucien, m.	8 s. st Jean de M.	8 D. Passion.	8 m. st Gautier.	8 v. st Orens, év.	8 l. st Médard.
9 j. st Julien, hosp.	9 D. Quadragésime.	9 l. ste Françoise.	9 j. st Isidore.	9 s. st Grégoire, év.	9 m. st Félicien. v.-j.
10 v. st Paul, ermite.	10 l. ste Scolastique.	10 m. st Blanchard.	10 v. st Macaire.	10 D. Pentecote	10 m. st Landry.
11 s. st Hygien, pape.	11 m. st Benoît, ab.	11 m. ste Sophrone.	11 s. st Léon, pape.	11 l. st Mamert.	11 j. st Barnabé.
12 D. st Fréjus, év.	12 m. Quatre-Temps.	12 j. st Maximilien.	12 D. st Jules.	12 m. st Pacôme, ab.	12 v. st Basilide.
13 l. Baptême de N.-S.	13 j. st Lésin.	13 v. st Nicéphore.	13 l. st Justin, m.	13 m. Quatre-Temps.	13 s. st Aventin.
14 m. st Hilaire, év.	14 v. st Valentin. q.-t.	14 s. ste Mathilde.	14 m. st Tiburce.	14 j. st Boniface.	14 D. st Valère, m.
15 m. st Maur, abbé.	15 s. st Faustin. q.-t.	15 D. Rameaux.	15 m. st Paterne.	15 v. st Honoré. q.-t.	15 l. st Guy, m.
16 j. st Fulgence, év.	16 D. Reminiscere.	16 l. ste Euzébie.	16 j. st Fructueux.	16 s. st Germier. q.-t.	16 m. ss. Cyr et Julitte.
17 v. st Antoine, ab.	17 l. st Sylvin, év.	17 m. st Patrice.	17 v. st Anicet.	17 D. Trinité.	17 m. st Avit, abbé.
18 s. Chaire st P. à R.	18 m. st Siméon, év.	18 m. st Alexandre.	18 s. st Parfait.	18 l. st Venant.	18 j. st Emile, m.
19 D. Septuagésime.	19 m. st Gabin.	19 j. st Gaspard.	19 D. st Elphége.	19 m. st Pierre Célestin	19 v. ss Gervais et Pro.
20 l. st Sébastien, m.	20 j. st Eucher, év.	20 v. Vendredi-Saint.	20 l. st Joseph.	20 m. st Hilaire, év.	20 s. st Romuald.
21 m. ste Agnès, v.	21 v. st Sévérien.	21 s. st Benoît.	21 m. st Anselme.	21 j. Fête-Dieu.	21 D. st Louis de Gonz.
22 m. st Vincent, m.	22 s. st Maxime.	22 D. Paques.	22 m. ste Opportune.	22 v. ste Julie.	22 l. st Paulin, év.
23 j. st Fabien, pape.	23 D. Oculi.	23 l. st Fidèle.	23 j. st Georges, m.	23 s. st Didier.	23 m. st Leufroy.
24 v. st Timothée, év.	24 l. st Mathias.	24 m. st Gabriel.	24 v. st Phebade, év.	24 D. st François Rég.	24 m. st Jean-Baptiste.
25 s. Conv. de st Paul.	25 m. st Valburge.	25 m. st Humbert.	25 s. st Marc, évang.	25 l. st Urbain, pape.	25 j. ste Fébronie.
26 D. Sexagésime.	26 m. st Nestor.	26 j. st Ludger.	26 D. st Clet, pape.	26 m. st Philippe de N.	26 v. st Maixent.
27 l. ss. Martyrs rom.	27 j. ste Honorine.	27 v. st Rupert, év.	27 l. Rogations.	27 j. st Hildebert.	27 s. st Crescent, év.
28 m. st Cyrille, év.	28 v. ss. Martyrs d'Al.	28 s. st Gontrand.	28 m. ss. Martyrs d'Aff.	28 j. st Guilhaume.	28 D. st Irénée, év.
29 m. st François de S.	29 s. st Romain.	29 D. Quasimodo.	29 m. ste Marie Egypt.	29 v. st Maximin.	29 l. ss. Pierre et Paul
30 j. ste Bathilde.		30 l. Annonciation.	30 j. Ascension.	30 s. st Félix, pape.	30 m. Comm. des Paul.
31 v. st Pierre Nolasq.		31 m. st Acace, év.		31 D. st Sylve, év.	

JUILLET	AOUT	SEPTEMBRE	OCTOBRE	NOVEMBRE	DÉCEMBRE
1 m. st Martial, év.	1 s. st Pierre-ès-liens	1 m. st Gilis, abbé.	1 j. st Rémy, év.	1 D. Toussaint.	1 m. st Eloi, év.
2 j. Visitation N. D.	2 D. st Etienne, pape.	2 m. st Antonin, m.	2 v. ss. Anges gard.	2 l. Les Morts.	2 m. st François Xav.
3 v. st Anatole.	3 l. Inv. st Etienne.	3 j. st Grégoire, pap.	3 s. st Trophime, év.	3 m. st Papoul, m.	3 j. st Anthème.
4 s. st Théodore.	4 m. st Dominique.	4 v. st Lazare.	4 D. st Francois-d'As.	4 m. st Charles Borro.	4 v. ste Barbe, v.
5 D. ste Zoé.	5 m. st Félix, év.	5 s. st Victorin, év.	5 l. st Placide, m.	5 j. ste Bertile, v.	5 s. st Sabbas, abbé.
6 l. st Tranquillin.	6 j. Trans. de N.-S.	6 D. st Eugène, m.	6 m. st Bruno, moine.	6 v. st Léonard.	6 D. ste Victoire, v.
7 m. st Prosper, doct.	7 v. st Sixte, pape.	7 l. st Cloud, prêtre.	7 m. st Foi, v. m.	7 s. st Ernest, abbé.	7 l. st Nicolas, év.
8 m. ste Elisabeth, r.	8 s. ss. Just. et Past.	8 m. Nativ. de la V.	8 j. st Brigitte.	8 D. stes Reliques.	8 m. Concep. N. D.
9 j. st Ephrem.	9 D. st Vitrice, év.	9 m. st Omer, év.	9 v. st Denis, év.	9 l. st Austremoine.	9 m. ste Léocadie, v.
10 v. Sept-Frères M.	10 l. st Philomène.	10 j. st Salvi, év.	10 s. st François de B.	10 m. st Léon, pape.	10 j. st Hubert.
11 s. Trans. st Benoît.	11 m. ste Suzanne, m.	11 v. st Patient.	11 D. st Vuilfran.	11 m. st Martin, év.	11 v. st Damase, pape.
12 D. st Honeste, pr.	12 m. ste Claire, v.	12 s. st Serdot, év.	12 l. st Donatien.	12 j. st Martin, pape.	12 s. st Paul, év.
13 l. st Anaclet.	13 j. ste Radegonde, r.	13 D. st Aimé, abbé.	13 m. st Géraud.	13 v. st Stanislas.	13 D. ste Luce, v. m.
14 m. st Bonaventure.	14 v. st Eusèbe. v.-j.	14 l. Exalt.Ste-Croix	14 m. st Calixte.	14 s. st Honorat, év.	14 l. st Honorat, év.
15 m. st Henri.	15 s. Assomption.	15 m. st Achard, abbé.	15 j. ste Thérèse, v.	15 D. st Malo, év.	15 m. st Mesmin, abbé.
16 j. N.-D. du M.-Car.	16 D. st Roch.	16 m. Quatre-Temps.	16 v. st Bertrand, év.	16 l. st Eucher.	16 m. Quatre-Temps.
17 v. st Espérat, m.	17 l. st Alexis.	17 j. st Corneille.	17 s. st Gauderic.	17 m. st Asciscle, m.	17 j. st Olimpie.
18 s. st Thomas d'Aq.	18 m. ste Hélène.	18 v. ste Camelle. q.-t.	18 D. st Luc, évang.	18 m. st Odon, abbé.	18 v. st Gratien. q.-t.
19 D. st Vincent de P.	19 m. st Louis, év.	19 s. st Cyprien. q.-t.	19 l. st Pierre d'Alc.	19 j. ste Elizabeth.	19 s. st Grégoire. q.-t.
20 l. ste Marguerite.	20 j. st Bernard, ab.	20 D. st Eustache.	20 m. st Caprais, év.	20 v. st Edmond.	20 D. st Philogon.
21 m. st Victor, m.	21 v. st Privat, év.	21 l. st Mathieu.	21 m. ste Ursule, v.	21 s. Présent. N. D.	21 l. st Thomas.
22 m. ste Madeleine.	22 s. st Symphorien.	22 m. st Maurice.	22 j. st Mellon.	22 D. ste Cécile, v.	22 m. st Yves, év.
23 j. st Appollinaire.	23 D. ste Jeanne.	23 m. ste Thècle.	23 v. st Sévérin.	23 l. st Clément, pap.	23 m. ste Anastasie.
24 v. ste Christine, v.	24 l. st Barthélemy, a.	24 j. st Yzarn.	24 s. st Erambert, év.	24 m. ste Flore, v.	24 j. ste Delphine, v.-j.
25 s. st Jacques, ap.	25 m. st Louis, roi.	25 v. st Firmin, év.	25 D. ss. Crépin et Cré.	25 m. ste Catherine, v.	25 v. Noel.
26 D. ste Anne.	26 m. st Zéphirin.	26 s. ste Justine.	26 l. ste Rustique.	26 j. st Lin, pape.	26 s. st Etienne, m.
27 l. st Pantaléon.	27 j. st Césaire, év.	27 D. ss. Come et Dam.	27 m. st Frumence.	27 v. ss Vital et Agri.	27 D. st Jean, évang.
28 m. st Nazaire, m.	28 v. st Augustin, év.	28 l. st Exupère, év.	28 m. ss. Simon et Jude	28 s. st Sosthène.	28 l. ss. Innocents.
29 m. st Loup, évêque.	29 s. Déc. dest J.-Bapt.	29 m. st Michel, arch.	29 j. st Narcisse.	29 D. Avent.	29 m. st Thomas, év.
30 j. st Germain, év.	30 D. st Gaudens.	30 m. st Jérôme, prêt.	30 v. st Quentin, m.	30 l. st André, ap.	30 m. st Sabin, év.
31 v. st Ignace, pr.	31 l. ste Florentine.		31 s. Vigile-Jeûne.		31 j. st Sylvestre, p.

Calendrier Perpétuel, Civil et Ecclésiastique.

JANVIER	FÉVRIER	MARS	AVRIL	MAI	JUIN
1 l. CIRCONCISION.	1 j. st Ignace, m.	1 v. st Aubin, év.q.-t.	1 l. st Hugues.	1 m. st Hugues, év.	1 s. st Pamphile.q.-t.
2 m. st Bazile.	2 v. PURIFICATION.	2 s. st Symplic. q.-t.	2 m. st François de P.	2 j. st Athanase, év.	2 D. TRINITÉ.
3 m. ste Geneviève.	3 s. st Blaise, év.	3 D. REMINISCERE.	3 m. st Richard.	3 v. Invent. ste Croix	3 l. ste Clotilde.
4 j. st Rigobert, r.	4 D. SEPTUAGÉSIME.	4 l. st Casimir.	4 j. st Ambroise.	4 s. ste Monique.	4 m. st Quirin.
5 v. st Siméon, styl.	5 l. ste Agathe, v.	5 m. st Phocas.	5 v. VENDREDI-SAINT	5 D. st Théodard, év.	5 m. st Claude.
6 s. ÉPIPHANIE.	6 m. st Amand.	6 m. ste Colette.	6 s. st Prudence.	6 l. st Jean P. L.	6 j. FÊTE-DIEU.
7 D. st Théau.	7 m. ste Dorothée.	7 j. ss. Félic. et Per.	7 D. PAQUES.	7 m. st Orens, év.	7 v. st Robert, ab.
8 l. st Lucien, m.	8 j. st Jean de M.	8 v. st Jean de Dieu.	8 l. st Gaultier.	8 m. st Orens, év.	8 s. st Médard, év.
9 m. st Julien, hosp.	9 v. ste Appollonie.	9 s. ste Françoise.	9 m. st Isidore.	9 j. st Grégoire, m.	9 D. st Félicien, m.
10 m. st Paul, ermite.	10 s. ste Scolastique.	10 D. OCULI.	10 m. st Macaire.	10 v. st Gordien.	10 l. st Landry.
11 j. st Hygien, pape.	11 D. SEXAGÉSIME.	11 l. ste Sophrone.	11 j. st Léon, pape.	11 s. st Mamert.	11 m. st Barnabé, ap.
12 v. st Fréjus, év.	12 l. ste Eulalie.	12 m. st Maximilien.	12 v. st Jules.	12 D. st Pacôme, ab.	12 m. st Basilide.
13 s. BAPTÊME DE N.S.	13 m. st Lézin.	13 m. st Nicèphore.	13 s. st Justin, m.	13 l. ROGATIONS.	13 j. st Aventin.
14 D. st Hilaire, r.	14 m. st Valentin.	14 j. ste Mathilde.	14 D. QUASIMODO.	14 m. st Boniface.	14 v. st Valère, m.
15 l. st Maur, abbé.	15 j. st Faustin.	15 v. st Zacharie.	15 l. st Paterne.	15 m. st Honoré.	15 s. st Guy, mart.
16 m. st Fulgence, év.	16 v. ste Julienne.	16 s. ste Euzébie, v.	16 m. st Fructueux.	16 j. ASCENSION.	16 D. ss. Cyr et Julitte.
17 m. st Antoine, ab.	17 s. st Sylvin, év.	17 D. LÆTARE.	17 m. st Anicet.	17 v. st Pascal.	17 l. st Avit, abbé.
18 j. Chaire st P. à R.	18 D. QUINQUAGÉSIME.	18 l. st Alexandre.	18 j. st Parfait.	18 s. st Venant.	18 m. st Emile, m.
19 v. st Sulpice, év.	19 l. st Gabin.	19 m. st Gaspard.	19 v. st Elphége.	19 D. st Pierre Célest.	19 m. st Gervais et Pr.
20 s. st Sébastien, m.	20 m. st Eucher.	20 m. st Joachim.	20 s. st Joseph.	20 l. st Hilaire, év.	20 j. st Rómuald.
21 D. ste Agnès, v.	21 m. CENDRES.	21 j. st Benoit.	21 D. st Anselme.	21 m. st Hospice.	21 v. st Louis de G.
22 l. st Vincent, m.	22 j. st Maxime.	22 v. st Paul, év.	22 l. ste Opportune.	22 m. ste Julie.	22 s. st Paulin, év.
23 m. st Fabien, pape.	23 v. st Pascase.	23 s. st Fidèle.	23 m. st George, m.	23 j. st Didier.	23 D. st Leufroy.
24 m. st Timothée, év.	24 s. st Mathias.	24 D. PASSION.	24 m. st Phebade, év.	24 v. st Franç. R.	24 l. st Jean-Baptiste.
25 j. Conv. de st P.	25 D. QUADRAGÉSIME.	25 l. ANNONCIATION.	25 j. st Marc, évang.	25 s. st Urbain, p.v.-j.	25 m. ste Fébronie.
26 v. ste Paule, veuve.	26 l. st Nestor.	26 m. st Ludger.	26 v. st Clet, pape.	26 D. PENTECOTE	26 m. st Maixent.
27 s. ss. Martyrs rom.	27 m. ste Honorine.	27 m. st Rupert, év.	27 s. st Policarpe.	27 l. st Hildebert.	27 j. st Cresseut, év.
28 D. st Cyrille, év.	28 m. Quatre-Temps.	28 j. st Gontrand.	28 D. ss Martyrs d'Aff.	28 m. st Germain.	28 v. st Irénée, m.
29 l. st François de S.	29 j. st Romain.	29 v. st Eustase.	29 l. ste Marie Egypt.	29 m. Quatre-Temps.	29 s. ss. Pierre et Paul.
30 m. ste Bathilde.		30 s. st Jean Climaque.	30 m. st Eutrope, év.	30 j. st Félix, p.	30 D. Comm. st Paul.
31 m. st Pierre Nolasq.		31 D. RAMEAUX.		31 v. st Sylve, év.q.-t.	

JUILLET	AOUT	SEPTEMBRE	OCTOBRE	NOVEMBRE	DÉCEMBRE
1 l. st Martial, év.	1 j. st Pierre-ès-liens.	1 D. st Gilis, abbé.	1 m. st Rémi, év.	1 v. TOUSSAINT.	1 D. AVENT.
2 m. VISITATION N. D.	2 v. st Etienne, pape.	2 l. st Antonin, m.	2 m. ss Anges gard.	2 s. Les Morts.	2 l. st François Xav.
3 m. st Anatole.	3 s. Inven. st Etienne.	3 m. st Grégoire, pap.	3 j. st Trophime, év.	3 D. st Papoul, m.	3 m. st Anthème.
4 j. st Théodore.	4 D. st Dominique.	4 m. st Lazare.	4 v. st François-d'As.	4 l. st Charles Borr.	4 m. ste Barbe, v.
5 v. ste Zoé.	5 l. st Félix, m.	5 j. st Victorin, év.	5 s. st Placide, m.	5 m. ste Bertile, v.	5 j. st Sabas, abbé.
6 s. st Tranquillin.	6 m. TRANS. DE N. S.	6 v. st Eugène, m.	6 D. st Bruno, moine.	6 m. st Léonard.	6 v. ste Victoire, v.
7 D. st Prosper, doct.	7 m. st Xiste, pape.	7 s. st Cloud prê.	7 l. ste Foi, v. m.	7 j. st Ernest, abbé.	7 s. st Nicolas, év.
8 l. ste Elizabeth, r.	8 j. ss Just et Past.	8 D. NATIVITÉ de la V.	8 m. ste Brigitte.	8 v. stes Reliques.	8 D. CONCEP. N. D.
9 m. st Ephrem.	9 v. st Vitrice, év.	9 l. st Omer, év.	9 m. st Denis, év.	9 s. st Austremoine.	9 l. ste Léocadie, v.
10 m. Sept-Frères M.	10 s. st Laurent, m.	10 m. st Salvi, év.	10 j. st François de B.	10 D. st Léon, pape.	10 m. st Hubert.
11 j. Trans. st Benoit.	11 D. ste Suzanne, m.	11 m. st Patient.	11 v. st Julien.	11 l. st Martin, év.	11 m. st Damase, pape.
12 v. St Honeste, pr.	12 l. ste Claire, vierge.	12 j. st Serdot, év.	12 s. st Donatien.	12 m. st Martin, pape.	12 j. st Paul, év.
13 s. st Anaclet.	13 m. ste Radegonde, r.	13 v. st Aimé, abbé.	13 D. st Géraud.	13 m. st Stanislas.	13 v. ste Luce, v. m.
14 D. st Bonaventure.	14 m. st Eusèbe. V.-J.	14 s. EXALT. ste CROIX	14 l. st Calixte.	14 j. st Claude.	14 s. st Honorat, év.
15 l. st Henri.	15 j. ASSOMPTION.	15 D. st Achard, abbé.	15 m. ste Thérèse, v.	15 v. st Malo, év.	15 D. st Mesmin, abbé.
16 m. Notre-D. de M. C.	16 v. st Roch.	16 l. st Jean Chrysost.	16 m. st Bertrand, év.	16 s. st Eucher.	16 l. ste Adélaïd.
17 m. st Esperat, m.	17 s. st Alexis.	17 m. st Lambert.	17 j. st Gauderic.	17 D. st Asciscle, m.	17 m. ste Olimpie.
18 j. st Thomas d'Aq.	18 D. ste Hélène.	18 m. Quatre-Temps.	18 v. st Luc, évang.	18 l. st Odon, abbé.	18 m. Quatre-Temps.
19 v. st Vincent-de-P.	19 l. st Louis, év.	19 j. st Cyprien.	19 s. st Pierre d'Alc.	19 m. ste Elisabeth.	19 j. st Grégoire.
20 s. ste Marguerite.	20 m. st Bernard, ab.	20 v. st Eustache.q.-t.	20 D. st Caprais, év.	20 v. st Edmond.	20 v. st Philogon. q.-t.
21 D. st Victor, m.	21 m. st Privat, év.	21 s. st Mathieu. q.-t.	21 l. ste Ursule, v.	21 j. PRÉSENT. N. D.	21 s. st Thomas. q.-t.
22 l. ste Madeleine.	22 j. st Symphorien.	22 D. st Maurice.	22 m. st Mellon.	22 v. ste Cécile, v.	22 D. st Yves, év.
23 m. st Appollinaire.	23 v. ste Jeanne.	23 l. ste Thècle.	23 m. st Sévérin.	23 s. st Clément, pape.	23 l. st Anastas.
24 m. ste Christine, v.	24 s. st Barthélemi, ap.	24 m. st Yzarn.	24 j. st Erambert, év.	24 D. ste Flore, v.	24 m. ste Delphine. v.-j.
25 j. st Jacques, apôt.	25 D. st Louis, roi.	25 j. st Firmin, év.	25 v. ss Crépin et Cré.	25 l. ste Catherine, v.	25 m. NOEL.
26 v. ste Anne.	26 l. st Zéphirin.	26 v. ste Justine.	26 s. ste Rustique.	26 l. st Lin, pape.	26 j. st Etienne, m.
27 s. st Pantaléon.	27 m. st Césaire, év.	27 s. ss Come et Dam.	27 D. st Frumence.	27 m. ss Vital et Agri.	27 v. st Jean, évang.
28 D. st Nazaire, m.	28 m. st Augustin, év.	28 s. st Exupère, m.	28 l. ss Simon et Jude.	28 j. st Sosthène.	28 s. ss Innocents.
29 l. st Loup, év.	29 j. Déco. de st J.-B.	29 D. st Michel.	29 m. st Narcisse.	29 v. st Saturnin, év.	29 D. st Thomas, év.
30 m. st Germain, év.	30 v. st Gaudens.	30 l. st Jérôme, pr.	30 m. st Quentin, m.	30 s. st André, ap.	30 l. st Sabin, év.
31 m. st Ignace, pr.	31 s. ste Florentine.		31 j. Vigile-Jeûne.		31 m. st Sylvestre, p.

Toulouse. — Imprimerie de Rives et Faget, rue Triplère, 9.

Calendrier Perpétuel, Civil et Ecclésiastique.

JANVIER	FÉVRIER	MARS	AVRIL	MAI	JUIN
1 s. CIRCONCISION.	1 m. st Ignace, m.	1 m. st Aubin, év.	1 s. st Hugues, év.	1 l. ROGATIONS.	1 j. st Pamphile.
2 D. st Bazile.	2 m. PURIFICATION.	2 j. st Simplicien.	2 D. QUASIMODO.	2 m. st Athanase, év.	2 v. st Pothin.
3 l. ste Geneviève.	3 j. st Blaise, év.	3 v. ste Cunégonde.	3 l. ANNONCIATION.	3 m. Invent. ste Croix.	3 s. ste Clotilde.
4 m. st Rigobert.	4 v. st Gilbert.	4 s. st Casimir.	4 m. st Ambroise, év.	4 j. ASCENSION.	4 D. st Quirin.
5 m. st Siméon, styl.	5 s. st Jean de M.	5 D. LÆTARE.	5 m. st Vincent Ferr.	5 v. st Théobard, év.	5 l. st Claude.
6 j. EPIPHANIE.	6 D. QUINQUAGÉSIME.	6 l. ste Colette.	6 j. st Prudence.	6 s. st Jean P. L.	6 m. st Norbert, év.
7 v. st Théau.	7 l. ste Dorothée, v.	7 m. ss. Félic. et Per.	7 v. st Hégésippe.	7 D. Transf. s Etienne	7 m. st Robert.
8 s. st Lucien, m.	8 m. st Jean de M.	8 m. st Jean de D.	8 s. st Gautier.	8 l. st Orens, év.	8 j. st Médard.
9 D. st Julien, hosp.	9 m. CENDRES.	9 j. ste Françoise.	9 D. st Isidore.	9 m. st Grégoire, év.	9 v. st Félicien. v.-j.
10 l. st Paul, ermite.	10 j. ste Scolastique.	10 v. st Blanchard.	10 l. st Macaire.	10 m. st Gordien.	10 s. st Landry.
11 m. st Hygien, pape.	11 v. st Benoît, ab.	11 s. ste Sophrone.	11 m. st Léon, pape.	11 j. st Mamert.	11 D. st Barnabé.
12 m. st Fréjus, év.	12 s. ste Eulalie, v.	12 D. PASSION.	12 m. st Jules.	12 v. st Pacôme, ab.	12 l. st Basilide.
13 j. BAPTÊME DE N. S.	13 D. QUADRAGÉSIME.	13 l. st Nicéphore.	13 j. st Justin, m.	13 s. st Onésime.	13 m. st Aventin.
14 v. st Hilaire, év.	14 l. st Valentin.	14 m. ste Mathilde.	14 v. st Tiburce.	14 D. PENTECOTE	14 m. st Valère, m.
15 s. st Maur, abbé.	15 m. st Faustin.	15 m. st Zacharie.	15 s. st Paterne.	15 l. st Honoré.	15 j. st Guy, m.
16 D. st Fulgence, év.	16 m. Quatre-Temps.	16 j. ste Euzébie.	16 D. st Fructueux.	16 m. st Germier.	16 v. ss. Cyr et Julitte.
17 l. st Antoine, ab.	17 j. st Sylvin, év.	17 v. st Patrice.	17 l. st Anicet.	17 m. Quatre-Temps.	17 s. st Avit, abbé.
18 m. Chaire st P. à R.	18 v. st Siméon. q.-t.	18 s. st Alexandre.	18 m. st Parfait.	18 j. st Venant.	18 D. st Emile, m.
19 m. st Sulpice, év.	19 s. st Gabin. q.-t.	19 D. RAMEAUX.	19 m. st Elphége.	19 v. st Pierre C. q.-t.	19 l. ss Gervais et Pro.
20 j. st Sébastien, m.	20 D. REMINISCERE.	20 l. st Wulfran.	20 j. st Joseph.	20 s. st Hilaire. q.-t.	20 m. st Romuald.
21 v. ste Agnès, v.	21 l. st Sévérien.	21 m. st Benoît.	21 v. st Anselme.	21 D. TRINITÉ.	21 m st Louis de Gonz.
22 s. st Vincent, m.	22 m. st Maxime.	22 m. st Paul, év.	22 s. ste Opportune.	22 l. ste Julie.	22 j. st Paulin, év.
23 D. SEPTUAGÉSIME.	23 m. st Pascase.	23 j. st Fidèle.	23 D. st Georges, m.	23 m. st Didier.	23 v. st Leufroy.
24 l. st Timothée, év.	24 j. st Mathias.	24 v. VENDREDI-SAINT.	24 l. st Phebade, év.	24 m. st François Rég.	24 s. st Jean-Baptiste.
25 m. Conv. de st Paul.	25 v. st Valburge.	25 s. st Humbert.	25 m. st Marc, évang.	25 j. FÊTE-DIEU.	25 D. ste Fébronie.
26 m. ste Paule, veuve.	26 s. st Nestor.	26 D. PAQUES.	26 m. st Clet, pape.	26 v. st Philippe de N.	26 l. st Maixent.
27 j. ss. Martyrs rom.	27 D. OCULI.	27 l. st Rupert, év.	27 j. st Polycarpe.	27 s. st Hildebert.	27 m. st Crescent, év.
28 v. st Cyrille, év.	28 l. ss. Martyrs d'Al.	28 m. st Gontrand.	28 v. ss. Martyrs d'Aff.	28 D. st Guilhaume.	28 m. st Irénée, év.
29 s. st François de S.	29 m. st Romain.	29 m. st Eustase.	29 s. ste Marie Egypt.	29 l. st Maximin.	29 j. ss. Pierre et Paul
30 D. SEXAGÉSIME.		30 j. st Jean Climaque.	30 D. st Eutrope, év.	30 m. st Félix, pape.	30 v. Comm. des Paul.
31 l. st Pierre Nolasq.		31 v. st Acace, év.		31 m. st Sylve, év.	

JUILLET	AOUT	SEPTEMBRE	OCTOBRE	NOVEMBRE	DÉCEMBRE
1 s. st Martial, év.	1 m. st Pierre-ès-liens	1 v. st Gilis, abbé.	1 D. st Rémy, év.	1 m. TOUSSAINT.	1 v. st Eloi, év.
2 D. VISITATION N. D.	2 m. st Etienne, pape.	2 s. st Antonin, m.	2 l. ss. Anges gard.	2 j. Les Morts.	2 s. st François Xav.
3 l. st Anatole.	3 j. Inv. st Etienne.	3 D. st Grégoire, pap.	3 m. st Trophime, év.	3 v. st Papoul, m.	3 D. AVENT.
4 m. st Théodore.	4 v. st Dominique.	4 l. st Lazare.	4 m. st François-d'As.	4 s. st Charles Borro.	4 l. ste Barbe, v.
5 m. ste Zoé.	5 s. st Félix, m.	5 m. st Victorin, év.	5 j. st Placide, m.	5 D. ste Bertile, v.	5 m. st Sabbas, abbé.
6 j. st Tranquillin.	6 D. TRANS. DE N. S.	6 m. st Eugène, m.	6 v. st Bruno, moine.	6 l. st Léonard.	6 m. ste Victoire, v.
7 v. st Prosper, doct.	7 l. st Sixte, pape.	7 j. st Cloud, prêtre.	7 s. ste Foi, v. m.	7 m. st Ernest, abbé.	7 j. st Nicolas, év.
8 s. ste Elisabeth, r.	8 m. ss. Just. et Past.	8 v. NATIV. DE LA V.	8 D. ste Brigitte.	8 m. stes Reliques.	8 v. CONCEP. N. D.
9 D. st Ephrem.	9 m. st Vitrice, év.	9 s. st Omer, év.	9 l. st Denis, év.	9 j. st Austremoine.	9 s. ste Léocadie, v.
10 l. Sept-Frères M.	10 j. st Philomène.	10 D. st Salvi, év.	10 m. st François de B.	10 v. st Léon, pape.	10 D. st Hubert.
11 m. Trans. st Benoît.	11 v. ste Suzanne, m.	11 l. st Patient.	11 m. st Julien.	11 s. st Martin, év.	11 l. st Dumase, pape.
12 m. st Honeste, pr.	12 s. ste Claire, v.	12 m. st Serdot, év.	12 j. st Donatien.	12 D. st Martin, pape.	12 m. st Paul, év.
13 j. st Anaclet.	13 D. ste Radegonde, r.	13 m. st Aimé, abbé.	13 v. st Géraud.	13 l. st Stanislas.	13 m. ste Luce, v. m.
14 v. st Bonaventure.	14 l. st Eusèbe. v.-j.	14 j. EXALT. Ste-Croix	14 s. st Calixte.	14 m. st Claude, m.	14 j. st Honorat, év.
15 s. st Henri.	15 m. Assomption.	15 v. st Achard, abbé.	15 D. ste Thérèse, v.	15 m. st Malo, év.	15 v. st Mesmin, abbé.
16 D. N.-D. du M.-Car.	16 m. st Roch.	16 s. st Jean Chrysost.	16 l. st Bertrand, év.	16 j. st Eucher.	16 s. ste Adélaïde.
17 l. st Espérat, m.	17 j. st Alexis.	17 D. st Corneille.	17 m. st Gauderic.	17 v. st Asciscle, m.	17 D. ste Olimpie.
18 m. st Thomas d'Aq.	18 v. ste Hélène.	18 l. ste Camelle.	18 m. st Luc, évang.	18 s. st Odon, abbé.	18 l. st Gratien.
19 m. st Vincent de P.	19 s. st Louis, év.	19 m. st Cyprien.	19 j. st Pierre d'Alc.	19 D. ste Elizabeth.	19 m. st Grégoire.
20 j. ste Marguerite.	20 D. st Bernard, ab.	20 m. Quatre-Temps.	20 v. st Caprais, év.	20 l. st Edmond.	20 m. Quatre-Temps.
21 v. st Victor, m.	21 l. st Privat, év.	21 j. st Mathieu.	21 s. ste Ursule, v.	21 m. PRÉSENT. N. D.	21 j. st Thomas.
22 s. ste Madeleine.	22 m. st Symphorien.	22 v. st Maurice. q.-t.	22 D. st Mellon.	22 m. ste Cécile, v.	22 v. st Yves, év. q.-t.
23 D. st Appollinaire.	23 m. ste Jeanne.	23 s. ste Thècle. q.-t.	23 l. st Sévérin.	23 j. st Clément, pap.	23 s. ste Anastas. q.-t.
24 l. ste Christine, v.	24 j. st Barthélemy, a.	24 D. st Yzarn.	24 m. st Erambert, év.	24 v. ste Flore, v.	24 D. ste Delphine, v.-j.
25 m. st Jacques, ap.	25 v. st Louis, roi.	25 l. st Firmin, év.	25 m. ss. Crépin et Cré.	25 s. ste Catherine, v.	25 l. NOEL.
26 m. ste Anne.	26 s. st Zéphirin.	26 m. ste Justine.	26 j. st Rustique.	26 D. st Lin, pape.	26 m. st Etienne, m.
27 j. st Pantaléon.	27 D. st Césaire, év.	27 m. ss. Come et Dam.	27 v. st Frumence.	27 l. ss Vital et Agri.	27 m. st Jean, évang.
28 v. st Nazaire, m.	28 l. st Augustin, év.	28 j. st Exupère, m.	28 s. ss. Simon et Jude	28 m. st Sosthène.	28 j. ss. Innocents.
29 s. st Loup, évêque.	29 m. Déc. dest J.-Bapt.	29 v. st Michel, arc.	29 D. st Narcisse.	29 m. st Saturnin, év.	29 v. st Thomas, év.
30 D. st Germain, év.	30 m. st Gaudens.	30 s. st Jérôme, prêt.	30 l. st Quentin, m.	30 j. st André, ap.	30 s. st Sabin, év.
31 l. st Ignace, pr.	31 j. ste Florentine.		31 m. Vigile-Jeûne.		31 D. st Sylvestre, p.

Calendrier Perpétuel, Civil et Ecclésiastique.

JANVIER	FÉVRIER	MARS	AVRIL	MAI	JUIN
1 j. Circoncision.	1 D. st Ignace, m.	1 l. st Aubin, év.	1 j. st Hugues.	1 s. st Hugues, év.	1 m. st Pamphile.
2 v. st Bazile.	2 l. Purification.	2 m. st Symplic.	2 v. st François de P.	2 D. st Athanase, év.	2 m. Quatre-Temps.
3 s. ste Geneviève.	3 m. st Blaise, év.	3 m. Quatre-Temps.	3 s. st Richard.	3 l. Invent. ste Croix	3 j. ste Clotilde.
4 D. st Rigobert.	4 m. st Gilbert.	4 j. st Casimir.	4 D. Rameaux.	4 m. ste Monique.	4 v. st Quirin. q.-t.
5 l. st Siméon, styl.	5 j. ste Agathe, v.	5 v. st Phocas. q.-t.	5 l. st Vincent Ferr.	5 m. st Théodard, év.	5 s. st Claude. q.-t.
6 m. Épiphanie.	6 v. st Amand.	6 s. ste Colette. q.-t.	6 m. st Prudence.	6 j. st Jean P. L.	6 D. Trinité.
7 m. st Théau.	7 s. ste Dorothée.	7 D. Reminiscere.	7 m. st Hégésippe.	7 v. st Orens, év.	7 l. st Robert, ab.
8 j. st Lucien, m.	8 D. Septuagésime.	8 l. st Jean de Dieu.	8 j. st Gaultier.	8 s. st Orens, év.	8 m. st Médard, év.
9 v. st Julien, hosp.	9 l. ste Appollonie.	9 m. ste Françoise.	9 v. Vendredi-Saint	9 D. st Grégoire, év.	9 m. st Félicien, m.
10 s. st Paul, ermite.	10 m. ste Scolastique.	10 m. st Blanchard.	10 s. st Macaire.	10 l. st Gordien.	10 j. Fête-Dieu.
11 D. st Hygien, pape.	11 m. st Benoît, abbé.	11 j. ste Sophrone.	11 D. Pâques.	11 m. st Mamert.	11 v. st Barnabé, ap.
12 l. st Fréjus, év.	12 j. ste Eulalie.	12 v. st Maximilien.	12 l. st Jules.	12 m. st Pacôme, ab.	12 s. st Basilide.
13 m. Baptême de N. S.	13 v. st Lézin.	13 s. st Nicéphore.	13 m. st Justin, m.	13 j. st Onésime.	13 D. st Aventin.
14 m. st Hilaire, év.	14 s. st Valentin.	14 D. Oculi.	14 m. st Tiburce.	14 v. st Boniface.	14 l. st Valère, m.
15 j. st Maur, abbé.	15 D. Sexagésime.	15 l. st Zacharie.	15 j. st Paterne.	15 s. st Germier.	15 m. st Guy, mart.
16 v. st Fulgence, év.	16 l. ste Julienne.	16 m. ste Euzbéic, v.	16 v. st Fructueux.	16 D. st Honoré.	16 m. ss. Cyr et Julitte.
17 s. st Antoine, ab.	17 m. st Sylvin, év.	17 m. st Patrice, év.	17 s. st Anicet.	17 l. Rogations.	17 j. st Avit, abbé.
18 D. Chaire st P. à R.	18 m. st Siméon, év.	18 j. st Alexandre.	18 D. Quasimodo.	18 m. st Venant.	18 v. st Émile, m.
19 l. st Sulpice, év.	19 j. st Gabin.	19 v. st Gaspard.	19 l. st Elphége.	19 m. st Pierre Célest.	19 s. st Gervais et Pr.
20 m. st Sébastien, m.	20 v. st Eucher.	20 s. st Joachim.	20 m. st Joseph.	20 j. Ascension.	20 D. st Romuald.
21 m. ste Agnès, v.	21 s. st Sévérien.	21 D. Letare.	21 m. st Anselme.	21 v. st Hospice.	21 l. st Louis de G.
22 j. st Vincent, m.	22 D. Quinquagésime.	22 l. st Paul, év.	22 j. ste Opportune.	22 s. ste Julie.	22 m. st Paulin, év.
23 v. st Fabien, pape.	23 l. st Pascase.	23 m. st Fidèle.	23 v. st George, m.	23 D. st Didier.	23 m. st Leufroy.
24 s. st Timothée, év.	24 m. st Mathias.	24 m. st Gabriel.	24 s. st Phebade, év.	24 l. st Franç. R.	24 j. st Jean-Baptiste.
25 D. Conv. de st Paul.	25 m. Cendres.	25 j. Annonciation.	25 D. st Marc, évang.	25 m. st Urbain, p.	25 v. ste Febronie.
26 l. ste Paule, veuve.	26 j. st Nestor.	26 v. st Ludger.	26 l. st Clet, pape.	26 m. st Philippe.	26 s. st Maixent.
27 m. ss. Martyrs rom.	27 v. ste Honorine.	27 s. st Rupert, év.	27 m. st Policarpe.	27 j. st Hildebert.	27 D. st Cresseut, év.
28 m. st Cyrille, év.	28 s. ss. Martyrs.	28 D. Passion.	28 m. ss Martyrs d'Afr.	28 v. st Guillaum.	28 l. st Irénée, év.
29 j. st François de S.	29 D. Quadragésime.	29 l. st Eustase.	29 j. ste Marie Égypt.	29 s. st Maximin. v.-j.	29 m. ss. Pierre et Paul.
30 v. ste Bathilde.		30 m. st Jean Climaque.	30 v. st Eutrope, év.	30 D. Pentecôte	30 m. Comm. st Paul.
31 s. st Pierre Nolasq.		31 m. st Acace, év.		31 l. st Sylve, év.	

JUILLET	AOUT	SEPTEMBRE	OCTOBRE	NOVEMBRE	DÉCEMBRE
1 j. st Martial, év.	1 D. st Pierre-ès-liens.	1 m. st Gilis, abbé.	1 v. st Rémi, év.	1 l. Toussaint.	1 m. st Eloi, év.
2 v. Visitation N. D.	2 l. st Etienne, pape.	2 j. st Antonin, m.	2 s. ss Anges gard.	2 m. Les Morts.	2 j. st François Xav.
3 s. st Anatole.	3 m. Inven. st Etienne.	3 v. st Grégoire, pap.	3 D. st Trophime, év.	3 m. st Papoul, m.	3 v. st Anthême.
4 D. st Théodore.	4 m. st Dominique.	4 s. st Lazare.	4 l. st François-d'As.	4 j. st Charles Borr.	4 s. ste Barbe, v.
5 l. ste Zoé.	5 j. st Félix, m.	5 D. st Victorin, év.	5 m. st Placide, m.	5 v. ste Bertile, v.	5 D. st Sabas, abbé.
6 m. st Tranquillin.	6 v. Trans. de N. S.	6 l. st Eugène, m.	6 m. st Bruno, moine.	6 s. st Léonard.	6 l. ste Victoire, v.
7 m. st Prosper, doct.	7 s. st Xiste, pape.	7 m. st Cloud pr.	7 j. ste Foi, v. m.	7 D. st Ernest, abbé.	7 m. st Nicolas, év.
8 j. ste Elizabeth, r.	8 D. st Just et Past.	8 m. Nativité de la V.	8 v. ste Brigitte.	8 l. stes Reliques.	8 m. Concep. N. D.
9 v. st Ephrem.	9 l. st Vitrice, év.	9 j. st Omer, év.	9 s. st Denis, év.	9 m. st Austremoine.	9 j. ste Léocadie, v.
10 s. Sept-Frères M.	10 m. ste Philomène.	10 v. st Salvi, év.	10 D. st François de B.	10 m. st Léon, pape.	10 v. st Hubert.
11 D. Trans. st Benoît.	11 m. ste Suzanne, m.	11 s. st Patient.	11 l. st Julien.	11 j. st Martin, év.	11 s. st Damase, pape.
12 l. St Honeste, pr.	12 j. ste Claire, vierge.	12 D. st Serdot, év.	12 m. st Donatien.	12 v. st Martin, pape.	12 D. st Paul, év.
13 m. st Anaclet.	13 v. ste Radegonde, r.	13 l. st Aimé, abbé.	13 m. st Géraud.	13 s. st Stanislas.	13 l. ste Luce, v. m.
14 m. st Bonaventure.	14 s. st Eusèbe. V.-J.	14 m. Exalt. ste Croix.	14 j. st Caliste.	14 D. st Claude.	14 m. st Honorat, év.
15 j. st Henri.	15 D. Assomption.	15 m. Quatre-Temps.	15 v. ste Thérèse, v.	15 l. st Malo, év.	15 m. Quatre-Temps.
16 v. Notre-D. de M. C.	16 l. st Roch.	16 j. st Jean Chrysost.	16 s. st Bertrand, év.	16 m. st Eucher.	16 j. st Adélaïd.
17 s. st Esperat, m.	17 m. st Alexis.	17 v. st Corneille, q.-t.	17 D. st Gauderic.	17 m. st Asciscle, m.	17 v. ste Olimpie. q.-t.
18 D. st Thomas d'Aq.	18 m. ste Hélène.	18 s. ste Camelle. q.-t.	18 l. st Luc, évang.	18 j. st Odon, abbé.	18 s. st Gratien. q.-t.
19 l. st Vincent-de-P.	19 j. st Louis, év.	19 D. st Cyprien.	19 m. st Pierre d'Alc.	19 v. ste Elisabeth.	19 D. st Grégoire.
20 m. ste Marguerite.	20 v. st Bernard, ab.	20 l. st Eustache.	20 m. st Caprais, év.	20 s. st Edmond.	20 l. st Philogon.
21 m. st Victor, m.	21 s. st Privat, év.	21 m. st Mathieu.	21 j. ste Ursule, v.	21 D. Présent. N. D.	21 m. st Thomas.
22 j. ste Madeleine.	22 D. st Symphorien.	22 m. st Maurice.	22 v. st Mellon.	22 l. ste Cécile, v.	22 j. st Yves, év.
23 v. st Appollinaire.	23 l. ste Jeanne.	23 j. ste Thècle.	23 s. st Séverin.	23 m. st Clément, pape.	23 j. ste Anastas.
24 s. ste Christine, v.	24 m. st Barthélemi, ap.	24 v. st Yzarn.	24 D. st Erambert, év.	24 m. st Flore, v.	24 v. ste Delphine. v.-j.
25 D. st Jacques, apôt.	25 m. st Louis, roi.	25 s. st Firmin, év.	25 l. ss Crépin et Cré.	25 j. ste Catherine, v.	25 s. Noël.
26 l. ste Anne.	26 j. st Zéphirin.	26 D. ste Justine.	26 m. st Rustique.	26 v. st Lin, pape.	26 D. st Etienne, m.
27 m. st Pantaléon.	27 v. st Césaire, év.	27 l. ss Come et Dam.	27 m. st Frumence.	27 s. st Vital et Agri.	27 l. st Jean, évang.
28 m. st Nazaire, m.	28 s. st Augustin, év.	28 m. st Exupère, év.	28 j. ss Simon et Jude.	28 D. Avent.	28 m. ss Innocents.
29 j. st Loup, év.	29 D. Déco. de st J.-B.	29 m. st Michel.	29 v. st Narcisse.	29 l. st Saturnin, év.	29 m. st Thomas, év.
30 v. st Germain, év.	30 l. st Gaudens.	30 j. st Jérôme, pr.	30 s. st Quentin, m.	30 m. st André, ap.	30 j. st Sabin, év.
31 s. st Ignace, pr.	31 m. ste Florentine.		31 D. Vigile-Jeûne.		31 v. st Sylvestre, p.

Calendrier Perpétuel, Civil et Ecclésiastique.

JANVIER	FÉVRIER	MARS	AVRIL	MAI	JUIN
1 m. CIRCONCISION.	1 v. st Ignace, m.	1 s. st Aubin, év.	1 m. st Hugues, év.	1 j. ss Philippe et Jac.	1 D. st Pamphile.
2 m. st Bazile.	2 s. PURIFICATION.	2 D. OCULI.	2 m. st François de P.	2 v. st Athanase, év.	2 l. st Pothin.
3 j. ste Geneviève.	3 D. SEXAGÉSIME.	3 l. ste Cunégonde.	3 j. st Richard.	3 s. Invent. ste Croix.	3 m. ste Clotilde.
4 v. st Rigobert.	4 l. st Gilbert.	4 m. st Casimir.	4 v. st Ambroise, év.	4 D. ste Monique.	4 m. st Quirin.
5 s. st Siméon, styl.	5 m. ste Agathe, v.	5 m. st Phocas.	5 s. st Vincent Ferr.	5 l. ROGATIONS.	5 j. st Claude.
6 D. EPIPHANIE.	6 m. st Amand, év.	6 j. ste Colette.	6 D. QUASIMODO.	6 m. st Jean P. L.	6 v. st Norbert, év.
7 l. st Théau.	7 j. ste Dorothée, v.	7 v. ss. Félic. et Per.	7 l. ANNONCIATION.	7 m. Transf. s Etienne	7 s. st Robert.
8 m. st Lucien, m.	8 v. st Jean de M.	8 s. st Jean de D.	8 m. st Gautier.	8 j. ASCENSION.	8 D. st Médard.
9 m. st Julien, hosp.	9 s. ste Apollonie.	9 D. LÆTARE.	9 m. st Isidore.	9 v. st Grégoire, év.	9 l. st Félicien.
10 j. st Paul, ermite.	10 D. QUINQUAGÉSIME.	10 l. st Blanchard.	10 j. st Macaire.	10 s. st Gordien.	10 m. st Landry.
11 v. st Hygien, pape.	11 l. st Benoît, ab.	11 m. ste Sophrone.	11 v. st Léon, pape.	11 D. st Mamert.	11 m. st Barnabé.
12 s. st Fréjus, év.	12 m. ste Eulalie, v.	12 m. st Maximilien.	12 s. st Jules.	12 l. st Pacôme, ab.	12 j. st Basilide.
13 D. BAPTÈME DE N. S.	13 m. CENDRES.	13 j. st Nicéphore.	13 D. st Justin, m.	13 m. st Onésime.	13 v. st Aventin
14 l. st Hilaire, év.	14 j. st Valentin.	14 v. ste Mathilde.	14 l. st Tiburce.	14 m. st Boniface.	14 s. st Valère, m.
15 m. st Maur, abbé.	15 v. st Faustin.	15 s. st Zacharie.	15 m. st Paterne.	15 j. st Honoré.	15 D. st Guy, m.
16 m. st Fulgence, év.	16 s. ste Julienne	16 D. PASSION.	16 m. st Fructueux.	16 v. st Germier.	16 l. ss. Cyr et Julitte.
17 j. st Antoine, ab.	17 D. QUADRAGÉSIME.	17 l. st Patrice.	17 j. st Anicet.	17 s. st Pascal. v.-j.	17 m. st Avit, abbé.
18 v. Chaire st P. à R.	18 l. st Siméon.	18 m. st Alexandre.	18 v. st Parfait.	18 D. PENTECOTE	18 m. st Emile, m.
19 s. st Sulpice, év.	19 m. st Gabin.	19 m. st Gaspard.	19 s. st Elphége.	19 l. st Pierre Célestin	19 j. ss Gervais et Pro.
20 D. st Sébastien, m.	20 m. Quatre-Temps.	20 j. st Wulfran.	20 D. st Joseph.	20 m. st Hilaire.	20 v. st Romuald.
21 l. ste Agnès, v.	21 j. st Sévérien.	21 v. st Benoît.	21 l. st Anselme.	21 m. Quatre-Temps.	21 s. st Louis de Gonz.
22 m. st Vincent, m.	22 v. st Maxime. q.-t.	22 s. st Paul, év.	22 m. ste Opportune.	22 j. ste Julie.	22 D. st Paulin, év.
23 m. st Fabien, pape.	23 s. st Pascase. q.-t.	23 D. RAMEAUX.	23 m. st Georges, m.	23 v. st Didier. q.-t.	23 l. st Leufroy.
24 j. st Timothée, év.	24 D. REMINISCERE.	24 l. st Gabriel.	24 j. st Phobade, év.	24 s. st Franç. R. q.-t.	24 m. st Jean-Baptiste.
25 v. Conv. de st Paul.	25 l. st Valburge.	25 m. st Humbert.	25 v. ste Marc, évang.	25 D. TRINITÉ.	25 m. ste Fébronie.
26 s. ste Paule, veuve.	26 m. st Nestor.	26 m. st Ludger.	26 s. st Clet, pape.	26 l. st Philippe de N.	26 j. st Maixent.
27 D. SEPTUAGÉSIME.	27 m. ste Honorine.	27 j. st Rupert, év.	27 D. st Polycarpe.	27 m. st Hildebert.	27 v. st Crescent, év.
28 l. st Cyrille, év.	28 j. ss. Martyrs d'Al.	28 v. VENDREDI-SAINT.	28 l. ss. Martyrs d'Aff.	28 m. st Guillaume.	28 s. st Irénée, év.
29 m. st François de S.	29 v. st Romain.	29 s. st Eustase.	29 m. ste Marie Égypt.	29 j. FÊTE-DIEU.	29 D. ss. Pierre et Paul
30 m. ste Bathilde.		30 D. PAQUES.	30 m. st Eutrope, év.	30 v. st Félix, pape.	30 l. Comm. de s Paul.
31 j. st Pierre Nolasq.		31 l. st Acace, év.		31 s. st Sylve, év.	

JUILLET	AOUT	SEPTEMBRE	OCTOBRE	NOVEMBRE	DÉCEMBRE
1 m. st Martial, év.	1 v. st Pierre-ès-liens	1 l. st Gilis, abbé.	1 m. st Rémy, év.	1 s. TOUSSAINT.	1 l. st Eloi, év.
2 m. VISITATION N. D.	2 s. st Etienne, pape.	2 m. st Antonin, m.	2 j. ss. Anges gard.	2 D. Les Morts.	2 m. st François Xav.
3 j. st Anatole.	3 D. Inv. st Etienne.	3 m. st Grégoire, pap.	3 v. st Trophime, év.	3 l. st Papoul, m.	3 m. ste Clotilde.
4 v. st Théodore.	4 l. st Dominique.	4 j. st Lazare.	4 s. st François-d'As.	4 m. st Charles Borro.	4 j. ste Barbe, v.
5 s. ste Zoé.	5 m. st Félix, m.	5 v. st Victorin, év.	5 D. st Placide, m.	5 m. ste Bertille, v.	5 v. st Sabbas, abbé.
6 D. st Tranquillin.	6 m. TRANS. DE N. S.	6 s. st Eugène, m.	6 l. st Bruno, moine.	6 j. st Léonard,	6 s. ste Victoire, v.
7 l. st Prosper, doct.	7 j. st Sixte, pape.	7 D. st Cloud, prêtre.	7 m. ste Foi, v. m.	7 v. st Ernest, abbé.	7 D. st Nicolas, év.
8 m. ste Elisabeth, r.	8 v. ss. Just. et Past.	8 l. NATIV. DE LA V.	8 m. ste Brigitte.	8 s. stes Reliques.	8 l. CONCEP. N. D.
9 m. st Ephrem.	9 s. st Vitrice, év.	9 m. st Omer, év.	9 j. st Denis, év.	9 D. st Austremoine.	9 m. ste Léocadie, v.
10 j. Sept-Frères M.	10 D. st Philomène.	10 m. st Salvi, év.	10 v. st François de B.	10 l. st Léon, pape.	10 m. st Hubert.
11 v. Trans. st Benoît.	11 l. ste Suzanne, m.	11 j. st Patient.	11 s. st Julien.	11 m. st Martin, év.	11 j. st Damase, pape.
12 s. st Honeste, pr.	12 m. ste Claire, v.	12 v. st Serdot, év.	12 D. st Donatien.	12 m. st Martin, pape.	12 v. st Paul, év.
13 D. st Anaclet.	13 m. ste Radegonde, r.	13 s. st Aimé, abbé.	13 l. st Géraud.	13 j. st Stanislas.	13 s. ste Luce, v. m.
14 l. st Bonaventure.	14 j. st Eusèbe. v.-j.	14 D. EXALT. Ste-CROIX	14 m. st Calixte.	14 v. Clande, m.	14 D. st Honorat, év.
15 m. st Henri.	15 v. ASSOMPTION.	15 l. st Achard, abbé.	15 m. ste Thérèse, v.	15 s. st Malo, év.	15 l. st Mesmin, abbé.
16 m. N.-D. du M.-Car.	16 s. st Roch.	16 m. st Jean Chrysost.	16 j. st Bertrand, év.	16 D. st Eucher.	16 m. ste Adélaïde.
17 j. st Espérat, m.	17 D. st Alexis.	17 m. Quatre-Temps.	17 v. st Gauderic.	17 l. st Asciscle, m.	17 m. Quatre-Temps.
18 v. st Thomas d'Aq.	18 l. ste Hélène.	18 j. ste Camelle.	18 s. st Luc, évang.	18 m. st Odon, abbé.	18 j. st Gratien.
19 s. st Vincent de P.	19 m. st Louis, év.	19 v. st Cyprien. q.-t.	19 D. st Pierre d'Alc.	19 m. ste Elizabeth.	19 v. st Grégoire. q.-t.
20 D. ste Marguerite.	20 m. st Bernard, ab.	20 s. st Eustache. q.-t.	20 l. st Caprais, év.	20 j. st Edmond.	20 s. st Philogon. q.-t.
21 l. st Victor, m.	21 j. st Privat, év.	21 D. st Mathieu.	21 m. ste Ursule, v.	21 v. PRÉSENT. N. D.	21 D. st Thomas.
22 m. ste Madeleine.	22 v. st Symphorien.	22 l. st Maurice.	22 m. st Mellon.	22 s. ste Cécile, v.	22 l. st Yves, év.
23 m. st Appollinaire.	23 s. ste Jeanne.	23 m. ste Thècle.	23 j. st Sévérin.	23 D. st Clément, pap.	23 m. ste Anastasie.
24 j. ste Christine, v.	24 D. st Barthélemy, a.	24 m. st Yzarn.	24 v. st Erambert, év.	24 l. ste Flore, v.	24 m. ste Delphine, v.-j.
25 v. st Jacques, ap.	25 l. st Louis, roi.	25 j. st Firmin, év.	25 s. ss. Crépin et Cré.	25 m. ste Catherine, v.	25 j. NOEL.
26 s. ste Anne.	26 m. st Zéphirin.	26 v. ste Justine.	26 D. ste Rustique.	26 m. st Lin, pape.	26 v. st Etienne, m.
27 D. st Pantaléon.	27 m. st Césaire, év.	27 s. ss. Côme et Dam.	27 l. st Frumence.	27 j. ss Vital et Agri.	27 s. st Jean, évang.
28 l. st Nazaire, m.	28 j. st Augustin, év.	28 D. st Exupère, év.	28 m. ss. Simon et Jude	28 v. st Sosthène.	28 D. ss. Innocents.
29 m. st Loup, évêque.	29 v. Déc. dec t J.-Bapt.	29 l. st Michel, év.	29 m. st Narcisse.	29 s. st Saturnin, év.	29 l. st Thomas, év.
30 m. st Germain, év.	30 s. st Gaudens.	30 m. st Jérôme, prêt.	30 j. st Quentin, m.	30 D. AVENT.	30 m. st Sabin, év.
31 j. st Ignace, pr.	31 D. ste Florentine.		31 v. Vigile-Jeûne.		31 m. st Sylvestre, p.

Toulouse. — Imprimerie de Rives et Faget, rue Tripière, 9.

Calendrier Perpétuel, Civil et Ecclésiastique.

JANVIER	FÉVRIER	MARS	AVRIL	MAI	JUIN
1 D. Circoncision.	1 m. st Ignace, m.	1 j. st Aubin, év.	1 D. Passion.	1 m. st Hugues, év.	1 v. st Pamphile.
2 l. st Bazile.	2 j. Purification.	2 v. st Symplic.	2 l. st François de P.	2 m. st Athanase, év.	2 s. st Pothin. v.-j.
3 m. ste Geneviève.	3 v. st Blaise, év.	3 s. ste Cunégonde.	3 m. st Richard.	3 j. Invent. ste Croix	3 D. PENTECOTE
4 m. st Rigobert.	4 s. st Gilbert.	4 D. Quadragésime.	4 m. st Ambroise.	4 v. ste Monique.	4 l. st Quirin.
5 j. st Siméon, styl.	5 D. ste Agathe, v.	5 l. st Phocas.	5 j. st Vincent Ferr.	5 s. st Théodard, év.	5 m. st Claude.
6 v. Epiphanie.	6 l. st Amand.	6 m. ste Colette.	6 v. st Prudence.	6 D. st Jean P. L.	6 m. Quatre-Temps.
7 s. st Théau.	7 m. ste Dorothée.	7 m. Quatre-Temps.	7 s. st Hégésippe.	7 l. st Orens, év.	7 j. st Robert, ab.
8 D. st Lucien, m.	8 m. st Jean de M.	8 j. st Jean de Dieu.	8 D. Rameaux.	8 m. st Orens, év.	8 v. st Médard. q.-t.
9 l. st Julien, hosp.	9 j. ste Appollonie.	9 v. ste François.q.-t.	9 l. st Isidore.	9 m. st Grégoire, év.	9 s. st Félicien. q.-t.
10 m. st Paul, ermite.	10 v. ste Scolastique.	10 s. st Blanch. q.-t.	10 m. st Macaire.	10 j. st Gordien.	10 D. Trinité.
11 m. st Hygien, pape.	11 s. st Benoît, abbé.	11 D. Reminiscere.	11 m. st Léon, p.	11 v. st Mamert.	11 l. st Barnabé, ap.
12 j. st Fréjus, év.	12 D. Septuagésime.	12 l. st Maximilien.	12 j. st Jules.	12 s. st Pacôme, ab.	12 m. st Basilide.
13 v. Baptême de N.S.	13 l. st Lézin.	13 m. st Nicéphore.	13 v. Vendredi-Saint	13 D. st Onésime.	13 m. st Aventin.
14 s. st Hilaire, év.	14 m. st Valentin.	14 m. ste Mathilde.	14 s. st Tiburce.	14 l. st Boniface.	14 j. Fête-Dieu.
15 D. st Maur, abbé.	15 m. st Faustin.	15 j. st Zacharie.	15 D. Paques.	15 m. st Germier.	15 v. st Guy, mart.
16 l. st Fulgence, év.	16 j. ste Julienne.	16 v. ste Euzbéie, v.	16 l. st Fructueux.	16 m. st Honoré.	16 s. ss. Cyr et Julitte.
17 m. st Antoine, ab.	17 v. st Sylvin, év.	17 s. st Patrice, év.	17 m. st Anicet.	17 j. st Pascal.	17 D. st Avit, abbé.
18 m. Chaire st P. à R.	18 s. st Siméon, év.	18 D. Oculi.	18 m. st Parfait.	18 v. st Venant.	18 l. st Emile, m.
19 j. st Sulpice, év.	19 D. Sexagésime.	19 l. st Gaspard.	19 j. st Elphége.	19 s. st Pierre Célest.	19 m. st Gervais et Pr.
20 v. st Sébastien, m.	20 l. st Eucher.	20 m. st Joachim.	20 v. st Joseph.	20 D. st Hilaire.	20 m. st Romuald.
21 s. ste Agnès, v.	21 m. st Sévérien.	21 m. st Benoît.	21 s. st Anselme.	21 l. Rogations.	21 j. st Louis de G.
22 D. st Vincent, m.	22 m. st Maxime.	22 j. st Paul, év.	22 D. Quasimodo.	22 m. ste Julie.	22 v. st Paulin, év.
23 l. st Fabien, pape.	23 j. st Pascase.	23 v. st Fidèle.	23 l. st George, m.	23 m. st Didier.	23 s. st Leufroy.
24 m. st Timothée, év.	24 v. st Mathias.	24 s. st Gabriel.	24 m. st Phebade, év.	24 j. Ascension.	24 D. st Jean-Baptiste.
25 m. Conv. de st Paul.	25 s. st Valburge.	25 D. Lætare.	25 m. st Marc, évang.	25 v. st Urbain, p.	25 l. ste Fébronie.
26 j. ste Paule, veuve.	26 D. Quinquagésime.	26 l. st Ludger.	26 j. st Clet, pape.	26 s. st Philippe.	26 m. st Maixent.
27 v. ss. Martyrs rom.	27 l. ste Honorine.	27 m. st Rupert, év.	27 v. st Policarpe.	27 D. st Hildebert.	27 m. st Cresseut, év.
28 s. st Cyrille, év.	28 m. ss. Martyrs.	28 m. st Gontrand.	28 s. ss Martyrs d'Aff.	28 l. st Guillaum.	28 j. st Irénée, év.
29 D. st François de S.	29 m. Cendres.	29 j. st Eustase.	29 D. ste Marie Egypt.	29 m. st Maximin.	29 v. ss. Pierre et Paul.
30 l. ste Bathilde.		30 v. st Jean Climaque.	30 l. st Eutrope, év.	30 m. st Félix, p.	30 s. Comm. st Paul.
31 m. st Pierre Nolasq.		31 s. st Acace, év.		31 j. st Sylvè., év.	

JUILLET	AOUT	SEPTEMBRE	OCTOBRE	NOVEMBRE	DÉCEMBRE
1 D. st Martial, év.	1 m. st Pierre-ès-liens.	1 s. st Gilis, abbé.	1 l. st Rémi, év.	1 j. TOUSSAINT.	1 s. st Eloi, év,
2 l. Visitation N. D.	2 j. st Etienne, pape.	2 D. st Antonin, m.	2 m. ss Anges gard.	2 v. Les Morts.	2 D. Avent.
3 m. st Anatole.	3 v. Inven. st Etienne.	3 l. st Grégoire, pap.	3 m. st Trophime, év.	3 s. st Papoul, m.	3 l. st Anthême.
4 m. st Théodore.	4 s. st Dominique.	4 m. st Lazare.	4 j. st François-d'As.	4 D. st Charles Borr.	4 m. ste Barbe, v.
5 j. ste Zoé.	5 D. st Félix, m.	5 m. st Victorin, év.	5 v. st Placide, m.	5 l. ste Bertile, v.	5 m. st Sabas, abbé.
6 v. st Tranquillin.	6 l. Trans. de N. S.	6 j. st Eugène, m.	6 s. st Bruno, moine.	6 m. st Léonard.	6 j. ste Victoire, v,
7 s. st Prosper, doct.	7 m. st Xiste, pape.	7 v. st Cloud prê.	7 D. ste Foi, v. m.	7 m. st Ernest, abbé.	7 v. st Nicolas, év.
8 D. ste Elizabeth, r.	8 m. ss Just et Past.	8 s. Nativité de la V.	8 l. ste Brigitte.	8 j. stes Reliques.	8 s. Concep. N. D.
9 l. st Ephrem.	9 j. st Vitrice, év.	9 D. st Omer, év.	9 m. st Denis, év.	9 v. st Austremoine.	9 D. ste Léocadie, v.
10 m. Sept-Frères M.	10 v. ste Philomène.	10 l. st Salvi, év.	10 m. st François de B.	10 s. st Léon, pape.	10 l. st Hubert.
11 m. Trans. st Benoît.	11 s. ste Suzanne, m.	11 m. st Patient.	11 j. st Julien.	11 D. st Martin, év.	11 m. st Damase, pape.
12 j. St Honeste, pr.	12 D. ste Claire, vierge.	12 m. st Serdot, év.	12 v. st Donatien.	12 l. st Martin, pape.	12 m. st Paul, év.
13 v. st Anaclet.	13 l. ste Radegonde, r.	13 j. st Aimé, abbé.	13 s. st Géraud.	13 m. st Stanislas.	13 j. ste Luce, v. m.
14 s. st Bonaventure.	14 m. st Eusèbe. V.-J.	14 v. Exalt. ste Croix	14 D. st Caliste.	14 m. st Claude.	14 v. st Honorat, év.
15 D. st Henri.	15 m. Assomption.	15 s. st Achard, abbé.	15 l. ste Thérèse, v.	15 j. st Malo, év.	15 s. st Mesmin, abbé.
16 l. Notre-D. de M. C.	16 j. st Roch.	16 D. st Jean Chrysost.	16 m. st Bertrand, év.	16 v. st Eucher.	16 D. ste Adélaïd.
17 m. st Esperat, m.	17 v. st Alexis.	17 l. st Corneille.	17 m. st Gauderic.	17 s. st Asciscle, m.	17 l. ste Olimpie.
18 m. st Thomas d'Aq.	18 s. ste Hélène.	18 m. ste Camelle.	18 j. st Luc, évang.	18 D. st Odon, abbé.	18 m. st Gratien.
19 j. st Vincent-de-P.	19 D. st Louis, év.	19 m. Quatre-Temps.	19 v. st Pierre d'Alc.	19 l. ste Elisabeth.	19 m. Quatre-Temps.
20 v. ste Marguerite.	20 l. st Bernard, ab.	20 j. st Eustache.	20 s. st Caprais, év.	20 m. st Edmond.	20 j. st Philogon.
21 s. st Victor, m.	21 m. st Privat, év.	21 v. st Mathieu. q.-t.	21 D. ste Ursule, v.	21 v. st Thomas. q.-t.	21 v. st Thomas. q.-t.
22 D. ste Madeleine.	22 m. st Symphorien.	22 s. st Maurice. q.-t.	22 l. st Mellon.	22 s. ste Cécile, v.	22 s. st Yves, év. q.-t.
23 l. st Appollinaire.	23 j. st Jeanne.	23 D. ste Thècle.	23 m. st Séverin.	23 v. st Clément, pape.	23 D. ste Anastas.
24 m. ste Christine, v.	24 v. st Barthélemi, ap.	24 l. st Yzarn.	24 m. st Erambert, év	24 s. ste Flore, v.	24 l. ste Delphine. v.-j.
25 m. st Jacques, apôt.	25 s. st Louis, roi.	25 m. st Firmin, év.	25 j. ss Crépin et Cré.	25 D. ste Catherine, v.	25 m. NOEL.
26 j. ste Anne.	26 D. st Zéphirin.	26 m. ste Justine.	26 v. st Rustique.	26 l. st Lin, pape.	26 m. st Etienne, m.
27 v. st Pantaléon.	27 l. st Césaire, év.	27 j. ss Come et Dam.	27 s. st Frumence.	27 m. ss Vital et Agri.	27 j. st Jean, évang.
28 s. st Nazaire, m.	28 m. st Augustin, év.	28 v. st Exupère, év.	28 D. ss Simon et Jude.	28 m. st Sosthène.	28 v. ss Innocents.
29 D. st Loup, év.	29 m. Déco. de st J.-B.	29 s. st Michel.	29 l. st Narcisse.	29 j. st Saturnin, év.	29 s. st Thomas, év.
30 l. st Germain, év.	30 j. st Gaudens.	30 D. st Jérôme, pr.	30 m. st Quentin, m.	30 v. st André, ap.	30 D. st Sabin, év.
31 m. st Ignace, pr.	31 v. ste Florentine.		31 m. Vigile-Jeûne.		31 l. st Sylvestre, p.

Toulouse. — Imprimerie de Rives et Fagot, rue Tripière, 9.

Calendrier Perpétuel, Civil et Ecclésiastique.

JANVIER	FÉVRIER	MARS	AVRIL	MAI	JUIN
1 j. CIRCONCISION.	1 D. SEPTUAGÉSIME.	1 l. st Aubin, év.	1 j. st Hugues, év.	1 s. ss Philippe et Jac.	1 m. st Pamphile.
2 v. st Basile.	2 l. PURIFICATION.	2 m. st Simplicien.	2 v. VENDREDI-SAINT.	2 D. st Athanase, év.	2 m. st Pothin.
3 s. ste Geneviève.	3 m. st Blaise, év.	3 m. ste Cunégonde.	3 s. st Richard.	3 l. Invent. ste Croix.	3 j. FÊTE-DIEU.
4 D. st Rigobert.	4 m. st Gilbert.	4 j. st Casimir.	4 D. PAQUES.	4 m. ste Monique.	4 v. st Quirin.
5 l. st Siméon, styl.	5 j. ste Agathe, v.	5 v. st Phocas.	5 l. st Vincent Ferr.	5 m. st Théodard, év.	5 s. st Claude.
6 m. ÉPIPHANIE.	6 v. st Amand, év.	6 s. ste Colette.	6 m. st Prudence.	6 j. st Jean P. L.	6 D. st Norbert, év.
7 m. st Théau.	7 s. ste Dorothée, v.	7 D. OCULI.	7 m. st Hégésippe.	7 v. Transf. s Etienne	7 l. st Robert.
8 j. st Lucien, m.	8 D. SEXAGÉSIME.	8 l. st Jean de D.	8 j. st Gautier.	8 s. st Orens, év.	8 m. st Médard.
9 v. st Julien, hosp.	9 l. ste Apollonie.	9 m. ste Françoise.	9 v. st Isidore.	9 D. st Grégoire, év.	9 m. st Félicien.
10 s. st Paul, ermite.	10 m. ste Scolastique.	10 m. st Blanchard.	10 s. st Macaire.	10 l. ROGATIONS.	10 j. st Landry.
11 D. st Hygien, pape.	11 m. st Benoît, ab.	11 j. ste Sophrone.	11 D. QUASIMODO.	11 m. st Mamert.	11 v. st Barnabé.
12 l. st Fréjus, év.	12 j. ste Eulalie, v.	12 v. st Maximilien.	12 l. st Jules.	12 m. st Pacôme, ab.	12 s. st Basilide.
13 m. BAPTÊME de N. S	13 v. st Lévin.	13 s. st Nicéphore.	13 m. st Justin, m.	13 j. ASCENSION.	13 D. st Aventin
14 m. st Hilaire, év.	14 s. st Valentin.	14 D. LÆTARE.	14 m. st Tiburce.	14 v. st Boniface.	14 l. st Valère, m.
15 j. st Maur, abbé.	15 D. QUINQUAGÉSIME.	15 l. st Zacharie.	15 j. st Paterne.	15 s. st Honoré.	15 m. st Guy, m.
16 v. st Fulg ner, év.	16 l. ste Julienne.	16 m. st Euzébie, v.	16 v. st Fructueux.	16 D. st Germier.	16 m. ss. Cyr et Julitte.
17 s. st Antoine, ab.	17 m. st Sylvin, év.	17 m. st Patrice.	17 s. st Anicet.	17 l. st Pascal.	17 j. st Avit, abbé.
18 D. Chaire st P. à R	18 m. CENDRES.	18 j. st Alexandre.	18 D. st Parfait.	18 m. st Venant.	18 v. st Emile, m.
19 l. st Sulpice, év.	19 j. st Gabin.	19 v. st Gaspard.	19 l. st Elphége.	19 m. st Pierre Célestin	19 s. ss Gervais et Pro.
20 m. st Sébastien, m.	20 v. st Eucher.	20 s. st Wulfran.	20 m. st Joseph.	20 j. st Hilaire.	20 D. st Romuald.
21 m. ste Agnès, v.	21 s. st Sévérien.	21 D. PASSION.	21 m. st Anselme.	21 v. st Hospice.	21 l. st Louis de Gonz.
22 j. st Vincent, m.	22 D. QUADRAGÉSIME.	22 l. st Paul, év.	22 j. ste Opportune.	22 s. ste Julie. v.-j.	22 m. st Paulin, év.
23 v. st Fabien, pape.	23 l. st Pascase.	23 m. st Fidèle.	23 v. st Georges, m.	23 D. PENTECÔTE	23 m. st Lenfroy.
24 s. st Timothée, év.	24 m. st Mathias.	24 m. st Gabriel.	24 s. st Phebade, év.	24 l. st François Rég.	24 j. st Jean-Baptiste.
25 D. Conv. de st Paul.	25 m. Quatre-Temps.	25 j. ANNONCIATION.	25 D. ste Marc, évang.	25 m. st Urbain, pape.	25 v. ste Fébronie.
26 l. ste Paule, veuve.	26 j. st Nestor.	26 v. st Ludger.	26 l. st Clet, pape.	26 m. Quatre-Temps.	26 s. st Maixent.
27 m. ss. Martyrs rom.	27 v. ste Honorin, q.-t.	27 s. st Rupert, év.	27 m. st Polycarpe.	27 j. st Hildebert.	27 D. st Crescent. év.
28 m. st Cyrille, év.	28 s. ss. Martyrs, q.-t.	28 D. RAMEAUX.	28 m. ss. Martyrs d'Aff.	28 v. st Guilhaum.q.-t.	28 l. st Irénée, év.
29 j. st François de S.	29 D. REMINISCERE.	29 l. st Eustase.	29 j. ste Marie Egypt.	29 s. st Maximin, q.-t.	29 m. ss. Pierre et Paul
30 v. ste Bathilde.		30 m. st Jean Climaque.	30 v. st Eutrope, év.	30 D. TRINITÉ.	30 m. Comm. des Paul.
31 s. st Pierre Nolasq		31 m. st Acuce, év.		31 l. st Sylve, év.	

JUILLET	AOUT	SEPTEMBRE	OCTOBRE	NOVEMBRE	DÉCEMBRE
1 j. st Martial, év.	1 D. st Pierre-ès-liens	1 m. st Gilis, abbé.	1 v. st Rémy, év.	1 l. TOUSSAINT.	1 m. st Eloi, év.
2 v. VISITATION N. D.	2 l. st Etienne, pape.	2 j. st Antonin, m.	2 s. ss. Anges gard.	2 m. Les Morts.	2 j. st François Xav.
3 s. st Anatole.	3 m. Inv. st Etienne.	3 v. st Grégoire, pap.	3 D. st Trophime, év.	3 m. st Papoul, m.	3 v. ste Clotilde.
4 D. st Théodore.	4 m. s Dominique.	4 s. st Lazare.	4 l. st François-d'As.	4 j. st Charles Borro.	4 s. ste Barbe, v.
5 l. ste Zoé.	5 j. st Félix, m.	5 D. st Victorin, év.	5 m. st Placide, m.	5 v. ste Berlile, v.	5 D. st Sabbas, abbé.
6 m. st Tranquillin.	6 v. TRANS. DE N. S	6 l. st Eugène, m.	6 m. st Bruno, moine.	6 s. st Léonard.	6 l. st Victoire, v.
7 m. st Prosper, doct.	7 s. st Sixte, pape.	7 m. st Cloud, prêtre.	7 j. ste Foi, v. m.	7 D. st Ernest, abbé.	7 m. st Nicolas. év.
8 j. ste Elisabeth, r.	8 D. ss. Just. et Past.	8 m. NATIV. DE LA V.	8 v. ste Brigitte.	8 l. stes Reliques.	8 m. CONCEP. N. D.
9 v. st Ephrem.	9 l. st Vitrice, év.	9 j. st Omer, év.	9 s. st Denis, év.	9 m. st Austremoine.	9 j. ste Léocadie, v.
10 s. Sept-Frères M.	10 m. st Philonéus.	10 v. st Salvi, év.	10 D. st François de B.	10 m. st Léon, pape.	10 v. st Hubert.
11 D. Trans. st Benoît.	11 m. ste Suzanne, m.	11 s. st Patient.	11 l. st Julien.	11 j. st Martin, év.	11 s. st Damase, pape.
12 l. st Honeste, pr.	12 j. ste Claire, v.	12 D. st Sérdot, év.	12 m. st Donatien.	12 v. st Martin, pape.	12 D. st Valère, év.
13 m. st Anaclet.	13 v. ste Radegonde, r.	13 l. st Aimé, abbé.	13 m. st Géraud.	13 s. st Stanislas.	13 l. ste Luce, v. m.
14 m. st Bonaventure.	14 s. st Eusébe. v.-j.	14 m. EXALT. Ste-Croix	14 j. st Calixte.	14 D. st Claude, m.	14 m. st Honoral, év.
15 j. st Henri.	15 D. Assomption.	15 m. Quatre-Temps.	15 v. ste Thérèse, v.	15 l. st Malo, év.	15 m. Quatre-Temps.
16 v. N.-D du M.-Car.	16 l. st Roch.	16 j. st Jean Chrysost.	16 s. st Bertrand, év.	16 m. st Eucher.	16 j. ste Adélaïde.
17 s. st Espérat, m.	17 m. st Alexis.	17 v. st Corneille, q.-t.	17 D. st Gauderic.	17 m. st Asciscle, m.	17 v. ste Olimpie. q.-t.
18 D. st Thomas d'Aq.	18 m. ste Hélène.	18 s. ste Camelle. q.-t.	18 l. st Luc, évang.	18 j. st Odon, abbé.	18 s. st Gratien. q.-t.
19 l. st Vincent de P.	19 j. st Louis, év.	19 D. st Cyprien.	19 m. st Pierre d'Alc.	19 v. ste Elizabeth.	19 D. st Grégoire.
20 m. ste Marguerite.	20 v. st Bernard, ab.	20 l. st Eustache.	20 m. st Caprais, év.	20 s. st Edmond.	20 l. st Philogon.
21 m. st Victor, m.	21 s. st Privat, év.	21 m. st Mathieu.	21 j. ste Ursule, v.	21 D. PRÉSENT. N. D.	21 m. st Thomas.
22 j. ste Madeleine.	22 D. st Symphorien.	22 m. st Maurice.	22 v. st Mellon.	22 l. ste Cécile, v.	22 j. st Yves, év.
23 v. st Appollinaire.	23 l. ste Jeanne.	23 j. ste Thècle.	23 s. st Sévérin.	23 m. st Clément, pap.	23 v. ste Anastasie.
24 s. ste Christine, v.	24 m. st Barthélemy, a.	24 v. st Yzaru.	24 D. st Erambert, év.	24 m. ste Flore, v.	24 s. ste Delphine, v.-j.
25 D. st Jacques, ap.	25 m. st Louis, roi.	25 s. st Firmin, év.	25 l. ss. Crépin et Cré.	25 j. ste Catherine, v.	25 s. NOEL.
26 l. ste Anne.	26 j. st Zéphirin.	26 D. ste Rustique.	26 m. ste Rustique.	26 v. st Lin, pape.	26 l. st Etienne, m.
27 m. st Pantaléon.	27 v. st Césaire, év.	27 l. ss. Come et Dam	27 m. st Frumence.	27 s. ss Vital et Agri.	27 m. st Jean, évang.
28 m. st Nazaire, m.	28 s. st Augustin. év.	28 m. st Exupère, év.	28 j. ss. Simon et Jude	28 D. AVENT.	28 m. ss. Innocents.
29 j. st Loup, évêque.	29 D. Déc. dest J.-Bapt.	29 m. st Michel, év.	29 v. st Narcisse.	29 l. st Saturnin, év.	29 m. st Thomas, év.
30 v. st Germain, év.	30 l. st Gaudens.	30 j. st Jérôme, prêt.	30 s. st Quentin, m.	30 m. st André, ap.	30 j. st Sabin, év.
31 s. st Ignace, pr.	31 m. ste Florentine.		31 D. Vigile Jeûne.		31 v. st Sylvestre, p.

60 (BISSEXTILE)

Calendrier Perpétuel, Civil et Ecclésiastique.

JANVIER	FÉVRIER	MARS	AVRIL	MAI	JUIN
1 m. CIRCONCISION.	1 v. st Ignace, m.	1 s. st Aubin, év.	1 m. st Hugues, év.	1 j. st Hugues, év.	1 D. st Pamphile.
2 m. st Bazile.	2 s. PURIFICATION.	2 D. QUINQUAGÉSIME.	2 m. st François de P.	2 v. st Athanase, év.	2 l. st Pothin.
3 j. ste Geneviève.	3 D. st Blaise, év.	3 l. ste Cunégonde.	3 j. st Richard.	3 s. Invent. ste Croix	3 m. ste Clotilde.
4 v. st Rigobert.	4 l. st Gilbert.	4 m. st Casimir.	4 v. st Ambroise.	4 D. ste Monique.	4 m. st Quirin.
5 s. st Siméon, styl.	5 m. ste Agathe, v.	5 m. CENDRES.	5 s. st Vincent Ferr.	5 l. st Théodard, év.	5 j. st Claude.
6 D. ÉPIPHANIE.	6 m. st Amand.	6 j. ste Colette.	6 D. PASSION.	6 m. st Jean P. L.	6 v. st Norbert.
7 l. st Théau.	7 j. ste Dorothée.	7 v. ss. Félic. et Per.	7 l. st Hégésippe.	7 m. st Orens, év.	7 s. st Robert. v.-j.
8 m. st Lucien, m.	8 v. st Jean de M.	8 s. st Jean de Dieu.	8 m. st Gautier, abbé.	8 j. st Orens, év.	8 D. PENTECOTE
9 m. st Julien, hosp.	9 s. ste Appollonie.	9 D. QUADRAGÉSIME.	9 m. st Isidore.	9 v. st Grégoire, év.	9 l. st Félicien.
10 j. st Paul, ermite.	10 D. ste Scolastique.	10 l. st Blanch.	10 j. st Macaire.	10 s. st Gordien.	10 m. st Landry.
11 v. st Hygien, pape.	11 l. st Benoît, abbé.	11 m. ste Sophrone.	11 v. st Léon, p.	11 D. st Mamert.	11 m. Quatre-Temps.
12 s. st Fréjus, év.	12 m. ste Eulalie, v.	12 m. Quatre-Temps.	12 s. st Jules.	12 l. st Pacôme, ab.	12 j. st Basilide.
13 D. BAPTÊME DE N. S.	13 m. st Lézin.	13 j. st Nicéphore.	13 D. RAMEAUX.	13 m. st Onésime.	13 v. st Aventin. q.-t.
14 l. st Hilaire, év.	14 j. st Valentin.	14 v. ste Mathilde.q.-t.	14 l. st Tiburce.	14 m. st Boniface.	14 s. st Valère. q.-t.
15 m. st Maur, abbé.	15 v. st Faustin.	15 s. st Zacharie. q.-t.	15 m. st Paterne.	15 j. st Germier.	15 D. TRINITÉ.
16 m. st Fulgence, év.	16 s. ste Julienne.	16 D. REMINISCERE.	16 m. st Fructueux.	16 v. st Honoré.	16 l. ss. Cyr et Julitte.
17 j. st Antoine, ab.	17 D. SEPTUAGÉSIME.	17 l. st Patrice, év.	17 j. st Anicet.	17 s. st Pascal.	17 m. st Avit, abbé.
18 v. Chaire st P. à R.	18 l. st Siméon, év.	18 m. st Alexandre.	18 v. VENDREDI-SAINT	18 D. st Venant.	18 m. st Emile, m.
19 s. st Sulpice, év.	19 m. st Gabin.	19 m. st Gaspard.	19 s. st Elphége.	19 l. st Pierre Célest.	19 j. FÊTE-DIEU.
20 D. st Sébastien, m.	20 m. st Eucher.	20 j. st Joachim.	20 D. PAQUES.	20 m. st Hilaire.	20 v. st Romuald.
21 l. ste Agnès, v.	21 j. st Sévérien.	21 v. st Benoît.	21 l. st Anselme.	21 m. st Hospice.	21 s. st Louis de G.
22 m. st Vincent, m.	22 v. st Maxime.	22 s. st Paul, év.	22 m. ste Opportune.	22 j. ste Julie.	22 D. st Paulin, év.
23 m. st Fabien, pape.	23 s. st Pascase.	23 D. OCCLI.	23 m. st George, m.	23 v. st Didier.	23 l. st Leufroy.
24 j. st Timothée, év.	24 D. SEXAGÉSIME.	24 l. st Gabriel.	24 j. st Phebade, év.	24 s. st François R.	24 m. st Jean-Baptiste.
25 v. Conv. de st Paul.	25 l. st Valburge.	25 m. ANNONCIATION.	25 v. st Marc, évang.	25 D. st Urbain, p.	25 m. ste Fébronie.
26 s. ste Paule, veuve.	26 m. st Nestor.	26 m. st Ludger.	26 s. st Clet, pape.	26 l. ROGATIONS.	26 j. st Maixent.
27 D. ss. Martyrs rom.	27 m. ste Honorine.	27 j. st Rupert, év.	27 D. QUASIMODO.	27 m. st Cressant, év.	27 v. st Cressent, évq.
28 l. st Cyrille, év.	28 j. ss. Martyrs.	28 v. st Gontrand.	28 l. ss Martyrs d'Aff.	28 m. st Guillaum.	28 s. st Irénée, év.
29 m. st François de S.	29 v. st Romain.	29 s. st Eustase.	29 m. ste Marie Égypt.	29 j. ASCENSION.	29 D. ss. Pierre et Paul.
30 m. ste Bathilde.		30 D. LÆTARE.	30 m. st Eutrope, év.	30 v. st Félix, p.	30 l. Comm. st Paul.
31 j. st Pierre Nolasq.		31 l. st Acaco, év.		31 s. st Sylvé, év.	

JUILLET	AOUT	SEPTEMBRE	OCTOBRE	NOVEMBRE	DÉCEMBRE
1 m. st Martial, év.	1 v. st Pierre-ès-liens.	1 l. st Gilis, abbé.	1 m. st Rémi, év.	1 s. TOUSSAINT.	1 l. st Eloi, év.
2 m. VISITATION N. D.	2 s. st Étienne, pape.	2 m. st Antonin, m.	2 j. ss Anges gard.	2 D. Les Morts.	2 m. st François Xav.
3 j. st Anatole.	3 D. Inven. st Étienne.	3 m. st Grégoire, pap.	3 v. st Trophime, év.	3 l. st Papoul, m.	3 m. st Anthème.
4 v. st Théodore.	4 l. st Dominique.	4 j. st Lazare.	4 s. st François-d'As.	4 m. st Charles Borr.	4 j. ste Barbe, v.
5 s. ste Zoé.	5 m. st Félix, m.	5 v. st Victorin, év.	5 D. st Placide, m.	5 m. ste Bertile, v.	5 v. st Sabas, abbé.
6 D. st Tranquillin.	6 m. TRANS. DE N. S.	6 s. st Eugène, m.	6 l. st Bruno, moine.	6 j. st Léonard.	6 s. ste Victoire, v.
7 l. st Prosper, doct.	7 j. st Xiste, pape.	7 D. ste Foi, v. m.	7 m. st Serge, m.	7 v. st Ernest, abbé.	7 D. st Nicolas, év.
8 m. ste Elizabeth, r.	8 v. ss Just et Past.	8 l. NATIVITÉ de la V.	8 m. ste Brigitte.	8 s. stes Reliques.	8 l. CONCEP. N. D.
9 m. st Ephrem.	9 s. st Vitrice, év.	9 m. st Omer, év.	9 j. st Denis, év.	9 D. st Austremoine.	9 m. ste Léocadie, v.
10 j. Sept-Frères M.	10 D. ste Philomène.	10 m. st Salvi, év.	10 v. st François de B.	10 l. st Léon, pape.	10 m. st Hubert.
11 v. Trans. st Benoît.	11 l. ste Suzanne, m.	11 j. st Patient.	11 s. st Julien.	11 m. st Martin, év.	11 j. st Damase, pape.
12 s. St Honeste, pr.	12 m. ste Claire, vierge.	12 v. st Serdot, év.	12 D. st Donalien.	12 m. st Martin, pape.	12 v. st Paul, év.
13 D. st Anaclet.	13 m. ste Radegonde, r.	13 s. st Aimé, abbé.	13 l. st Géraud.	13 j. st Stanislas.	13 s. ste Luce, v. m.
14 l. st Bonaventure.	14 j. st Eusèbe. V.-J.	14 D. EXALT. ste CROIX	14 m. st Caliste.	14 v. st Claude.	14 D. st Honorat, év.
15 m. st Henri.	15 v. Assomption.	15 l. st Achard, abbé.	15 m. ste Thérèse, v.	15 s. st Maio, év.	15 l. st Mesmin, abbé.
16 m. Notre-D. de M. C.	16 s. st Roch.	16 m. st Jean Chrysost.	16 j. st Bertrand, év.	16 D. st Eucher.	16 m. ste Adélaid.
17 j. st Esperat, m.	17 D. st Alexis.	17 m. Quatre-Temps.	17 v. st Gauderic.	17 l. st Asciscle, m.	17 m. Quatre-Temps.
18 v. st Thomas d'Aq.	18 l. ste Hélène.	18 j. ste Camelle.	18 s. st Luc, évang.	18 m. st Odon, abbé.	18 j. st Gratien.
19 s. st Vincent-de-P.	19 m. st Louis, év.	19 v. st Cyprien. q.-t.	19 D. st Pierre d'Alc.	19 m. ste Elisabeth.	19 v. st Grégoire. q.-t.
20 D. ste Marguerite.	20 m. st Bernard, ab.	20 s. st Eustache.q.-t.	20 l. st Caprais, év.	20 j. st Edmond.	20 s. st Philogon. q.-t.
21 l. st Victor, m.	21 j. st Privat, év.	21 D. st Mathieu.	21 m. ste Ursule, v.	21 v. PRÉSENT. N. D.	21 D. st Thomas.
22 m. ste Madeleine.	22 v. st Symphorien.	22 l. st Maurice.	22 m. st Mellon.	22 s. ste Cécile, v.	22 l. st Yves, év.
23 m. st Appollinaire.	23 s. ste Jeanne.	23 m. ste Thècle.	23 j. st Sévérin.	23 D. st Clément, pape.	23 m. ste Anastas.
24 j. ste Christine, v.	24 D. st Barthélemi, ap.	24 m. st Yzarn.	24 v. st Érambert, év	24 l. ste Flore, v.	24 m. ste Delphine. v.-j.
25 v. st Jacques, apôt.	25 l. st Louis, roi.	25 j. st Firmin, év.	25 s. ss Crépin et Cré.	25 m. ste Catherine, v.	25 j. NOEL.
26 s. ste Anne.	26 m. st Zéphirin.	26 v. ss Come et Dam.	26 D. ste Rustique.	26 m. st Lin, pape.	26 v. st Etienne, m.
27 D. st Pantaléon.	27 m. st Césaire, év.	27 s. ss Come et Dam.	27 l. st Frumence.	27 j. ss Vital et Agri.	27 s. st Jean, évang.
28 l. st Nazaire, m.	28 j. st Augustin, év.	28 D. st Exupère, év.	28 m. ss Simon et Jude.	28 v. st Sosthène.	28 D. ss Innocents.
29 m. st Loup, év.	29 v. Déco. de st J.-B.	29 l. st Michel.	29 m. st Narcisse.	29 s. st Saturnin, év.	29 l. st Thomas, év.
30 m. st Germain, év.	30 s. st Gaudens.	30 m. st Jérôme, pr.	30 j. st Quentin, m.	30 D. AVENT.	30 m. st Sabin, év.
31 j. st Ignace, pr.	31 D. ste Florentine.		31 v. Vigile-Jeûne.		31 m. st Sylvestre, p.

Calendrier Perpétuel, Civil et Ecclésiastique.

JANVIER	FÉVRIER	MARS	AVRIL	MAI	JUIN
1 s. Circoncision.	1 m. st Ignace, m.	1 m. Quatre-Temps.	1 s. st Hugues, év.	1 l. ss Philippe et Jac.	1 j. st Pamphile.
2 D. st Bazile.	2 m. Purification.	2 j. st Simplicien.	2 D. Rameaux.	2 m. st Athanase, év.	2 v. st Pothin. q.-t.
3 l. ste Geneviève.	3 j. st Blaise, év.	3 v. ste Cunég. q.-t.	3 l. st Richard.	3 m. Invent. ste Croix.	3 s. ste Clotilde. q.-t.
4 m. st Rigobert.	4 v. st Gilbert.	4 s. st Casimir. q.-t.	4 m. st Ambroise.	4 j. ste Monique.	4 D. Trinité.
5 m. st Siméon, styl.	5 s. ste Agathe, v.	5 D. Reminiscere.	5 m. st Vincent Ferr.	5 v. st Théodard, év.	5 l. st Claude.
6 j. Épiphanie.	6 D. Septuagésime.	6 l. ste Colette.	6 j. st Prudence.	6 s. st Jean P. L.	6 m. st Norbert, év.
7 v. st Théau.	7 l. ste Dorothée, v.	7 m. ss. Félic. et P.	7 v. Vendredi-Saint.	7 D. Transf. s Etienne	7 m. st Robert.
8 s. st Lucien, m.	8 m. st Jean de M.	8 m. st Jean de D.	8 s. st Gautier.	8 l. st Orens, év.	8 j. Fête-Dieu.
9 D. st Julien, hosp.	9 m. ste Apollonie.	9 j. ste Françoise.	9 D. Paques.	9 m. st Grégoire, év.	9 v. st Félicien.
10 l. st Paul, ermite.	10 j. ste Scolastique.	10 v. st Blanchard.	10 l. st Macaire.	10 m. st Gordien.	10 s. st Landry.
11 m. st Hygien, pape.	11 v. st Benoît, ab.	11 s. ste Sophrone.	11 m. st Léon, p.	11 j. st Mamert.	11 D. st Barnabé.
12 m. st Fréjus, év.	12 s. ste Eulalie, v.	12 D. Oculi.	12 m. st Jules.	12 v. st Pacôme, ab.	12 l. st Basilide.
13 j. Baptême de N. S.	13 D. Sexagésime.	13 l. st Nicéphore.	13 j. st Justin, m.	13 s. st Onésime.	13 m. st Aventin
14 v. st Hilaire, év.	14 l. st Valentin.	14 m. ste Mathilde.	14 v. st Tiburce.	14 D. st Boniface.	14 m. st Valère, m.
15 s. st Maur, abbé.	15 m. st Faustin.	15 m. st Zacharie.	15 s. st Paterne.	15 l. Rogations.	15 j. st Guy, m.
16 D. st Fulgence, év.	16 m. ste Julienne.	16 j. st Euzébie, v.	16 D. Quasimodo.	16 m. st Germier.	16 v. ss. Cyr et Julitte.
17 l. st Antoine, ab.	17 j. st Sylvin, év.	17 v. st Patrice.	17 l. st Anicet.	17 m. st Pascal.	17 s. st Avit, abbé.
18 m. Chaire st P. à R.	18 v. st Siméon, év.	18 s. st Alexandre.	18 m. st Parfait.	18 j. Ascension.	18 D. st Emile, m.
19 m. st Sulpice, év.	19 s. st Gabin.	19 D. Lætare.	19 m. st Elphége.	19 v. st Pierre Célestin	19 l. ss Gervais et Pro.
20 j. st Sébastien, m.	20 D. Quinquagésime.	20 l. st Wulfran.	20 j. st Joseph.	20 s. st Hilaire.	20 m. st Romuald.
21 v. ste Agnès, v.	21 l. st Sévérien.	21 m. st Benoit.	21 v. st Anselme.	21 D. st Hospice.	21 m. st Louis de Gonz.
22 s. st Vincent, m.	22 m. st Maxime.	22 m. st Paul, év.	22 s. ste Opportune.	22 l. ste Julie.	22 j. st Paulin, év.
23 D. st Fabien, pape.	23 m. Cendres.	23 j. st Fidèle.	23 D. st Georges, m.	23 m. st Didier.	23 v. st Leufroy.
24 l. st Timothée, év.	24 j. st Mathias.	24 v. st Gabriel.	24 l. st Phebade, év.	24 m. st François Rég.	24 s. st Jean-Baptiste.
25 m. Conv. de st Paul.	25 v. st Valburge.	25 s. Annonciation.	25 m. ste Marc, évang.	25 j. st Urbain, pape.	25 D. ste Fébronie.
26 m. ste Paule, veuve.	26 s. st Nestor.	26 D. Passion.	26 m. st Clet, pape.	26 v. st Philippe de N.	26 l. st Maixent.
27 j. ss. Martyrs rom.	27 D. Quadragésime.	27 l. st Rupert, év.	27 j. st Polycarpe.	27 s. st Hildebert. v.-j.	27 m. st Crescent, év.
28 v. st Cyrille, év.	28 l. ss. Martyrs.	28 m. st Gontrand.	28 v. ss. Martyrs d'Aff.	28 D. Pentecote.	28 m. st Irénée, év.
29 s. st François de S.	29 m. st Romain.	29 m. st Eustase.	29 s. st Aubin.	29 l. st Maximin.	29 j. ss. Pierre et Paul
30 D. ste Bathilde.		30 j. st Jean Climaque.	30 D. st Eutrope, év.	30 m. st Félix, p.	30 v. Comm. de s Paul.
31 l. st Pierre Nolasq.		31 v. st Acace, év.		31 m. Quatre-Temps.	

JUILLET	AOUT	SEPTEMBRE	OCTOBRE	NOVEMBRE	DÉCEMBRE
1 s. st Martial, év.	1 m. st Pierre-ès-liens	1 v. st Gilis, abbé.	1 D. st Rémy, év.	1 m. Toussaint.	1 v. st Eloi, év.
2 D. Visitation N. D.	2 m. st Etienne, pap.	2 s. st Antonin, m.	2 l. ss. Anges gard.	2 j. Les Morts.	2 s. st François Xav.
3 l. st Anatole.	3 j. Inv. st Etienne.	3 D. st Grégoire, pap.	3 m. st Trophime, év.	3 v. st Papoul, m.	3 D. Avent.
4 m. st Théodore.	4 v. st Dominique.	4 l. st Lazare.	4 m. st François-d'As.	4 s. st Charles Borro.	4 l. ste Barbe, v.
5 m. ste Zoé.	5 s. st Félix, m.	5 m. st Victorin, év.	5 j. st Placide, m.	5 D. ste Bertile, v.	5 m. st Sabbas, abbé.
6 j. st Tranquillin.	6 D. Trans. de N. S.	6 m. st Eugène, m.	6 v. st Bruno, moine.	6 l. st Léonard.	6 m. ste Victoire, v.
7 v. st Prosper, doct.	7 l. st Sixte, pape.	7 j. st Cloud, prêtre.	7 s. ste Foi, v. m.	7 j. st Ernest, abbé.	7 j. st Nicolas, év.
8 s. ste Elisabeth, r.	8 m. ss. Just. et Past.	8 v. Nativ. de la V.	8 D. ste Brigitte.	8 m. stes Reliques.	8 v. Concep. N. D.
9 D. st Ephrem.	9 m. st Vitrice, év.	9 s. st Omer, év.	9 l. st Denis, év.	9 j. st Austremoine.	9 s. ste Léocadie, v.
10 l. Sept-Frères M.	10 j. ste Philomène.	10 D. st Salvi, év.	10 m. st François de B.	10 v. st Léon, pape.	10 D. st Hubert.
11 m. Trans. st Benoît.	11 v. ste Suzanne, m.	11 l. st Patient.	11 m. st Julien.	11 s. st Martin, év.	11 l. st Damase, pape.
12 m. st Honeste, pr.	12 s. ste Claire, v.	12 m. st Serdot, év.	12 j. st Donatien.	12 D. st Martin, pape.	12 m. st Paul, év.
13 j. st Anaclet.	13 D. ste Radegonde, r.	13 m. st Aimé, évêq.	13 v. st Géraud.	13 l. st Stanislas.	13 m. ste Luce, v. m.
14 v. st Bonaventure.	14 l. st Eusèbe. v.-j.	14 j. Exalt. Ste-Croix	14 s. st Calixte.	14 m. st Claude, m.	14 j. st Honorat, év.
15 s. st Henri.	15 m. Assomption.	15 v. ste Camelie.	15 D. ste Thérèse, v.	15 m. st Malo, év.	15 v. st Mesmin.
16 D. N.-D. du M.-Car.	16 m. st Roch.	16 s. st Jean Chrysost.	16 l. st Bertrand, év.	16 j. st Eucher.	16 s. ste Adélaïde.
17 l. st Espérat, m.	17 j. st Alexis.	17 D. st Corneille.	17 m. st Ganderic.	17 v. st Asciscle, m.	17 D. ste Olimpic.
18 m. st Thomas d'Aq.	18 v. ste Hélène.	18 l. ste Camelie.	18 m. st Luc, évang.	18 s. st Odon, abbé.	18 l. st Gratien.
19 m. st Vincent de P.	19 s. st Louis, év.	19 m. st Cyprien.	19 j. st Pierre d'Alc.	19 D. ste Elizabeth.	19 m. st Grégoire.
20 j. ste Marguerite.	20 D. st Bernard, ab.	20 m. Quatre-Temps.	20 v. st Caprais, év.	20 l. st Edmond.	20 m. Quatre-Temps.
21 v. st Victor, m.	21 l. st Privat, m.	21 j. st Mathieu.	21 s. ste Ursule, v.	21 m. Présent. N. D.	21 j. st Thomas.
22 s. ste Madeleine.	22 m. st Symphorien.	22 v. st Maurice. q.-t.	22 D. st Mellon.	22 m. ste Cécile, v.	22 v. st Yves, év. q.-t.
23 D. st Appollinaire.	23 m. ste Jeanne.	23 s. ste Thècle. q.-t.	23 l. st Sévérin.	23 j. st Clément, pap.	23 s. ste Anastas. q.-t.
24 l. ste Christine, v.	24 j. st Barthélemy, a.	24 D. st Yzarn.	24 m. st Erambert, év.	24 v. ste Flore, v.	24 D. ste Delphine, v.-j.
25 m. st Jacques, ap.	25 v. st Louis, roi.	25 l. st Firmin, év.	25 m. ss. Crépin et Cré.	25 s. ste Catherine, v.	25 l. Noel.
26 m. ste Anne.	26 s. st Zéphirin.	26 m. ste Justine.	26 j. st Rustique.	26 D. st Lin, pape.	26 m. st Etienne, m.
27 j. st Pantaléon.	27 D. st Césaire, év.	27 m. ss. Come et Dam.	27 v. st Frumence.	27 l. ss Vital et Agri.	27 m. st Jean, évang.
28 v. st Nazaire, m.	28 l. st Augustin, év.	28 j. st Exupère, év.	28 s. ss. Simon et Jude	28 m. st Sosthène.	28 j. ss. Innocents.
29 s. st Loup, évêque.	29 m. Déc. de st J.-Bapt.	29 v. st Michel, év.	29 D. st Narcisse.	29 m. st Saturnin, év.	29 v. st Thomas, év.
30 D. st Germain, év.	30 m. st Gandens.	30 s. st Jérôme, prêt.	30 l. st Quentin, m.	30 j. st André, ap.	30 s. st Sabin, év.
31 l. st Ignace, pr.	31 j. ste Florentine.		31 m. Vigile-Jeûne.		31 D. st Sylvestre, p.

Calendrier Perpétuel, Civil et Ecclésiastique.

JANVIER	FÉVRIER	MARS	AVRIL	MAI	JUIN
1 j. CIRCONCISION.	1 D. st Ignace, m.	1 l. st Aubin, év.	1 j. st Hugues, év.	1 s. st Hugues, év.	1 m. st Pamphile.
2 v. st Basile.	2 l. PURIFICATION.	2 m. st Symplicien.	2 v. st François de P.	2 D. QUASIMODO.	2 m. st Pothin.
3 s. ste Geneviève.	3 m. st Blaise, év.	3 m. ste Cunégonde.	3 s. st Richard.	3 l. Invent. ste Croix	3 j. ASCENSION.
4 D. st Rigobert.	4 m. st Gilbert.	4 j. st Casimir.	4 D. LÆTARE.	4 m. ste Monique.	4 v. st Quirin.
5 l. st Siméon, styl.	5 j. ste Agathe, v.	5 v. st Phocas.	5 l. st Vincent Ferr.	5 m. st Théodard, év.	5 s. st Claude.
6 m. ÉPIPHANIE.	6 v. st Amand.	6 s. ste Colette.	6 m. st Prudence.	6 j. st Jean P. L.	6 D. st Norbert.
7 m. st Théau.	7 s. ste Dorothée.	7 D. QUINQUAGÉSIME.	7 m. st Hégésippe.	7 v. st Orens, év.	7 l. st Robert.
8 j. st Lucien, m.	8 D. st Jean de M.	8 l. st Jean de Dieu.	8 j. st Gautier, abbé.	8 s. st Orens, év.	8 m. st Médard.
9 v. st Julien, hosp.	9 l. ste Appollonie.	9 m. ste Françoise.	9 v. st Isidore.	9 D. st Grégoire, év.	9 m. st Félicien.
10 s. st Paul, ermite.	10 m. ste Scolastique.	10 m. CENDRES.	10 s. st Macaire.	10 l. st Antonin.	10 j. st Landry.
11 D. st Hygien, pape.	11 m. st Benoît, abbé.	11 j. ste Sophrone.	11 D. PASSION.	11 m. st Mamert.	11 v. st Barnabé.
12 l. st Fréjus, év.	12 j. ste Eulalie, v.	12 v. st Maximilien.	12 l. st Jules.	12 m. st Pacôme, ab.	12 s. st Basilide. v.-j.
13 m. BAPTÊME DE N.S.	13 v. st Lézin.	13 s. st Nicéphore.	13 m. st Justin, m.	13 j. st Onésime.	13 D. PENTECOTE
14 m. st Hilaire, év.	14 s. st Valentin.	14 D. QUADRAGÉSIME.	14 m. st Tiburce.	14 v. st Boniface.	14 l. st Valère.
15 j. st Maur, abbé.	15 D. st Faustin.	15 l. st Zacharie.	15 j. st Paterne.	15 s. st Guy, m.	15 m. st Guy, m.
16 v. st Fulgence, év.	16 l. ste Julienne.	16 m. st Euzébie.	16 v. st Fructueux.	16 D. st Honoré.	16 m. Quatre-Temps.
17 s. st Antoine, ab.	17 m. st Sylvin, év.	17 m. Quatre-Temps.	17 s. st Anicet.	17 l. st Pascal.	17 j. st Avit, abbé.
18 D. Chaire st P. à R.	18 m. st Siméon, év.	18 j. st Alexandre.	18 D. RAMEAUX.	18 m. st Venant.	18 v. st Emile, m.q.-t.
19 l. st Sulpice, év.	19 j. st Gabin.	19 v. st Gaspard. q.-t.	19 l. st Elphège.	19 m. st Pierre Célest.	19 s. ss. G. et P. q.-t.
20 m. st Sébastien, m.	20 v. st Eucher.	20 s. st Joachim. q.-t.	20 m. st Joseph.	20 j. st Hilaire.	20 D. TRINITÉ.
21 m. ste Agnès, v.	21 s. st Sévérien.	21 D. REMINISCERE.	21 m. st Anselme.	21 v. st Hospice.	21 l. st Louis de G.
22 j. st Vincent, m.	22 D. SEPTUAGÉSIME.	22 l. st Paul, év.	22 j. st Opportune.	22 s. ste Julie.	22 m. st Paulin, év.
23 v. st Fabien, pape.	23 l. st Pascase.	23 m. st Fidèle.	23 v. VENDREDI-SAINT	23 D. st Didier.	23 m. st Leufroy.
24 s. st Timothée, év.	24 m. st Mathias.	24 m. st Gabriel.	24 s. st Phebade, év.	24 l. st François B.	24 j. FÊTE-DIEU.
25 D. Conv. de st Paul.	25 m. st Valburge.	25 j. ANNONCIATION.	25 D. PAQUES.	25 m. st Urbain, p.	25 v. ste Fébronie.
26 l. ste Paule, veuve.	26 j. st Nestor.	26 v. st Ludger.	26 l. st Clet, pape.	26 m. st Philippe N.	26 s. st Maixent.
27 m. ss. Martyrs rom.	27 v. ste Honorine.	27 s. st Rupert, év.	27 m. st Policarpe.	27 j. st Hildebert.	27 D. st Crescent, év.
28 m. st Cyrille, év.	28 s. ss. Martyrs.	28 D. OCULI.	28 m. ss Martyrs d'Aff.	28 v. st Guillaum.	28 l. st Irénée, év.
29 j. st François de S.	29 D. SEXAGÉSIME.	29 l. st Eustase.	29 j. ste Marie Egypt.	29 s. st Maximin.	29 m. ss. Pierre et Paul.
30 v. ste Bathilde.		30 m. st Jean Climaq.	30 v. st Eutrope, év.	30 D. st Félix, p.	30 m. Comm. st Paul.
31 s. st Pierre Nolasq.		31 m. st Acace, év.		31 l. ROGATIONS.	

JUILLET	AOUT	SEPTEMBRE	OCTOBRE	NOVEMBRE	DÉCEMBRE
1 j. st Martial, év.	1 D. st Pierre-ès-liens.	1 m. st Gilis, abbé.	1 v. st Rémi, év.	1 l. TOUSSAINT.	1 m. st Eloi, év.
2 v. VISITATION N. D.	2 l. st Etienne, pape.	2 j. st Antonin, m.	2 s. ss Anges gard.	2 m. Les Morts.	2 j. st François Xav.
3 s. st Anatole.	3 m. Inven. st Etienne.	3 v. st Grégoire, pap.	3 D. st Trophime, év.	3 m. st Papoul, m.	3 v. st Anthème.
4 D. st Théodore.	4 m. st Dominique.	4 s. st Lazare.	4 l. st François-d'As.	4 j. st Charles Borr.	4 s. ste Barbe, v.
5 l. ste Zoé.	5 j. st Félix, m.	5 D. st Victorin, év.	5 m. st Placide, m.	5 v. ste Bertile, v.	5 D. st Sabas, abbé.
6 m. st Tranquillin.	6 D. TRANS. DE N. S.	6 l. st Eugène, m.	6 m. st Bruno, moine.	6 s. st Léonard.	6 l. ste Victoire, v.
7 m. st Prosper, doct.	7 s. st Xiste, pape.	7 m. st Cloud prê.	7 j. ste Foi, v. m.	7 D. st Ernest, abbé.	7 m. st Nicolas, év.
8 j. ste Elizabeth, r.	8 D. ss Just et Past.	8 m. NATIVITÉ de la V.	8 v. ste Brigitte.	8 l. stes Reliques.	8 m. CONCEP. N. D.
9 v. st Ephrem.	9 l. st Vitrice, év.	9 j. st Omer, év.	9 s. st Denis, év.	9 m. st Austremoine.	9 j. ste Léocadie, v.
10 s. Sept-Frères M.	10 m. st Philomène.	10 v. st Salvi, év.	10 D. st François de B.	10 m. st Léon, pape.	10 v. st Hubert.
11 D. Trans. st Benoît.	11 m. ste Suzanne, m.	11 s. st Patient.	11 l. st Julien.	11 j. st Martin, év.	11 s. st Damase, pape.
12 l. St Honeste, pr.	12 j. ste Claire, vierge.	12 D. st Sérdot, év.	12 m. st Donatien.	12 v. st Martin, pape.	12 D. st Paul, év.
13 m. st Anaclet.	13 v. ste Radegonde, r.	13 l. st Aimé, abbé.	13 m. st Géraud.	13 s. st Stanislas.	13 l. ste Luce, v. m.
14 m. st Bonaventure.	14 m. EXALT. ste Croix V.-J.	14 m. EXALT. ste Croix	14 j. st Calixte.	14 D. st Claude.	14 m. st Honoral, év.
15 j. st Henri.	15 D. ASSOMPTION.	15 m. Quatre-Temps.	15 v. ste Thérèse, v.	15 l. st Malo, év.	15 m. Quatre-Temps.
16 v. Notre-D. de M. C.	16 l. st Roch.	16 j. st Jean Chrysost.	16 s. st Bertrand, év.	16 m. st Eucher.	16 j. ste Adélaïd.
17 s. st Esperat, m.	17 m. st Alexis.	17 v. st Corneille. q.-t.	17 D. st Gaudéric.	17 m. st Asciscle, m.	17 v. ste Olimpie. q.-t.
18 D. st Thomas d'Aq.	18 m. ste Hélène.	18 s. ste Camelle. q.-t.	18 l. st Luc, évang.	18 j. st Odon, abbé.	18 s. st Gratien. q.-t.
19 l. st Vincent-de-P.	19 j. st Louis, év.	19 D. st Cyprien.	19 m. st Pierre d'Alc.	19 v. ste Elisabeth.	19 D. st Grégoire.
20 m. ste Marguerite.	20 v. st Bernard, ab.	20 l. st Eustache.	20 m. st Caprais, év.	20 s. st Edmond.	20 l. st Philogon.
21 m. st Victor, m.	21 s. st Privat, év.	21 m. st Mathieu.	21 j. ste Ursule, v.	21 D. PRÉSENT. N. D.	21 m. st Thomas.
22 j. ste Madeleine.	22 D. st Symphorien.	22 m. st Maurice.	22 v. st Mellon.	22 l. ste Cécile, v.	22 m. st Yves, év.
23 v. st Appollinaire.	23 l. ste Jeanne.	23 j. ste Thècle.	23 s. st Sévérin.	23 m. st Clément, pape.	23 j. ste Anastas.
24 s. ste Christine, v.	24 m. st Barthélemi, ap.	24 v. st Yzarn.	24 D. st Erambert, év.	24 m. ste Flore, v.	24 v. ste Delphine. v.-j.
25 D. st Jacques, apôt.	25 m. st Louis, roi.	25 s. st Firmin, év.	25 l. ss Crépin et Cré.	25 j. ste Catherine, v.	25 s. NOEL.
26 l. ste Anne.	26 j. st Zéphirin.	26 D. st Justin, év.	26 m. st Rustique.	26 v. st Lin, pape.	26 D. st Etienne, m.
27 m. st Pantaléon.	27 v. st Césaire, év.	27 l. ss Côme et Dam.	27 m. st Frumence.	27 s. ss Vital et Agri.	27 l. st Jean, évang.
28 m. st Nazaire, m.	28 s. st Augustin, év.	28 m. st Exupère, év.	28 j. ss Simon et Judé.	28 D. AVENT.	28 m. ss Innocents.
29 j. st Loup, év.	29 D. Déco. de st J.-B.	29 m. st Michel.	29 v. st Narcisse.	29 l. st Saturnin, év.	29 m. st Thomas, év.
30 v. st Germain, év.	30 l. st Gaudens.	30 j. st Jérôme, pr.	30 s. st Quentin, m.	30 m. st André, ap.	30 j. st Sabin, év.
31 s. st Ignace, pr.	31 m. ste Florentine.		31 D. Vigile-Jeûne.		31 v. st Sylvestre, p.

Calendrier Perpétuel, Civil et Ecclésiastique.

JANVIER
1 D. Circoncision.
2 l. st Bazile.
3 m. ste Geneviève.
4 m. st Rigobert.
5 j. st Siméon, styl.
6 v. Epiphanie.
7 s. st Théau.
8 D. st Lucien, m.
9 l. st Julien, hosp.
10 m. st Paul, ermite.
11 m. st Hygien, pape.
12 j. st Fréjus, év.
13 v. Baptême de N. S
14 s. st Hilaire, év.
15 D. st Maur, abbé.
16 l. st Fulg nce, év.
17 m. st Antoine, ab.
18 m. Chaire st P. à R
19 j. st Sulpice, év.
20 v. st Sébastien, m.
21 s. ste Agnès, v.
22 D. Septuagésime.
23 l. st Fabien, pape.
24 m. st Timothée, év.
25 m. Conv. de st Paul.
26 j. ste Paule, veuve.
27 v. ss. Martyrs rom.
28 s. st Cyrille, év.
29 D. Sexagésime.
30 l. ste Bathilde.
31 m. st Pierre Nolasq

FÉVRIER
1 m. st Ignace, m.
2 j. Purification.
3 v. st Blaise, év.
4 s. st Gilbert.
5 D. Quinquagésie.
6 l. st Amand, év.
7 m. ste Dorothée, v.
8 m. Cendres.
9 j. ste Apollonie.
10 v. ste Scolastique.
11 s. st Benoît, ab.
12 D. Quadragésime.
13 l. st Lésin.
14 m. st Valentin.
15 m. Quatre-Temps.
16 j. ste Julienne.
17 v. st Sylvin, év. q.-t.
18 s. st Siméon, q.-t.
19 D. Reminiscere.
20 l. st Eucher, év.
21 m. st Sévérin.
22 m. st Maxime.
23 j. st Pascase.
24 v. st Mathias.
25 s. st Valburge.
26 D. Oculi.
27 l. st Honorine.
28 m. ss. Martyrs.
29 m. st Romain.

MARS
1 j. st Aubin, év.
2 v. st Simplicien.
3 s. ste Cunégonde.
4 D. Létare.
5 l. st Phocas.
6 m. ste Colette.
7 m. ss. Félic. et P.
8 j. st Jean de D.
9 v. ste Françoise.
10 s. st Blanchard.
11 D. Passion.
12 l. st Maximilien.
13 m. st Nicéphore.
14 m. ste Mathilde.
15 j. st Zacharie.
16 v. st Euzébie, v.
17 s. st Patrice.
18 D. Rameaux.
19 l. st Gaspard.
20 m. st Wulfran.
21 m. st Benoit.
22 j. st Paul, év.
23 v. Vendredi-Saint.
24 s. st Gabriel.
25 D. Pâques.
26 l. st Ludger.
27 m. st Rupert, év.
28 m. st Gontrand.
29 j. st Eustase.
30 v. st Jean Climaque.
31 s. st Acace, év.

AVRIL
1 D. Quasimodo
2 l. Annonciation.
3 m. st Richard.
4 m. st Ambroise.
5 j. st Vincent Ferr.
6 v. st Prudence.
7 s. st Hégésippe.
8 D. st Gautier.
9 l. st Isidore.
10 m. st Macaire.
11 m. st Léon, p.
12 j. st Jules.
13 v. st Justin, m.
14 s. st Tiburce.
15 D. st Paterne.
16 l. st Fructueux.
17 m. st Anicet.
18 m. st Parfait.
19 j. st Elphège.
20 v. st Joseph.
21 s. st Anselme.
22 D. ste Opportune.
23 l. st Georges, m.
24 m. st Phébade, év.
25 m. ste Marc, évang.
26 j. st Clet, pape.
27 v. st Polycarpe.
28 s. ss. Martyrs d'Af.
29 D. ste Marie Égypt.
30 l. Rogations.

MAI
1 m. ss Philippe et Jac.
2 m. st Athanase, év.
3 j. Ascension.
4 v. ste Monique.
5 s. st Théodard, év.
6 D. st Jean P. L.
7 l. Transf. s Etienne
8 m. st Orens, év.
9 m. st Grégoire, év.
10 j. st Gordien.
11 v. st Mamert.
12 s. st Pacôme. r.-j.
13 D. Pentecote.
14 l. st Boniface.
15 m. st Honoré.
16 m. Quatre-Temps.
17 j. st Pascal.
18 v. st Venant. q.-t.
19 s. st Pierre C. q.-t.
20 D. Trinité.
21 l. st Hospice.
22 m. ste Julie.
23 m. st Didier.
24 j. Fête-Dieu.
25 v. st Urbain, pape.
26 s. st Philippe de N.
27 D. st Hildebert.
28 l. st Guilhaume.
29 m. st Maximin.
30 m. st Félix, p.
31 j. st Sylve, év.

JUIN
1 v. st Pamphile.
2 s. st Pothin.
3 D. ste Clotilde.
4 l. st Quirin, m.
5 m. st Claude.
6 m. st Norbert, év.
7 j. st Robert.
8 v. st Médard, év.
9 s. st Félicien.
10 D. st Landry.
11 l. st Barnabé.
12 m. st Basilide.
13 m. st Aventin
14 j. st Valère, m.
15 v. st Guy, m.
16 s. ss. Cyr et Julitte.
17 D. st Avit, abbé.
18 l. st Emile, m.
19 m. ss. Gervais et Pro.
20 m. st Romuald.
21 j. st Louis de Gonz.
22 v. st Paulin, év.
23 s. st Leufroy.
24 D. st Jean-Baptiste.
25 l. ste Fébronie.
26 m. st Maxient.
27 m. st Crescent, év.
28 j. st Irénée, év.
29 v. ss. Pierre et Paul
30 s. Comm. de s Paul.

JUILLET
1 D. st Martial, év.
2 l. Visitation N. D.
3 m. st Anatole.
4 m. st Théodore.
5 j. ste Zoé.
6 v. st Tranquillin.
7 s. st Prosper, doct.
8 D. ste Elisabeth, r.
9 l. st Ephrem.
10 m. Sept-Frères M.
11 m. Trans. st Benoît.
12 j. st Honeste, pr.
13 v. st Anaclet.
14 s. st Bonaventure.
15 D. st Henri.
16 l. N.-D. du M.-Car.
17 m. st Espérat, m.
18 m. st Thomas d'Aq.
19 j. st Vincent de P.
20 v. ste Marguerite.
21 s. st Victor, m.
22 D. ste Madeleine.
23 l. st Appollinaire.
24 m. ste Christine, v.
25 m. st Jacques, ap.
26 j. ste Anne.
27 v. st Pantaléon.
28 s. st Nazaire, m.
29 D. st Loup, évêque.
30 l. st Germain, év.
31 m. st Ignace, pr.

AOUT
1 m. st Pierre-ès-liens.
2 j. st Etienne, pape.
3 v. Inv. st Etienne.
4 s. st Dominique.
5 D. st Félix, m.
6 l. Trans. de N. S.
7 m. st Sixte, pape.
8 m. ss. Just. et Past.
9 j. st Vitrice, év.
10 v. ste Philomène.
11 s. ste Suzanne, m.
12 D. ste Claire, v.
13 l. st Aimé, abbé.
14 m. st Eusèbe, r.-j.
15 m. Assomption.
16 j. st Roch.
17 v. st Alexis.
18 s. ste Hélène.
19 D. st Louis, év.
20 l. st Bernard, ab.
21 m. st Privat, év.
22 m. st Symphorien.
23 j. ste Jeanne.
24 v. st Barthélemy, a.
25 s. st Louis, roi.
26 D. st Zéphirin.
27 l. st Césaire, év.
28 m. st Augustin, év.
29 m. Déc. de st J.-Bapt.
30 j. st Gaudens.
31 v. ste Florentine.

SEPTEMBRE
1 s. st Gilis, abbé.
2 D. st Antonin, m.
3 l. st Grégoire, pap.
4 m. st Victorin, év.
5 m. st Lazare.
6 j. st Eugène, moine.
7 v. st Cloud, prêtre.
8 D. Nativ. de la V.
9 l. st Omer, év.
10 m. st Salvi, év.
11 m. st Patient.
12 j. st Sordot, év.
13 v. st Aimé, abbé.
14 v. Exalt. Ste-Croix
15 s. ste Camelie.
16 D. st Jean Chrysost.
17 l. st Corneille.
18 m. ste Camelle.
19 m. Quatre-Temps.
20 j. st Eustache.
21 v. st Mathieu. q.-t.
22 s. st Maurice. q.-t.
23 D. ste Thècle.
24 l. st Yzarn.
25 m. st Firmin, év.
26 m. st Justine.
27 j. ss. Come et Dam.
28 v. st Exupère, év.
29 s. st Michel, év.
30 D. st Jérôme, prêt.

OCTOBRE
1 l. st Rémy, év.
2 m. ss. Anges gard.
3 m. st Trophime, év.
4 j. st François-d'As.
5 v. st Placide, m.
6 s. st Bruno, moine.
7 D. ste Foi, v. m.
8 l. ste Brigitte.
9 m. st Denis, év.
10 m. st François de B.
11 j. st Patient.
12 v. st Donatien.
13 s. st Gérand.
14 D. st Calixte.
15 l. ste Thérèse, v.
16 m. st Bertrand, év.
17 m. st Gaudéric.
18 j. st Luc, évang.
19 v. st Pierre d'Alc.
20 s. st Caprais, év.
21 D. ste Ursule, v.
22 l. st Mellon.
23 m. st Sévérin.
24 m. st Ecambert, év.
25 j. ss. Crépin et Cré.
26 v. ste Rustique.
27 s. st Frumence.
28 D. ss. Simon et Jude
29 l. st Narcisse.
30 m. st Quentin, m.
31 m. Vigile Jeûne.

NOVEMBRE
1 j. Toussaint.
2 v. Les Morts.
3 s. st Papoul, m.
4 D. st Charles Borro.
5 l. ste Bertile, v.
6 m. st Léonard.
7 m. st Ernest, abbé.
8 j. stes Reliques.
9 v. st Austremoine.
10 s. st Léon, pape.
11 D. st Martin, év.
12 l. st Martin, pape.
13 m. st Stanislas.
14 m. st Claude, m.
15 j. st Malo, év.
16 v. st Eucher.
17 s. st Asciscle, m.
18 D. st Odon, abbé.
19 l. ste Elizabeth.
20 m. st Edmond.
21 m. Présent. N. D.
22 j. ste Cécile, v.
23 v. st Clément, pap.
24 s. ste Flore, v.
25 D. ste Catherine, v.
26 l. st Lin, pape.
27 m. ss. Vital et Agri.
28 m. st Maxime.
29 j. st Saturnin, év.
30 v. st André, ap.

DÉCEMBRE
1 s. st Eloi, év.
2 D. Avent.
3 l. st Authème.
4 m. ste Barbe, v.
5 m. st Sabbas, abbé.
6 j. st Nicolas, év.
7 v. st Nicolas, év.
8 s. Concep. N. D.
9 D. ste Léocadie, v.
10 l. st Hubert.
11 m. st Damase, pape.
12 m. st Paul, év.
13 j. ste Luce, v. m.
14 v. st Honorat, év.
15 s. st Mesnin.
16 D. ste Adélaïde.
17 l. ste Olimpie.
18 m. st Gatien, év.
19 m. Quatre-Temps.
20 j. st Philogon.
21 v. st Thomas. q.-t.
22 s. st Yves, év. q.-t.
23 D. ste Anastas.
24 l. ste Delphine, v.-j.
25 m. Noel.
26 m. st Etienne, m.
27 j. st Jean, évang.
28 v. ss. Innocents.
29 s. st Thomas, év.
30 D. st Sabin, év.
31 l. st Sylvestre, p.

Toulouse. — Imprimerie de Rives et Foget, rue Triplère, 9.

64 (BISSEXTILE)

Calendrier Perpétuel, Civil et Ecclésiastique.

JANVIER	FÉVRIER	MARS	AVRIL	MAI	JUIN
1 m. CIRCONCISION.	1 s. st Ignace, m.	1 D. OCULI.	1 m. st Hugues, év.	1 v. st Hugues, év.	1 l. st Pamphile.
2 j. st Bazile.	2 D. PURIFICATION.	2 l. st Symplicien.	2 j. st François de P.	2 s. Invent. ste Croix	2 m. st Pothin.
3 v. ste Geneviève.	3 l. st Blaise, év.	3 m. ste Cunégonde.	3 v. st Richard.	3 D. ste Monique.	3 m. ste Clotilde.
4 s. st Rigobert.	4 m. st Gilbert.	4 m. st Casimir.	4 s. st Ambroise, év.	4 l. ROGATIONS.	4 j. st Quirin.
5 D. st Siméon, styl.	5 m. ste Agathe, v.	5 j. st Phocas.	5 D. QUASIMODO.	5 m. st Théodard, év.	5 v. st Claude.
6 l. ÉPIPHANIE.	6 j. st Amand.	6 v. ste Colette.	6 l. ANNONCIATION.	6 m. st Jean P. L.	6 s. st Norbert.
7 m. st Théau.	7 v. ste Dorothée.	7 s. ss. Félic. et P.	7 m. st Hégésippe.	7 j. ASCENSION.	7 D. st Robert.
8 m. st Lucien, m.	8 s. st Jean de M.	8 D. LÆTARE.	8 m. st Gautier, abbé.	8 v. st Orcus, év.	8 l. st Médard.
9 j. st Julien, hosp.	9 D. QUINQUAGÉSIME.	9 l. ste Françoise.	9 j. st Isidore.	9 s. st Grégoire, év.	9 m. st Félicien.
10 v. st Paul, ermite.	10 l. ste Scolastique.	10 m. st Droctovée.	10 v. st Macaire.	10 D. st Gordien.	10 m. st Landry.
11 s. st Hygien, pape.	11 m. st Benoît, abbé.	11 m. ste Sophrone.	11 s. st Léon, p.	11 l. st Mamert.	11 j. st Barnabé.
12 D. st Fréjus, év.	12 m. CENDRES.	12 j. st Maximilien.	12 D. st Jules.	12 m. st Pacôme, ab.	12 v. st Basilide.
13 l. BAPTÊME DE N.S.	13 j. st Lézin.	13 v. st Nicéphore.	13 l. st Justin, m.	13 m. st Onésime.	13 s. st Aventin.
14 m. st Hilaire, év.	14 v. st Valentin.	14 s. ste Mathilde.	14 m. st Tiburce.	14 j. st Boniface.	14 D. st Valère.
15 m. st Maur, abbé.	15 s. st Faustin.	15 D. PASSION.	15 m. st Paterne.	15 v. st Germier.	15 l. st Guy, m.
16 j. st Fulgence, év.	16 D. QUADRAGÉSIME.	16 l. st Euzébie.	16 j. st Fructueux.	16 s. st Honoré. r.-j.	16 m. ss. Cyr et Julitte.
17 v. st Antoine, ab.	17 l. st Sylvin, év.	17 m. st Patrice.	17 v. st Anicet.	17 D. PENTECOTE	17 m. st Avit, abbé.
18 s. Chaire st P. à R.	18 m. st Siméon, év.	18 m. st Alexandre.	18 s. st Parfait.	18 l. st Venant.	18 j. st Émile, m.
19 D. st Sulpice, év.	19 m. Quatre-Temps.	19 j. st Gaspard.	19 D. st Elphège.	19 m. st Pierre Célest.	19 v. ss. G. et P.
20 l. st Sébastien, m.	20 j. st Eucher.	20 v. st Joachim.	20 l. st Joseph.	20 m. Quatre-Temps.	20 s. st Romuald.
21 m. ste Agnès, v.	21 v. st Sévérin. q.-t.	21 s. st Benoît.	21 m. st Anselme.	21 j. st Hospice.	21 D. st Louis de G.
22 m. st Vincent, m.	22 s. st Maxime. q.-t.	22 D. RAMEAUX.	22 m. ste Opportune.	22 v. ste Julie. q.-t.	22 l. st Paulin, év.
23 j. st Fabien, pape.	23 D. REMINISCERE.	23 l. st Fidèle.	23 j. st Georges, m.	23 s. st Didier. q.-t.	23 m. st Lenfroy.
24 v. st Timothée, év.	24 l. st Mathias.	24 m. st Gabriel.	24 v. st Phebade, év.	24 D. TRINITÉ.	24 m. st Jean-Baptiste.
25 s. Conv. de st Paul.	25 m. st Valburge.	25 m. st Humbert.	25 s. st Marc, évang.	25 l. st Urbain, p.	25 j. ste Fébronie.
26 D. SEPTUAGÉSIME.	26 m. st Nestor.	26 j. ste Françoise.	26 D. st Clet, pape.	26 m. st Philippe N.	26 v. st Maxent.
27 l. ss. Martyrs rom.	27 j. ste Honorine.	27 v. VENDREDI-SAINT	27 l. st Policarpe.	27 m. st Hildebert.	27 s. st Cressent, év.
28 m. st Henri.	28 v. ss. Martyrs.	28 s. st Aimé, abbé.	28 m. ss Martyrs d'Aff.	28 j. FÊTE-DIEU.	28 D. st Irénée, év.
29 m. st François de S.	29 s. st Romain.	29 D. PAQUES.	29 m. ste Marie Egypt.	29 v. st Max'min.	29 l. ss. Pierre et Paul.
30 j. ste Bathilde.		30 l. st Jean Climaq.	30 j. st Eutrope, év.	30 s. st Félix, p.	30 m. Comm. st Paul.
31 v. st Pierre Nolasq.		31 m. st Acace, ab.		31 D. st Sylve, év.	

JUILLET	AOUT	SEPTEMBRE	OCTOBRE	NOVEMBRE	DÉCEMBRE
1 m. st Martial, év.	1 s. st Pierre-ès-liens.	1 m. st Gilis, abbé.	1 j. st Rémi, év.	1 D. TOUSSAINT.	1 m. st Eloi, év.
2 j. VISITATION N. D.	2 D. st Etienne, pape.	2 m. st Antonin, m.	2 v. ss Anges gard.	2 l. Les Morts.	2 m. st François Xav.
3 v. st Anatole.	3 l. Inven. st Etienne.	3 j. st Grégoire, pap.	3 s. st Trophime, év.	3 m. st Papoul, m.	3 j. st Anthême.
4 s. st Théodore.	4 m. st Dominique.	4 v. st Lazare.	4 D. st François-d'As.	4 m. st Charles Borr.	4 v. ste Barbe, v.
5 D. ste Zoé.	5 m. st Félix, m.	5 s. st Victorin, év.	5 l. st Placide, m.	5 j. ste Bertile, v.	5 s. st Sabas, abbé.
6 l. st Tranquillin.	6 j. TRANS. DE N. S.	6 D. st Eugène, m.	6 m. st Bruno, moine.	6 v. st Léonard.	6 D. st Victoire, v.
7 m. st Prosper, doct.	7 v. st Xiste, pape.	7 l. st Cloud, pré.	7 m. ste Foi, v. m.	7 s. st Ernest, abbé.	7 l. st Nicolas, év.
8 m. ste Elizabeth, r.	8 s. ss Just et Past.	8 m. NATIVITÉ de la V.	8 j. ste Brigitte.	8 D. st's Reliq'ues.	8 m. CONCEP. N. D.
9 j. st Ephrem.	9 D. st Vitrice, év.	9 m. st Omer, év.	9 v. st Denis, év.	9 l. st Austremoine.	9 m. ste Léocadie, v.
10 v. Sept-Frères M.	10 l. st Laurent, m.	10 j. st Salvi, év.	10 s. st François de B.	10 m. st Léon, pape.	10 j. st Hubert.
11 s. Trans. st Benoît.	11 m. ste Suzanne, m.	11 v. st Patient.	11 D. st Julien.	11 m. st Martin, év.	11 v. st Damase, pape.
12 D. St Honeste, pr.	12 m. ste Claire, vierge.	12 s. st Sentot, év.	12 l. st Donatien.	12 j. st Martin, pape.	12 s. st Paul, év.
13 l. st Anaclet.	13 j. ste Radegonde, r.	13 D. st Aimé, abbé.	13 m. st Géraud.	13 v. st Stanislas.	13 D. ste Luce, v. m.
14 m. st Bonaventure.	14 v. st Eusèbe. V.-J.	14 l. EXALT. ste CROIX	14 m. st Calixte.	14 s. st Claude.	14 l. st Honorat, év.
15 m. st Henri.	15 s. Assomption.	15 m. st Achard, abbé.	15 j. ste Thérèse, v.	15 D. st Ma'o. év.	15 m. st Mesmin, abbé.
16 j. Notre-D. de M. C.	16 D. st Roch.	16 m. Quatre-Temps.	16 v. st Bertrand, év.	16 l. st Eucher.	16 m. Quatre-Temps.
17 v. st Esperat, m.	17 l. st Alexis.	17 j. st Corneille.	17 s. st Gauterie.	17 m. st Aseiscle, m.	17 j. ste Olimpie.
18 s. st Thomas d'Aq.	18 m. ste Hélène.	18 v. ste Camelle. q.-t.	18 D. st Luc, évang.	18 m. st Odon, abbé.	18 v. st Gratien. q.-t.
19 D. st Vincent-de-P.	19 m. st Louis, év.	19 s. st Cyprien. q.-t.	19 l. st Pierre d'Alc.	19 j. ste Elisabeth.	19 s. st Grégoire. q.-t.
20 l. ste Marguerite.	20 j. st Bernard, ab.	20 D. st Eustache.	20 m. st Caprais, év.	20 v. st Edmond.	20 D. st Philogon.
21 m. st Victor, m.	21 v. st Privat, év.	21 l. st Mathieu.	21 m. ste Ursule, v.	21 s. PRÉSENT. N. D.	21 l. st Thomas.
22 m. ste Madeleine.	22 s. st Symphorien.	22 m. st Maurice.	22 v. st Mellon.	22 D. ste Cécile, v.	22 m. st Yves, év.
23 j. st Appollinaire.	23 D. ste Jeanne.	23 m. ste Thècle.	23 v. st Séverin.	23 l. st Clément, pape.	23 m. ste Anastas.
24 v. ste Christine, v.	24 l. st Barthélemi, ap.	24 j. st Yzarn.	24 s. st Ermilhert, év	24 m. ste Flore, v.	24 j. ste Delphine. v.-j.
25 s. st Jacques, apôt.	25 m. st Louis, roi.	25 v. st Firmin, év.	25 D. ss Crépin et Cré.	25 m. ste Catherine, v.	25 v. NOEL.
26 D. ste Anne.	26 m. st Zéphirin.	26 s. ste Justine.	26 l. ste Rustique.	26 j. st Lin, pape.	26 s. st Etienne, m.
27 l. st Pantaléon.	27 j. st Césaire, év.	27 D. ss Come et Dam.	27 m. st Frumence.	27 v. ss Vital et Agri.	27 D. st Jean, évang.
28 m. st Nazaire, m.	28 v. st Augustin, év.	28 l. st Exupère, év.	28 m. ss Simon et Jude.	28 s. st Sosthène.	28 l. ss Innocents.
29 m. st Loup, év.	29 s. Déco. du st J.-B.	29 m. st Michel.	29 j. st Narcisse.	29 D. AVENT.	29 m. st Thomas, év.
30 j. st Germain, év.	30 D. st Gaudens.	30 m. st Jérôme, pr.	30 v. st Quentin, m.	30 l. st André, ap.	30 m. st Sabin, év.
31 v. st Ignace, pr.	31 l. ste Florentine.		31 s. Vigile-Jeûne.		31 j. st Sylvestre, p.

Calendrier Perpétuel, Civil et Ecclésiastique.

JANVIER	FÉVRIER	MARS	AVRIL	MAI	JUIN
1 l. Circoncision.	1 j. st Ignace, m.	1 v. st Aubin, év.	1 l. st Hugues.	1 m. ss Philippe et Jac.	1 s. st Pamphile, v.-j.
2 m. st Bazile.	2 v. Purification.	2 s. st Simplicien.	2 m. st François de P.	2 j. st Athanase, év.	2 D. PENTECOTE
3 m. ste Geneviève.	3 s. st Blaise, év.	3 D. Quadragésime.	3 m. st Richard.	3 v. Invent. ste Croix.	3 l. ste Clotilde.
4 j. st Rigobert.	4 D. st Gilbert.	4 l. st Casimir.	4 j. st Ambroise.	4 s. ste Monique.	4 m. st Quirin, m.
5 v. st Siméon, styl.	5 l. ste Agathe, v.t.	5 m. st Phocas.	5 v. st Vincent Ferr.	5 D. st Théodard, év.	5 m. Quatre-Temps.
6 s. Épiphanie.	6 m. st Amand, év.	6 m. Quatre-Temps.	6 s. st Prudence.	6 l. st Jean P. L.	6 j. st Norbert, év.
7 D. st Théau.	7 m. ste Dorothée, v.	7 j. ss. Félic. et P.	7 D. Rameaux.	7 m. Transf. s Etienne	7 v. st Robert.
8 l. st Lucien, m.	8 j. st Jean de M.	8 v. st Jean de D.q.-t.	8 l. st Gautier.	8 m. st Orens, év.	8 s. st Médard, év.
9 m. st Julien, hosp.	9 v. ste Apollonie.	9 s. ste François.q.-t.	9 m. st Isidore.	9 j. st Grégoire, év.	9 D. Trinité.
10 m. st Paul, ermite.	10 s. ste Scolastique.	10 D. Reminiscere.	10 m. st Macaire.	10 v. st Gordien.	10 l. st Landry.
11 j. st Hygien, pape.	11 D. Septuagésime.	11 l. st Sophrone.	11 j. st Léon, p.	11 s. st Mamert.	11 m. st Barnabé.
12 v. st Fréjus, év.	12 l. ste Eulalie.	12 m. st Maximilien.	12 v. Vendredi-Saint.	12 D. st Pacôme.	12 m. st Basilide.
13 s. Baptême de N. S	13 m. st Lésin.	13 m. st Nicéphore.	13 s. st Justin, m.	13 l. st Cuésime	13 j. Fête-Dieu.
14 D. st Hilaire, év.	14 m. st Valentin.	14 j. ste Mathilde.	14 D. PAQUES.	14 m. st Boniface.	14 v. st Valère, m.
15 l. st Maur, abbé.	15 j. st Faustin.	15 v. st Zacharie.	15 l. st Paterne.	15 m. st Honoré.	15 s. st Guy, m.
16 m. st Fulgence, év.	16 v. ste Julienne.	16 s. st Enzébie, v.	16 m. st Fructueux.	16 j. st Germier, év.	16 D. ss. Cyr et Julitte.
17 m. st Antoine, ab.	17 s. st Sylvin, év.	17 D. Oculi.	17 m. st Anicet.	17 v. st Pascal.	17 l. st Avit, abbé.
18 j. Chaire st P. à R.	18 D. Sexagésime.	18 l. st Alexandre.	18 j. st Parfait.	18 s. st Venant. q.-t.	18 m. st Emile, m.
19 v. st Sulpice, év.	19 l. st Gabin.	19 m. st Gaspard.	19 v. st Elphège.	19 D. st Pierre C. q.-t.	19 m. ss Gervais et Pro.
20 s. st Sébastien, m.	20 m. st Eucher, év.	20 m. st Wulf au.	20 s. st Joseph.	20 l. Rogations.	20 j. st Romuald.
21 D. ste Agnès, v.	21 m. st Sévérien.	21 j. st Benoît.	21 D. Quasimodo.	21 m. st Hospice.	21 v. st Louis de Gonz.
22 l. st Vincent, m.	22 j. st Maxime.	22 v. st Paul, év.	22 l. ste Opportune.	22 m. ste Julie.	22 s. st Paulin, év.
23 m. st Fabien, pape.	23 v. st Pascase.	23 s. st Fidèle.	23 m. st Georges, m.	23 j. ASCENSION.	23 D. st Leufroy.
24 m. st Timothée, év.	24 s. st Mathias.	24 D. Lætare.	24 m. st Phébade, év.	24 v. st François R.	24 l. st Jean-Baptiste.
25 j. Conv. de st Paul.	25 D. Quinquagésie.	25 l. Annonciation.	25 j. ste Marc, évang.	25 s. st Urbain, pape.	25 m. ste Fébronie.
26 v. ste Paule, veuve.	26 l. st Nestor.	26 m. st Ludger.	26 v. st Clet, pape.	26 D. st Philippe de N.	26 m. st Maixent.
27 s. ss. Martyrs rom.	27 m. ste Honorine.	27 m. st Rupert, év.	27 s. st Polycarpe.	27 l. st Hildebert.	27 j. st Crescent, év.
28 D. st Crville, év.	28 m. Cendres.	28 j. st Gontrand.	28 D. ss. Martyrs d'Aff.	28 m. st Guilhaume.	28 v. st Irénée, év.
29 l. st François de S.	29 j. st Romain.	29 v. st Eustase.	29 l. ste Marie Egypt.	29 m. st Maximin.	29 s. ss. Pierre et Paul
30 m. ste Bathilde.		30 s. st Jean Climaque.	30 m. st Eutrope, év.	30 j. st Félix, p.	30 D. Comm. de s Paul.
31 m. st Pierre Nolasq.		31 D. Passion.		31 v. st Sylve, év.	

JUILLET	AOUT	SEPTEMBRE	OCTOBRE	NOVEMBRE	DÉCEMBRE
1 l. st Martial, év.	1 j. st Pierre-ès-liens	1 D. st Gilis, abbé.	1 m. st Rémy, év.	1 v. TOUSSAINT.	1 D. Avent.
2 m. Visitation N. D.	2 v. st Etienne, pape.	2 l. st Antonin, m.	2 m. ss. Anges gard.	2 s. Les Morts.	2 l. st François Xav.
3 m. st Anatole.	3 s. Inv. st Etienne.	3 m. st Grégoire, pap.	3 j. st Trophime, év.	3 D. st Papoul, m.	3 m. st Acthème.
4 j. st Théodore.	4 D. s Dominique.	4 m. st Lazare.	4 v. st François-d'As.	4 l. st Charles Borro.	4 m. ste Barbe, v.
5 v. ste Zoé.	5 l. st Félix, m.	5 j. st Victorin, év.	5 s. st Placide, m.	5 m. ste Bertile, v.	5 j. st Sabbas, abbé.
6 s. st Tranquillin.	6 m. Trans. de N. S.	6 v. st Eugène, m.	6 D. st Bruno, moine.	6 m. st Léonard.	6 v. ste Victoire, v.
7 D. st Prosper, doct.	7 m. st Sixte, pape.	7 s. st Cloud, prêtre	7 l. ste Foi, v. m.	7 j. st Ernest, abbé.	7 s. st Nicolas, év.
8 l. ste Elisabeth, r.	8 j. ss. Just. et Past.	8 D. Nativ. de la V.	8 m. ste Brigitte.	8 v. stes Reliques.	8 D. Concep. N. D.
9 m. st Ephrem.	9 v. st Vittice, év.	9 l. st Omer, év.	9 m. st Denis, év.	9 s. st Austremoine.	9 l. ste Léocadie, v.
10 m. Sept-Frères M.	10 s. ste Philomène.	10 m. st Salvi, év.	10 j. st François de B.	10 D. st Léon, pape.	10 m. st Hubert.
11 j. Trans. st Benoît.	11 D. ste Suzanne, m.	11 m. st Patient.	11 v. st Nicaise.	11 l. st Martin, év.	11 m. st Damase, pape.
12 v. st Honeste, pr.	12 l. ste Claire, v.	12 j. st Sordat, év.	12 s. st Donatien.	12 m. st Martin, pape.	12 j. st Paul, év.
13 s. st Amaclet.	13 m. ste Radegonde, r.	13 v. st Aimé, abbé.	13 D. st Géraud.	13 m. st Stanislas.	13 v. ste Luce, v. m.
14 D. st Bonaventure.	14 m. st Eusèbe. v.-j.	14 s. Exalt. Ste-Croix	14 l. st Caliste.	14 j. Claude, m.	14 s. st Honorat, év.
15 l. st Henri.	15 j. Assomption	15 D. ste Cantelle.	15 m. ste Thérèse, v.	15 v. st Malo, év.	15 D. st Mesmin.
16 m. N.-D. du M.-Car.	16 v. st Roch.	16 l. st Jean Chrysost.	16 m. st Bertrand, év.	16 s. st Eucher.	16 l. ste Adélaïde.
17 m. st Espérat, m.	17 s. st Alexis.	17 m. st Conville.	17 j. st Gaudéric.	17 D. st Asciscle, m.	17 m. ste Olimpie.
18 j. st Thomas d'Aq.	18 D. ste Hélène.	18 m. Quatre-Temps.	18 v. st Luc, évang.	18 l. st Odon, abbé.	18 m. Quatre-Temps.
19 v. st Vincent de P.	19 l. st Louis, év.	19 j. ste Camelle.	19 s. st Pierre d'Alc.	19 m. ste Elizabeth.	19 j. st Gratien.
20 s. ste Marguerite.	20 m. st Bernard, ab.	20 v. st Eustache.q.-t.	20 D. st Caprais, év.	20 m. st Edmond.	20 v. st Philogon.q.-t.
21 D. st Victor, m.	21 m. st Privat, év.	21 s. st Mathieu. q.-t.	21 l. ste Ursule, v.	21 j. Présent. N. D.	21 s. st Thomas. q.-t.
22 l. ste Madeleine.	22 j. st Symphorien.	22 D. st Maurice.	22 m. st Mellon.	22 v. ste Cécile, v.	22 D. st Yves, év.
23 m. st Appollinaire.	23 v. ste Jeanne.	23 l. ste Thècle.	23 m. st Sévérin.	23 s. st Clément, pap.	23 l. ste Anastas.
24 m. ste Christine, v.	24 s. st Barthélemy, a.	24 m. st Yzara.	24 j. st Eambert, év.	24 D. ste Flore, v.	24 m. ste Delphine,v.-j.
25 j. st Jacques, ap.	25 D. st Louis, roi.	25 m. st Firmin, év.	25 v. ss. Crépin et Cré.	25 l. ste Catherine, v.	25 m. NOEL.
26 v. ste Anne.	26 l. st Zéphirin.	26 j. ste Justine.	26 s. ste Rustique.	26 m. st Lin, pape.	26 j. st Etienne, m.
27 s. st Pantaléon.	27 m. st Césaire, év.	27 v. ss. Côme et Dam	27 D. st Frumence.	27 m. ss Vital et Agri.	27 v. st Jean, évang.
28 D. st Nazaire, m.	28 m. st Augustin, év.	28 s. st Exupère, év.	28 l. ss. Simon et Jude	28 j. st Maxime.	28 s. ss. Innocents.
29 l. st Loup, évêque.	29 j. Déc. dest J.-Bapt.	29 D. st Michel, év.	29 m. st Narcisse.	29 v. st Saturnin, év.	29 D. st Thomas, év.
30 m. st Germain, év.	30 v. st Gandens.	30 l. st Jérôme, prêt.	30 m. st Lucain, m.	30 s. st André, ap.	30 l. st Sabin, év.
31 m. st Ignace, pr.	31 s. ste Florentine.		31 j. Vigile Jeûne.		31 m. st Sylvestre, p.

Toulouse. — Imprimerie de Rives et Faget, rue Tripière, 9.

Calendrier Perpétuel, Civil et Ecclésiastique.

JANVIER	FÉVRIER	MARS	AVRIL	MAI	JUIN
1 v. Circoncision.	1 l. st Ignace, m.	1 m. st Aubin, év.	1 v. Vendredi-Saint	1 D. st Hugues, év.	1 m. st Pamphile.
2 s. st Bazile.	2 m. Purification.	2 m. st Symplicien.	2 s. st François de P.	2 l. Invent. ste Croix	2 j. Fête-Dieu.
3 D. ste Geneviève.	3 m. st Blaise, év.	3 j. ste Cunégonde.	3 D. Pâques.	3 m. ste Monique.	3 v. ste Clotilde.
4 l. st Rigobert.	4 j. st Gilbert.	4 v. st Casimir.	4 l. st Ambroise, év.	4 m. ste Monique.	4 s. st Quirin.
5 m. st Siméon, styl.	5 v. ste Agathe, v.	5 s. st Phocas.	5 m. st Vincent Fer.	5 j. st Théodard, év.	5 D. st Claude.
6 m. Épiphanie.	6 s. st Amand.	6 D. Oculi.	6 m. st Prudence.	6 v. st Jean P. L.	6 l. st Norbert.
7 j. st Théau.	7 D. Sexagésime.	7 l. ss. Félic. et P.	7 j. st Hégésippe.	7 s. Transf. st Etienne	7 m. st Robert.
8 v. st Lucien, m.	8 l. st Jean de M.	8 m. st Jean de D.	8 v. st Gautier, abbé.	8 D. st Orens, év.	8 m. st Médard.
9 s. st Julien, hosp.	9 m. ste Appollonie.	9 m. ste Françoise.	9 s. st Isidore.	9 l. Rogations.	9 j. st Félicien.
10 D. st Paul, ermite.	10 m. ste Scolastique.	10 j. st Droctovée.	10 D. Quasimodo.	10 m. st Gordien.	10 v. st Landry.
11 l. st Hygien, pape.	11 j. st Benoît, abbé.	11 v. ste Sophronie.	11 l. st Léon, p.	11 m. st Mamert.	11 s. st Barnabé.
12 m. st Fréjus, év.	12 v. ste Eulalie, v.	12 s. st Maximilien.	12 m. st Jules.	12 j. Ascension.	12 D. st Basilide.
13 m. Baptême de N.S.	13 s. st Lézin.	13 D. Lætare.	13 m. st Justin, m.	13 v. st Onésime.	13 l. st Aventin.
14 j. st Hilaire, év.	14 D. Quinquagésime.	14 l. ste Mathilde.	14 j. st Tiburce.	14 s. st Boniface.	14 m. st Valère.
15 v. st Maur, abbé.	15 l. st Faustin.	15 m. st Zacharie.	15 v. st Paterne.	15 D. st Germier.	15 m. st Guy, m.
16 s. st Fulgence, év.	16 m. ste Julienne.	16 m. st Euzébie.	16 s. st Fructueux.	16 l. st Honoré.	16 j. ss. Cyr et Julitte.
17 D. st Antoine, ab.	17 m. Cendres.	17 j. st Patrice.	17 D st Anicet.	17 m. st Pascal	17 v. st Avit, abbé.
18 l. Chaire st P. à R.	18 j. st Siméon, év.	18 v. st Alexandre.	18 l. st Parfait.	18 m. st Venant.	18 s. st Emile, m.
19 m. st Sulpice, év.	19 v. st Gabin.	19 s. st Gaspard.	19 m. st Elphége.	19 j. st Pierre Célest.	19 D. ss. G. et P.
20 m. st Sébastien, m.	20 s. st Eucher.	20 D. Passion.	20 m. st Joseph.	20 v. st Hilaire, év.	20 l. st Romuald.
21 j. ste Agnès, v.	21 D. Quadragésime.	21 l. st Benoît.	21 j. st Anselme.	21 s. st Hospice. v.-j.	21 m. st Louis de G.
22 v. st Vincent, m.	22 l. st Maxime.	22 m. st Paul, év.	22 v. ste Opportune.	22 D. Pentecôte	22 m. st Paulin, év.
23 s. st Fabien, pape.	23 m. st Pascase.	23 m. st Fidèle.	23 s. st Georges, m.	23 l. st Didier.	23 j. st Leufroy.
24 D. st Timothée, év.	24 m. Quatre-Temps.	24 j. st Gabriel.	24 D. st Phebade, év.	24 m. st François.	24 v. st Jean-Baptiste.
25 l. Conv. de st Paul.	25 j. st Valburge.	25 v. Annonciation.	25 l. st Marc, évang.	25 m. Quatre-Temps.	25 s. ste Fébronie.
26 m. ste Paule, veuve.	26 v. st Nestor. q.-t.	26 s. st Ludger.	26 m. st Clet, pape.	26 j. st Philippe N.	26 D. st Maixent.
27 m. ss. Martyrs rom.	27 s. ste Honorine q.-t.	27 D. Rameaux.	27 m. st Policarpe.	27 v. st Hildebert. q.-t.	27 l. st Cressent, év.
28 j. st Cyrille, év.	28 D. Reminiscere.	28 l. st Gontrand.	28 j. ss Martyrs d'Aff.	28 s. st Guilhaume q.-t.	28 m. st Irénée, év.
29 v. st François de S.	29 l. st Romain.	29 m. st Eustase.	29 v. ste Marie Egypt.	29 D. Trinité.	29 m. ss. Pierre et Paul.
30 s. ste Bathilde.		30 m. st Jean Climaq.	30 s. st Eutrope, év.	30 l. st Félix, p.	30 j. Comm. st Paul.
31 D. Septuagésime.		31 j. st Acace, év.		31 m. st Sylve, év.	

JUILLET	AOUT	SEPTEMBRE	OCTOBRE	NOVEMBRE	DÉCEMBRE
1 v. st Martial, év.	1 l. st Pierre-ès-liens.	1 j. st Gilis, abbé.	1 s. st Rémi, év.	1 m. Toussaint.	1 j. st Eloi, év.
2 s. Visitation N. D.	2 m. st Etienne, pape.	2 v. st Antonin, m.	2 D. ss Anges gard.	2 m. Les Morts.	2 v. st François Xav.
3 D. st Anatole.	3 m. Inven. st Etienne.	3 s. st Grégoire, pap.	3 l. st Trophime, év.	3 j. st Papoul, m.	3 s. st Anthème.
4 l. st Théodore.	4 j. st Dominique.	4 D. st Lazare.	4 m. st François-d'As.	4 v. st Charles Borr.	4 D. ste Barbe, v.
5 m. ste Zoé.	5 v. st Félix, m.	5 l. st Victorin, év.	5 m. st Placide, m.	5 s. ste Bertile, v.	5 l. st Sabas, abbé.
6 m. st Fulgence.	6 S. Trans. de N. S.	6 m. st Eugène, m.	6 j. st Bruno, moine.	6 D. st Léonard.	6 m. ste Victoire, v.
7 j. st Prosper, doct.	7 D. st Xiste, pape.	7 m. st Cloud prô.	7 v. ste Foi, v. m.	7 l. st Ernest, abbé.	7 m. st Nicolas, év.
8 v. ste Virginie, r.	8 l. ss Just et Past.	8 j. Nativité de la V.	8 s. ste Brigitte.	8 m. stes Reliques.	8 j. Concep. N. D.
9 s. st Ephrem.	9 m. st Vitrice, év.	9 v. st Omer, év.	9 D. st Denis, év.	9 m. st Austremoine.	9 v. ste Léocadie, v.
10 D. Sept-Frères M.	10 m. ste Philomène.	10 s. st Salvi, év.	10 l. st François de B.	10 j. st Léon, pape.	10 s. st Hubert.
11 l. Trans. st Benoît.	11 j. ste Suzanne, m.	11 D. st Patient.	11 m. st Julien.	11 v. st Martin, év.	11 D. st Damase, pape.
12 m. St Honeste, pr.	12 v. ste Claire, vierge.	12 l. st Sacdot, év.	12 m. st Donatien.	12 s. st Martin, pape.	12 l. st Paul, év.
13 m. st Anaclet.	13 s. ste Radegonde, r.	13 m. st Aimé, abbé.	13 j. st Géraud.	13 D. st Stanislas.	13 m. ste Luce, v. m.
14 j. st Bonaventure.	14 D. st Eusèbe. V.-J.	14 m. Exalt. ste Croix	14 v. st Caliste.	14 l. st Claude.	14 m. Quatre-Temps.
15 v. st Henri.	15 l. Assomption.	15 j. st Achard, abbé.	15 s. ste Thérèse, v.	15 m. st Malo, év.	15 j. st Mesmin, abbé.
16 s. Notre-D. de M. C.	16 m. st Roch.	16 v. st Jean Chrysost.	16 D. st Bertrand, év.	16 m. st Eucher.	16 v. ste Adélaïde. q.-t.
17 D. st Esperat, m.	17 m. st Alexis.	17 s. st Corneille.	17 l. st Gauderic.	17 j. st Asciscle, m.	17 s. ste Olimpie. q.-t.
18 l. st Thomas d'Aq.	18 j. ste Hélène.	18 D. ste Camelle.	18 m. st Luc, évang.	18 v. st Odon, abbé.	18 D. st Gratien.
19 m. st Vincent-de-P.	19 v. st Louis, év.	19 l. st Cyprien.	19 m. st Pierre d'Alc.	19 s. ste Elisabeth.	19 l. st Grégoire.
20 m. ste Marguerite.	20 s. st Bernard, ab.	20 m. st Eustache.	20 j. st Caprais, év.	20 D. st Edmond.	20 m. st Philogon.
21 j. st Victor, m.	21 D. st Privat, év.	21 m. Quatre-Temps.	21 v. ste Ursule, v.	21 l. Présent. N. D.	21 m. st Thomas.
22 v. ste Madeleine.	22 l. st Symphorien.	22 j. st Maurice.	22 s. st Mellon.	22 m. ste Cécile, v.	22 j. st Yves, év.
23 s. st Appollinaire.	23 m. ste Jeanne.	23 v. ste Thècle. q.-t.	23 D. st Sévérin.	23 m. st Clément, papd.	23 v. ste Anastas.
24 D. ste Christine, v.	24 m. st Barthélemi, ap.	24 s. st Yzarn. q.-t.	24 l. st Erambert, év.	24 j. ste Flore, v.	24 s. ste Delphine. v.-j.
25 l. st Jacques, apôt.	25 j. st Louis, roi.	25 D. st Firmin, év.	25 m. ss Crépin et Cré.	25 v. ste Catherine, v.	25 D. Noel.
26 m. ste Anne.	26 v. st Zéphirin.	26 l. ste Justine.	26 m. ste Rustique.	26 s. st Lin, pape.	26 l. st Etienne, m.
27 m. st Pantaléon.	27 s. st Césaire, év.	27 m. ss Come et Dam.	27 j. st Frumence.	27 D. Avent.	27 m. st Jean, évang.
28 j. st Nazaire, m.	28 D. st Augustin, év.	28 m. st Exupère, ev.	28 v. ss Simon et Jude.	28 l. st Sosthène.	28 m. ss Innocents.
29 v. st Loup, év.	29 l. Déco. de st J.-B.	29 j. st Michel.	29 s. st Narcisse.	29 m. st Saturnin, év.	29 j. st Thomas, év.
30 s. st Germain, év.	30 m. st Gaudens.	30 v. st Jérôme, pr.	30 D. st Quentin, m.	30 m. st André, ap.	30 v. st Sabin, év.
31 D. st Ignace, pr.	31 m. ste Florentine.		31 l. Vigile-Jeûne.		31 s. st Sylvestre, p.

Calendrier Perpétuel, Civil et Ecclésiastique.

JANVIER	FÉVRIER	MARS	AVRIL	MAI	JUIN
1 m. Circoncision.	1 s. st Ignace, m.	1 D. Quinquagésime.	1 m. st Hugues.	1 v. ss Philippe et Jac.	1 l. st Pamphile.
2 j. st Bazile.	2 D. Purification.	2 l. st Simplicien.	2 j. st François de P.	2 s. st Athanase, év.	2 m. st Pothin, év.
3 v. ste Geneviève.	3 l. st Blaise, év.	3 m. ste Cunégonde.	3 v. st Richard.	3 D. Invent. ste Croix.	3 m. ste Clotilde.
4 s. st Rigobert.	4 m. st Gilbert.	4 m. Cendres.	4 s. st Ambroise.	4 l. ste Monique.	4 j. st Quirin, m.
5 D. st Siméon, styl.	5 m. ste Agathe, v.	5 j. st Phocas.	5 D. Passion.	5 m. st Théodard, év.	5 v. st Claude.
6 l. Épiphanie.	6 j. st Amand, év.	6 v. ste Colette.	6 l. st Prudence.	6 m. st Jean P. L.	6 s. st Norbert. v.-j.
7 m. st Théau.	7 v. ste Dorothée, v.	7 s. ss. Félic. et P.	7 m. st Hégésippe.	7 j. Transf. s Etienne	7 D. Pentecôte.
8 m. st Lucien, m.	8 s. st Jean de M.	8 D. Quadragésime.	8 m. st Gautier.	8 v. st Orens, év.	8 l. st Médard, év.
9 j. st Julien, hosp.	9 D. ste Apollonie.	9 l. ste Françoise.	9 j. st Isidore.	9 s. st Grégoire, év.	9 m. st Félicien, m.
10 v. st Paul, ermite.	10 l. ste Scolastique.	10 m. st Blanchard.	10 v. st Macaire.	10 D. st Gordien.	10 m. Quatre-Temps.
11 s. st Hygien, pape.	11 m. st Benoît, abbé	11 m. Quatre-Temps.	11 s. st Léon, p.	11 l. st Mamert.	11 j. st Barnabé.
12 D. st Fréjus, év.	12 m. ste Eulalie.	12 j. st Maximilien.	12 D. Rameaux.	12 m. st Pacôme.	12 v. st Basilide. q.-t.
13 l. Baptême de N. S.	13 j. st Lésin.	13 v. st Nicéphore.-t.	13 l. st Justin, m.	13 m. st Onésime	13 s. st Aventin. q.-t.
14 m. st Hilaire, év.	14 v. st Valentin.	14 s. ste Mathilde.q.-t.	14 m. st Tiburge.	14 j. st Boniface.	14 D. Trinité.
15 m. st Maur, abbé.	15 s. st Faustin.	15 D. Reminiscere.	15 m. st Paterne.	15 v. st Honoré.	15 l. st Guy, m.
16 j. st Fulgence, év.	16 D. Septuagésime.	16 l. st Euzébie, v.	16 j. st Fructueux.	16 s. st Germier, év.	16 m. ss. Cyr et Julitte.
17 v. st Antoine, ab.	17 l. st Sylvin, év.	17 m. st Patrice, év.	17 v. Vendredi-Saint.	17 D. st Pascal.	17 m. st Avit, abbé.
18 s. Chaire st P. à R.	18 m. st Siméon, év.	18 m. st Alexandre.	18 s. st Parfait.	18 l. st Venant.	18 j. Fête-Dieu.
19 D. st Sulpice, év.	19 m. st Gabin.	19 j. st Gaspard.	19 D. Pâques.	19 m. st Pierre C.	19 v. ss Gervais et Pro.
20 l. st Sébastien, m.	20 j. st Eucher, év.	20 v. st Wulfran.	20 l. st Joseph.	20 m. st Hilaire, év.	20 s. st Romuald.
21 m. ste Agnès, v.	21 v. st Séverien.	21 s. st Benoît.	21 m. st Anselme.	21 j. st Hospice.	21 D. st Louis de Gonz.
22 m. st Vincent, m.	22 s. st Maxime.	22 D. Oculi.	22 m. ste Opportune.	22 v. ste Julie.	22 l. st Paulin, év.
23 j. st Fabien, pape.	23 D. Sexagésime.	23 l. st Fidèle.	23 j. st Georges, m.	23 s. st Didier.	23 m. st Leufroy.
24 v. st Timothée, év.	24 l. st Mathias.	24 m. st Gabriel.	24 v. st Phebade, év.	24 D. st François R.	24 m. st Jean-Baptiste.
25 s. Conv. de st Paul.	25 m. st Valburge.	25 m. Annonciation.	25 s. st Marc, évang.	25 l. Rogations.	25 j. ste Fébronie.
26 D. ste Paule, veuve.	26 m. st Nestor.	26 j. st Ludger.	26 D. Quasimodo.	26 m. st Philippe de N.	26 v. st Maixent.
27 l. ss. Martyrs rom.	27 j. ste Honorine.	27 v. st Rupert, év.	27 l. st Polycarpe.	27 m. st Hildebert.	27 s. st Croscent, év.
28 m. st Cyrille, év.	28 v. ss. Martyrs d'Al.	28 s. st Gontrand.	28 m. ss. Martyrs d'Afr.	28 j. st Germain.	28 D. st Irénée, év.
29 m. st François de S.	29 s. st Romain.	29 D. Lætare.	29 m. ste Marie Égypt.	29 v. st Maximin.	29 l. ss. Pierre et Paul
30 j. ste Bathilde.		30 l. st Jean Climaque.	30 j. st Eutrope, év.	30 s. st Félix, p.	30 m. Comm. des Paul.
31 v. st Pierre Nolasq.		31 m. st Acace, év.		31 D. st Sylve, év.	

JUILLET	AOUT	SEPTEMBRE	OCTOBRE	NOVEMBRE	DÉCEMBRE
1 m. st Martial, év.	1 s. st Pierre-ès-liens	1 m. st Gilis, abbé.	1 j. st Rémy, év.	1 D. Toussaint.	1 m. st Eloi, év.
2 j. Visitation N. D.	2 D. st Etienne, pape.	2 m. st Antonin, m.	2 v. ss. Anges gard.	2 l. Les Morts.	2 m. st François Xav.
3 v. st Anatole.	3 l. Inv. st Etienne.	3 j. st Grégoire, pap.	3 s. st Trophime, év.	3 m. st Papoul, m.	3 j. st Anthème.
4 s. st Théodore.	4 m. st Dominique.	4 v. ste Lazare.	4 D. st François-d'As.	4 m. st Charles Borro.	4 v. ste Barbe, v.
5 D. ste Zoé.	5 m. st Félix, m.	5 s. st Victorin, év.	5 l. st Placide, m.	5 j. ste Bertile, v.	5 s. st Sabbas, abbé.
6 l. st Tranquillin.	6 j. Trans. de N. S.	6 D. st Eugène, m.	6 m. st Bruno, moine.	6 v. st Léonard.	6 D. ste Viclaire, év.
7 m. st Prosper, doct.	7 v. st Sixte, pape.	7 l. st Cloud, prêtre.	7 m. ste Foi, v. m.	7 s. st Ernest, abbé.	7 l. st Nicolas, év.
8 m. ste Elisabeth, r.	8 s. ss. Just. et Past.	8 m. Nativ. de la V.	8 j. ste Brigitte.	8 D. stes Reliques.	8 m. Concep. N. D.
9 j. st Ephrem.	9 D. st Vitrice, év.	9 m. st Omer, év.	9 v. st Denis, év.	9 l. st Austremoine.	9 m. ste Léocadie, v.
10 v. Sept-Frères M.	10 l. st Laurent, m.	10 j. st Salvi, év.	10 s. st François de B.	10 m. st Léon, pape.	10 j. st Hubert.
11 s. Trans. st Benoît.	11 m. ste Suzanne, m.	11 v. st Patient.	11 D. st Julien.	11 m. st Martin, év.	11 v. st Damase, pape.
12 D. st Honeste, pr.	12 m. ste Claire, v.	12 s. st Serdot, év.	12 l. st Donatien.	12 j. st Martin, pape.	12 s. st Paul, év.
13 l. st Anaclet.	13 j. st Radegonde, r.	13 D. st Aimé, abbé.	13 m. st Géraud.	13 v. st Stanislas.	13 D. ste Luce, v. m.
14 m. st Bonaventure.	14 v. st Eusèbe. v.-j.	14 l. Exalt. Ste-Croix	14 m. st Calixte.	14 s. st Claude, m.	14 l. st Honorat, év.
15 m. st Henri.	15 s. Assomption.	15 m. ste Camelie.	15 j. ste Thérèse, v.	15 D. st Malo, év.	15 m. st Mesmin.
16 j. N.-D. du M.-Car.	16 D. st Roch.	16 m. Quatre-Temps.	16 v. st Bertrand, év.	16 l. st Eucher.	16 m. Quatre-Temps.
17 v. st Espérat, m.	17 l. st Alexis.	17 j. st Corneille.	17 s. st Gauderic.	17 m. st Asciscle, m.	17 j. ste Olimpie.
18 s. st Thomas d'Aq.	18 m. ste Hélène.	18 v. ste Camelie.q.-t.	18 D. st Luc, évang.	18 m. st Odon, abbé.	18 v. st Gratien. q.-t.
19 D. st Vincent de P.	19 m. st Louis, év.	19 s. st Cyprien. q.-t.	19 l. st Pierre d'Alc.	19 j. ste Elizabeth.	19 s. st Gratien. q.-t.
20 l. ste Marguerite.	20 j. st Bernard, ab.	20 D. st Eustache.	20 m. st Caprais, év.	20 v. st Edmond.	20 D. st Philogon.
21 m. st Victor, m.	21 v. st Privat, év.	21 l. st Mathieu.	21 m. ste Ursule, v.	21 s. Présent. N. D.	21 l. st Thomas.
22 m. ste Madeleine.	22 s. st Symphorien.	22 m. st Maurice.	22 j. st Mellon.	22 D. ste Cécile, v.	22 m. st Yves, év.
23 j. st Appollinaire.	23 D. ste Jeanne.	23 m. ste Thècle.	23 v. st Séverin.	23 l. st Clément, pap.	23 m. ste Anastas.
24 v. ste Christine, v.	24 l. st Barthélemy, a.	24 j. st Yzarn.	24 s. st Érambert, év.	24 m. ste Flore, v.	24 j. ste Delphine, v.-j.
25 s. st Jacques, ap.	25 m. st Louis, roi.	25 v. st Firmin, év.	25 D. ss. Crépin et Cré.	25 m. ste Catherine, v.	25 v. Noel.
26 D. ste Anne.	26 m. st Zéphirin.	26 s. ste Justine.	26 l. st Rustique.	26 j. st Lin, pape.	26 s. st Etienne, m.
27 l. st Pantaléon.	27 j. st Césaire, év.	27 D. ss. Come et Dam.	27 m. st Frumence.	27 v. ss Vital et Agri.	27 D. st Jean, évang.
28 m. st Nazaire, m.	28 v. st Augustin, év.	28 l. st Exupère, év.	28 m. ss. Simon et Jude	28 s. st Maxime.	28 l. ss. Innocents.
29 m. st Loup; évêq.	29 D. Déc. dest J.-Bapt.	29 m. st Michel, arc.	29 j. st Narcisse.	29 D. Avent.	29 m. st Thomas, év.
30 j. st Germain, év.	30 l. st Gaudens.	30 m. st Jérôme, prêt.	30 v. st Quentin, m.	30 l. st André, ap.	30 m. st Sabin, év.
31 v. st Ignace, pr.	31 l. ste Florentine.		31 s. Vigile-Jeûne.		31 j. st Sylvestre, p.

Calendrier Perpétuel, Civil et Ecclésiastique.

JANVIER	FÉVRIER	MARS	AVRIL	MAI	JUIN
1 v. Circoncision.	1 l. st Ignace, m.	1 m. st Aubin, év.	1 v. st Hugues, év.	1 D. Quasimodo.	1 m. st Pamphile.
2 s. st Bazile.	2 m. Purification.	2 m. st Symplicien.	2 s. st François de P.	2 l. Invent. ste Croix	2 j. Ascension.
3 D. ste Geneviève.	3 m. st Blaise, év.	3 j. ste Cunégonde.	3 D. Lætare.	3 m. ste Monique.	3 v. ste Clotilde.
4 l. st Rigobert.	4 j. st Gilbert.	4 v. st Casimir.	4 l. st Ambroise, év.	4 m. ste Monique.	4 s. st Quirin.
5 m. st Siméon, styl.	5 v. ste Agathe, v.	5 s. st Phocas.	5 m. st Vincent Fer.	5 j. st Théodard, év.	5 D. st Claude.
6 m. Epiphanie.	6 s. st Amand.	6 D. Quinquagésime.	6 m. st Prudence.	6 v. st Jean P. L.	6 l. st Norbert.
7 j. st Théau.	7 D. ste Dorothée, v.	7 l. ss. Félic. et P.	7 j. st Hégésippe.	7 s. Transf. st Etienne	7 m. st Robert.
8 v. st Lucien, m.	8 l. st Jean de M.	8 m. st Jean de D.	8 v. st Gautier, abbé.	8 D. st Orens, év.	8 m. st Médard.
9 s. st Julien, hosp.	9 m. ste Appollonie.	9 m. Cendres.	9 s. st Isidore.	9 l. st Grégoire, év.	9 j. st Félicien.
10 D. st Paul, ermite.	10 m. ste Scolastique.	10 j. st Droctovée.	10 D. Passion.	10 m. st Gordien.	10 v. st Landry.
11 l. st Hygien, pape.	11 j. st Benoît, abbé.	11 v. ste Sophronc.	11 l. st Léon, p.	11 m. st Mamert.	11 s. st Barnabé. v.-j.
12 m. st Fréjus, év.	12 v. ste Eulalie, v.	12 s. st Maximilien.	12 m. st Jules.	12 j. st Pacôme, ab.	12 D. Pentecôte
13 m. Baptême de N.S.	13 s. st Lézin.	13 D. Quadragésime.	13 m. st Justin, m.	13 v. st Onésime.	13 l. st Aventin.
14 j. st Hilaire, év.	14 D. st Valentin.	14 l. ste Mathilde.	14 j. st Tiburce.	14 s. st Boniface.	14 m. st Valère.
15 v. st Maur, abbé.	15 l. st Faustin.	15 m. st Zacharie.	15 v. st Paterne.	15 D. st Germier.	15 m. Quatre-Temps.
16 s. st Fulgence, év.	16 m. ste Julienne.	16 m. Quatre-Temps.	16 s. st Fructueux.	16 l. st Honoré.	16 j. ss. Cyr et Julitte.
17 D. st Antoine, ab.	17 m. st Sylvin.	17 j. st Patrice.	17 D. Rameaux.	17 m. st Pascal.	17 v. st Avit, abbé. q.-t.
18 l. Chaire st P. à R.	18 j. st Siméon, év.	18 v. st Alexandre. q.-t.	18 l. st Parfait.	18 m. st Venant.	18 s. st Emile, m. q.-t.
19 m. st Sulpice, év.	19 v. st Gabin.	19 s. st Gaspard. q.-t.	19 m. st Elphège.	19 j. st Pierre Célest.	19 D. Trinité.
20 m. st Sébastien, m.	20 s. st Eucher.	20 D. Reminiscere.	20 m. st Joseph.	20 v. st Hilaire, év.	20 l. st Romuald.
21 j. ste Agnès, v.	21 D. Septuagésime.	21 l. st Benoît.	21 j. st Anselme.	21 s. st Hospice.	21 m. st Lonis de G.
22 v. st Vincent, m.	22 l. st Maxime.	22 m. st Paul, év.	22 v. Vendredi-Saint.	22 D. ste Julie.	22 m. st Paulin, év.
23 s. st Fabien, pape.	23 m. st Pascase.	23 m. st Fidèle.	23 s. st Georges, m.	23 l. st Didier.	23 j. Fête-Dieu.
24 D. st Timothée, év.	24 m. st Mathias, ap.	24 j. st Gabriel.	24 D. Paques.	24 m. st François Rég.	24 v. st Jean-Baptiste.
25 l. Conv. de st Paul.	25 j. st Valburge.	25 v. Annonciation.	25 l. st Marc, évang.	25 m. st Urbain, pape.	25 s. ste Fébronie.
26 m. ste Paule, veuve.	26 v. st Nestor.	26 s. st Ludger.	26 m. st Clet, pape.	26 j. st Philippe N.	26 D. st Maixent.
27 m. ss. Martyrs rom.	27 s. st Honorine.	27 D. Oculi.	27 m. st Policarpe.	27 v. st Hildebert.	27 l. st Cressent, év.
28 j. st Cyrille, m.	28 D. Sexagésime.	28 l. st Goutrand.	28 j. ss Martyrs d'Aff.	28 s. st Guilhaume.	28 m. st Irénée, év.
29 v. st François de S.	29 l. st Romain.	29 m. st Eustase.	29 v. ste Marie Egypt.	29 D. st Maximin.	29 m. ss. Pierre et Paul.
30 s. ste Bathilde.		30 m. st Jean Climaq.	30 s. st Eutrope, év.	30 l. Rogations.	30 j. Comm. st Paul.
31 D. st Pierre Nolasq.		31 j. st Acace, év.		31 m. st Sylve, év.	

JUILLET	AOUT	SEPTEMBRE	OCTOBRE	NOVEMBRE	DÉCEMBRE
1 v. st Martial, év.	1 l. st Pierre-ès-liens.	1 j. st Gilis, abbé.	1 s. st Rémi, év.	1 m. Toussaint.	1 j. st Eloi, év.
2 s. Visitation N. D.	2 m. st Etienne, pape.	2 v. st Antonin, m.	2 D. ss Anges gard.	2 m. Les Morts.	2 v. st François Xav.
3 D. st Anatole.	3 m. Inven. st Etienne.	3 s. st Grégoire, pap.	3 l. st Trophime, év.	3 j. st Papoul, m.	3 s. st Anthème.
4 l. st Théodore.	4 j. st Dominique.	4 D. st Lazare.	4 m. st François-d'As.	4 v. st Charles Borr.	4 D. ste Barbe, v.
5 m. ste Zoé.	5 v. st Félix, m.	5 l. st Victorin, év.	5 m. st Placide, m.	5 s. ste Bertile, v.	5 l. st Sabas, abbé.
6 m. st Tranquillin.	6 s. Trans. de N. S.	6 m. st Eugène, m.	6 j. st Bruno, moine.	6 D. st Léonard.	6 m. ste Victoire, v.
7 j. st Prosper, doct.	7 D. st Xiste, pape.	7 m. st Cloud, prê.	7 v. ste Foi, v. m.	7 l. st Ernest, abbé.	7 m. st Nicolas, év.
8 v. ste Elizabeth, r.	8 l. ss Just et Past.	8 j. Nativité de la V.	8 s. ste Brigitte.	8 m. stes Reliques.	8 j. Concep. N. D.
9 s. st Ephrem.	9 m. st Vitrice, év.	9 v. st Omer, év.	9 D. st Denis, év.	9 m. st Austremoine.	9 v. ste Léocadie, v.
10 D. Sept-Frères M.	10 m. ste Philomène.	10 s. st Salvi, év.	10 l. st François de B.	10 j. st Léon, pape.	10 s. st Hubert.
11 l. Trans. st Benoît.	11 j. ste Suzanne, m.	11 D. st Patient.	11 m. st Julien.	11 v. st Martin, év.	11 D. st Damase, pape.
12 m. st Honeste, pr.	12 v. ste Claire, vierge.	12 l. st Serdat, év.	12 m. st Donatien.	12 s. st Martin, pape.	12 l. st Paul, év.
13 m. st Anaclet.	13 s. ste Radegonde, r.	13 m. st Amé, abbé.	13 j. st Géraud.	13 D. st Stanislas.	13 m. ste Luce, v. m.
14 j. st Bonaventure.	14 D. st Eusèbe. V.-J.	14 m. Exalt. ste Croix	14 v. st Calixte.	14 l. st Claude.	14 m. Quatre-Temps.
15 v. st Henri.	15 l. Assomption.	15 j. st Achard, abbé.	15 s. ste Thérèse, v.	15 m. st Malo, év.	15 j. st Mesmin, abbé.
16 s. Notre-D. de M. C.	16 m. st Roch.	16 v. st Jean Chrysost.	16 D. st Bertrand, év.	16 m. st Euchcr.	16 v. ste Adélaïde. q.-t.
17 D. st Esperat, m.	17 m. st Alexis.	17 s. st Corneille.	17 l. st Gauderic.	17 j. st Ascisole, m.	17 s. ste Olimpie. q.-t.
18 l. st Thomas d'Aq.	18 j. ste Hélène.	18 D. ste Camille.	18 m. st Luc, évang.	18 v. st Odon, abbé.	18 D. st Gratien.
19 m. st Vincent-de-P.	19 v. st Louis, év.	19 l. st Cyprien.	19 m. st Pierre d'Alc.	19 s. ste Elisabeth.	19 l. st Grégoire.
20 m. ste Marguerite.	20 s. st Bernard, ab.	20 m. st Eustache.	20 j. st Caprais, év.	20 D. st Edmond.	20 m. st Philogon.
21 j. st Victor, m.	21 D. st Privat, év.	21 m. Quatre-Temps.	21 v. ste Ursule, v.	21 l. Présent. N. D.	21 m. st Thomas.
22 v. ste Madeleine.	22 l. st Symphorien.	22 j. st Maurice.	22 s. st Mellon.	22 m. ste Cécile, v.	22 j. st Yves, év.
23 s. st Appollinaire.	23 m. ste Jeanne.	23 v. ste Thècle. q.-t.	23 D. st Séverin.	23 m. st Clément, pape.	23 v. st Anastas.
24 D. ste Christine, v.	24 m. st Barthélemi, ap.	24 s. st Yzarn. q.-t.	24 l. st Erambert, év.	24 j. ste Flore, v.	24 s. ste Delphine. v.-j.
25 l. st Jacques, apôt.	25 j. st Louis, roi.	25 D. st Firmin, év.	25 m. ss Crépin et Cré.	25 v. ste Catherine, v.	25 D. Noël.
26 m. ste Anne.	26 v. st Zéphirin.	26 l. st Justine.	26 m. ste Rustique.	26 s. st Lin, pape.	26 l. st Etienne, m.
27 m. st Pantaléon.	27 s. st Césaire, év.	27 m. ss Côme et Dam.	27 j. st Frumence.	27 D. Avent.	27 m. st Jean, évang.
28 j. st Nazaire, m.	28 D. st Augustin, év.	28 j. st Exupère, m.	28 v. ss Simon et Jude.	28 l. st Sosthène.	28 m. ss Innocents.
29 v. st Loup, év.	29 l. Déco. de st J.-B.	29 v. st Michel.	29 s. st Narcisse.	29 m. st Saturnin, év.	29 j. st Thomas, év.
30 s. st Germain, év.	30 m. st Gaudens.	30 s. st Jérôme, pr.	30 D. st Quentin, m.	30 m. st André, ap.	30 v. st Sabin, év.
31 D. st Ignace, pr.	31 m. ste Florentine.		31 l. Vigile-Jeûne.		31 s. st Sylvestre, p.

Toulouse. — Imprimerie de Rives et Fagel, rue Triplère, 9.

Calendrier Perpétuel, Civil et Ecclésiastique.

JANVIER	FÉVRIER	MARS	AVRIL	MAI	JUIN
1 l. CIRCONCISION.	1 j. st Ignace, m.	1 v. st Aubin, év.	1 l. ANNONCIATION.	1 m. ss Philippe et Jac.	1 s. st Pamphile.
2 m. st Bazile.	2 v. PURIFICATION.	2 s. st Simplicien.	2 m. st François de P.	2 j. ASCENSION.	2 D. st Pothin, év.
3 m. ste Geneviève.	3 s. st Blaise, év.	3 D. LÆTARE.	3 m. st Richard.	3 v. Invent. ste Croix.	3 l. ste Clotilde.
4 j. st Rigobert.	4 D. QUINQUAGÉSIME.	4 l. st Casimir.	4 j. st Ambroise.	4 s. ste Monique.	4 m. st Quirin, m.
5 v. st Siméon, styl.	5 l. ste Agathe, v.	5 m. st Phocas.	5 v. st Vincent Ferr.	5 D. st Théodard, év.	5 m. st Claude.
6 s. ÉPIPHANIE.	6 m. st Amand, év.	6 m. ste Colette.	6 s. st Prudence.	6 l. st Jean P. L.	6 j. st Norbert.
7 D. st Théau.	7 m. CENDRES.	7 j. ss. Félic. et P.	7 D. st Hégésippe.	7 m. Transf. s Etienne	7 v. st Robert, ab.
8 l. st Lucien, m.	8 j. st Jean de M.	8 v. st Jean de Dieu.	8 l. st Gautier.	8 m. st Orens, év.	8 s. st Médard, év.
9 m. st Julien, hosp.	9 v. ste Apollonie.	9 s. ste Françoise.	9 m. st Isidore.	9 j. st Grégoire, év.	9 D. st Félicien, m.
10 m. st Paul, ermite.	10 s. ste Scolastique.	10 D. PASSION.	10 m. st Macaire.	10 v. st Gordien.	10 l. st Landry.
11 j. st Hygien, pape.	11 D. QUADRAGÉSIME.	11 l. ste Sophrone.	11 j. st Léon, p.	11 s. st Mamert. v.-j.	11 m. st Barnabé.
12 v. st Fréjus, év.	12 l. ste Eulalie.	12 m. st Maximilien.	12 v. st Jules.	12 D. PENTECOTE	12 m. st Basilide.
13 s. BAPTÊME DE N. S.	13 m. st Lésin.	13 m. st Nicéphore.	13 s. st Justin, m.	13 l. st Onésime	13 j. st Aventin.
14 D. st Hilaire, év.	14 m. Quatre-Temps.	14 j. ste Mathilde.	14 D. st Tiburce.	14 m. st Boniface.	14 v. st Valère, m.
15 l. st Maur, abbé.	15 j. st Faustin.	15 v. st Zacharie.	15 l. st Paterne.	15 m. Quatre-Temps.	15 s. st Guy, m.
16 m. st Fulgence, év.	16 v. ste Julienne. q.-t.	16 s. st Euzébie, v.	16 m. st Fructueux.	16 j. st Germier, év.	16 D. ss. Cyr et Julitte.
17 m. st Antoine, ab.	17 s. st Sylvin, év.-q.-t.	17 D. RAMEAUX.	17 m. st Anicet.	17 v. st Pascal. q.-t.	17 l. st Avit, abbé.
18 j. Chaire st P. à R.	18 D. REMINISCERE.	18 l. st Alexandre.	18 j. st Parfait.	18 s. st Venant. q.-t.	18 m. st Emile, m.
19 v. st Sulpice, év.	19 l. st Gabin.	19 m. st Gaspard.	19 v. st Elphège.	19 D. TRINITÉ.	19 m. ss Gervais et Pro.
20 s. st Sébastien, m.	20 m. st Eucher, év.	20 m. st Wulfran.	20 s. st Joseph.	20 l. st Hilaire, év.	20 j. st Romuald.
21 D. SEPTUAGÉSIME.	21 m. st Sévérien.	21 j. st Benoît.	21 D. st Anselme.	21 m. st Hospice.	21 v. st Louis de Gonz.
22 l. st Vincent, m.	22 j. st Maxime.	22 v. VENDREDI-SAINT.	22 l. ste Opportune.	22 m. ste Julie.	22 s. st Paulin, év.
23 m. st Fabien, pape.	23 v. st Pascase.	23 s. st Fidèle.	23 m. st Georges, m.	23 j. FÊTE-DIEU.	23 D. st Leufroy.
24 m. st Timothée, év.	24 s. st Mathias.	24 D. PAQUES.	24 m. st Phebade, év.	24 v. st François R.	24 l. st Jean-Baptiste.
25 j. Conv. de st Paul.	25 D. OCULI.	25 l. st Humbert.	25 j. ste Marc, évang.	25 s. st Urbain, pape.	25 m. ste Fébronie.
26 v. ste Paule, veuve.	26 l. st Nestor.	26 m. st Ludger.	26 v. st Clet, pape.	26 D. st Philippe de N.	26 m. st Maixent.
27 s. ss. Martyrs rom.	27 m. ste Honorine.	27 m. st Rupert, év.	27 s. st Polycarpe.	27 l. st Hildebert.	27 j. st Crescent, ev.
28 D. SEXAGÉSIME.	28 m. ss. Martyrs d'Al.	28 j. st Gontrand.	28 D. ss. Martyrs d'Aff.	28 m. st Guilhaume.	28 v. st Irénée, év.
29 l. st François de S.	29 j. st Romain.	29 v. st Eustase.	29 l. ROGATIONS.	29 m. st Maximin.	29 s. ss. Pierre et Paul
30 m. ste Bathilde.		30 s. st Jean Climaque.	30 m. st Eutrope, év.	30 j. st Félix, p.	30 D. Comm. de s Paul.
31 m. st Pierre Nolasq.		31 D. QUASIMODO.		31 v. st Sylve, év.	

JUILLET	AOUT	SEPTEMBRE	OCTOBRE	NOVEMBRE	DÉCEMBRE
1 l. st Martial, év.	1 j. st Pierre-ès-liens.	1 D. st Gilis, abbé.	1 m. st Rémy, év.	1 v. TOUSSAINT.	1 D. AVENT.
2 m. VISITATION N. D.	2 v. st Etienne, pape.	2 l. st Antonin, m.	2 m. ss. Anges gard.	2 s. Les Morts.	2 l. st François Xav.
3 m. st Anatole.	3 s. Inv. st Etienne.	3 m. st Grégoire, pap.	3 j. st Trophime, év.	3 D. st Papoul, m.	3 m. st Anthème.
4 j. st Théodore.	4 D. st Dominique.	4 m. st Lazare.	4 v. st François-d'As.	4 l. st Charles Borro.	4 m. ste Barbe, v.
5 v. ste Zoé.	5 l. st Félix, m.	5 j. st Victorin, év.	5 s. st Placide, m.	5 m. ste Bertile, v.	5 j. st Sabbas, abbé.
6 s. st Tranquillin.	6 m. TRANS. DE N. S.	6 v. st Eugène, m.	6 D. st Bruno, moine.	6 m. st Léonard.	6 v. st Victoire, v.
7 D. st Prosper, doct.	7 m. st Sixte, pape.	7 s. st Cloud, prêtre.	7 l. ste Foi, v. m.	7 j. st Ernest, abbé.	7 s. st Nicolas, év.
8 l. ste Elisabeth, r.	8 j. ss. Just. et Past.	8 D. NATIV. DE LA V.	8 m. ste Brigitte.	8 v. stes Reliques.	8 D. CONCEP. N. D.
9 m. st Ephrem.	9 v. st Vitrice, év.	9 l. st Omer, év.	9 m. st Denis, év.	9 s. st Anstremoine.	9 l. ste Léocadie, v.
10 m. Sept-Frères M.	10 s. ste Philomène.	10 m. st Salvi, év.	10 j. st François de B.	10 D. st Léon, pape.	10 m. st Hubert.
11 j. Trans. st Benoît.	11 D. ste Suzanne, m.	11 m. st Patient.	11 v. st Julien.	11 l. st Martin, év.	11 m. st Damase, pape.
12 v. st Honeste, pr.	12 l. ste Claire, v.	12 j. st Serdot, év.	12 s. st Donatien.	12 m. st Martin, pape.	12 j. st Paul, év.
13 s. st Anaclet.	13 m. ste Radegonde, r.	13 v. st Aimé, abbé.	13 D. st Géraud.	13 v. st Stanislas.	13 v. ste Luce, v. m.
14 D. st Bonaventure.	14 m. st Eusèbe. v.-j.	14 s. EXALT. STE-CROIX	14 l. st Calixte.	14 j. st Claude, m.	14 s. st Honorat, év.
15 l. st Henri.	15 j. Assomption.	15 D. ste Camille.	15 m. ste Thérèse, v.	15 v. st Malo, év.	15 D. st Mesmin.
16 m. N.-D. du M.-Car.	16 v. st Roch.	16 l. st Jean Chrysost.	16 m. st Bertrand, év.	16 s. st Eucher.	16 l. ste Adelaïde.
17 m. st Espérat, m.	17 s. st Alexis.	17 m. st Corneille.	17 j. st Gauderic.	17 D. st Ascisele, m.	17 m. ste Olimpie.
18 j. st Thomas d'Aq.	18 D. ste Hélène.	18 m. Quatre-Temps.	18 v. st Luc, évang.	18 l. st Odon, abbé.	18 m. Quatre-Temps.
19 v. st Vincent de P.	19 l. st Louis, év.	19 j. st Cyprien.	19 s. st Pierre d'Alc.	19 m. ste Elizabeth.	19 j. st Gratien.
20 s. ste Marguerite.	20 m. st Bernard, ab.	20 v. st Eustache. q.-t.	20 D. st Caprais, év.	20 j. st Edmond.	20 v. st Philogon. q.-t.
21 D. st Victor, m.	21 m. st Privat, év.	21 s. st Mathieu. q.-t.	21 l. ste Ursule, v.	21 j. PRÉSENT. N. D.	21 s. st Thomas. q.-t.
22 l. ste Madeleine.	22 j. st Symphorien.	22 D. st Maurice.	22 m. st Mellon.	22 v. ste Cécile, v.	22 D. st Yves, év.
23 m. st Appollinaire.	23 v. st Jeanne.	23 l. st Thècle.	23 m. st Sévérin.	23 s. st Clément, pap.	23 l. ste Anastas.
24 m. ste Christine, v.	24 s. st Barthélemy, a.	24 m. st Yzarn.	24 j. st Erambert, év.	24 D. st Flore, v.	24 m. ste Delphine, v.-j.
25 j. st Jacques, ap.	25 D. st Louis, roi.	25 m. st Firmin, év.	25 v. ss. Crépin et Cré.	25 l. ste Catherine, v.	25 m. NOEL.
26 v. ste Anne.	26 l. st Zéphirin.	26 j. ste Justine.	26 s. ste Rustique.	26 m. st Lin, pape.	26 j. st Etienne, m.
27 s. st Pantaléon.	27 m. st Césaire, év.	27 v. ss. Cosme et Dam.	27 D. st Fromence.	27 m. ss. Vital et Agri.	27 v. st Jean, évang.
28 D. st Nazaire, m.	28 m. st Augustin, év.	28 s. st Exupère, év.	28 l. ss. Simon et Jude	28 j. st Maxime.	28 s. ss. Innocents.
29 l. st Loup, évêque.	29 j. Déc. dest J.-Bapt.	29 D. st Michel, arc.	29 m. st Narcisse.	29 v. st Saturnin, év.	29 D. st Thomas, év.
30 m. st Germain, év.	30 v. st Gaudens.	30 l. st Jérôme, prêt.	30 m. st Quentin, m.	30 s. st André, ap.	30 l. st Sabin, év.
31 m. st Ignace, pr.	31 s. ste Florentine.		31 j. Vigile-Jeûne.		31 m. st Sylvestre, p.

Calendrier Perpétuel, Civil et Ecclésiastique.

JANVIER	FÉVRIER	MARS	AVRIL	MAI	JUIN
1 s. Circoncision.	1 m. st Ignace, m.	1 m. st Aubin, év.	1 s. st Hugues, év.	1 l. ss Philippe et Jac.	1 j. ASCENSION.
2 D. st Bazile.	2 m. PURIFICATION.	2 j. st Symplicien.	2 D. LÆTARE.	2 m. st Athanase, év.	2 v. st Pothin, év.
3 l. ste Geneviève.	3 j. st Blaise, év.	3 v. ste Cunégonde.	3 l. st Richard.	3 m. Invent. ste Croix	3 s. ste Clotilde.
4 m. st Rigobert.	4 v. st Gilbert.	4 s. st Casimir.	4 m. st Ambroise, év.	4 j. ste Monique.	4 D. st Quirin.
5 m. st Siméon, styl.	5 s. ste Agathe, v.	5 D. QUINQUAGÉSIME.	5 m. st Vincent Fer.	5 v. st Théodard, év.	5 l. st Claude.
6 j. ÉPIPHANIE.	6 D. st Amand.	6 l. ste Colette.	6 j. st Prudence.	6 s. st Jean P. L.	6 m. st Norbert.
7 v. st Théau.	7 l. ste Dorothée, v.	7 m. ss. Félic. et P.	7 v. st Hégésippe.	7 D. Transf. st Etienne	7 m. st Robert.
8 s. st Lucien, m.	8 m. st Jean de M.	8 m. CENDRES.	8 s. st Gautier, abbé.	8 l. st Orens, év.	8 j. st Médard.
9 D. st Julien, hosp.	9 m. ste Appollonie.	9 j. ste Françoise.	9 D. PASSION.	9 m. st Grégoire, év.	9 v. st Félicien.
10 l. st Paul, ermite.	10 j. st Scolastique.	10 v. st Droctovée.	10 l. st Macaire.	10 m. st Gordien.	10 s. st Landry. v.-j.
11 m. st Hygien, pape.	11 v. st Benoît, abbé.	11 s. ste Sophrone.	11 m. st Léon, p.	11 j. st Mamert.	11 D. PENTECÔTE.
12 m. st Fréjus, év.	12 s. ste Eulalie, v.	12 D. QUADRAGÉSIME.	12 m. st Jules.	12 v. st Pacôme, ab.	12 l. st Basilide.
13 j. BAPTÊME DE N. S.	13 D. st Lézin.	13 l. st Nicéphore.	13 j. st Justin, m.	13 s. st Onésime.	13 m. st Aventin.
14 v. st Hilaire, év.	14 l. st Valentin.	14 m. ste Mathilde.	14 v. st Tiburce.	14 D. st Boniface.	14 m. Quatre-Temps.
15 s. st Maur, abbé.	15 m. st Faustin.	15 m. Quatre-Temps.	15 s. st Paterne.	15 l. st Germier.	15 j. st Guy, mart.
16 D. st Fulgence, év.	16 m. ste Julienne.	16 j. ste Euzébie, v.	16 D. RAMEAUX.	16 m. st Honoré.	16 v. ss. Cyr et J. q.-t.
17 l. st Antoine, ab.	17 j. st Sylvin.	17 v. st Patrice. q.-t.	17 l. st Anicet.	17 m. st Pascal.	17 s. st Avit, abbé.q.-t.
18 m. Chaire st P. à R.	18 v. st Siméon, év.	18 s. st Alexandre.q.-t.	18 m. st Parfait.	18 j. st Venant.	18 D. TRINITÉ.
19 m. st Sulpice, év.	19 s. st Gabin.	19 D. REMINISCERE.	19 m. st Elphège.	19 v. st Pierre Célest.	19 l. st Gervais et Pro.
20 j. st Sébastien, m.	20 D. SEPTUAGÉSIME.	20 l. st Joachim.	20 j. st Joseph.	20 s. st Hilaire, év.	20 m. st Romuald.
21 v. ste Agnès, v.	21 l. st Sévérin.	21 m. st Benoît.	21 v. VENDREDI-SAINT	21 D. st Hospice.	21 m. st Louis de G.
22 s. st Vincent, m.	22 m. st Maxime.	22 m. st Paul, év.	22 s. ste Opportune.	22 l. ste Julie.	22 j. FÊTE-DIEU.
23 D. st Fabien, pape.	23 m. st Pascase.	23 j. st Fidèle.	23 D. PAQUES.	23 m. st Didier.	23 v. st Leufroy.
24 l. st Timothée, év.	24 j. st Mathias, ap.	24 v. st Gabriel.	24 l. st Phébade, év.	24 m. st François Rég.	24 s. st Jean-Baptiste.
25 m. Conv. de st Paul.	25 v. st Valburge.	25 s. ANNONCIATION.	25 m. st Marc, évang.	25 j. st Urbain, pape.	25 D. ste Fébronie.
26 m. ste Paule, veuve.	26 s. st Nestor.	26 D. OCULI.	26 m. st Clet, pape.	26 v. st Philippe N.	26 l. st Maixent.
27 j. ss. Martyrs rom.	27 D. SEXAGÉSIME.	27 l. st Rupert.	27 j. st Policarpe.	27 s. st Hildebert.	27 m. st Cressent, év.
28 v. st Cyrille, év.	28 l. ss. Martyrs d'Al.	28 m. st Gontrand.	28 v. ss Martyrs d'Aff.	28 D. st Guilhaume.	28 m. st Irénée, év.
29 s. st François de S.	29 m. st Romain.	29 m. st Eustase.	29 s. ste Marie Égypt.	29 l. ROGATIONS.	29 j. ss. Pierre et Paul.
30 D. ste Bathilde.		30 j. st Jean Climaq.	30 D. QUASIMODO.	30 m. st Félix, pape.	30 v. Comm. st Paul.
31 l. st Pierre Nolasq.		31 v. st Acace, év.		31 m. st Sylve, év.	

JUILLET	AOUT	SEPTEMBRE	OCTOBRE	NOVEMBRE	DÉCEMBRE
1 s. st Martial, év.	1 m. st Pierre-ès-liens.	1 v. st Gilis, abbé.	1 D. st Rémi, év.	1 m. TOUSSAINT.	1 v. st Eloi, év,
2 D. VISITATION N. D.	2 m. st Etienne, pape.	2 s. st Antonin, m.	2 l. ss Anges gard.	2 j. Les Morts.	2 s. st François Xav.
3 l. st Anatole.	3 j. Inven. st Etienne.	3 D. st Grégoire, pap.	3 m. st Trophime, év.	3 v. st Papoul, m.	3 D. AVENT.
4 m. st Théodore.	4 v. st Dominique.	4 l. st Lazare.	4 m. st François d'As.	4 s. st Charles Borr.	4 l. ste Barbe, v.
5 m. ste Zoé.	5 s. st Félix, m.	5 m. st Victorin, év.	5 j. st Placide, m.	5 D. ste Bertile, v.	5 m. st Sabas, abbé.
6 j. st Tranquillin.	6 D. TRANS. DE N. S.	6 m. st Eugène, m.	6 v. st Bruno, moine.	6 l. st Léonard.	6 m. ste Victoire, v.
7 v. st Prosper, doct.	7 l. st Xiste, pape.	7 j. st Cloud pre.	7 s. ste Foi, v. m.	7 m. st Ernest, abbé.	7 j. st Nicolas, év.
8 s. ste Elizabeth, r.	8 m. ss Just et Past.	8 v. NATIVITÉ de la V.	8 D. ste Brigitte.	8 m. stes Reliques.	8 v. CONCEP. N. D.
9 D. st Ephrem.	9 m. st Vitrice, év.	9 s. st Omer, év.	9 l. st Denis, év.	9 j. st Austremoine.	9 s. ste Léocadie, v.
10 l. Sept-Frères M.	10 j. ste Philomène.	10 D. st Salvi, év.	10 m. st François de B.	10 v. st Léon, pape.	10 D. st Hubert.
11 m. Trans. st Benoît.	11 v. ste Suzanne, m.	11 l. st Patient.	11 m. st Julien.	11 s. st Martin, év.	11 l. st Damase, pape.
12 m. st Honeste, pr.	12 s. ste Claire, vierge.	12 m. st Serdot, év.	12 j. st Donatien.	12 D. st Martin, pape.	12 m. st Paul, év.
13 j. st Anaclet.	13 D. ste Radegonde, r.	13 m. st Aimé, abbé.	13 v. st Géraud.	13 l. st Stanislas.	13 m. ste Luce, v. m.
14 v. st Bonaventure.	14 l. st Eusèbe. V.-J.	14 j. EXALT. ste CROIX	14 s. st Calixte.	14 m. st Claude.	14 j. st Honorat, év.
15 s. st Henri.	15 m. Assomption.	15 v. st Achard, abbé.	15 D. ste Thérèse, v.	15 m. st Malo, év	15 v. st Mesmin, abbé.
16 D. Notre-D. de M. C.	16 m. st Roch.	16 s. st Jean Chrysost.	16 l. st Bertrand, év.	16 j. st Eucher.	16 s. ste Adélaïde.
17 l. st Esperat, m.	17 j. st Alexis.	17 D. st Corneille.	17 m. st Gauderic.	17 v. st Asciscle, m.	17 D. ste Olimpie.
18 m. st Thomas d'Aq.	18 v. ste Hélène.	18 l. ste Camelle.	18 m. st Luc, évang.	18 s. st Odon, abbé.	18 l. st Gratien.
19 m. st Vincent-de-P.	19 s. st Louis, év.	19 m. st Cyprien.	19 j. st Pierre d'Alc.	19 D. ste Elisabeth.	19 m. st Grégoire.
20 j. ste Marguerite.	20 D. st Bernard, ab.	20 m. Quatre-Temps.	20 v. st Caprais, év.	20 l. st Edmond.	20 m. Quatre-Temps.
21 v. st Victor, m.	21 l. st Privat, év.	21 j. st Mathieu.	21 s. ste Ursule, v.	21 m. PRÉSENT. N. D.	21 j. st Thomas.
22 s. ste Madeleine.	22 m. st Symphorien.	22 v. st Maurice. q.-t.	22 D. st Mellon.	22 m. ste Cécile, v.	22 v. st Yves, év. q.-t.
23 D. st Appollinaire.	23 m. ste Jeanne.	23 s. ste Thècle. q.-t.	23 l. st Sévérin.	23 j. st Clément, pape.	23 s. ste Anastas. q.-t.
24 l. ste Christine, v.	24 j. st Barthélemi, ap.	24 D. st Yzarn.	24 m. st Erambert, év.	24 v. ste Flore, v.	24 D. ste Delphine. v.-j.
25 m. st Jacques, apôt.	25 v. st Louis, roi.	25 l. st Firmin, év.	25 m. ss Crépin et Cré.	25 s. ste Catherine, v.	25 l. NOEL.
26 m. ste Anne.	26 s. st Zéphirin.	26 m. ste Justine.	26 j. ste Rustique.	26 D. st Lin, pape.	26 m. st Etienne, m.
27 j. st Pantaléon.	27 D. st Césaire, év.	27 m. ss Come et Dam.	27 v. st Frumence.	27 l. ss. Vital et Agri.	27 m. st Jean, évang.
28 v. st Nazaire, m.	28 l. st Augustin, év.	28 j. st Exupère, év.	28 s. ss Simon et Jude.	28 m. st Sosthène.	28 l. ss Innocents.
29 s. st Loup, év.	29 m. Déco. de st J.-B.	29 v. st Michel.	29 D. st Narcisse.	29 m. st Saturnin, év.	29 v. st Thomas, év.
30 D. st Germain, év.	30 m. st Gaudens.	30 s. st Jérôme, pr.	30 l. st Quentin, m.	30 j. st André, ap.	30 s. st Sabin, év.
31 l. st Ignace, pr.	31 j. ste Florentine.		31 m. Vigile-Jeûne.		31 D. st Sylvestre, p.

Toulouse. — Imprimerie de Rives et Faget, rue Tripière, 9.

CONCORDANCE DES CALENDRIERS RÉPUBLICAIN ET GRÉGORIEN.

Années républicaines	Années grégoriennes	Vendémiaire 1 (Sept.)	Vend. 15 (Oct.)	Vend. 30 (Oct.)	Brumaire 1 (Oct.)	Brum. 15 (Nov.)	Brum. 30 (Nov.)	Frimaire 1 (Nov.)	Frim. 15 (Déc.)	Frim. 30 (Déc.)	Nivôse 1 (Déc.)	Années grégoriennes	Niv. 15 (Janv.)	Niv. 30 (Janv.)	Pluviôse 1 (Janv.)	Pluv. 15 (Févr.)	Pluv. 30 (Févr.)	Ventôse 1 (Févr.)	Vent. 15 (Mars)	Vent. 30 (Mars)	Germinal 1 (Mars)	Germ. 15 (Avril)	Germ. 30 (Avril)	Floréal 1 (Avril)	Flor. 15 (Mai)	Flor. 30 (Mai)	Prairial 1 (Mai)	Prair. 15 (Juin)	Prair. 30 (Juin)	Messidor 1 (Juin)	Mess. 15 (Juillet)	Mess. 30 (Juillet)	Thermidor 1 (Juillet)	Therm. 15 (Août)	Therm. 30 (Août)	Fructidor 1 (Août)	Fruct. 15 (Août)	Fruct. 30 (Sept.)	Jours compl. 1er (Sept.)	2e	3e	4e	5e	6e
I	1792	22	6	21	22	5	20	21	5	20	21	1793	4	19	20	3	18	19	5	20	21	4	19	20	4	19	20	3	18	19	3	18	19	2	17	18	1	16	17	18	19	20	21	
II	1793	22	6	21	22	5	20	21	5	20	21	1794	4	19	20	3	18	19	5	20	21	4	19	20	4	19	20	3	18	19	3	18	19	2	17	18	1	16	17	18	19	20	21	
III	1794	22	6	21	22	5	20	21	5	20	21	1795	4	19	20	3	18	19	5	20	21	4	19	20	4	19	20	3	18	19	3	18	19	2	17	18	1	16	17	18	19	20	21	22
IV	1795	23	7	22	23	6	21	22	6	21	22	1796	5	20	21	4	19	20	5	20	21	4	19	20	4	19	20	3	18	19	3	18	19	2	17	18	1	16	17	18	19	20	21	
V	1796	22	6	21	22	5	20	21	5	20	21	1797	4	19	20	3	18	19	5	20	21	4	19	20	4	19	20	3	18	19	3	18	19	2	17	18	1	16	17	18	19	20	21	
VI	1797	22	6	21	22	5	20	21	5	20	21	1798	4	19	20	3	18	19	5	20	21	4	19	20	4	19	20	3	18	19	3	18	19	2	17	18	1	16	17	18	19	20	21	
VII	1798	22	6	21	22	5	20	21	5	20	21	1799	4	19	20	3	18	19	5	20	21	4	19	20	4	19	20	3	18	19	3	18	19	2	17	18	1	16	17	18	19	20	21	22
VIII	1799	23	7	22	23	6	21	22	6	21	22	1800	5	20	21	4	19	20	6	21	22	5	20	21	5	20	21	4	19	20	4	19	20	3	18	19	2	17	18	19	20	21	22	
IX	1800	23	7	22	23	6	21	22	6	21	22	1801	5	20	21	4	19	20	6	21	22	5	20	21	5	20	21	4	19	20	4	19	20	3	18	19	2	17	18	19	20	21	22	
X	1801	23	7	22	23	6	21	22	6	21	22	1802	5	20	21	4	19	20	6	21	22	5	20	21	5	20	21	4	19	20	4	19	20	3	18	19	2	17	18	19	20	21	22	
XI	1802	23	7	22	23	6	21	22	6	21	22	1803	5	20	21	4	19	20	6	21	22	5	20	21	5	20	21	4	19	20	4	19	20	3	18	19	2	17	18	19	20	21	22	23
XII	1803	24	8	23	24	7	22	23	7	22	23	1804	6	21	22	5	20	21	6	21	22	5	20	21	5	20	21	4	19	20	4	19	20	3	18	19	2	17	18	19	20	21	22	
XIII	1804	23	7	22	23	6	21	22	6	21	22	1805	5	20	21	4	19	20	6	21	22	5	20	21	5	20	21	4	19	20	4	19	20	3	18	19	2	17	18	19	20	21	22	
XIV	1805	23	7	22	23	6	21	22	6	21	22																																	

L'ère républicaine a commencé le 22 septembre 1792 et a fini le 31 décembre 1805 (10 nivôse an XIV).